全国高职高专水利水电类精品规划教材

水轮机及辅助设备

梁建和　童文勇　陈炳森　李晓玲　郭红梅　合编

中国水利水电出版社
www.waterpub.com.cn

内 容 提 要

本书是全国高职高专水利水电类规划教材，全书共分10章，包括：水轮机构造，水轮机特性曲线，水轮机选型，模拟调速器，数字式调速器，水电厂油水气系统等，将“水轮机”、“水轮机调节”、“水电站辅助设备”三部分内容有机地整合在一起。水轮机部分除传统的内容外，突出了使用维护中常遇到的结构原理；水轮机调节部分并行介绍模拟式、数字式调速器，并用典型实例全面介绍了日益得到广泛应用的微机调速器的基本原理、选型、构造和使用维护；简明扼要地介绍了辅助设备和水轮机的CAD。

本书主要用作高职高专三年制电类非水动专业和两年制电类水动专业的教材，也可以用作中专相关专业的教材或供从事水电工作的工程技术人员参考。

图书在版编目（CIP）数据

水轮机及辅助设备/梁建和等编．—北京：中国水利水电出版社，2005.3（2024.10重印）．
全国高职高专水利水电类精品规划教材
ISBN 978-7-5084-2634-1

Ⅰ．水…　Ⅱ．梁…　Ⅲ．①水轮机-高等学校：技术学校-教材②水轮机-附属装置-高等学校：技术学校-教材
Ⅳ．TK73

中国版本图书馆CIP数据核字（2004）第141612号

书　　名	全国高职高专水利水电类精品规划教材 **水轮机及辅助设备**
作　　者	梁建和　童文勇　陈炳森　李晓玲　郭红梅　合编
出版发行	中国水利水电出版社 （北京市海淀区玉渊潭南路1号D座　100038） 网址：www.waterpub.com.cn E-mail：sales@mwr.gov.cn 电话：（010）68545888（营销中心）
经　　售	北京科水图书销售有限公司 电话：（010）68545874、63202643 全国各地新华书店和相关出版物销售网点
排　　版	中国水利水电出版社微机排版中心
印　　刷	北京市密东印刷有限公司
规　　格	184mm×230mm　16开本　19.25印张　376千字
版　　次	2005年3月第1版　2024年10月第12次印刷
印　　数	35101—38100册
定　　价	**59.50**元

前　言

本书是根据2003年12月在厦门召开的"全国高职高专电类规划教材编写会议"精神组织编写的，主要用作高职高专三年制电类非水动专业和两年制电类水动专业的教材。

近年来我国高等职业教育迅猛发展，五年内招生人数增长了4.6倍，其人数占全国高等教育的52.3%，已占据半壁江山，这就对教材提出了快、适、好的要求。正是在这种形势下，催生了去年的厦门会议。

在编写本书过程中，一方面以现有高职电类专业对水电站机电设备知识的需要为依据；另一方面考虑到高等职业教育在课程体系和教学内容等方面改革的需要，尤其是学制三年改两年的需要，以及科学技术发展的需要。将以往"水轮机"、"水轮机调节"、"水电站辅助设备"三门课程的内容有机地整合在一起，突出高职教育重在应用的特点，力求简明通俗，避免冗长的概念叙述和繁琐抽象的公式推导。在总体内容处理上，以点带面，详写典型、简述其他；不求面面俱到，避免一合就繁，一简就处处点到处处不精、难以自学的弊病。水轮机部分除传统的内容外，突出了使用维护中常遇到的结构原理；水轮机调节部分并行介绍模拟式、数字式调速器，并用典型实例全面介绍了日益得到广泛应用的微机调速器的基本原理、选型、构造和使用维护；简明扼要地介绍了辅助设备和水轮机的CAD。

参加本书编写的人员为：广西水利电力职业技术学院梁建和编写绪论和第1、第10章，福建水利电力职业技术学院童文勇编写第2、第3章，四川水利职业技术学院李晓玲编写第4、第8章，广西水利电力职业技术学院陈炳森编写第5、第7章和第6章的第5～7节，福建水利电力职业技术学院郭红梅编写第6章的第1～4节和第9章。本书由梁建和副教授担任主编，负责全书统稿。

本书由福建水利电力职业技术学院伍哲身副教授担任主审，并改写、补充了部分内容。

本书在编写过程中，得到了广西水利电力职业技术学院的李吉川、周涛、吴罗盛、陈韶光和福建水利电力职业技术学院的张云根、张支璨、刘华斌几位老师的帮助，南宁发电设备总厂、南平电机厂和克瓦纳杭州电气设备有限公司（克瓦纳杭发）的有关技术人员对本书提出了宝贵的意见和帮助，在此一并致予衷心的感谢。

由于编者水平有限，加之时间仓促，书中不妥或错误之处难免，恳请读者不吝指正。

编　者

2004 年 11 月

目录

绪　论

电力是国民经济的基础。水电即利用水能发电，是一种调节方便、成本低、效率高、运行管理简单，环境污染小的电力生产方式。我国是世界上水力资源最丰富的国家，全国理论蕴藏量为6.760471亿kW，年发电量为59211.8亿kW·h，可开发的装机容量为3.785324亿kW，年发电量为19233.04亿kW·h。据统计，世界上可开发的水电装机容量为22.6亿kW，我国可开发水电装机容量已占世界可开发水电装机容量的16.75%。从1912年中国第一座水电站—石龙坝水电站（装机2×240kW）在云南滇池出口的螳螂川建成开始，到2004年9月26日，随着黄河公伯峡水电站第一台机组发电投产，我国水电装机容量已突破1亿kW（未含台湾省），水电总装机容量一举超过美国，跃居世界第一；水电发电量位于世界第四，仅次于加拿大、美国和巴西。

0.1　水电站的动力设备

水电站是利用水能生产电能的工厂，它先利用水轮机把水流的能量转换为旋转的机械能，再利用发电机把旋转的机械能转换为电能，最后通过电网把电能送给用户。

1. 能量生产过程

为实现水能到电能的转换，需要借助水工建筑物和动力设备来完成。水电站的水工建筑物包括拦河坝、厂房、引水管道、排水管道等。首先利用拦河坝形成水库，以获得集中的水能，并利用厂房来布置和安装能量转换及输送设备；其次是通过引水和排水管道、进水阀及有关流量调节机构调节水能，控制能量转换；接着利用水轮机把具有一定落差和流量的水能转换为旋转的机械能，进而带动发电机把机械能转换为电能，最后经过变压器和输电线路送给电力系统或电能用户。

2. 水电站的动力设备

水电站里承担电能生产的设备称为水电站动力设备，包括水轮发电机组、调速系统和辅助设备系统等。

（1）水轮发电机组。是水轮机和发电机两者的合称，是在水能到电能的转换过程中最主要的动力设备。水轮机是水电站的水力原动机，当具有势能和动能的水流通过水轮机时，把水流的能量传给了水轮机转轮，促使水轮机转动，从而形成旋转的机械能。旋转的机械能又通过水轮机主轴带动发电机旋转，励磁后的发电机转子随发电机轴一起旋转，形成一个旋转的磁场，发电机定子线圈因切割磁力线而产生电能。在水轮机调节系统和发电机励磁系统的控制下，发电机产生的电能以稳定的频率和电压输送到电力系统或电能用户。

（2）水轮机调速器。当系统的负荷发生变化时，应当及时调节机组发出电能的多少，以获得电力系统中发电量与用电量的平衡。如果不能及时调整系统能量的平衡，会导致水轮机转速不稳定，供电频率变化过大，威胁各种用电设备的安全，严重影响工农业生产、社会经济活动和人们的正常生活。为此，必须通过水轮机调速器，根据机组转速的变化，自动地调节进入水轮机的流量，使水轮发电机组在维持额定转速的同时不断适应外界负荷的变化。同时，水轮机调速器还担负着开机、停机及调整机组所带负荷的作用。

（3）辅助设备系统。这主要是指水电站的油、水、气系统等的统称，对水电厂的安全运行来说是不可缺少的。油系统的主要作用有：机组转动部分轴承润滑，调速器和进水阀等油压设备操作，电气设备绝缘和灭弧等；水系统包括技术供水和排水两系统，供水系统主要供给机组运行时所需要的冷却、润滑、消防和生活用水，排水系统主要是将厂房和设备的渗漏及生产用过的废水排出厂房，同时完成机组检修时设备内积水的排除；气系统一般包括高压气系统和低压气系统，其中高压气系统主要提供油压装置及开关操作和灭弧用气，低压气系统则主要提供机组制动、主轴及阀门密封、风动工具等用气。

本课程的研究对象是在水能到电能的转换过程中，除发电机以外的水电站动力设备，包括水轮机、调速系统和辅助设备系统。本课程教学的主要任务是：水轮机的构造原理、工作特性及其选型设计；水轮机调速器的系统构成，各组成部分的构造原理和应用；水电站的油、水、气系统的构成，主要组成部分的作用、原理和应用。

0.2 我国水电建设的发展

自 1912 年中国第一座水电站—石龙坝水电站建成开始，我国的水电建设走出了第一步。1951年，我国第一台0.8MW水力发电机组在哈尔滨电机厂诞生，掀开了我国水力发电机组制造史上新的一页。50多年来，我国的水轮机及水轮发电机组制造业经历了从无到有，从小到大，从进口到出口的历程，现已基本能生产各种形式的水轮发电机组。

1. 典型水电站及其机组设备

位于浙江的新安江水电站是我国自行设计、自行制造、自行施工建设的第一座大型水电站，1960年开始投产，总装机容量662.5MW，最大单机容量72.5MW，为混流式机组。

位于甘肃省永靖县境内的刘家峡水电站是我国自行勘测设计、自行制造、自行施工安装的第一座1000MW级大型水电站，1969年开始投产，总装机容量1225MW，最大单机容量为300MW，混流式机组，是当时世界上最大的混流式水轮发电机组之一。

葛洲坝水电站是在长江干流上兴建的第一座大型水电站，是我国第一座2000MW级大型水电站。1981年开始投产，总装机21台，总装机容量2715MW，为我国已建成装机容量第二大水电站。

我国单机容量最大的轴流定桨式机组安装在吉林红石水电站，机组单机容量50MW；单机容量最大的轴流转桨式机组安装在福建水口水电站，单机容量200MW；单机容量最大的灯泡贯流式机组安装在广东飞来峡电站，单机容量为35MW；应用水头最高的水电站是广西天湖水电站，电站水头1074m，总装机容量60MW，采用立轴双喷嘴水斗式机组。

二滩水电站位于四川省的雅砻江上，是目前我国已建成的最大水电站，总装机容量3300MW，混流式机组，其240m高的双曲拱坝在同类型坝中排名世界第三，亚洲第一。

正在建设中的三峡水电站位于长江西陵峡中段，是目前世界上最大的水电站。电站安装26台单机容量为700MW的混流式机组，总装机容量为18200MW。水轮发电机组最大容量为840MVA，是世界上单机容量最大的水轮发电机。电站于1994年12月14日正式开工，至2004年5月1日，三峡水电站已完成8台单机700MW机组的安装并正式投产。

在抽水蓄能电站方面，我国第一座抽水蓄能电站是河北岗南水电站，安装1台单机容量为11MW的抽水蓄能机组。我国第一座大型抽水蓄能电站是河北潘家口抽水蓄能电站，安装3台单机容量为90MW的双转速混流式水泵水轮机抽水蓄能机组，1991年开始投运，全厂设1台60MW静止变频器，供3台机组启动、制动和供1台机组变速运行。我国已建水头最高的抽水蓄能电站是西藏羊卓雍湖抽水蓄能电站，电站水头达840m，采用了4台单机容量为22.5MW的三机式抽水蓄能机组。广州抽水蓄能电站是目前世界上已建成的最大抽水蓄能电站，安装8台单机容量为300MW的可逆式机组，1994年开始投产。

2. 水轮机调速器

水轮机调速器的发展经历了机械液压调速器、电液调速器、微机调速器三个发展阶段。20世纪50年代先后仿制生产了T型、CT—40型机调和电子管式电调；60年代设计制造XT小型、TT特小型机调，并在80年代将XT型改进为YT型，从而成为我国机调的代表性产品。70年代初，研制晶体管式电调，并从分立式电子元件发展到集成电路式电调。80年代初，研制了以微处理器为核心的电调，并开始研制适应性变参数、并联PID式微机调节器，其调速产品如WT—S双微机调速器（Z80单板机）、SJ－700系列微机调速器等。90年代以来，逐步开发和应用可编程控制器（PLC）或可编程计算机控制器（PCC）控制的水轮机微机调速器。目前，PLC型调速器已成为我国微机调速器的主导产品。

3. 我国水电建设展望

20世纪，我国已基本完成全国12个大水电基地的部署，完成了长江、黄河、珠江等七大江河流域综合规划和补充修订工作，以及红水河、乌江、大渡河、澜沧江、怒江等数十条河流或河段水电开发规划报告及补充报告。21世纪初，主要是大力加快大型水电基地的建设，尽快开发西部水电富矿，实现“西电东送”，到2010年基本形成北、中、南电网的互联，至2020年将形成基本覆盖全国的统一电网。

据统计，到2004年底，全国水电装机容量将已超过1亿kW，占全国总装机容量比重达到27%，位居水电装机容量世界第一。根据国家经济社会发展的规划，到2010年，三峡水电站将建成并全部投产，我国水电装机容量可望达到1.25亿kW，占电力总装机容量的比重约为28%；到2015年，我国水电装机容量可望达到1.5亿kW，占电力总装机容量比重可保持在28%，占可开发水电装机容量的40%。

“十五”期间，国家重点计划开工建设的大型和特大型水电站有红水河龙滩5400MW、澜沧江小湾4200MW、大渡河瀑布沟3300MW、乌江构皮滩3000MW、清江水布垭1840MW、黄河上游公伯峡1500MW等。目前，金沙江溪洛渡12000MW和向家坝6000MW电站正积极开展前期工作。同期，将筹建总装机容量超过11000MW的抽水蓄能电站。

随着我国经济的腾飞，对电能的需求还会进一步扩大，这将促进我国电力建设的更快发展，水力发电的众多优势也将使我们的水电事业面临更加广阔的发展前景。

第1章

水轮机概论

1.1 水轮机的基本参数

水轮机是把水流能量转换成旋转机械能的水力机械，是水电厂最主要的动力设备。水轮机主轴带动发电机轴旋转，利用发电机将机械能转换成电能。水轮机一般装在水电站的厂房内，如图1-1所示，当水流经引水道进入水轮机，由于水流和水轮机的相互作用，水流的能量便传给了水轮机，水轮机获得能量后开始旋转而做功。因为水轮机轴和发电机轴相连，水轮机便把它获得的能量传给了发电机，并驱动带有磁场的发电机转子转动而形成旋转磁场，发电机定子绕组切割磁力线而感应出电动势，带上外负荷后便输出了电流。

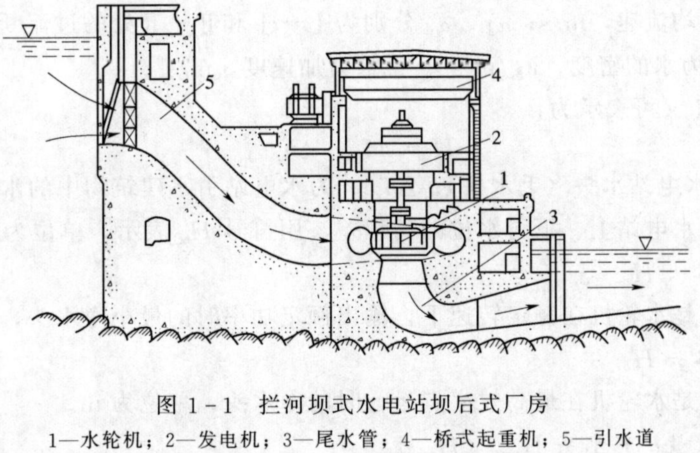

图1-1　拦河坝式水电站坝后式厂房

1—水轮机；2—发电机；3—尾水管；4—桥式起重机；5—引水道

当水流通过水轮机时，水能即转变成机械能，这一工作过程的特性可用水轮机基本参数来表征。其基本参数有：水头 H、流量 Q、功率 P、效率 η 和转速 n 等。

1.1.1 水轮机水头 *H*

1. 净水头 H

净水头是水轮机进口与出口测量断面的总水头差，即水轮机做功用的有效水头，用符号 H 表示，单位为 m。图 1－2 为反击式水电站水轮机装置示意图。

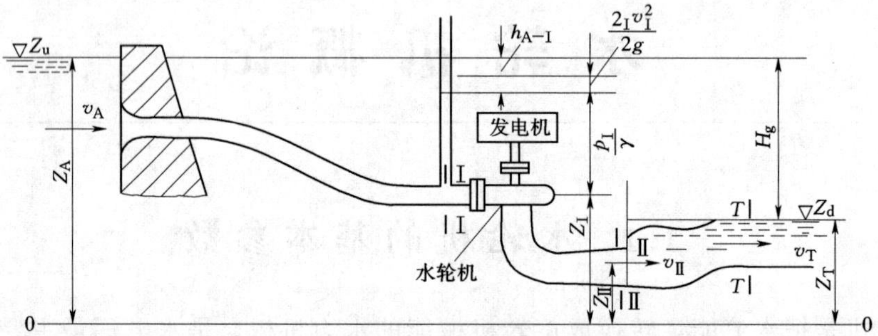

图 1－2　立轴反击式水轮机的工作水头

对于反击式水轮机，进口断面取在蜗壳进口处Ⅰ－Ⅰ断面，出口断面取在尾水管出口Ⅱ－Ⅱ断面，则净水头为：

$$H=\left(Z_{\mathrm{I}}+\frac{p_{\mathrm{I}}}{\rho g}+\frac{\alpha_{\mathrm{I}} v_{\mathrm{I}}^2}{2g}\right)-\left(Z_{\mathrm{II}}+\frac{p_{\mathrm{II}}}{\rho g}+\frac{\alpha_{\mathrm{II}} v_{\mathrm{II}}^2}{2g}\right) \tag{1-1}$$

式中：Z_{I}、Z_{II} 分别为断面Ⅰ－Ⅰ和Ⅱ－Ⅱ处相对于某基准的位置高度，m；p_{I}、p_{II} 分别为断面Ⅰ－Ⅰ和Ⅱ－Ⅱ处的流体压强，Pa；v_{I}、v_{II} 分别为Ⅰ－Ⅰ和Ⅱ－Ⅱ处过流断面的平均流速，m/s；α_{I}、α_{II} 分别为Ⅰ－Ⅰ和Ⅱ－Ⅱ处的过流断面速度分布不均匀系数；ρ 为水的密度，kg/m³；g 为重力加速度，m/s²。

净水头 H 又可表示为：

$$H=H_g-\Delta h_{A-\mathrm{I}} \tag{1-2}$$

式中：H_g 为水电站水头（毛水头）；$\Delta h_{A-\mathrm{I}}$ 为水电站引水建筑物中的水力损失。

毛水头是水电站上、下游水位的高程差，用符号 H_g 表示，单位为 m。

2. 额定水头 H_r

额定水头是水轮机在额定转速下，输出额定功率时的最小净水头，单位为 m。

3. 设计水头 H_d

设计水头是水轮机在最高效率点运行时的净水头，单位为 m。

4. 最大（最小）水头 H_{max}（H_{min}）

最大水头 H_{max} 是指电站最大水头减去一台机组空载运行时引水系统所有水头损失后的工作水头，单位为 m；最小水头 H_{min} 是指电站最小水头减去水轮机发出允许功率时引水系统所有水头损失后的工作水头，单位为 m。

5. 加权平均水头 H_w

加权平均水头是在电站运行范围内，考虑负荷和工作历时的水轮机水头的加权平均值，单位为 m。

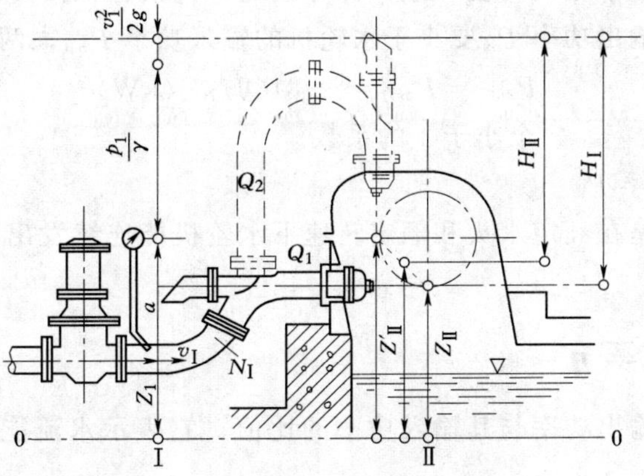

图 1－3　卧轴水斗式水轮机水头

对于冲击式水轮机，以图 1－3 卧轴水斗式水轮机为例，净水头 H 则为喷嘴进口断面与射流中心线（两者距离为 a）跟转轮节圆相切处单位质量水流机械能之差，即

$$H = \left(Z_{\mathrm{I}} + a + \frac{p_{\mathrm{I}}}{\rho g} + \frac{\alpha_{\mathrm{I}} v_{\mathrm{I}}^2}{2g}\right) - Z_{\mathrm{II}} \tag{1-3}$$

1.1.2 水轮机流量 Q

水轮机流量是单位时间内通过水轮机进口测量断面的水的体积，用符号 Q 表示，单位为 m^3/s。即

$$Q = Fv \quad (m^3/s) \tag{1-4}$$

式中：F 为水轮机过水断面面积，m^2；v 为过水断面平均流速，m/s。

1. 额定流量 Q_r

额定流量是水轮机在额定水头、额定转速下，输出额定功率时的流量，单位为 m^3/s。

2. 水轮机空载流量 Q_0

水轮机空载流量是水轮机在额定水头和额定转速下，输出功率为零时的流量，单位为 m^3/s。

1.1.3 水轮机功率 P

1. 水轮机输入功率 P_{in}

水轮机输入功率是水轮机进口水流所具有的水力功率，单位为 kW 或 MW。

$$P_{in} = \rho g Q H = 9.81QH \quad (kW) \tag{1-5}$$

2. 水轮机输出功率 P_{out}

水轮机输出功率是水轮机主轴输出的机械功率，单位为 kW 或 MW。

由于水流在通过水轮机时会产生一部分损耗，包括容积损失、水力损失和机械损失，因此水轮机的输出功率 P_{in}要小于水轮机的输入功率 P_{out}，两者关系为：

$$P_{out} = P_{in}\eta = 9.81QH\eta \quad (kW) \tag{1-6}$$

式中：η 为水轮机效率，一个小于 1 的系数。

3. 额定输出功率 P_r

额定输出功率是在额定水头和额定转速下水轮机能连续发出的功率，单位为 kW 或 MW。

1.1.4 水轮机效率 η

效率是水轮机输出功率与其输入功率的比值。它表示水流能量的有效利用程度，即

$$\eta = \frac{P_{out}}{P_{in}} \tag{1-7}$$

水轮机的效率与设计、制造工艺及运行工况有关。对于某水轮机而言，在最优运行工况时水轮机效率最高，水轮机各效率中的最大值即最优效率。目前水轮机效率最高可达 93%～96%。

1.1.5 水轮机转速 n

水轮机转速是指水轮机转轮单位时间内旋转的圈数，用符号 n 表示，单位为 r/min。

额定转速 n_r 是水轮发电机组按电站设计选定的稳态同步转速。

水轮机的旋转方向是从发电机轴端看到的转轮的旋转方向。贯流式水轮机则从上游向下游方向看。水泵水轮机的旋转方向取水轮机工况的旋转方向。

1.2 水轮机的类型及应用

1.2.1 水轮机的基本类型

水轮机属于水力机械中的一种，即水力原动机。不同的水头和流量，所适用的水轮机型式与种类也不一样。现代水轮机按水能利用的特征分为两大类，即反击式水轮

机和冲击式水轮机，见表1-1。

表1-1 水轮机型式及其适用范围

类 型	型 式		适用水头（m）
反击式	混流式		25～700
	轴流式	轴流转桨式	3～80
		轴流调桨式、定桨式	3～50
	斜流式		40～120
	贯流式	贯流转桨式	＜20
		贯流调桨式	
		贯流定桨式	
冲击式	水斗式（切击式）		100～2000
	斜击式		20～300
	双击式		5～150

1. 反击式水轮机

转轮利用水流的压力能和动能做功的水轮机是反击式水轮机。在反击式水轮机流道中，水流是有压的，水流充满水轮机的整个流道，从转轮进口至出口，水流压力逐渐降低。水流通过与叶片的相互作用使转轮转动，从而把水流能量传递给转轮。为减少水流与叶片相互作用时的能量损失，反击式水轮机的叶片断面多是空气动力翼型形状。反击式水轮机根据其适应的水头和流量的不同，又分为混流式、轴流式、斜流式和贯流式四种型式。

2. 冲击式水轮机

转轮只利用水流动能做功的水轮机是冲击式水轮机。冲击式水轮机的明显特征是：水流在进入转轮区域之前，先经过喷嘴形成自由射流，将压能转变为动能，自由射流以动能形式冲动转轮旋转，故称为冲击式。在冲击式水轮机流道中，水流沿流道流动过程中保持压力不变（等于大气压力），水流有与空气接触的自由表面，转轮只是部分进水，因此水流是不充满整个流道的。为适应于利用水流动能做功的需要，冲击式转轮叶片一般呈斗叶状。按射流冲击转轮叶片的方向不同可分为水斗式（切击式）、斜击式和双击式。

1.2.2 各类型水轮机的特点及应用范围

1. 混流式水轮机（图1-4）

混流式水轮机是指轴面水流径向流入、轴向流出转轮的反击式水轮机，又称法兰西斯式水轮机或辐向轴流式水轮。最早发明这种水轮机的是1847年在美国工作的英国工程师法兰西斯。

混流式水轮机为固定叶片式水轮机，混流式转轮由上冠、叶片、下环连成一个整体。因此结构简单，具有较高的强度，运行可靠，效率高，应用水头范围广，一般用于中高水头水电站，大、中型混流式水轮机应用水头范围为30～450m。水泵混流式水轮机应用水头高达700m。中、小型混流式水轮机的适用水头范围为25～300m。

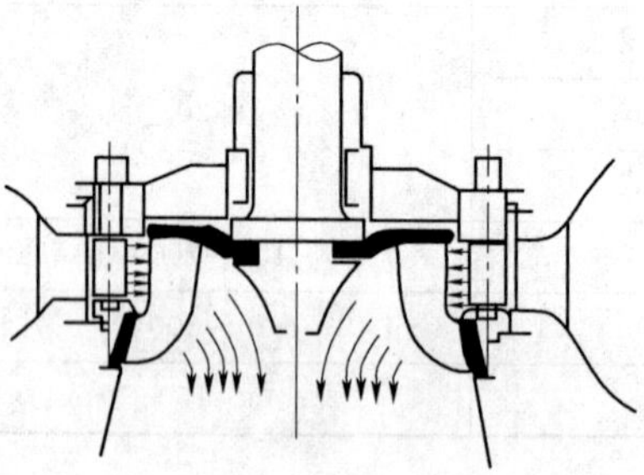

图1-4 混流式水轮机

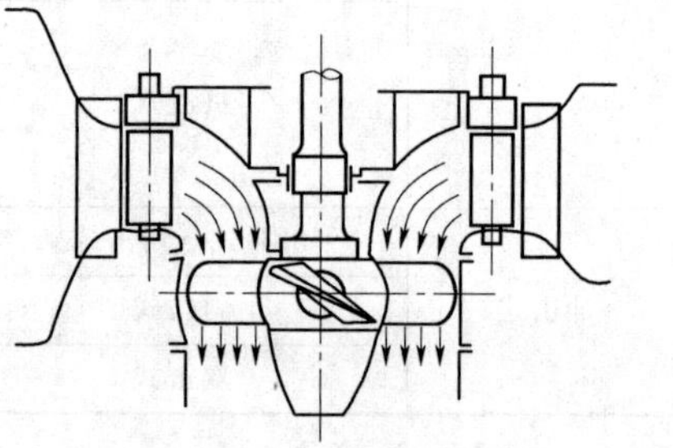

图1-5 轴流式水轮机

2. 轴流式水轮机（图1-5）

轴流式水轮机是指轴面水流轴向进、出转轮的反击式水轮机。其转轮形似螺旋桨，水流在转轮区域是轴向流进轴向流出的。根据叶片在运行中能否相对转轮体自动调节角度，又分为轴流转桨式、轴流调桨式和轴流定桨式。

（1）轴流转桨式水轮机。轴流转桨式水轮机是指转轮叶片可与导叶协联调节的轴流式水轮机，又称卡普兰式水轮机。其转轮叶片可以根据运行条件调整到不同角度，转轮叶片角度在不同水头下与导水叶开度都保持着相应的协联关系，实现了导水叶与转轮叶片双重调节，扩大了高效率区的范围，使水轮机有较好的运行稳定性。但它需要一套转动叶片的操作机构，因此，结构较复杂，造价高。轴流转桨式水轮机主要用于大中型水电站，应用水头范围在3～80m之间。

（2）轴流调桨式水轮机。轴流调桨式水轮机是指仅转轮叶片可调节的轴流式水轮机，又称托马式水轮机。

（3）轴流定桨式水轮机。轴流定桨式水轮机是指转轮叶片不可调的（或停机可调的）轴流式水轮机。其转轮叶片相对转轮体是固定不动的，其出力仅仅依靠导水叶来调节，结构简单，造价低，但在偏离最优工况时效率会急剧下降。因此，一般用于功率及水头变幅较小的小型水电站，应用水头通常为3～50m。

3. 斜流式水轮机（图 1-6）

斜流式水轮机是指轴面水流以倾斜于主轴的方向进、出转轮的反击式水轮机。其转轮在结构与性能方面介于轴流式与混流式之间。斜流式转轮也可分为转桨式和定桨式，一般是转桨式。与轴流转桨式类似，斜流转桨式水轮机的转轮叶片在运行中一般也可以改变角度，从而实现双重调节，但结构复杂，制造难度大。斜流式水轮机有较宽的高效率区，常用于抽水蓄能式水电站，作为水泵水轮机使用。这种水轮机的应用水头为 40～120m。

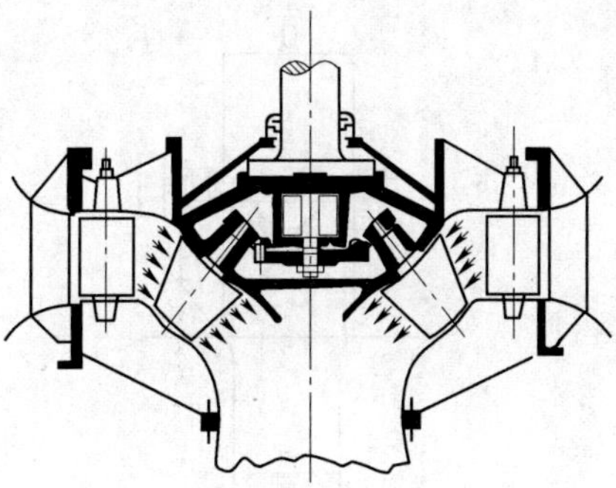

图 1-6 斜流式水轮机

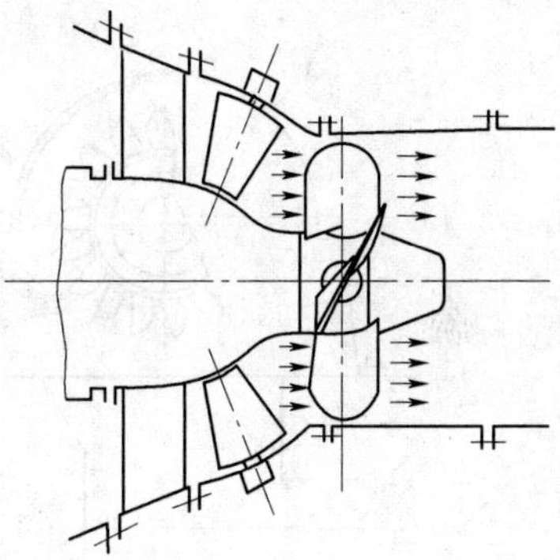

图 1-7 贯流式水轮机

4. 贯流式水轮机（图 1-7）

贯流式水轮机是指过流通道呈直线（或S形）布置的轴流式水轮机。贯流式水轮机为卧轴布置，进水管、转轮室与尾水管为同一中心线，水流在整个水轮机流道中“直贯”而过，故称为贯流式。这种水轮机水力损失小，过流能力大，适用于水头为 2～20m 的低水头水电站。

贯流式水轮机的转轮与轴流式水轮机相同，只是流道形式有区别。贯流式转轮也可分为贯流转桨式、贯流调桨式和贯流定桨式。此外，根据流道布置形式的不同，又分为全贯流式与半贯流式。贯流式水轮机转轮可设计成双向流动方式在潮汐电站中使用。

5. 水斗式水轮机（图 1-8）

水斗式水轮机是指转轮叶片呈斗形，且射流中心线与转轮节圆相切的冲击式水轮机，又称贝尔顿水轮机，或称切击式水轮机。它靠从喷嘴出来的射流沿转轮切线方向冲击转轮而做功，因此称为切击式。这种水轮机的叶片如勺状水斗，均匀排列在转轮的轮辐外周，故此又称为水斗式。水斗式水轮机适用于高水头小流量的水电站。小型水斗式水轮机的应用水头为 40～250m，大型水斗式水轮机用于 200～450m 水头的电站，目前最高应用水头达1772m。

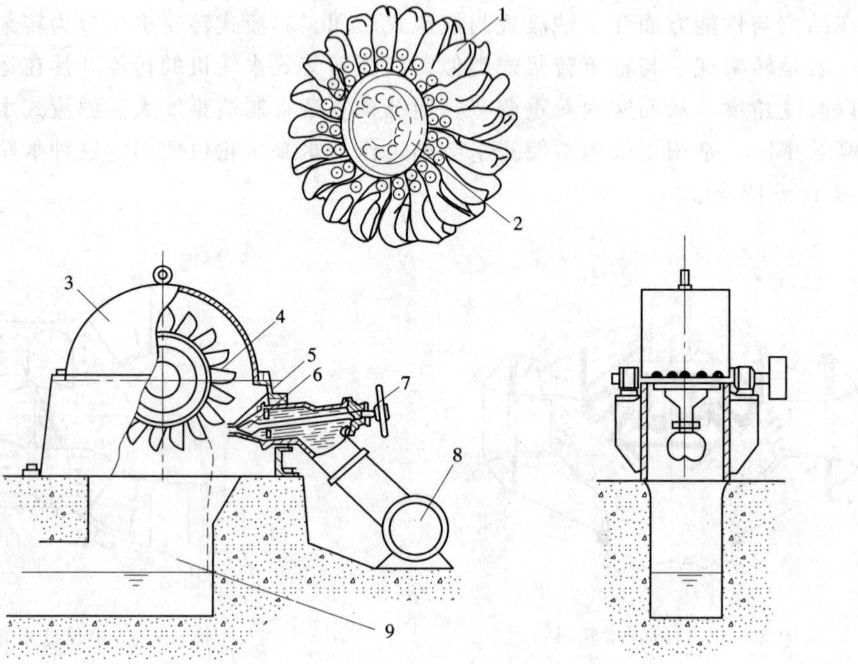

图1-8 水斗式水轮机

1—水斗；2、4—转轮；3—机壳；5—喷嘴；6—针阀；

7—调速手轮；8—压力水管；9—尾水渠

6. 斜击式水轮机（图1-9）

斜击式水轮机是指转轮叶片呈碗形，且射流中心线与转轮转动平面呈斜射角度的冲击式水轮机。它靠从喷嘴出来的射流以一定角度（一般约22.5°）斜向冲击转轮叶片做功。它的结构简单，造价低，一般用于中小型水电站中，适用水头25～300m。

7. 双击式水轮机（图1-10）

双击式水轮机是指转轮叶片呈圆柱形布置，水流穿过转轮两次作用到转轮叶片上的冲击式水轮机。其特点是喷嘴出来的射流首先从转轮的外周进入部分叶片流道，并将约80%的水流能量传递给转轮，然后，这部分水流再从转轮内部二次进入另一部分叶片流道，将剩余的能量传递给转轮。由于水流两次冲击转轮叶片，称之为双击式。它结构简单，制造方便，但效率低。一般用于小型水电站，适用水头为5～150m。

8. 水泵水轮机

水泵水轮机是指既可作水轮机运行又可作蓄能泵运行的水力机械，亦称可逆式水轮机。同一水轮机，既可作为水轮机运行又能作为水泵运行，工作状态具有可逆性。这种水轮机的转轮兼有水轮机和水泵的特点，当它在水泵工况和水轮机工况运行时旋转方向相反，而且水流方向相反。可逆式水轮机用在抽水蓄能电站，调节电力系统的峰谷差。在用电低谷时，它消耗系统电能作水泵运行，将下游水池的水抽到上游水库；在用电高峰时，将上游水库的池水放下，它作为水轮机运行向系统输送电力。可逆式水轮机分混流式、斜流式和轴流式。混流式的应用水头为50～700m；斜流式的应用水头为20～200m；轴流式的应用水头为15～40m。

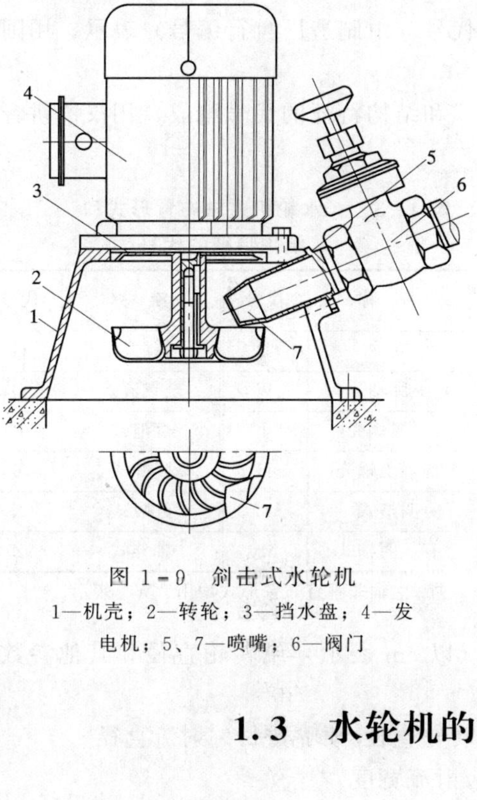

图1-9 斜击式水轮机

1—机壳；2—转轮；3—挡水盘；4—发电机；5、7—喷嘴；6—阀门

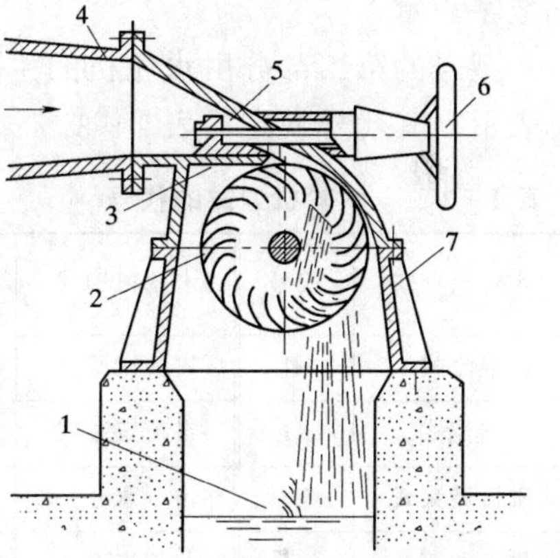

图1-10 双击式水轮机

1—尾水渠；2—转轮；3—调节挡板；4—压力水管；5—喷嘴；6—调速手轮；7—机壳

1.3 水轮机的型号及装置方式

1.3.1 水轮机的型号

1. 水轮机型号的编制方法

现在我国水轮机型号的编制依照JB/T 9579—1999《水轮机型号编制方法》。

水轮机产品型号由三部分代号组成，各部分之间用“—”（其长度相当于一个汉字宽）分开。

水轮机型号排列顺序如下。

第一部分 □ □ —— 第二部分 □ □ —— 第三部分 □

- 第一部分：水轮机型式代号、转轮代号
- 第二部分：主轴布置形式代号、水轮机结构特征代号
- 第三部分：转轮直径 D_1(cm)或转轮直径和其他参数

型号的第一部分由水轮机型式和转轮的代号组成。水轮机型式用汉语拼音字母表示，其代号规定见表1-2。

水泵水轮机在水轮机型式代号后增加汉语拼音字母“B”。转轮代号采用水轮机比转速（代号统一由归口单位编制）或转轮代号（由制造厂自行编号）表示，用阿拉伯数字表示。

型号的第二部分由水轮机的主轴布置形式和结构特征的代号组成，用汉语拼音字母表示，其代号规定见表1-3。

表1-2　水轮机型式的代号

水轮机型式	代号	水轮机型式	代号
混流式	HL	贯流调桨式	GT
斜流式	XL	贯流定桨式	GD
轴流转桨式	ZZ	冲击（水斗）式	CJ
轴流调桨式	ZT	斜击式	XJ
轴流定桨式	ZD	双击式	SJ
贯流转桨式	GZ		

表1-3　水轮机主轴布置形式和结构特征的代号

名　称	代号	名　称	代号
立轴	L	罐式	G
卧轴	W	全贯流式	Q
金属蜗壳	J	灯泡式	P
混凝土蜗壳	H	竖井式	S
明槽式	M	虹吸式	X
有压明槽式	My	轴伸式	Z

注　主轴非垂直布置形式均用“W”表示。

型号的第三部分由水轮机转轮直径 D_1（以cm表示）或转轮直径和其他参数组成，用阿拉伯数字表示。

对于水斗式或斜击式水轮机，表示为：转轮直径/喷嘴数目×射流直径

对于双击式水轮机，表示为：转轮直径/射流宽度

2. 水轮机转轮公称直径

据GB/T2900.45—1996《电工术语　水轮机、蓄能泵和水泵水轮机》，转轮公称直径 D_1 的规定如图1-11所示：

对于混流式水轮机是指叶片出水边正面与下环相交处的直径。

对于离心式蓄能泵是指叶轮前盖板进口直径。

对于轴流、斜流和贯流式水轮机（轴流蓄能泵和斜流蓄能泵）是指与叶片轴线相

交处的转轮室内径。

对于水斗式水轮机是指转轮节圆直径。

为了水轮机设计制造上的便利，对水轮机转轮公称直径尺寸系列（cm）规定为：25，30，35，42（40），50，60，71，84（80），100，120，140，160，180，200，225，250，275，300，380，410，450，500，550，600（以下按每50cm进级），…。

上述带括号的直径仅用于轴流式水轮机。实际上，对于大型或巨型水轮机的转轮直径，常考虑机组额定出力、机组的优化运行等条件，有时不严格按系列值确定转轮直径。

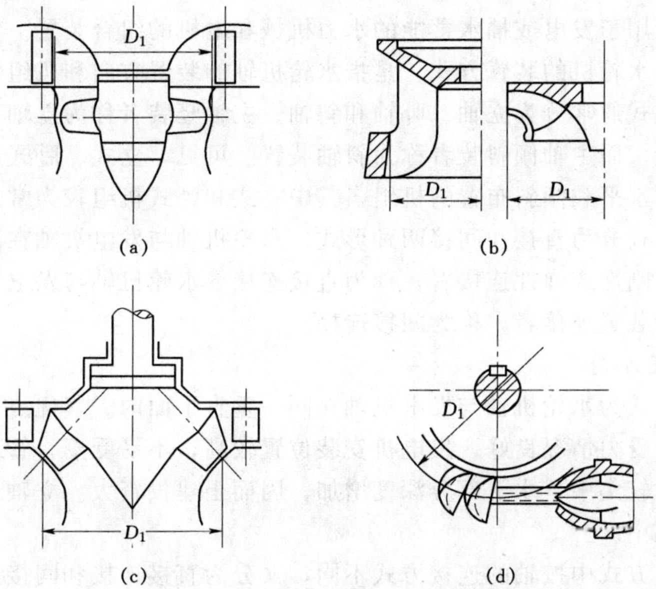

图 1-11 各种水轮机转轮的标称直径

(a) 轴流式；(b) 混流式；(c) 斜流式；(d) 水斗式

3. 水轮机型号示例

例 1 HL220/A153—WJ—84：表示为新入谱转轮型号，转轮代号为220、转轮研制单位的轮转编号为A153、卧轴、金属蜗壳的混流式水轮机，转轮直径为84cm。

例 2 ZZ560—LH—1130：表示转轮代号为560、立轴、混凝土蜗壳的轴流转桨式水轮机，转轮直径为1130cm。

例 3 XLB200—LJ—300：表示转轮代号为200、立轴、金属蜗壳的斜流式水泵水轮机，转轮直径为300cm。

例4 GD800—WP—250：表示转轮代号为800、卧轴、灯泡贯流定桨式水轮机，转轮直径为250cm。

例5 CJ22—W—120/2×10：表示转轮代号为22、卧轴、两喷嘴冲击（水斗）式水轮机，转轮直径为120cm，设计射流直径为10cm。

例6 SJ40—W—50/40：表示转轮代号为40、卧轴、双击式水轮机，转轮直径为50cm，转轮宽度为40cm。

1.3.2 水轮机的装置方式

在水电站中，水轮机和发电机通过轴连接在一起，共同组成水轮发电机组，简称机组。机组是指用于发电或抽水蓄能的水力机械和电机的组合装置。

一般所说的水轮机的装置方式，是指水轮机轴的装置方向和机组的连接方式。水轮机轴的装置方式通常分为立轴、卧轴和斜轴。主轴竖装者称为立轴装置，主轴横装者称为卧轴装置，而主轴倾斜装者称为斜轴装置。可见，立式、卧式和倾斜式机组是指主轴呈铅直、水平和倾斜布置的机组，其中立式和卧式机组较为常用。

机组连接方式分为直接和间接两种形式，水轮机轴与发电机轴在同一轴线上，通过法兰盘用螺栓刚性或弹性连接者，称为直接连接。水轮机轴与发电机轴不在同一轴线上，通过传动装置连接者，称为间接连接。

1. 立轴装置方式

此种装置方式为水轮机轴与发电机轴在同一垂直平面内。其优点是：安装、拆卸方便，轴与轴承受力情况良好，发电机安装位置较高，不易受潮，管理维护方便；其缺点是：负载比较集中，水下部分深度增加，因而土建投资大。立轴装置方式多应用在大中型水轮机中。

在立轴装置方式中按轴的连接方式不同，又分为直接连接和间接连接。由于立轴直接连接的方式不需装设复杂的传动装置，机械损失小，传动效率高，运行维护方便，因此机组尽可能采用直接连接方式，特别是大中型水轮机应用最为普遍。立轴间接连接方式主要应用在农村小型水电站，因水轮机转速较低，而发电机的转速一般较高，无法直接连接，在这种情况下，就必须采用间接连接。

2. 卧轴装置方式

卧式装置方式因机组支承面积较大，故不致产生很大的集中载荷，厂房高度较低但轴和轴承受力情况不好。目前在我国水斗式水轮机、贯流式水轮机和小型混流式水轮机多采用卧轴装置方式。

卧轴直接连接的方式主要应用于大中型水斗式水轮机，贯流式水轮机和中小型混流式水轮机，卧轴间接连接的方式与立式间接连接的方式一样，主要用于农村小型水电站。

复习思考题与习题

1-1　水轮机的主要基本参数有哪些？

1-2　水轮机有哪几种型式？各型式水轮机的特点是什么？

1-3　掌握水轮机型号编制方法的有关规定。

1-4　已知某水电站在设计工况下：上游水位 $Z_u=63\text{m}$，下游水位 $Z_d=44.4\text{m}$，通过水轮机的流量为 $825\text{m}^3/\text{s}$，发电机的效率为 0.968，水轮机的效率为 0.86。如忽略引水建筑物中的水力损失，试求水轮机输出功率和机组功率。

第2章

水轮机构造

2.1 水轮机转轮

反击式水轮机在我国应用较为普遍，并以混流式和轴流式水轮机为主。混流式水轮机不仅结构简单，制造、安装方便，而且有较好的抗空蚀性能，运行可靠，适用水头范围较广，是反击式水轮机中应用最广泛的一种机型。轴流式水轮机以转桨式应用最多，因其叶片可随水头和导叶开度变化而协联转动的特点，其平均效率比混流式水轮机高，但结构复杂、制造成本高，仅适用于负荷变化大、水头相对较低的电站。全国已投入运行的水轮发电机组中，混流式水轮机单机最大容量为700MW（长江三峡水电站），轴流式水轮机单机最大容量为200MW（福建水口水电站）。

2.1.1 混流式水轮机的转轮结构型式

1. 混流式水轮机转轮的组成

转轮是水轮机将水流能量转变为旋转机械能的核心部件，要求转轮具有良好的水力性能，足够的强度和刚度。混流式水轮机转轮一般由上冠3、叶片4、下环7、止漏装置2和6、泄水锥5和减压装置1组成，如图2－1所示。

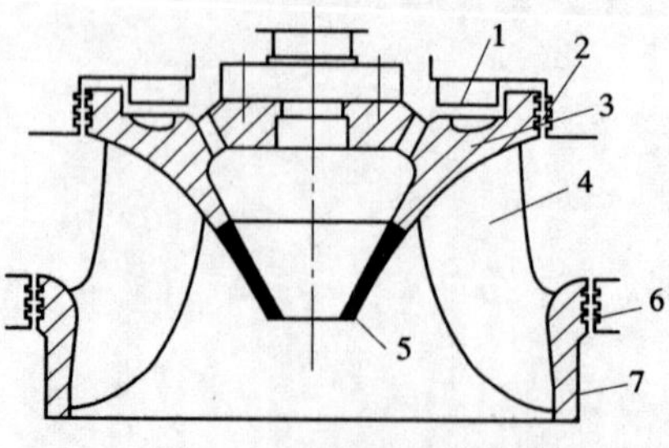

图2－1 混流式转轮

上冠的外形与圆锥体相似，其作用是支承叶片并与下环形成过流通道。上冠的上部中央为均布有数个螺孔的上冠法兰，用以连接主轴；对于小尺寸转轮的上冠不设法兰面，只设带有锥度的中心孔，并与主轴通过锥面定心、轴头螺母定位、键传力矩来获得固定连接。在上冠中心开有中心孔用以减轻重量并作为轴心补气通道，消除转轮内真空。在上冠法兰外围四周开有若干个泄水孔，并装有减压装置，以减小作用在转轮上的轴向水压力。上冠的下锥面上均匀布置着若干个转轮叶片。上冠的外轮缘处装有止漏装置（也称止漏环），减小转动部分与固定部分的漏水损失。叶片呈复杂空间扭曲状，其断面形状为翼型，叶片数目通常为13～18片；叶片上端与上冠相接、下端与下环固连。下环的作用是将全部叶片连成整体，以增加转轮的强度与刚度。泄水锥外形为一空腔圆锥体，用螺栓或焊接将它连接在上冠下方，它的作用是引导由叶片出来的水流顺利地变成轴向，避免水流旋转和互相撞击而造成水力损失。泄水锥的形状和尺寸，直接影响水轮机的效率和振动。

2. 混流式水轮机的转轮结构型式

混流式水轮机适用水头范围广，因应用水头和流量不同，其转轮的形状也各不相同。图2-2（a）用于低水头、大流量的转轮，这类转轮出口直径 D_2 大于进口直径 D_1；图2-2（c）用于高水头、小流量的转轮，这类转轮出口直径 D_2 小于进口直径 D_1；图2-2（b）用于中等水头和流量的转轮，这类转轮出口直径 D_2 和进口直径 D_1 大致相等。由于转轮的应用水头和尺寸大小不同，其结构型式、材料和工艺都有所不同。通常有整铸转轮、铸焊转轮和组合转轮三种。

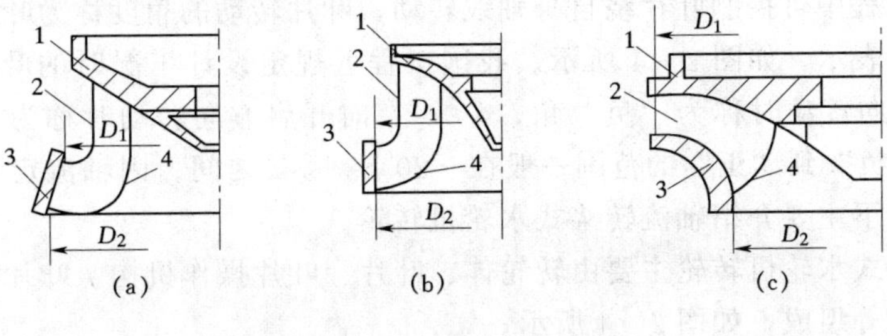

图2-2 混流式转轮形状

(a) $D_1<D_2$；(b) $D_1\approx D_2$；(c) $D_1>D_2$

1—上冠；2—叶片进水边；3—下环；4—叶片出水边

(1) 整铸转轮。是指把叶片、上冠和下环整体铸造而成的转轮。这种结构适用于中小型转轮，特别是小型转轮用得最多。它具有生产周期短，成本低，且有足够的强度。对低水头中小型混流式转轮，可用优质球墨铸铁铸造。对高水头中小型转轮和低水头大型转轮，可采用ZG270—500整铸。对高水头的转轮，为提高其强度和抗磨蚀性能，采用高强度低合金钢ZG20SiMn，在叶片表面易空蚀、磨损部位堆焊耐磨蚀材料。

(2) 铸焊转轮。如图2-3所示，铸焊转轮是指将转轮的上冠、叶片和下环分别铸造，然后焊接成整体，铸焊转轮的不同部位，可以采用不同钢种，使得这种转轮结构更为经济合理，即上冠和下环可采用低合金钢或低碳钢，叶片采用镍铬不锈钢。特

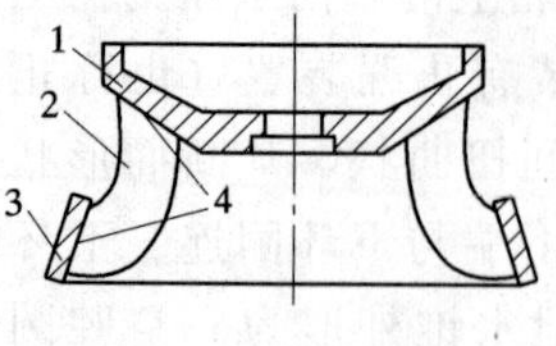

图 2-3 铸焊转轮
1—上冠；2—叶片；
3—下环；4—焊缝

别是近年来一些高效防护材料的应用，如 SPHG1 合金粉末喷焊材料、GB1 焊条和金属陶瓷等。这样做既提高了转轮的抗磨蚀能力，又节省了镍铬不锈钢等稀有材料。但铸焊转轮焊接工作量大，对焊接工艺要求高，要严格控制焊接变形和消除焊接应力等。

(3) 组合转轮。当转轮直径大于 5.5m 时，因受运输条件或铸造能力的限制，有必要把转轮分半制作，运到现场再组合成整体。转轮各部分的组合连接方式不相同，其组合方法也不相同，我国主要采用上冠螺栓连接、下环焊接结构，在上冠连接处有定位销。

2.1.2 轴流式水轮机的转轮结构形式

1. 轴流式水轮机转轮的组成

轴流式水轮机分为轴流定桨式水轮机和轴流转桨式水轮机。轴流定桨式水轮机的叶片固定，结构相对简单，但不能适应水头和负荷变化大的水电站。对于一些季节性变化大的河流，可采用叶片可调转轮，以提高效率，增加发电量。轴流转桨式水轮机转轮在运行过程中可控制叶片绕自身轴线转动，叶片转动的角度称为叶片转角或装置角，通常以 ϕ 表示，如图 2-4 所示。我国工程上规定设计工况时的叶片转角为 $\phi=0°$，向关闭方向转动时称为“负”角，$\phi<0°$；向开启方向转动时称为“正角”，$\phi>0°$；叶片由“负”到“正”的范围一般在 $-20°\sim+35°$ 之间。因轴流定桨式的结构比较简单，故以下主要介绍轴流转桨式水轮机转轮。

轴流转桨式水轮机转轮主要由转轮体、叶片、叶片操作机构、叶片密封装置及叶片的操作系统等组成，如图 2-4 所示。

(1) 转轮体。主要作用是装置转轮叶片和布置转桨操作机构，转轮体又称轮毂，根据外形，可分为圆柱形和球形两种。圆柱形转轮体制造简单，因转轮体与叶片之间间隙随转角不同而改变，在中间位置时最大间隙可达几十毫米，故漏水量大，影响水轮机效率，已逐渐淘汰。球形转轮体制造复杂，但因外形为球形，使其间隙在不同转角下都保持不大于 2～5mm，故漏水量小、水轮机效率高，有利于转桨操作机构的布置，应用广泛。

(2) 叶片。是水流能量转换的主要部件，呈空间扭曲状，断面为翼型，悬臂固定在转轮体上，根据工作水头大小，轴流式水轮机的叶片数目一般为 3～8 片。转轮叶片由叶片本体和枢轴两部分组成。对于尺寸大的转轮，通常把叶片本体和枢轴分开成两部分，这样有利于铸造、加工和安装检修，也便于生产过程两部分采用不同的材料和加工方法。

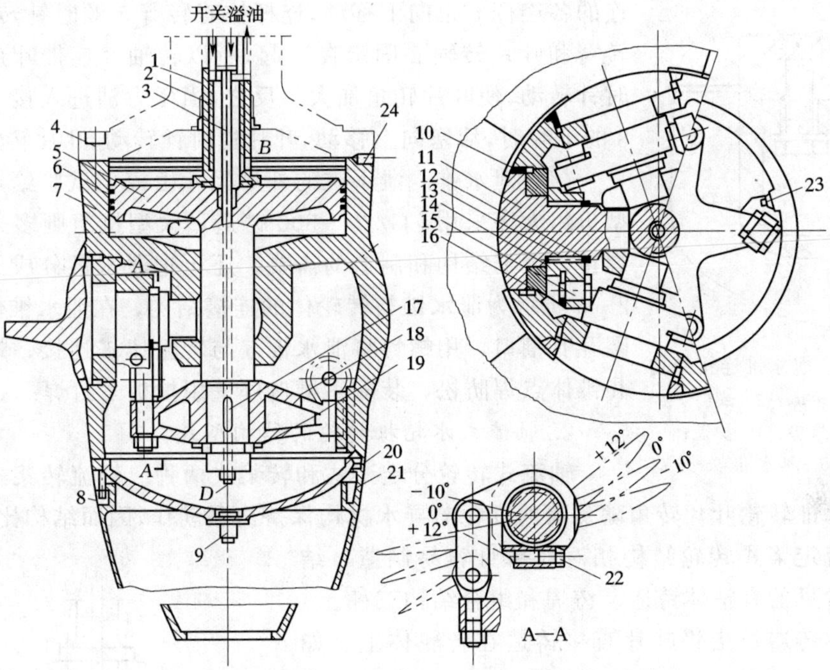

图 2-4　轴流转桨式水轮机转轮

1—外油管；2—内油管；3—溢油管；4—主轴法兰连接螺栓；5—活塞；6—活塞环；7—轮毂；8—泄水锥连接螺栓；9—放油阀；10—密封；11—叶片枢轴；12—卡环；13—圆柱销；14—转臂；15—销轴；16—连杆；17—键；18—操作架；19—分半卡环；20—端盖；21—泄水锥；22—螺栓；23—导向键；24—圆销

(3) 叶片操作机构。叶片操作机构安装在转轮体内，它是由调速器来控制的，其作用是用来改变叶片的转角，使之与导叶开度相适应，即协联关系，从而保证水轮机效率在任一工况下变化不大且较高。

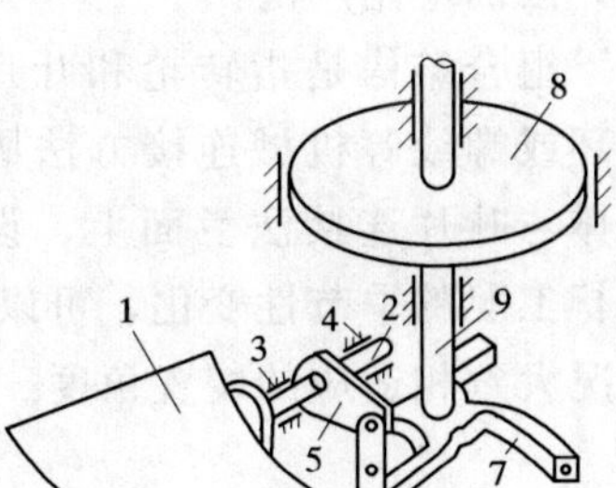

图 2-5　叶片操作机构示意图

1—叶片；2—叶片转轴；3、4—轴承；5—转臂；6—连杆；7—操作架；8—接力器活塞；9—操作轴

叶片操作机构的形式很多，常见的有带操作架和不带操作架两种操作机构，带操作架的又有直连杆和斜连杆两种形式。利用一个操作架同时转动所有叶片的，称为带操作架操作机构。如图 2-5 所示，带操作架操作机构由转轮接力器、操作轴、操作架、连杆、转臂等组成，其工作过程是，当压力油进入接力器活塞 8 的上腔时，便推动活塞下移，操作轴 9 随活塞一起下移，同时带动操作架 7 向下运动，与操作架相

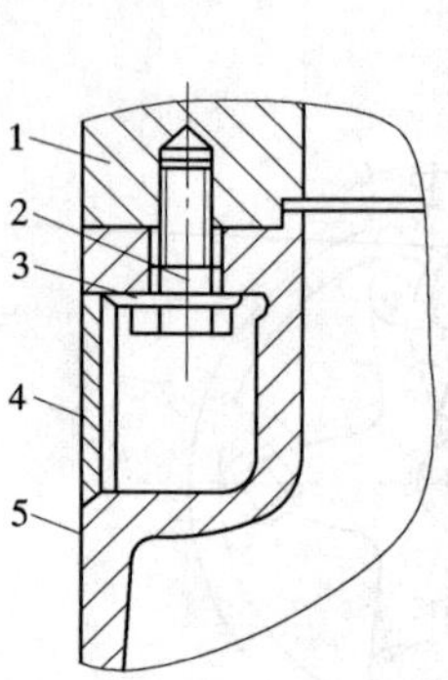

图2-6　泄水锥连接结构
1—转轮体；2—螺钉；3—保险垫；4—护盖；5—泄水锥

连的各连杆6也向下移动，连杆拉着转臂5顺时针转动，由于转臂和叶片转轴2固定在一起，所以转轴2连带叶片1就顺时针转动，使叶片转角加大。反之，当压力油进入接力器活塞8的下腔时，活塞向上移动，叶片逆时针转动，叶片转角减小。

（4）泄水锥。泄水锥的外形尺寸由模型试验给定，中小型机组大多采用ZG270—500铸造；大型机组则多采用钢板焊接，根据结构和制造的需要，还可把泄水锥分成二节。图2-6所示为泄水锥与转轮体的连接结构，在泄水锥体上部周圈开有槽口，用螺钉将泄水锥5与转轮体1连接，螺钉头应和锥体点焊防松，装配后槽口外壁用护板4封焊。

2. 轴流式水轮机转轮的结构型式

轴流式转轮分定桨式和转桨式两种。轴流转桨式转轮由于需要保证转轮叶片转角随负荷的变化与导水机构保持协联动作，因而结构比较复杂。

轴流定桨式转轮结构相对简单且容易制造。结构型式常见的有整体铸造、铸焊和组合结构三种。

整体铸造是指将叶片直接铸造在转轮体上。如图2-7左侧所示，这种转轮结构简单，适用于D_1<60cm的小型机组。

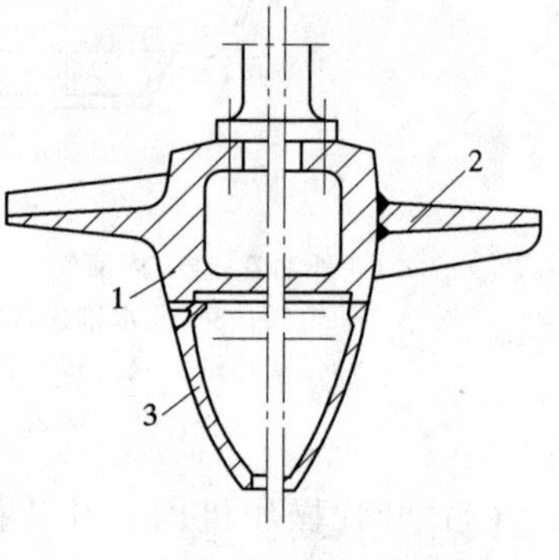

图2-7　轴流定桨式转轮结构
1—整体铸造转轮；2—铸焊转轮叶片；3—泄水锥

铸焊结构是指转轮体和叶片分别铸造、加工，然后再将叶片焊接在转轮体上，如图2-7右侧所示。这种结构能够保证叶片型线准确并合理利用材料，因而应用广泛。

组合结构是指转轮和叶片分别铸造，加工后用卡环或螺纹等机械连接方法固定在转轮体上。在转轮体与叶片连接法兰面上，设计若干定位销孔，随运行工况的季节性变化，可以停机后人工调整定位销位置，保证叶片有若干个与运行工况大致相适应的装置角度。这种结构适用于大中型的轴流定桨式转轮。

2.2 水轮机导水机构

2.2.1 导水机构的型式

反击式水轮机导水机构的作用是形成和改变进入转轮水流的环量，保证水轮机具有良好的水力特性，调节水轮机流量，改变机组输出功率，机组停机时，用于截断水流。水轮机导水机构按其导叶轴线布置可分为三种型式。

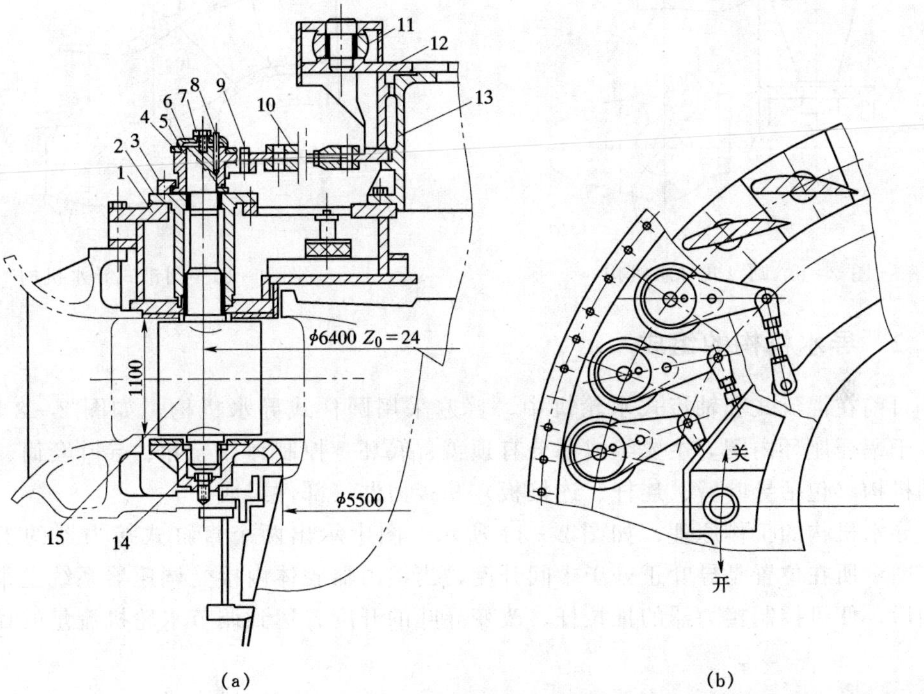

图 2-8　圆柱式导水机构

1—顶盖；2—套筒；3—止推压板；4—连接板；5—导叶臂；6—端盖；7—调节螺钉；8—分半键；9—剪断销；10—连杆；11—推拉杆；12—控制环；13—支座；14—底环；15—导叶

(1) 圆柱式导水机构。如图 2-8 所示为导叶轴线布置在圆柱面的结构示意图。这种结构的导水机构制造方便，能保证水轮机有足够高的效率，因而获得了广泛采用。

(2) 圆盘式导水机构。如图 2-9 所示为导叶轴线与机组轴线垂直的圆盘式导水机构示意图，这种导水机构一般用于贯流式水轮机中。

(3) 圆锥式导水机构。如图 2-10 所示为导叶轴线与水轮机轴线成一锥角布置的圆锥式导水机构示意图。由于导叶布置在圆锥面上，所以结构和制造都比较复杂，一般应用于灯泡式或斜流式水轮机上。

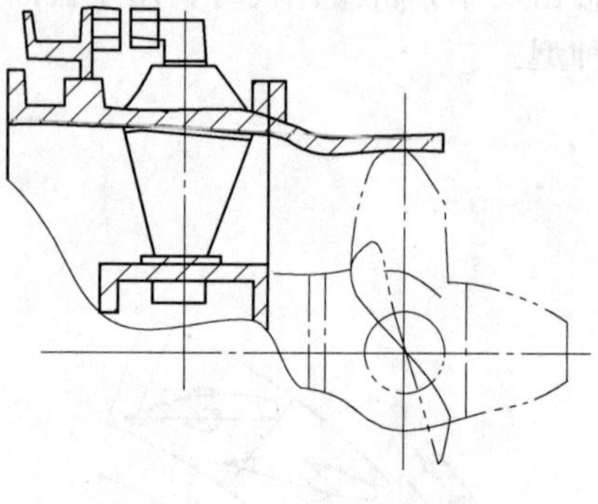

图 2－9　圆盘式导水机构

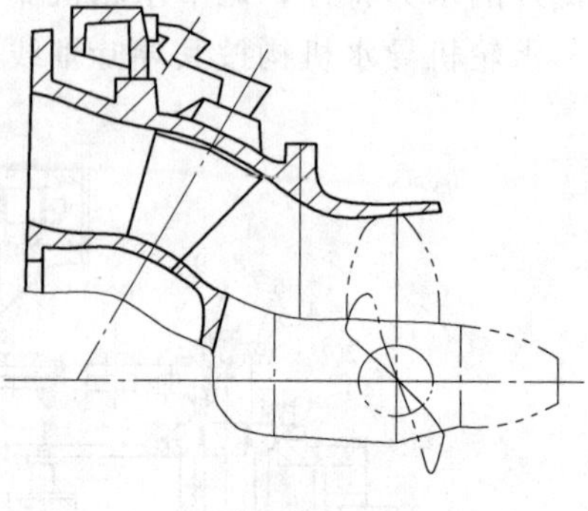

图 2－10　圆锥式导水机构

2.2.2　导水机构的组成

目前在混流式和轴流式水轮机中，普遍采用圆柱式导水机构，如图 2－8 所示。它位于蜗壳座环内圈，主要组成部分有顶盖、底环、控制环、导叶、导叶套筒、导叶传动机构（包括导叶臂、连杆、连接板）和接力器等部件组成。

导水机构的工作原理，如图 2－11 所示。图中示出两个直缸式接力器的工作情况，图示所在位置是导叶正处于中间开度，当接力器腔体内接受调速器系统送来的压力油后，便可控制接力器的推拉杆，改变导叶的开度，达到调节水轮机流量的目的。

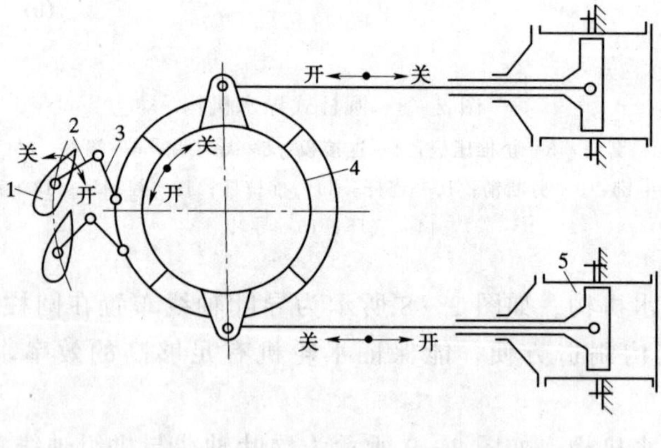

图 2－11　导水机构工作原理图

1—导叶；2—导叶臂；3—连杆；4—控制环；5—接力器

1. 导叶结构

（1）导叶。导叶是导水机构的主要组成部件，均匀分布于转轮的外围、底环和顶盖之间。导叶的断面形状为翼型，首端较厚，尾端较薄，这样既可以保证强度又可以减少水力损失。导叶一般由导叶体和导叶轴组成，有三种结构型式：第一种是整体铸造，如图 2-12（a）所示，为了减轻导叶重量，通常做成中空导叶，壁厚由强度计算或铸造工艺可行性确定。第二种是铸焊导叶，如图 2-12（b）所示，导叶体和轴分别铸，然后再焊接在一起。第三种是焊接导叶，如图 2-12（c）所示，导叶体都用钢板压制后，再焊接成型，最后与导叶轴焊成整体。铸造导叶材料一般采用 ZG270—500 或 ZG20SiMn；焊接导叶一般用钢板制造，对中、高水头的电站，导叶可采用尾部铺焊不锈钢材料，提高抗空蚀能力。对于含泥沙量较大的电站，还可在导叶头部堆焊抗磨材料。

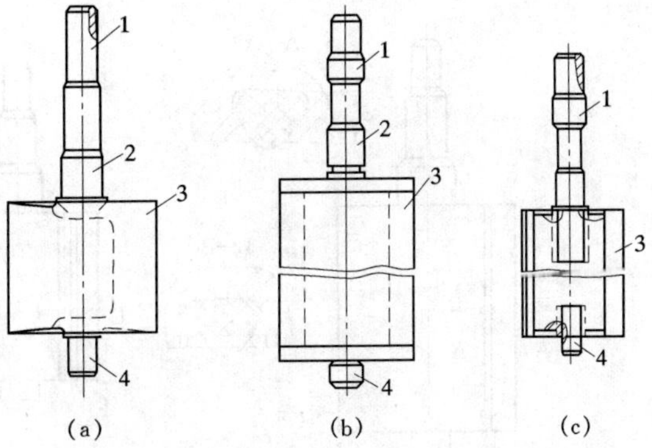

图 2-12 导叶结构

（a）整铸导叶；（b）铸焊导叶；（c）焊接导叶

1—上轴颈；2—中轴颈；3—导叶体；4—下轴颈

（2）导叶密封结构。机组停机时导水机构必须封水严密，否则会因泄漏造成间隙空蚀，严重时会造成无法停机或调相机组压水失败。泄漏主要在导叶立面间隙和导叶端面间隙两处。导叶的立面间隙是导叶关闭后，导叶头部与相邻导叶尾部接触面间形成的间隙；导叶端面间隙是指导叶上端面与顶盖之间及导叶下端面与底环之间的间隙。对应的密封分别称为导叶立面密封和导叶端面密封。导叶的立面密封一般有两种，一种是直接对导叶头部和尾部相接触面进行研磨，使其紧密接触而止水，这种多应用于中小型水轮机和中高水头的水轮机。另一种是在其接触面上装设密封条，图 2-13（a)为装设密封橡胶条，这种结构缺点是橡胶条被水冲走后，泄漏量反而增加；对于高水头电站宜装设密封铅条，以防高压水流冲走密封条，如图 2-13（b）所示。导叶的端面密封如图 2-13（c）所示，一般也用橡胶条密封；对密封要求不高的中小型非调相机组和不宜采用橡胶条密封的高水头机组，一般可采用间隙密封，但应控制端面间隙≤1.5mm。

2. 导叶的附件

（1）导叶的支承与轴颈密封。导叶轴颈分上、中、下三处，用轴套（滑动轴承）支承，其上轴套带有凸缘端面以克服导叶自重，过去轴套多采用铸锡青铜，目前广泛采用具有自润滑性能的工程塑料制成的弹性钢背尼龙复合瓦。用来安装上、中轴套的构件称导叶套筒，一般为 HT200 整体圆筒形铸造件，如图 2-14 所示；大型机组中，

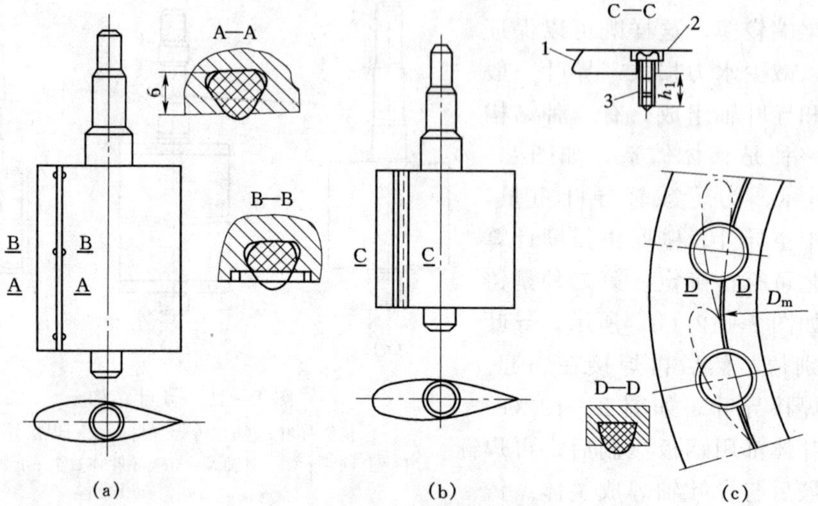

图 2-13　导叶立面和端面密封

1—铅条；2—导叶体；3—螺钉

有些采用分段套筒结构，如图 2-15 所示。对水头较高的机组，当水压上浮力超过导叶自重时，在导叶套筒上需装设止推装置，以防止导叶向上抬起，如图 2-16 所示。导叶的上、中轴承安装于导叶套筒中，如图 2-17 所示。为防止压力水从导叶轴颈和导叶套筒之间的间隙漏至顶盖，一般在导叶套筒下端装设轴颈密封。导叶密封材料过去多采用“U”形牛皮密封，封水性能较好，但结构复杂，现在机组中多采用“L”形密封，如图 2-18 所示。这种密封是靠水压紧密封面来起封水作用的，为形成水压差，在轴套和套筒上开有排水孔，漏水从此孔进入顶盖。密封圈材料采用中硬耐油橡胶。导叶下轴套的密封主要是为防泥沙进入轴颈，可采用“O”形橡皮圈密封，如图 2-19 所示。

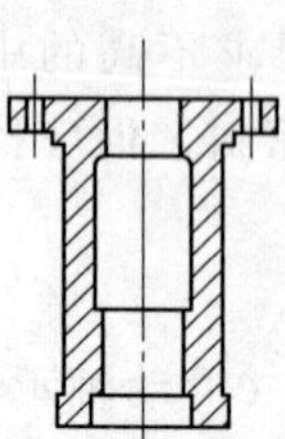

图 2-14　整体导叶套筒

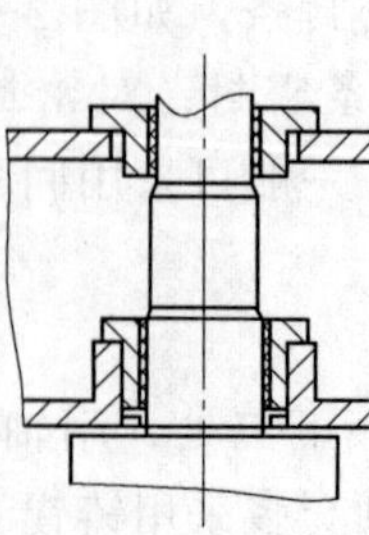

图 2-15　分段导叶套筒

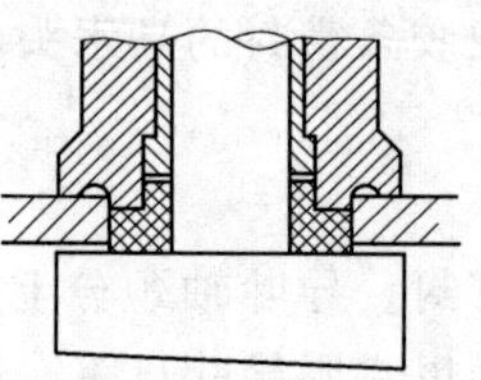

图 2-16　止推结构

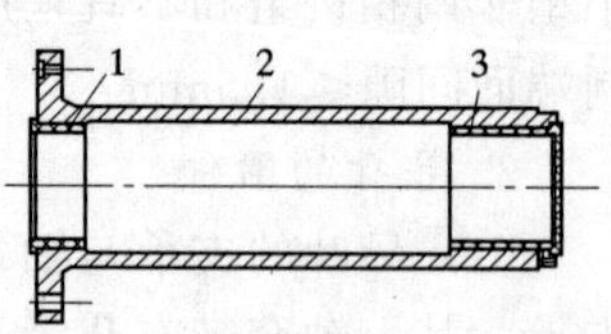

图 2-17　导叶上中轴套

1—上轴承；2—套筒；3—中轴承

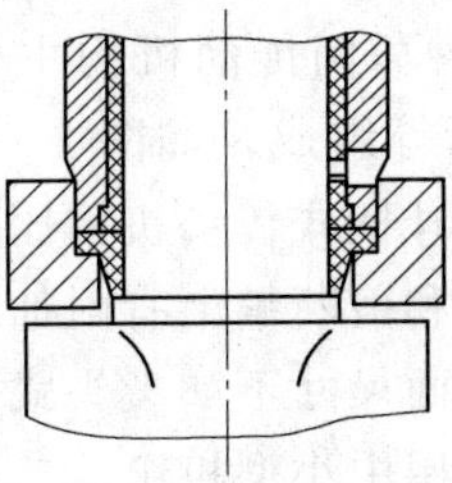

图 2-18 “L”形密封圈

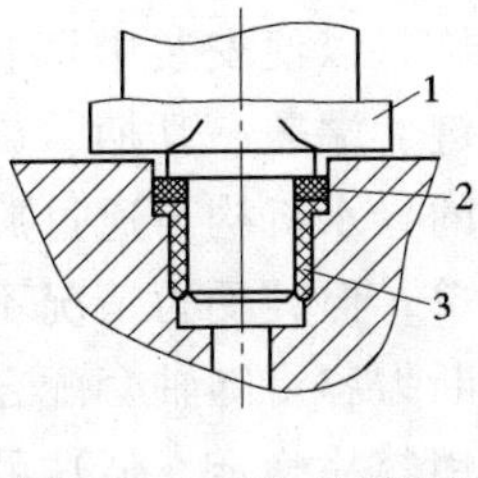

图 2-19 导叶下轴套

1—导叶；2—“O”形密封；3—下轴套

(2) 导叶的传动机构。作用是传递导叶接力器压力油的作用力，使导叶转动，以达到开、关导叶，实现调节机组流量的目的。导叶传动机构的形式常用的有叉头式传动机构和耳柄式传动机构两种。叉头传动机构主要由导叶臂、连接板、叉头、叉头销、连接螺杆、分半键、剪断销、轴套、端盖和补偿环等组成，如图 2-20 所示，这种结构的传动机构受力情况较好，适用于大、中型机组。工作过程如下：当接力器推拉杆推动控制环转动时，通过叉头 3、连接螺杆 8、连接板 5、剪断销 4 带动导叶臂 6 动作，然后使导叶转动，以改变导叶开度大小，从而达到调节流量的目的。导叶臂与导叶用分半键 7 连接，直接传递操作力矩。导叶臂上装有端盖，用调节螺钉把导叶悬挂在端盖上。由于采用了分半键，因此在调整导叶体上下端面间隙时，导叶上下移动，而其他传动件位置不受影响。叉头式传动机构中，在导叶臂与连接板上装有剪断销，如果导叶间因异物卡住，有关传动件的操作力将急剧增大，当应力增高到 1.5 倍时，剪断销首先剪断，保护其他传动件不受损坏。此外，在连接板或控制环与叉头连

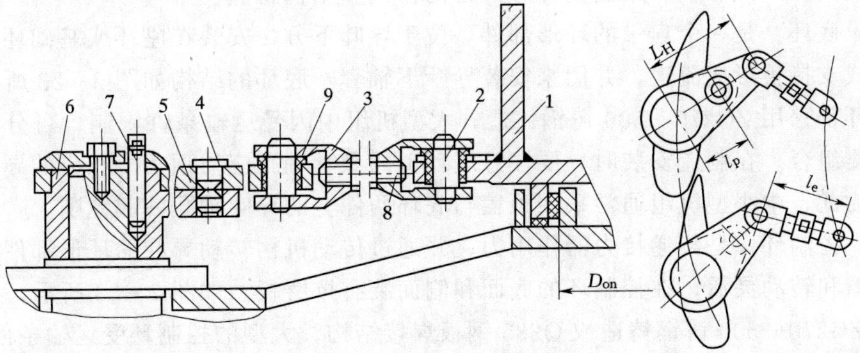

图 2-20 叉头传动机构

1—控制环；2—叉头销；3—叉头；4—剪断销；5—连接板；6—导叶臂；7—分半键；8—连接螺杆；9—补偿环

接处，为了使连接螺杆保持水平，可以装补偿环进行调整。连接螺杆两端螺纹分别为左旋和右旋，以便安装中调整连杆长度和导叶立面间隙。耳柄传动机构主要由导叶臂、分半键、端盖、耳柄、旋套、连杆销、剪断销和轴套等组成，如图 2-21 所示。这种结构的导水机构，通过旋套来调整导叶的立面间隙。耳柄式传动机构比叉头式传动机构简单，但其受力情况不如叉头传动机构好，连杆销和剪断销上有附加弯矩，剪断销的剪断力容易随轴套配合间隙和装配质量变化，剪断面尺寸不如叉头式传动机构中的剪断销容易确定。但这种传动机构结构简单，比较适用中小型机组。

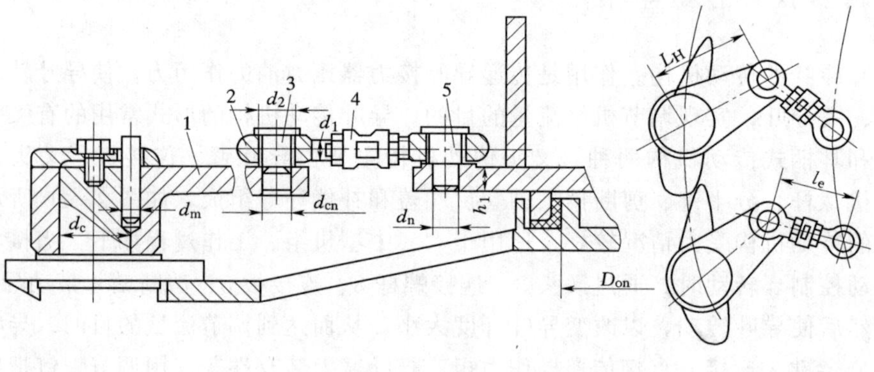

图 2-21　耳柄式传动机构

1—导叶臂；2—耳柄；3—剪断销；4—旋套；5—连杆销

3. 导水机构的环形部件

导水机构的环形部件有底环、控制环、顶盖和支持盖，它们受力比较复杂，制造要求比较高。下面分别介绍这些环形部件的作用和结构特点。

（1）底环。是一个扁平的环形部件，位于导叶下方，安装在座环或基础环上，它与顶盖或支持盖形成流道，并用来安装导叶下轴套。底环的结构如图 2-22 所示。大多数底环都采用 ZG270—500 铸钢铸造，大型机组中因受运输条件限制，可分为两半或更多瓣组合。在制造安装时，要注意底环上的导叶轴孔应与顶盖上相应的导叶轴孔同心，为此，中小型机组通常采用顶盖与底环两件上的导叶轴孔一起镗削。

（2）控制环。是传递接力器作用力，并通过传动机构转动导叶的环形部件。为了减少摩擦和转动灵活，在控制环的底面和侧面装有抗磨板。如图 2-23 所示，控制环可采用 ZG270—500 铸钢铸造或 Q235 钢板焊接结构，大型的控制环受运输条件限制，也可设计成分瓣结构。控制环上部有耳环与推拉杆相连接，下部与叉头或耳柄相连，通过它使每个导叶传动机构同步动作，开启或关闭导叶。根据耳环数目和布置不同，控制环可分为单耳式、双耳交叉式、双耳平行式和无耳式。大中型多采用双耳平行

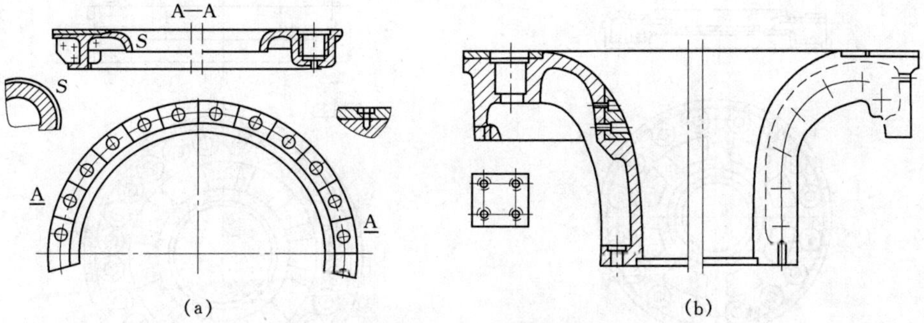

图 2-22 底环结构

(a) 混流式水轮机底环；(b) 轴流式水轮机底环

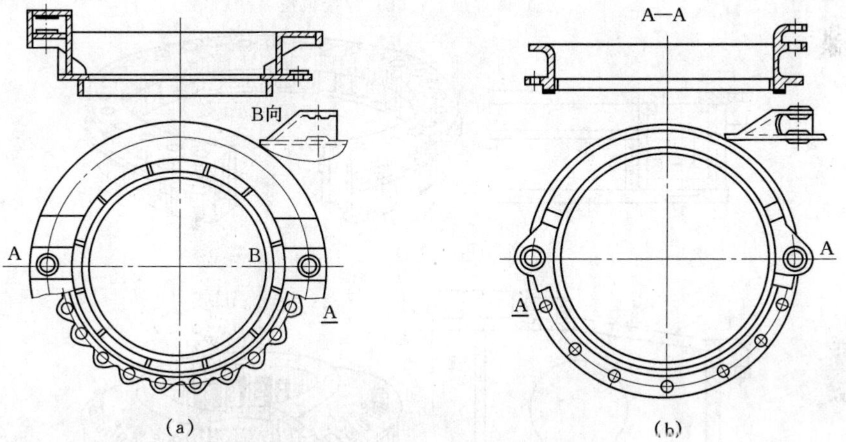

图 2-23 控制环

(a) 焊接结构；(b) 铸造结构

式，当采用环形接力器时，则采用无耳式。

(3) 顶盖和支持盖。顶盖和支持盖是水轮机的主要部件，在顶盖的导叶轴孔中装有导叶套筒，顶盖上平面的支持环支承着控制环，是水轮机的主要受力部件，要求有足够的强度和刚度，所以多数的顶盖和支持盖为箱形结构。混流式水轮机只有顶盖，图 2-24 (a) 所示为中小型混流式水轮机上采用的整铸结构顶盖，图 2-24 (b) 所示为大型混流式水轮机上采用的焊接结构顶盖。轴流式水轮机有顶盖和支持盖，如图 2-25 所示为大型轴流式水轮机焊接结构的顶盖和支持盖。对于中小型轴流式，为了简化结构，则把顶盖和支持盖设计成整体结构。

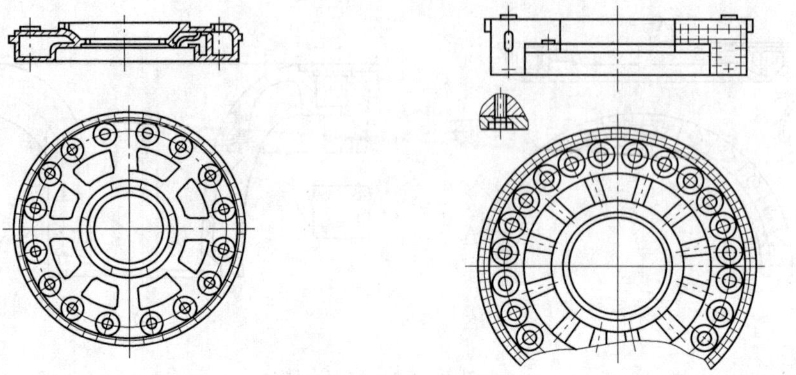

(a) (b)

图 2-24 混流式水轮机顶盖

(a) 铸焊顶盖；(b) 焊接顶盖

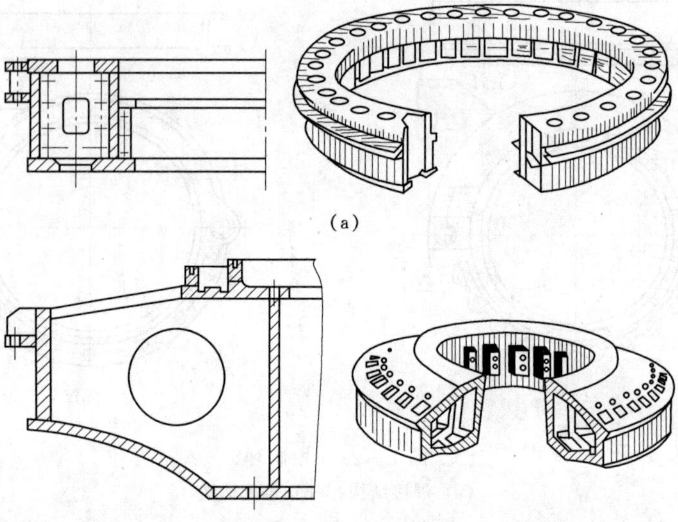

(a)

(b)

图 2-25 轴流式水轮机顶盖和支持盖

(a) 顶盖；(b) 支持盖

2.3 引水部件及泄水部件

2.3.1 混流式水轮机的引水部件

混流式水轮机的引水部件主要由金属蜗壳、座环和基础环组成。

1. 金属蜗壳

引水室是将水引入导水机构的通流部件，又称吸入管。蜗壳是蜗状的有压引水室。混流式水轮机应用于中高水头电站（一般 $H\geqslant 40$m），其引水室多采用金属蜗壳，断面形状为由圆形过渡到椭圆形。蜗壳进口断面至蜗壳鼻端的蜗线部分所对应的中心角称为蜗壳包角，用符号 ϕ_0 表示。金属蜗壳的包角为 345°～360°，一般取 345°。其优点是结构简单紧凑，水力性能好，能保证应用于高水头的强度要求。金属蜗壳的结构型式有铸造蜗壳和焊接蜗壳两种。

（1）铸造蜗壳。指蜗壳与座环整体铸造，铸造蜗壳材料又可分为铸铁和铸钢。铸铁蜗壳一般适用于水头小于 200m 的小型水电站，铸钢蜗壳一般用于水头大于 200m 的大中型水电站，材料一般用 ZG230—450 或 ZG270—500。对于大尺寸铸造蜗壳，受制造和运输能力限制可以采用分瓣制造。如图 2-26（a）所示。

（2）焊接蜗壳。如图 2-26（b）所示，大中型水轮机为减轻水轮机重量，解决制造能力的不足等，通常把蜗壳与座环分开制造，然后运到电站工地进行组焊。

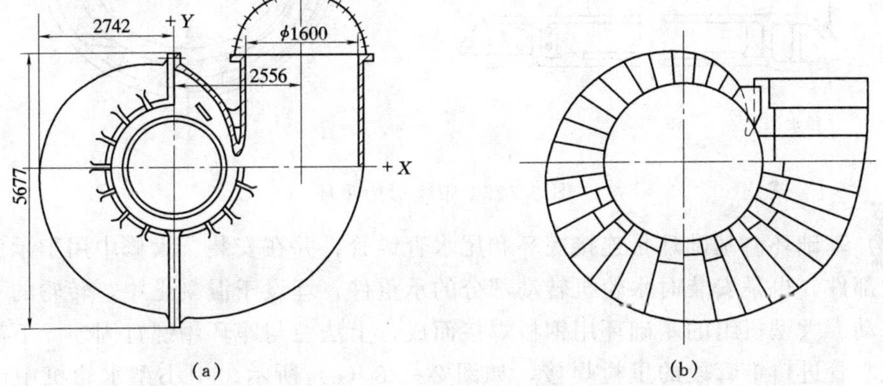

图 2-26 金属蜗壳

（a）铸造蜗壳；（b）焊接蜗壳

焊接蜗壳属于薄壁结构，刚性差，不能承受较大的外载荷。对于全部埋在混凝土中的蜗壳，通常是在蜗壳的上半部与混凝土之间垫以弹性层，弹性层用沥青、石棉、油毡等材料制成，厚度约为 50mm。

2. 座环和基础环

（1）座环。位于导水机构外围、蜗壳内侧，是立轴水轮机的承重部件，它承受整个机组固定部分和转动部分的重量、水轮机的轴向水推力和蜗壳上部混凝土重量，并将它们全部传递到水电站厂房的基础上；同时它又是过流部件和水轮机安装的主要基准件。作为一个重要的水轮机部件，它必须符合强度、刚度、精度和水力等多方面要求，在设计、制造和安装中，应十分重视。

座环由上环、下环和固定导叶三部分组成。固定导叶是支承座环、传递轴向载荷的支柱，又是过流部件，要有良好的水力性能。其断面形状为翼型，符合水流进水方向。固定导叶的数量一般为活动导叶数量的一半，其中有几个固定导叶做成中空的，作为顶盖自流排水的通道。如图 2－27 所示为带蝶形边的座环，蝶形边锥角一般取 55°，是常用的一种座环。中小型水轮机的座环多采用整体铸造或铸焊结构，大型座环因受设备和运输条件的限制，可采用分瓣制造，在电站工地组焊成整体。

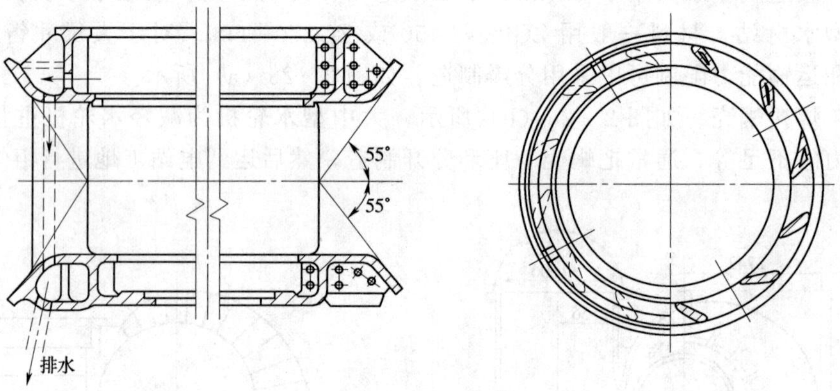

图 2－27　带蝶形边座环

（2）基础环。基础环是连接底环和尾水管锥管，并在安装、大修中用于承放转轮的基础部件，也是安装时水轮机转动部分的承重件，埋设于混凝土中，转轮的下环在其内转动。大型机组的基础环用钢板焊接而成，上法兰与座环用螺钉固连，下法兰直接与尾水管进口锥管段的里衬焊接，如图 2－28（a）所示。中小型水轮机中可将座环下部延伸一段来代替基础环，如图 2－28（b）所示。

2.3.2　轴流式水轮机的引水部件

轴流式水轮机的引水部件，因引水室的结构型式不同而有所不同，它主要由混凝土蜗壳和座环组成。

（1）混凝土蜗壳。轴流式水轮机的应用水头相对较低（一般 $H<40\text{m}$），通常采用混凝土蜗壳，蜗壳包角 ϕ_0 为 135°～270°，一般取 180°。其断面形状为“T”形或“Γ”形，常见形式有对称式、下伸式、上伸式和平顶式四种断面形状。如图 2－29 所示。

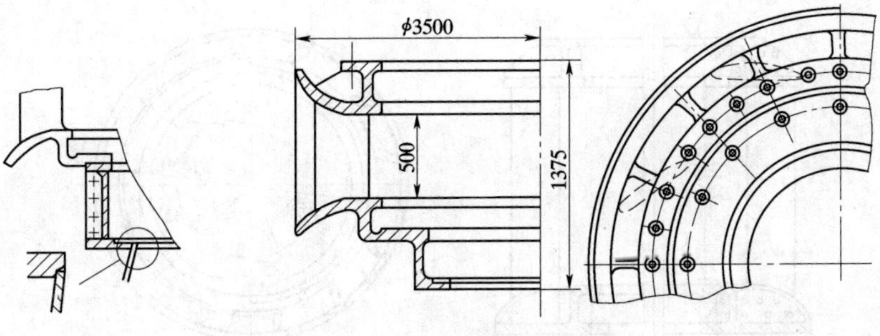

（a）　　　　　　　　　　　　（b）

图 2-28　基础环

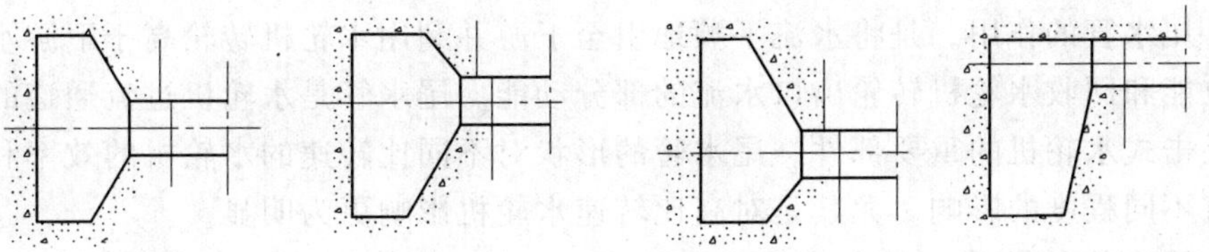

（a）　　　　（b）　　　　（c）　　　　（d）

图 2-29　混凝土蜗壳断面形状

（a）对称式；（b）下伸式；（c）上伸式；（d）平顶式

（2）座环。轴流式水轮机座环的作用与混流式相同，因轴流式水轮机应用于低水头大流量电站，故与同容量的混流式水轮机比，它的座环的尺寸大得多。这种座环通常有两种型式：整体结构座环和支柱式结构座环。如图 2-30 所示为整体结构座坏，与混流式水轮机相似，由上坏、下环和立柱（即固定导叶）组成，采用整体焊接的方法制造，当受运输条件限制时，可以分瓣制造运到工地后再组合成整体。这种座环刚性好，整体性强，传递载荷可靠。支柱式结构座环，上环与固定导叶采用装配式，没有下环，固定导叶下部直接埋入基础中，一般只用在大型机组上，这种结构座环整体性差，安装和调整也比较麻烦。

（3）转轮室。转轮室是环绕轴流式和斜流式转轮叶片外缘，并连接底环和尾水管的壳体，如图 2-57 所示。

2.3.3　水轮机的泄水部件

反击式水轮机的泄水部件是尾水管。尾水管是位于转轮后的出水管段，藉以利用转轮出口水流的位能和部分动能，又称吸出管。

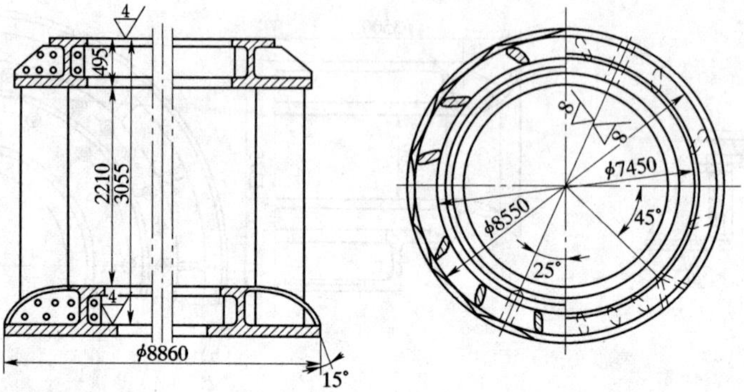

图 2-30 整体座环

(1) 尾水管的作用。是将水流平顺地引至下游并利用水轮机转轮高于下游水位的那一段位能和回收水轮机转轮出口水流的部分动能。尾水管是水轮机过流通道的一部分，是反击式水轮机的重要部件。尾水管的形状对不同比转速的水轮机的效率和运行稳定性有不同程度的影响，尤其是对高比转速水轮机影响更为明显。

(2) 尾水管的类型。反击式水轮机的尾水管类型基本上可以分为：锥形尾水管、弯管形尾水管和肘形尾水管。①锥形尾水管。它是流道呈直锥形的尾水管。它具有结构简单，水力损失小，制作方便的特点，但不宜太长，否则电站开挖量增加，投资增加，因而主要应用于小型的水轮机，如图 2-31 (a) 所示。②弯管形尾水管。弯管形尾水管由弯管和直锥管两部分组成，因其水流方向发生急剧变化，水力损失大，效率低。一般应用于中小型卧式水轮机，如图 2-31 (b) 所示。③肘形尾水管。弯肘形尾水管是流道呈肘形，并由锥管、肘管和扩散段组成的尾水管。直锥段是一段较短的直锥管，弯肘段为 90°弯肘管，断面由圆形逐渐过渡到矩形，水平扩散段是在水平方向、顶板上仰的矩形管段。对于大中型立式反击水轮机，如果采用锥形尾水管，因其需管子长，使开挖量和投资大大增加，所以大中型水轮机广泛采用肘形尾水管，如图 2-31 (c) 所示。

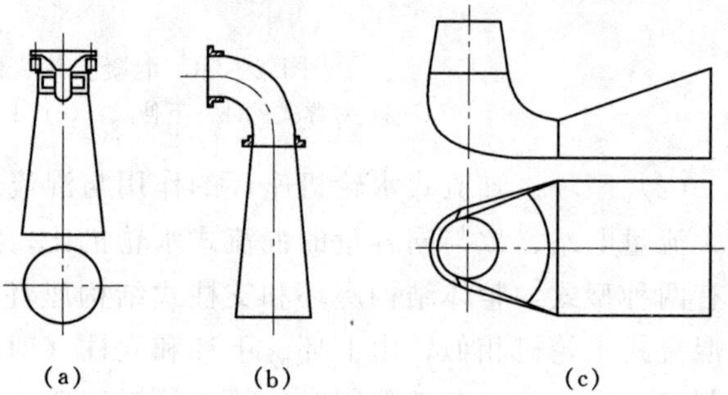

图 2-31 尾水管

(a) 锥形；(b) 弯管形；(c) 肘形

2.4 水轮机其他部件

2.4.1 水轮机主轴

主轴是水轮机的主要部件之一，它的一端与发电机轴连接，另一端接水轮机转轮。它的作用是将水轮机转轮的旋转机械能传递给发电机，从而带动发电机转子旋转。此外，主轴还承受转轮的轴向水推力和转动部件的重量。

(1) 主轴的型式。根据水轮机容量和装置方式不同，主轴的型式也不同。水轮机主轴一般可分为无法兰、单法兰和双法兰三种。无法兰与单法兰主轴均为实心阶梯轴，无法兰主轴两端采用锥度配合，并开有键槽，用键来传递扭矩。如图 2-32 (a) 所示为单法兰主轴，无法兰的一端与水轮机转轮连接，采用锥度配合，另一端采用法兰与发电机轴法兰连接，带法兰的一端上有凸台止口，以便与发电机轴法兰对中。如图 2-32 (b) 所示为无法兰主轴，这种结构型式常用于中小型卧式水轮机。

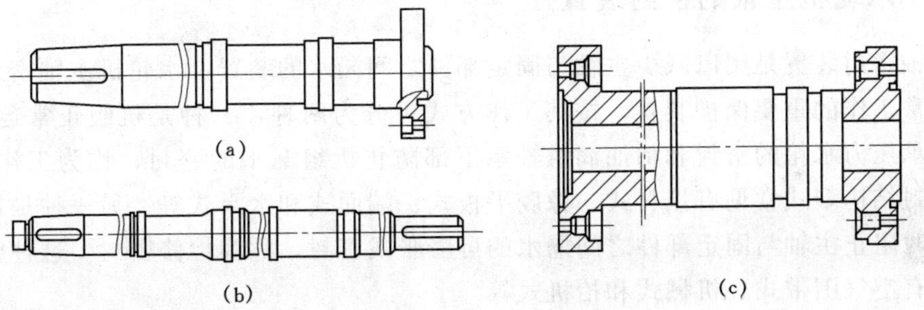

图 2-32　主轴

(a) 单法兰主轴；(b) 无法兰主轴；(c) 双法兰主轴

双法兰主轴两端均采用法兰分别与转轮和发电机轴相连接。中小型水轮机常用实心轴，大中型水轮机则采用空心轴，既可以减轻轴的重量，又不影响轴的强度和刚度。混流式水轮机常常利用主轴中心孔向尾水管补气，以改善水轮机运行的稳定性能，而轴流转桨式水轮机主轴的中心孔内布置有操作油管。如图 2-32 (c) 所示。

(2) 主轴与水轮机转轮的连接型式。中小型的水轮机，常采用无法兰与单法兰的主轴，它与转轮的连接简单，一般采用锥度配合定心和用键传递扭矩的方式。对于大中型水轮机，通常采用双法兰主轴，它与轴流式水轮机转轮连接型式常见有两种，一种是转轮上盖与主轴法兰通过螺栓连接在一起，另一种是主轴法兰直接作为转轮上盖通过螺栓与转轮体连接在一起。双法兰主轴与混流式水轮机转轮连接型式有两种：如

图 2－33（a）所示为精制连接螺栓连接方式，连接螺栓承受轴向力和转矩作用；如图 2－33（b）所示为键传递转矩的连接方式，这种结构连接螺栓只承受轴向力。

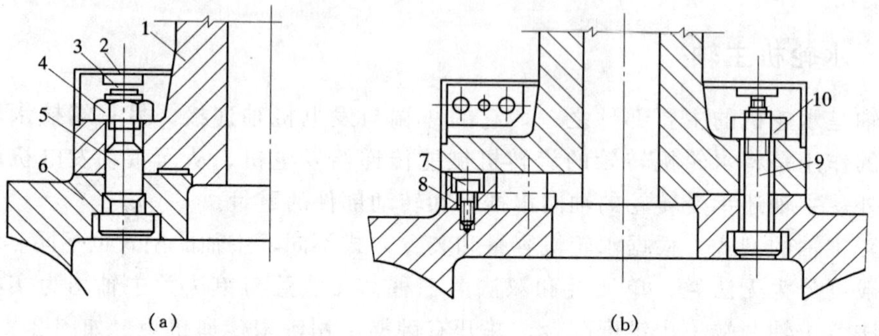

图 2－33　与混流式转轮的连接

1—主轴；2—护罩；3—沉头螺钉；4、10—联轴螺母；5—连接螺栓；6—转轮上冠；7—螺钉；8—键；9—螺栓

2.4.2　水轮机主轴的密封装置

主轴密封装置是用以减少主轴与固定部件之间漏水的装置。水轮机主轴密封是水轮机正常工作的重要保护装置，按其工作方式可分为两种：一种是机组正常运行中，橡胶轴承压力水箱的密封和稀油润滑轴承下部防止机组漏水的密封，称为工作密封。这种密封结构型式常见有填料式、橡胶平板式、端面式和水泵式等。另一种是检修主轴密封时阻止主轴与固定部件之间漏水的可膨胀式密封，称为检修密封。这种密封结构型式有空气围带式、机械式和抬机式等。

1. 工作密封

（1）填料密封。是最简单实用的接触性密封，如图 2－34 所示。填料常采用橡胶石棉填料或方（圆）型油麻盘根，将其置于填料箱里，通过压环调节填料的松紧程度，防止主轴下部的水流漏入。这种结构由于填料会磨损主轴，而且填料本身易损耗，有些机组为了保护主轴，在主轴与填料接触段加设耐磨环或护套。这种密封结构一般适用于小型水轮机和低水头水轮机。

（2）橡胶平板密封。避免了主轴受磨损，结构简单，容易更换，而且对密封面因磨损出现的间隙具有自动补偿作用，摩擦系数小，适应压力变化较大的范围，所以这种结构型式应用广泛。橡胶平板式密封按密封板数可分为单层和双层两种：如图 2－35 所示为单层橡胶平板密封的结构，它主要由转环 1 和密封橡胶板 4 组成，转环固定在主轴上随主轴一起转动，密封橡胶板靠托板、压板和螺栓固定在顶盖支座上，借

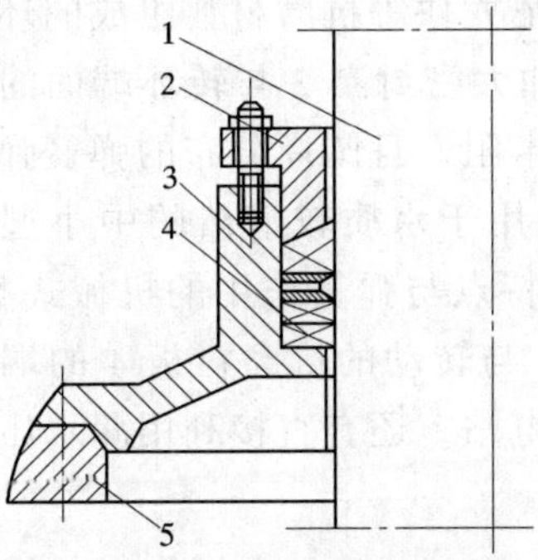

图 2-34 填料密封

1—主轴；2—压环；3—填料箱；4—填料；5—顶盖

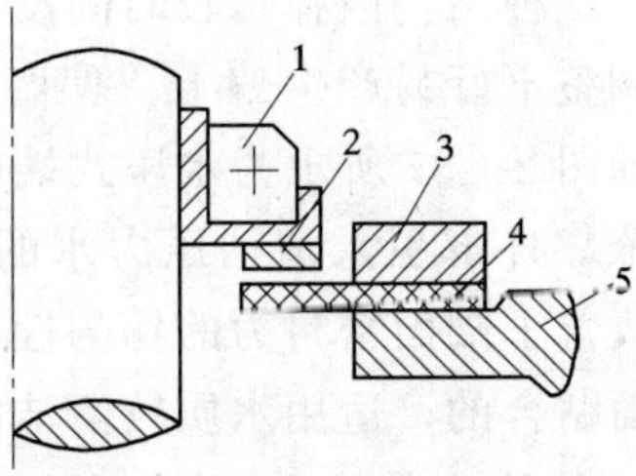

图 2-35 单层橡胶平板密封

1—转环；2—抗磨板；3—压板；4—橡胶板；5—托板

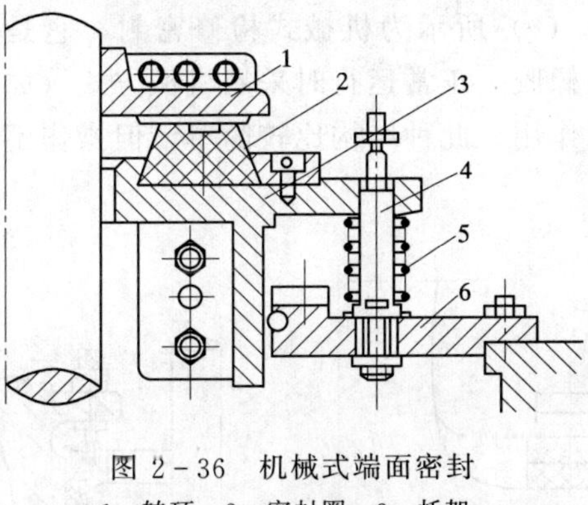

图 2-36 机械式端面密封

1—转环；2—密封圈；3—托架；4—引导柱；5—弹簧；6—支座

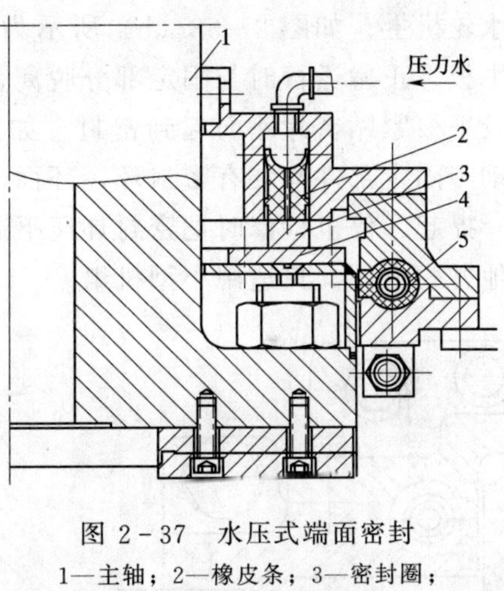

图 2-37 水压式端面密封

1—主轴；2—橡皮条；3—密封圈；4—衬板；5—检修密封

助水压作用将橡胶压到转环抗磨板上，从而起密封的作用。这种结构对于经常开停机的机组，易引起橡胶板上下弯折而折断。目前，对此结构进行改进的措施，是将托板延伸并钻若干个孔，这样橡胶板不能向下弯折，延长了使用寿命。这种结构适用于水质较清洁的水电站。对于多泥沙的水电站，一般采用双层橡胶平板密封结构，在密封水箱上下装有两个单层的橡胶平板密封，它需外引有压清洁水，在有压水作用下，上、下橡皮板贴在封水面上，而起封水作用。这种密封结构简单，密封性好，不会磨损主轴，但抬机时漏水量增大。

(3) 端面密封。端面密封常见有机械式和水压式两种，如图 2-36 所示为机械式端面密封的结构，转环1是固定在主轴上，碳精块或尼龙块等抗磨材料组成的环形密封圈2，用压板固定在托架3上，利用弹簧5的弹力加大密封圈2与转环端面的密封压力。这种结构因弹簧长时间浸在水中而易生锈产生卡阻，且圆周分布的弹簧弹力不均，调整不好易产生偏卡、偏磨，性能不够稳定，适用于水质较清洁的中小型水轮机。如图2-37所示为水压式端面密封的结构，结构特点与弹簧作用的机械式类似，它是依靠外部引入清洁压力水的水压作用使密封圈3与转动的抗磨衬板4的端面压紧，改善了端面密封力的均匀性，适用泥沙较多的水电站。还有直接利用漏水压力使密封面贴合的，适用水质较清洁的低水头水电站。

2. 检修密封

如图2-38（a）所示为围带式检修密封，它利用模具压制成中空的围带装在固定顶盖上，在正常运行中与转动部分保持1.5～2mm间隙，停机检修时充压缩空气，使围带扩张而密闭间隙达到封水作用。此结构操作简便，且封水性能好，适用于大中型水轮机上。如图2-38（b）所示为抬机式检修密封，转动部分的主轴护盖上装橡胶平板，正常运行时与固定部分脱离，随主轴旋转，停机检修时，转动部分需抬机使橡胶平板紧贴密封座而起到密封。如图2-38（c）所示为机械式检修密封，它是在转动与固定部件间装有密封环，环面上压有硬橡胶，正常运行时采用机械方式（如螺杆）提起，停机检修时把密封环压下起到封水作用。此种结构比较简单，但操作不如其他方式方便，只适用小型机组。

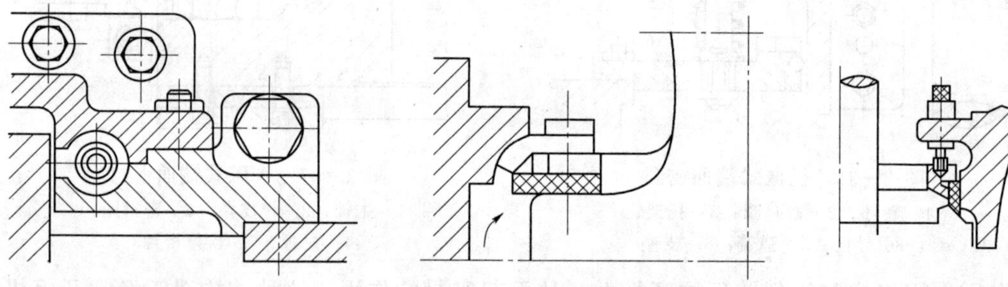

(a)　(b)　(c)

图2-38　检修密封

（a）围带式；（b）抬机式；（c）机械式

2.4.3　水轮机轴承

1. 水轮机导轴承

导轴承是保持主轴中心位置，并承受径向力的轴承。水轮机导轴承的主要作用是承受机组运行中主轴传来的径向力和振摆力，约束主轴轴线位置。导轴承在结构布置上应尽量靠近转轮，以缩短转轮至轴承距离，保证主轴和转轮运行稳定性和可靠性。水轮机导轴承的型式很多，按润滑介质不同，分为水润滑导轴承和油润滑导轴承两种。

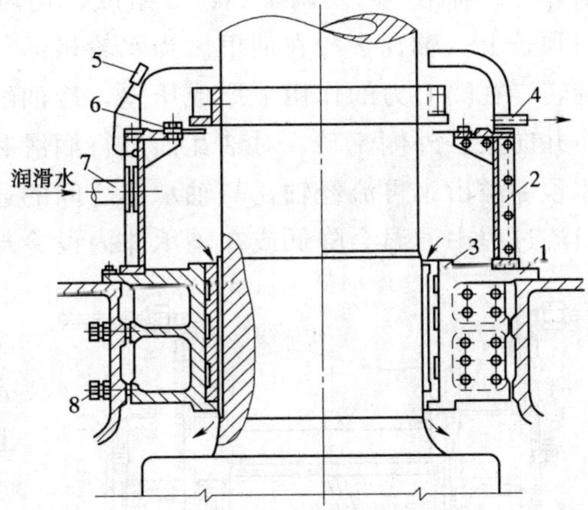

图 2-39 橡胶轴承

1—轴承体；2—水箱；3—橡胶瓦；4—排水管；5—压力表；6—密封；7—进水管；8—调整螺钉

(1) 水润滑导轴承。如图 2-39 所示，它主要由固定在顶盖上的铸铁轴承体 1 和固定在轴承体顶部的水箱 2 两大部件组成。轴承体内壁固定有橡胶轴瓦 3，轴瓦与主轴形成的间隙可通过调整螺钉 8 调整，轴瓦面上有沟槽，沟槽方向与轴的转动方向相适应，清洁润滑水经沟槽被带入瓦面，而形成润滑水膜，起到润滑和冷却轴瓦的作用。水润滑导轴承的轴瓦材料均采用橡胶。它具有结构简单，制造安装方便，成本较低等优点。缺点是对水质要求高，泥沙含量过大会加大轴瓦磨损，同时橡胶轴瓦导热性差，易引起温度过高，加快橡胶老化，缩短使用寿命等。

(2) 油润滑导轴承。稀油润滑导轴承的结构型式有分块瓦式和圆筒瓦式导轴承两种。①分块瓦式导轴承，如图 2-40 所示为调整螺钉式分块瓦导轴承的结构，主要由

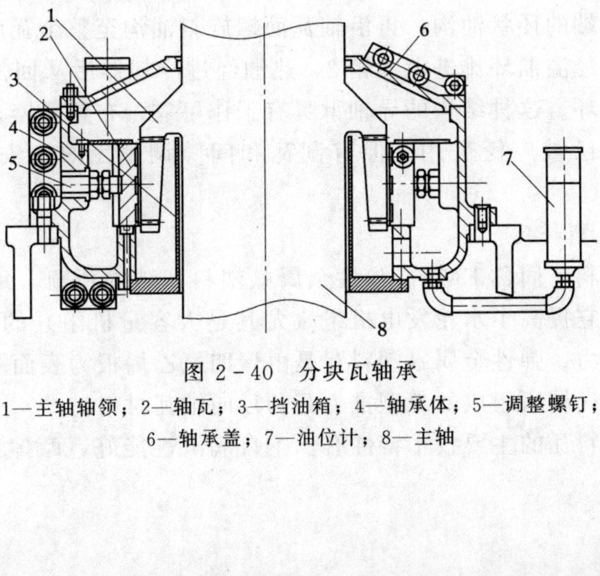

图 2-40 分块瓦轴承

1—主轴轴领；2—轴瓦；3—挡油箱；4—轴承体；5—调整螺钉；6—轴承盖；7—油位计；8—主轴

轴承体4、轴瓦2以及调整螺钉5组成，均匀分布于主轴轴领1的周围。轴承体4安装在顶盖上，轴瓦2浸在油里。当水轮机运行时，轴承体内的油被主轴轴领带动而一起旋转，在离心力的作用下形成压差，冷油经轴领下部的径向孔进入轴瓦面，形成油膜，并向上、外侧流动，对轴瓦面进行润滑和冷却，这时的油温上升成热油，并从轴承体顶部溢出，再流经轴瓦与轴承体之间的通道回到轴领下部，形成自循环系统。油在回流过程中油温会降低或在轴承体内设冷却器进行降温。为防止油温过高装有温度信号器，为防止油和油雾外溢，在轴领上部开有斜向通气孔。这种结构的导轴承具有受力均匀，轴瓦块有自调节能力，且轴瓦安装、检修、间隙调整方便等优点，其缺点是调整螺钉与瓦背为点接触，在长期受交变径向力作用下易产生变形，而且平面尺寸大，制造成本高。②圆筒瓦式导轴承。圆筒瓦式导轴承的结构型式有好几种，常见有带转动油盆的圆筒式导轴承、带毕托管的圆筒式导轴承和带轴领的圆筒式导轴承三种，其主要结构和工作原理基本相似，现以带转动油盆的圆筒式导轴承为例来说明，其结构如图2-41所示，特点是有与主轴联结在一起的转动油盆7和带环状油沟、螺旋油沟的筒式轴瓦（环状油沟在轴瓦下端，瓦面有50°～60°螺旋斜油沟）。当主轴旋转时，转动油盆7中的油受旋转离心力的作用，从油嘴进入轴瓦下端的环状油沟，再沿轴瓦面螺旋斜油沟至整个瓦面。由于斜油沟起油泵作用，把热油经溢油环排进上油箱2，热油经过冷却器后从回油管又流回转动油盆。形成润滑自循环。这种结构的导轴承具有工作可靠，布置紧凑，使用寿命长，造价低等优点，目前已被广泛采用。但有刮瓦和间隙调整困难、安装检修不方便等缺点。

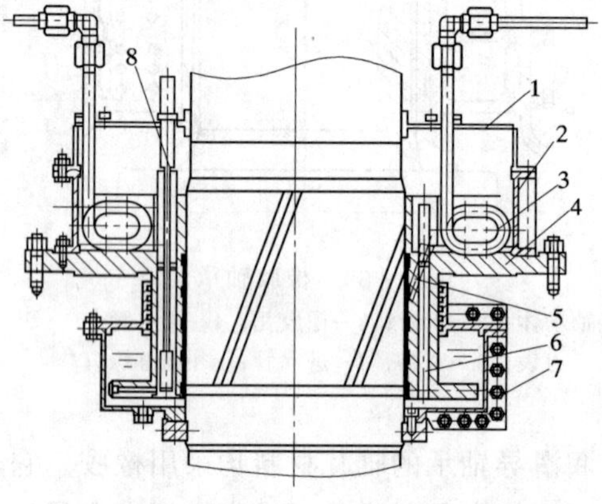

图2-41　带转动油盆的圆筒式导轴承

1—油箱盖；2—上油箱；3—冷却器；4—轴承体；5—温度信号器；6—回油管；7—转动油盆；8—浮子信号器

2. 弹性金属氟塑料瓦

弹性金属氟塑料，简称EMP。弹性金属氟塑料瓦结构新颖，是专为水轮发电机组而设计研制的，它提高了水轮发电机组（尤其是大容量机组）的安全运行可靠性，提高了机组发电能力。弹性金属氟塑料瓦是由聚四氟乙烯板为表面层、弹簧丝圈为中间层、钢制瓦块为底层所组成的新型推力瓦和径向轴瓦材料。

弹性金属氟塑料瓦的主要技术特性有：①自润滑性能好，摩擦系数0.04～0.08。

②不需高压油顶起，可随时冷热启动，开机灵活方便。③停机时制动转速可下降到额定转速10%～15%。对于发电机组，可解决巴氏合金瓦推力轴承低速运转时油润滑条件差而烧瓦的问题，或者解决发电机制动环磨损开裂和石棉粉污染活塞的情况。④承载能力强，瓦面平均工作比压6.5～7.0MPa。瓦面平均比压是指，总推力负荷平均分配在每一块推力轴瓦有效面积上的单位压力（压强），单位为MPa。⑤综合性能优异，能应付各种特殊工况，如飞逸时、低速滑行时、甩各种负荷时、超额115%负荷运转时，以及短时间漏水或断水时，其瓦温仍正常运转，可靠性好。⑥检修无须刮瓦，安装调试方便，使用寿命长。

弹性金属氟塑料瓦可用于各种水轮发电机组的推力瓦轴承，以及其他机械设备中的推力瓦轴承，取代巴氏合金瓦推力轴承。新型弹性金属氟塑料径向滑动轴承主要用于卧式水轮发电机。它可改善轴承滑动摩擦状态，减小摩擦损失，克服原巴氏合金轴承因润滑不良引起的烧瓦事故，提高机组运行可靠性，延长机器的使用寿命。

2.4.4 水轮机的辅助装置

水轮机的辅助装置很多，主要有补气装置、紧急真空破坏阀、接力器、事故配压阀、排水阀和漏油箱等。本节只介绍补气装置和紧急真空破坏阀的结构和型式。

1. 补气装置

当混流式水轮机偏离最优工况运行时，在尾水管内会不同程度地存在着压力脉动，导致机组剧烈振动、负荷摆动、效率降低等不良情况，可向尾水管适当补入空气，利用空气的吸振作用，降低涡带的强度，提高机组运行的稳定性。若按供气方式分，常见的补气方式有自然补气和强迫补气两种。当下游水位变化不大，且水轮机吸出高度为正值时，采用自然补气；当下游水位变化幅度较大，且水轮机吸出高度小于－5m时，采用自然空气补气有困难，则采用射流泵或压缩空气进行强迫补气。若按补气位置分，主要有轴心孔补气、尾水管补气两种。

（1）轴心孔补气。在空心主轴下端的轴心孔处装设补气阀，如图2-42所示。其工作原理是当尾水管产生真空、轴心孔内的大气作用力加托架3的重量大于弹簧4的弹力时，托架和橡皮球（或橡胶平板）下移，大气由轴心孔向尾水管进行补气。反之，托架在弹簧的弹力作用下，使橡皮球（或橡胶平板）封闭轴心孔。图2-42（a）中因橡皮球长期泡在水中，橡皮易老化变形，以及经常动作而被压扁，使之封水不严，适用于小型水轮机；大中型多采用橡胶平板式真空吸力阀，如图2-42（b）所示。

（2）尾水管补气。常见的有十字架（或三角架）补气和短管补气两种型式。如图2-43（a）所示为十字架补气，它由横管和中心体组成，十字横管一端与中心体相

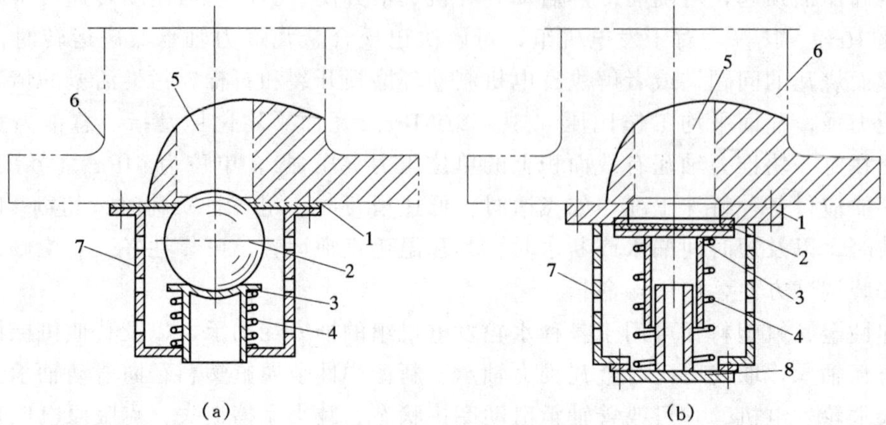

图 2-42 轴心孔补气阀
(a) 球形真空吸力阀；(b) 平板式真空吸力阀
1—垫板；2—橡皮球、橡胶平板；3—托架；4—弹簧；5—主轴中心孔；6—主轴；7—外罩；8—底座

连，另一端焊在尾水管里衬上，以防止空化和振动造成十字脱落。十字横管和中心体开有若干小孔，横管的小孔开在（1/4～1/8）D之间的背水侧。尾水管里衬外壁装环形均气槽，使补入空气均匀通入横管。然后用管道连接至水轮机层或厂房外，在管道末端连接吸力真空阀。当转轮出口真空度达到一定数值时，真空阀打开，补入空气至尾水。对于尺寸较大的水轮机，如果采用十字架补气，则因横管较长，受力情况差，易被水流冲掉，此时可采用如图 2-43（b）所示的短管补气方式，将三（或四）根出气孔开在下方的短管均匀布置在尾水管进口附近的里衬上，实现尾水管补气。

2. 紧急真空破坏阀

当机组甩负荷或事故紧急关闭导水机构时，由于水流的惯性作用，在转轮室内，可能突然产生很大的真空。由于真空的存在，下游水位又以一定速度返回真空区，产生很大的冲击力，以致把转轮和发电机转子顶起，形成抬机现象，甚至有可能使顶盖损坏。真空破坏阀就是在紧急关闭导叶时，自动补入空气，破坏转轮室真空，减少上述有害的冲击力或抬机现象，起到一定的保护作用。大中型水轮机中，紧急真空破坏阀一般装在顶盖或支持盖内。为使补气均匀，常沿圆周均布 2 至 4 个。装置位置尽可能靠近机组中心，以提高空气补入速度。对于中小型机组，有时因顶盖内位置狭窄，布置不方便，也可以将阀布置在机坑内并用管路引至转轮室。

如图 2-44 为自吸式紧急真空破坏阀，它是当转轮室产生真空时，阀盘 1 在大气压的作用下压缩弹簧 5，自动向转轮室内补入空气，当真空降低到一定数值后，阀盘

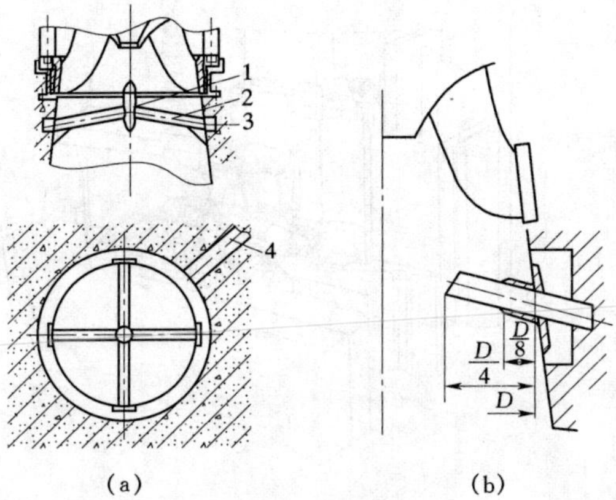

图 2-43 轴心孔补气阀

(a) 十字架补气；(b) 短管补气

1—中心体；2—横管；3—均气槽；4—进气管

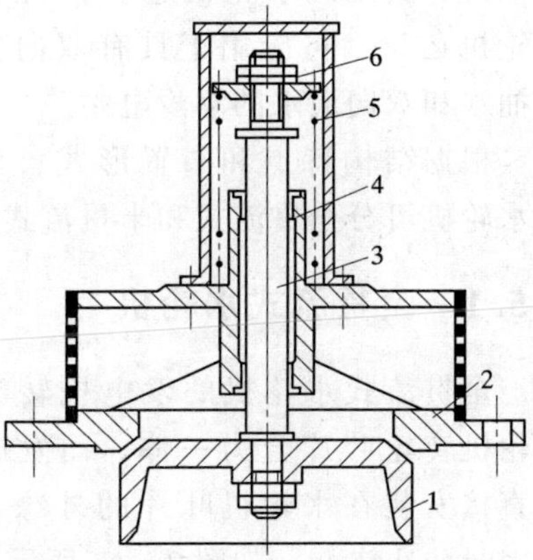

图 2-44 自吸式紧急真空破坏阀

1—阀盘；2—阀座；3—阀杆；4—轴承；5—弹簧；6—调整螺母

1 在弹簧 5 作用下关闭。弹簧的预紧力可通过调节螺母 6 来调整。目前采用的真空破坏阀中，弹簧的预紧力应考虑真空在 0.005～0.001MPa 时即能打开，当顶盖下面真空值超过 0.025～0.03MPa 时阀门全开。

2.5 贯流式水轮机概述

我国水力资源十分丰富。但是，随着我国水电的不断开发，可供开发的中、高水头水力资源已剩下不多。随着国内贯流式机组设计、制造水平的提高，贯流式机组应用日益增多，特别是水头在 25m 以下的水头段中，已基本取代轴流式机组。它与中、高水头水电站、低水头立轴的轴流式水电站相比，具有以下显著的优点。

(1) 流道结构简单、水力损失小。电站从进水到出水方向基本上是轴向贯通，形状简单，水流流动方向变化不大，所以水力损失小。

(2) 机组过水能力大、比转速和效率高。在水头和功率相同的条件下，贯流式水轮机直径要比轴流转桨式小 10%左右，效率比轴流转桨式高约 3%～5%。

(3) 机组尺寸小，重量轻。在水头和单机容量相同时，贯流式机组比轴流转桨式机组转轮直径小 15%左右，其重量约轻 25%左右。

(4) 结构布置紧凑，土建投资少。由于贯流式机组取消复杂的引水系统，减小土建开挖量；结构紧凑使得厂房面积小。因此，贯流式机组比轴流转桨式机组的土建费用可节省 30%～40%。

(5) 贯流式水轮机适合作可逆式水泵水轮机运行。可应用于具有双向发电、双向抽水和双向泄水的潮汐电站。

根据结构特点和布置形式，目前贯流式水轮机可分全贯流式和半贯流式两大类。

2.5.1 全贯流式水轮机

全贯流式水轮机的发电机转子磁极与水轮机转轮叶片合为一体，而发电机的磁极直接安装在水轮机叶片的外缘上，其上有密封防止渗漏。如图 2-45 所示。其主要特点是：结构更紧凑，轴线短，厂房土建投资少，且安装检修方便，机组运行稳定性好。但制造工艺高，密封复杂等。

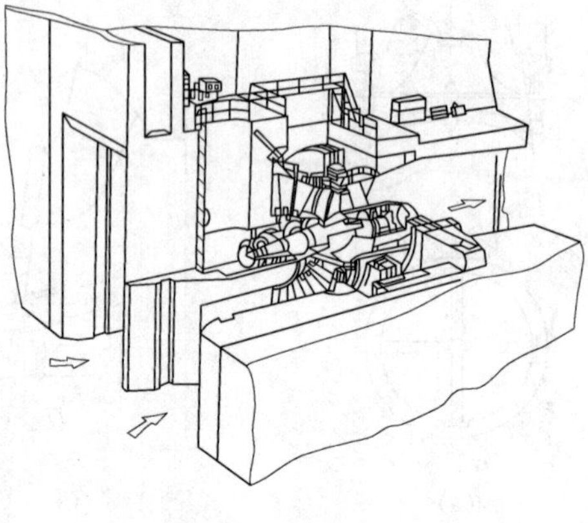

图 2-45 全贯流式水轮机

2.5.2 半贯流式水轮机

半贯流式水轮机又可分为：轴伸式、竖井式、虹吸式和灯泡式。

1. 轴伸贯流式

这种贯流式机组均采用卧式布置，如图 2-46 所示其轴为水平或略微倾斜与流道外的发电机相连，并在水轮机与发电机之间布置有增速器，尾水管呈“S”形。由于轴线较长，轴封困难，且厂房的噪音较大，所以一般应用于小型机组。

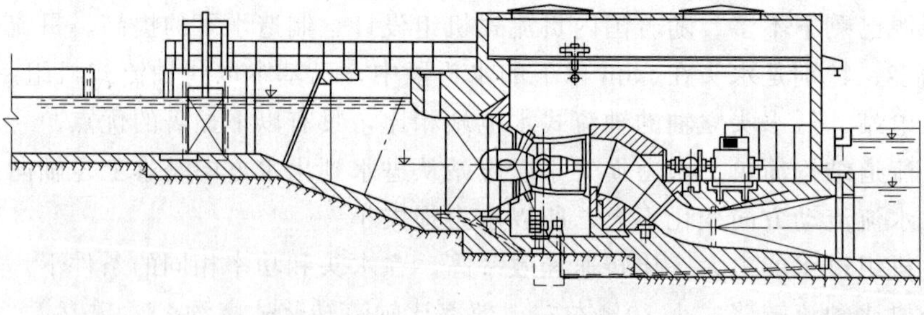

图 2-46 轴伸贯流式水轮机

2. 竖井贯流式

它是将发电机布置于一竖井内，水轮机与发电机的连接是通过齿轮或皮带等增速装置连接在一起，如图 2-47 所示，它具有防潮，通风性好，而且运行和维护检修方便等优点，但因竖井增加引水流道的水力损失，效率相对较低。在小型电站的机组上

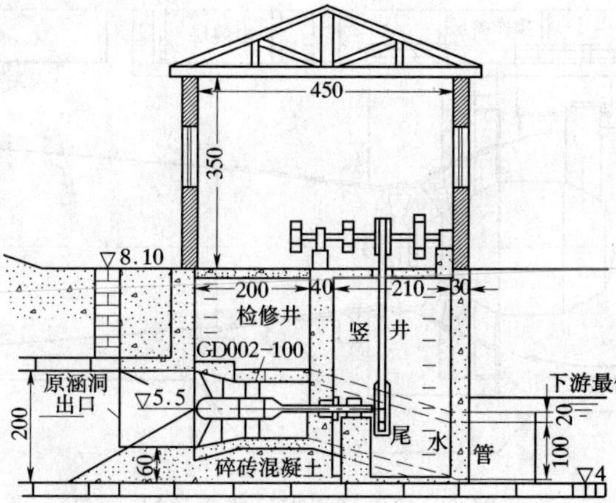

图 2-47　竖井贯流式水轮机

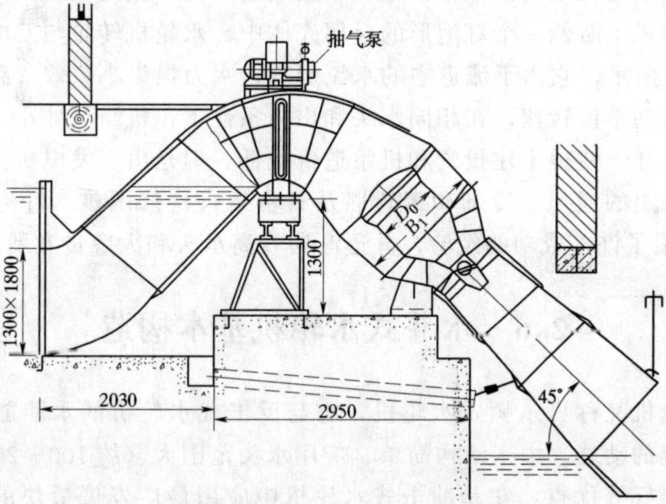

图 2-48　虹吸贯流式水轮机

应用较多。

3. 虹吸贯流式

虹吸贯流式是把水轮机装在一虹吸管道中而得名的。如图 2-48 所示，它具有厂房基础开挖量少，厂房结构简单，机组运行和安装维护方便等特点。适用于上游水位变化不大的低水头小型电站。

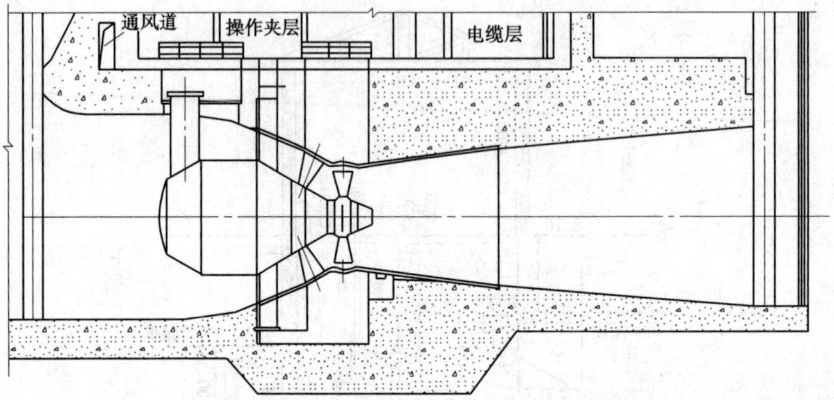

图 2-49 灯泡贯流式水轮机

4. 灯泡贯流式

灯泡贯流式水轮机是目前低水头电站中应用最广泛的贯流式机型。它是把发电机密封安装在水轮机上游侧一个灯泡形的金属壳体中，水轮机转轮与发电机主轴水平连接。如图 2-49 所示，它由于流道中的水流畅直，水力损失小，效率高；具有较大的单位流量和较高的单位转速，在相同水头和出力条件下，机组尺寸小，重量轻，同时减小厂房平面尺寸，使得土建投资和机组造价降低。但是由于发电机安装于密封的灯泡体内，造成机组的通风、冷却和密封以及日常运行检修困难。灯泡贯流式机组近 20 年发展中积累了许多成功的经验，并逐渐向较高水头和大容量发展。

2.6 水斗式水轮机基本构造

水斗式水轮机又称贝尔顿式水轮机，它与反击式水轮机的水能能量转换特征不同，只利用水流的动能。由于结构简单、应用水头范围大（约 100～2000m），高效率区宽、空化性能好等优点，它是冲击式水轮机中应用最广发展最快的一种机型。目前，应用水头最高达 1667m，单机容量最大达 315MW。我国已投入运行最大的冲击式水轮发电机组，是云南小江水电厂，单机容量为 36MW，转轮直径为 1.7m，最高水头为 602m。

冲击式水轮机按其结构特点可分为水斗式、双击式和斜击式三种，这里我们只简单介绍水斗式水轮机。

水斗式水轮机是冲击式水轮机中发展最快应用最广的一种机型，它是利用压力钢管引来的高压水能经喷嘴转化成动能，冲击水斗进行能量转换的。适用于小流量、高

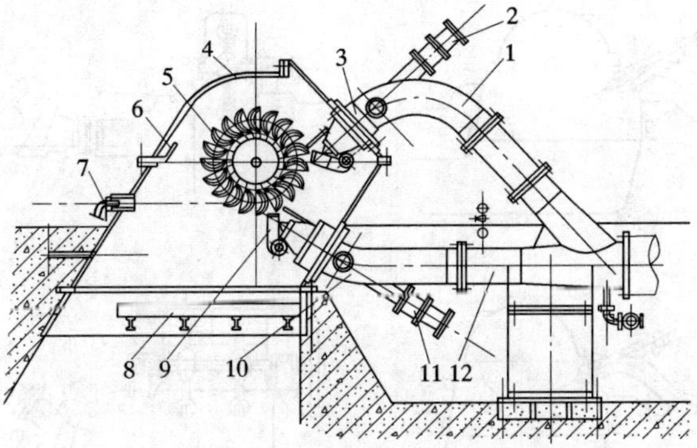

图 2-50 水斗式水轮机结构图

1—上引水管；2—上接力器；3—上弯管；4—机壳；5—转轮；6—导流板；7—射流制动器；8—平水栅；9—折向器；10—下弯管；11—下接力器；12—下引水管

水头的电站。由于安装于尾水位以上，无复杂导水机构，取消蜗壳和尾水管，所以它具有安装高程不受空蚀限制、平均运行效率高、机组结构简单和土建投资少等显著优势。如图 2-50 所示，为水斗式水轮机结构，它主要由引水管、转轮、喷管、折向器、机壳等组成。

2.6.1 水斗式水轮机的布置型式

水斗式水轮机的布置型式有卧轴和立轴两种。

卧轴适用于中小型机组，主轴可配置 1～3 个转轮，由于转轮空间上布置不方便，一般每个转轮周围布置 1～2 个喷嘴。如图 2-51 所示。

立轴适用于大中型机组，一根主轴只装一个转轮，其喷嘴数一般有 2～6 个。如图 2-52 所示。

2.6.2 水斗式水轮机的主要部件

1. 转轮

水斗式水轮机转轮由圆形轮盘和均匀分布的叶片组成。其叶片如图 2-53 所示，像水斗，正面有分水刃，在分水刃端部有圆形缺口，以便射流。为了增强水斗的刚度和强度，在其背部加有横筋和纵筋。水斗与轮盘的连接方式有组合、焊接和整体铸造等结构型式。

2. 喷管

喷管由喷管体、喷针、导水叶栅、喷针头和喷针操作机构组成。如图 2-54 所

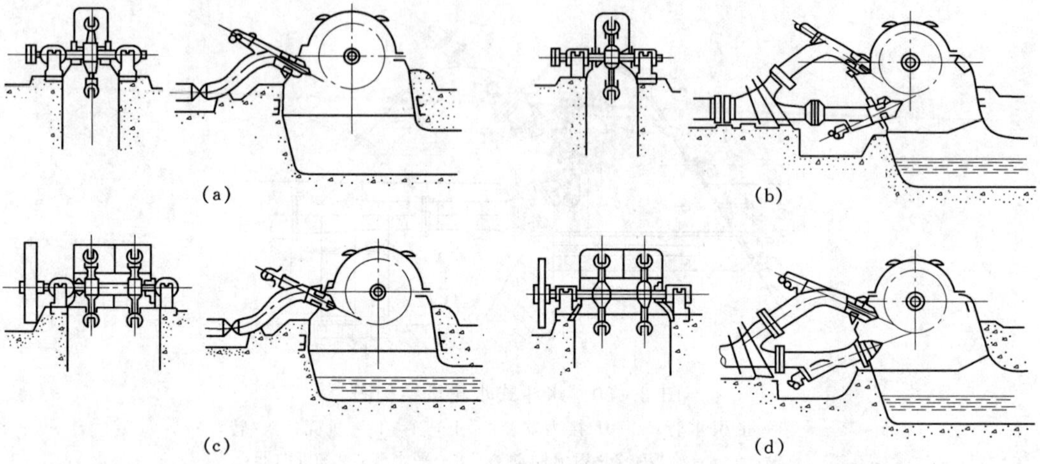

图 2-51 卧轴水斗式水轮机

(a) 单轮单喷嘴；(b) 单轮双喷嘴；(c) 双轮单喷嘴；(d) 双轮双喷嘴

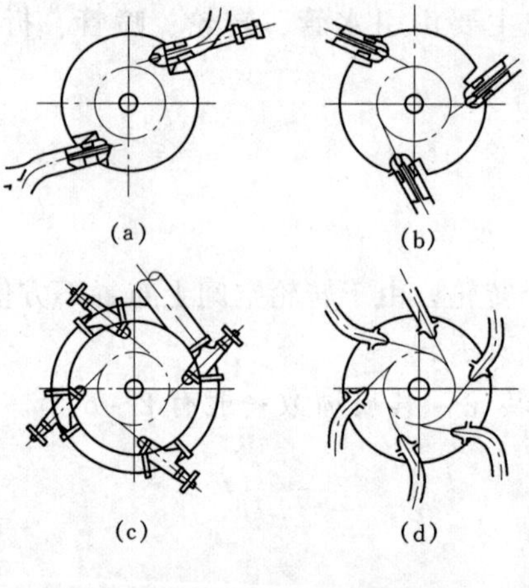

图 2-52 立轴水斗式水轮机

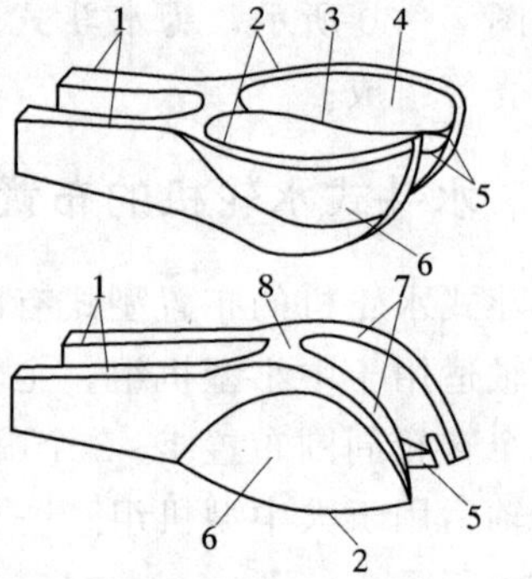

图 2-53 水斗式水轮机的水斗

1—水斗柄；2—出水边；3—分水刃；4—内表面；5—缺口；6—背面；7—纵筋；8—横筋

示，喷嘴由喷嘴口和喷嘴头组成，流量的控制是通过改变喷针与喷嘴口之间形成过水断面面积来实现，而水流在喷嘴口实现压能与动能的转换，由于水流速度较大，故在喷嘴出口处会产生空蚀和磨损，需在喷嘴口和喷针头采用抗磨蚀性能好的材料。在喷管体内装有导水叶栅，它用来支承喷针杆和引导水流沿喷针杆均匀流动。

3. 折向器

折向器是位于喷管前部的喷嘴头上，正常运行时，它与射流水柱之间保持 3～

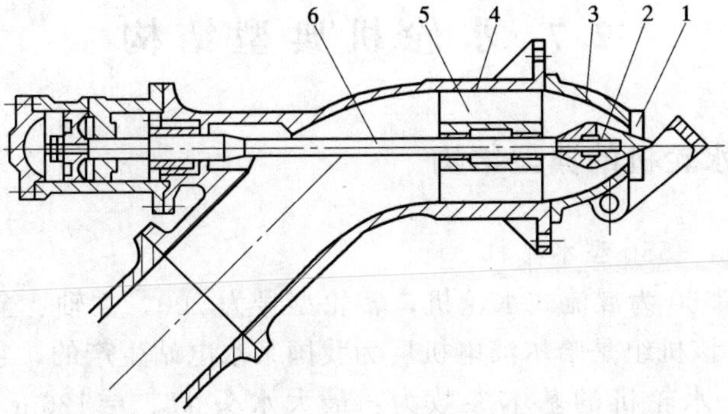

图 2-54 水斗式水轮机的喷管

1—喷嘴口；2—喷针头；3—喷嘴头；4—喷管体；

5—导水叶栅；6—喷针杆

6mm 距离。其原理是：当机组突然甩部分或全部负荷时，在调速器的协联机构的操纵下，折向器快速切断水流，防止机组产生飞逸，同时喷针缓慢关闭，避免引水管上产生过大水击压力，保证机组的安全稳定运行。

4. 机壳

机壳除引水至尾水渠作用外，还是一个承重部件，下半部分同时作为安装的基准件，要求要有一定的刚度和强度，一般为铸钢件，如图 2-55 所示。机壳的形状和尺寸对水轮机的工作有一定的影响，它必须要有足够的空间。在机壳上设置引水板，以防止水流随转轮飞溅至上方造成附加损失，并减小气旋产生的风阻。

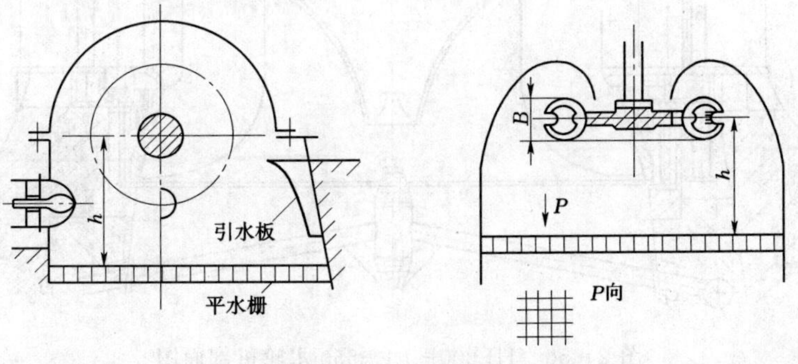

图 2-55 水斗式水轮机的机壳

此外，在机壳下方设有平水栅，可作为削能和安装、检修时的工作平台。其上还装有制动喷嘴，停机时制动，防止损坏轴承，并可缩短停机时间。

2.7 水轮机典型结构

2.7.1 混流式水轮机的典型结构

1. HL200—LJ—550 型水轮机

HL200—LJ—550 为混流式水轮机，转轮型号为 200，立轴、金属蜗壳，转轮公称直径为 550cm。该机组是哈尔滨电机厂为我国某水电站生产的，它能担任调峰、调频和调相的任务。水轮机的基本参数为：最大水头 $H_{max}=126$m，额定水头 $H_r=112$m，最小水头 $H_{min}=81$m。额定流量 $Q_r=307m^3/s$，额定转速 $n_r=125$r/min，飞逸转速 $n_{run}=260$r/min，额定输出功率 $P_r=306$MW，最大效率 $\eta_{max}=92.5\%$，轴向水推力 $F_h=9810$kN，吸出高度 $H_s=-5$m，安装高程 $Z=286$m。其结构如图 2-56 所示。由于制造和运输条件的限制，转轮采用铸造结构并分瓣制造，材料为 ZG20MnSi，上冠采用螺栓连接，运到现场组合，下环为焊接结构。转轮叶片共 14

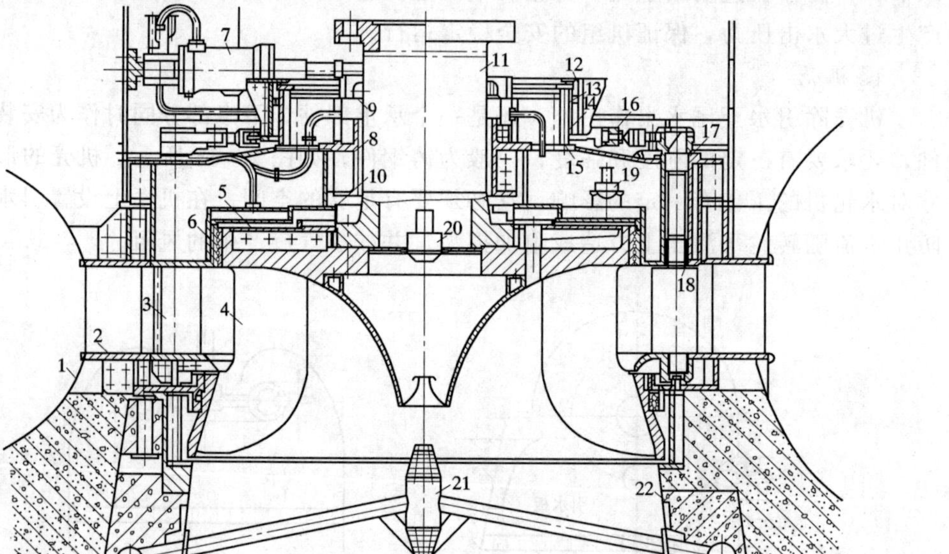

图 2-56 HL200—LJ—550 水轮机剖面图

1—蜗壳；2—座环；3—导叶；4—转轮；5—减压装置；6—止漏环；7—接力器；8—导轴承；9—平板密封；10—抬机式检修密封；11—主轴；12—控制环；13—抗磨板；14—支持环；15—顶盖；16—导叶传动机构；17—尼龙轴套；18—导叶密封；19—真空破坏阀；20—吸力式空气阀；21—十字补气架；22—尾水管钢板里衬

片，为防空蚀，在叶片背面靠下环处堆焊有不锈钢防护层。为减小轴向水压力，在上冠上装有减压装置，并在上冠四周开有均布的 12 个减压孔。为减少漏水损失，设有迷宫式的上部止漏环和下部止漏环。转轮的总重量为 111t。主轴采用双法兰空心薄壁轴，材料为 20MnSi，主轴直径为 1.62m，轴长为 5.2m，在与轴承接触的轴颈处包有不锈钢轴套。因该电站水质良好，所以该水轮机的导轴承采用水润滑的橡胶导轴承。在轴承体上方装有单层橡胶平板密封的润滑水箱，以防止润滑水漏损。检修密封为抬机式密封。

蜗壳由低合金钢板焊接而成，材料采用 14MnMoVN，蜗壳包角为 345°，进口断面直径为 7.5m。尾水管采用 4H 型，直锥段内设钢板里衬，并装有十字补气架。尾水管高度为 14.3m，长度为 22m。导水机构为径向式，共有 24 个活动导叶，导叶分布圆直径为 6.4m，导叶高为 1.1mm，上部导叶采用 ZG20MnSi 整铸，导叶密封采用成型橡胶条密封。此结构现已改进。导叶轴套采用聚甲醛及尼龙材料，导叶套筒密封采用“L”形密封。导叶传动机构为叉头式，用剪断销加以保护。导水机构接力器采用两只摇摆式接力器，操作油压为 4MPa，接力器的直径为 650mm，行程为 655mm，它布置在不相邻的两个象限内。锁锭装置设在支持环上，投入时锁住控制环。

机组防飞逸装置采用 GC—150 事故配压阀和快速闸门。补气措施有三处：顶盖上装 2 只 ϕ200mm 的吸力式真空破坏阀，当转轮内形成 6.3kPa 真空时补入空气；主轴下端装 1 只 ϕ400mm 吸力式空气阀，当转轮内出现真空时自动补气；为防止空腔空蚀和消除涡带，在尾水管的十字补气架的进口管上装 1 只 ϕ200mm 吸力式真空破坏阀，当尾水管内出现真空时自动补气。

2. HL100—LJ—210 型水轮机

HL100—LJ—210 为低比速混流式水轮机，它应用于水头较高的水电站，过流部件要有抗高水压的强度要求。该水轮机的基本参数有：最大水头 $H_{max}=318$m，额定水头 $H_r=270$m，最小水头 $H_{min}=260$m。额定流量 $Q_r=17.3\text{m}^3/\text{s}$，额定转速 $n_r=500$r/min，飞逸转速 $n_{run}=839$r/min，额定输出功率 $P_r=41.5$MW，轴向水推力 $F_h=1078.7$kN，吸出高度 $H_s=-3.4$m，安装高程 $Z=875.8$m。其结构如图 2－57 所示。由于该电站应用水头高，所以转轮叶片数较多，共有 17 片，叶片采用不锈钢材料制造。为减小漏水损失，转轮的上部和下部采用两道止漏环，其第一道为缝隙式，第二道为梳齿式，这是高水头混流式水轮机为提高止漏效果的结构特点之一。在顶盖上装设均压管作为减压装置，以减小轴向水推力，同时兼作调相补气管。该机组的导水机构为径向式，它具有 16 片活动导叶。导叶传动机构为耳柄式，由于水轮机径向尺寸较小，所以控制环布置在座环的上面，即布置在导叶分布圆直径以外，这种情况比较特殊。顶盖的形状也比较特殊，为了支撑导轴承，在顶盖上制作有轴承支架，支架和顶盖用整铸结构，顶盖和底环过流面镶有抗磨板。水轮机主轴为双法兰结构，不带轴领，轴颈直径为 0.55m，轴长为 3.56m。轴承为稀油润滑的圆筒式导轴承，轴承下方装有主轴机械式端面密封，密封材料为炭精。

蜗壳采用高强度铸钢分段铸造，并用螺钉连成整体，以满足高水头强度要求，蜗壳包角为354°，进口断面直径为 1.5m。尾水管较长，长度为 26.7m。为便于检查和更换转轮室，尾水管里衬做成可拆卸的，并且不埋在混凝土内，这就要求尾水管要具有足够的刚度。防飞逸装置采用球阀。补气措施有三处：顶盖上装 2 只 ϕ100mm 的真

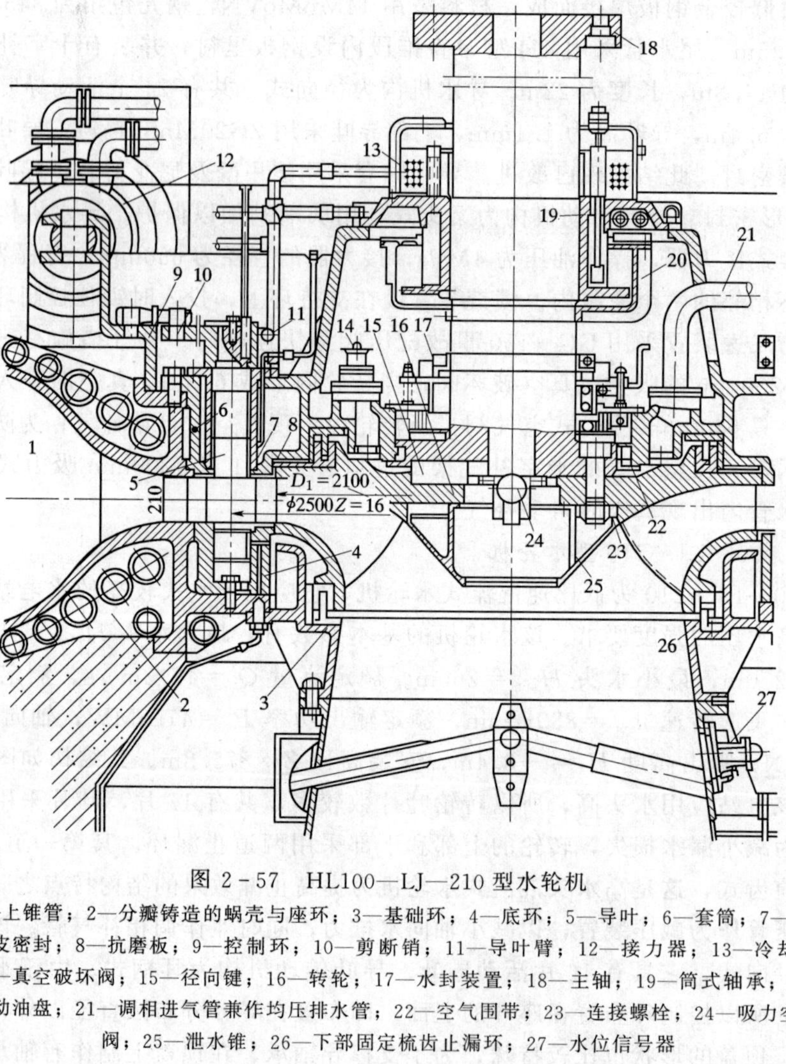

图 2-57 HL100—LJ—210 型水轮机

1—上锥管；2—分瓣铸造的蜗壳与座环；3—基础环；4—底环；5—导叶；6—套筒；7—L 形橡皮密封；8—抗磨板；9—控制环；10—剪断销；11—导叶臂；12—接力器；13—冷却器；14—真空破坏阀；15—径向键；16—转轮；17—水封装置；18—主轴；19—筒式轴承；20—转动油盘；21—调相进气管兼作均压排水管；22—空气围带；23—连接螺栓；24—吸力空气阀；25—泄水锥；26—下部固定梳齿止漏环；27—水位信号器

空破坏阀；主轴下方装有真空吸力阀，此种形式现在已基本淘汰；在尾水管内装有十字补气架。在蜗壳上安装了调压阀，以限制水压上升，当机组甩负荷时，调压阀随同导叶的快速关闭而开启，将水排入下游。

2.7.2 轴流式水轮机的典型结构

如图 2-58 所示，为 ZZ560—LH—1130 轴流转桨式水轮机结构，转轮型号为 560，立轴、混凝土蜗壳，转轮直径为 1130cm，它是东方电机厂为我国某大型水电厂生产的大型水轮机。水轮机基本参数有：最大水头 $H_{max}=27m$，设计水头 $H_r=$

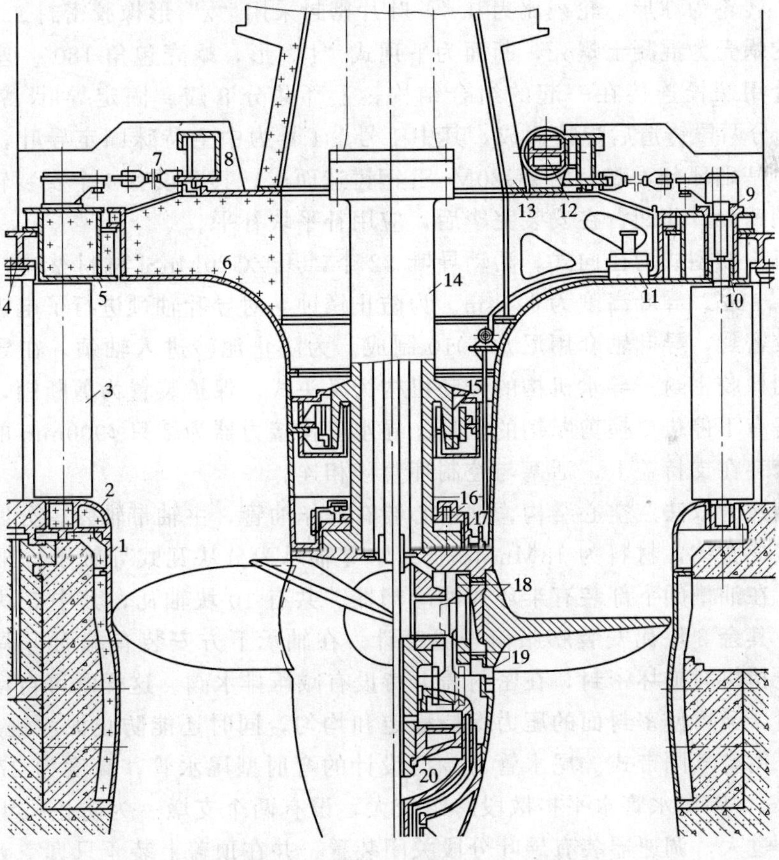

图 2-58 ZZ560—LH—1130 型水轮机

1—基础环；2—底环；3—导叶；4—座环；5—顶盖；6—支持盖；7—导叶传动机构；8—控制环；9—导叶轴套；10—套筒密封；11—真空破坏阀；12—接力器；13—推力轴承支架；14—主轴；15—导轴承；16—主轴密封；17—检修密封；18—转轮；19—叶片密封；20—转轮接力器兼操作架

18.6m，最小水头 $H_{min}=10.6m$。额定流量 $Q_r=1130m^3/s$，额定转速 $n_r=54.6r/min$，飞逸转速 $n_{run}=120r/min$，额定输出功率 $P_r=175.3MW$，轴向水推力 $F_h=21867.4kN$，水轮机总重 2160t，吸出高度 $H_s=-8m$，安装高程 $Z=36.6m$。

水轮机转轮装有 4 个叶片，其中一台机叶片采用 15MnMoVCu 钢铸造，在叶片易空蚀部位堆焊 4mm 厚的不锈钢；另一台则采用 0Cr13Ni6Mo 不锈钢整体铸造。叶片的转角范围为 $\phi=-10°\sim+24°$，叶片的操作机构比较特殊，转轮接力器与叶片操作架合二为一，并布置在转轮下的泄水锥内，这种结构使转轮重心与导轴承之间的距离缩短，重心下移，使机组运行的稳定性提高。转臂与枢轴和叶片为分开结构，采用螺栓连接。转轮为球形，轮毂比为 0.4，叶片密封采用“λ”形橡胶密封。

该机的蜗壳为混凝土蜗壳，断面为平顶式“Γ”形，蜗壳包角 180°。座环为上环和固定导叶用螺栓连接在一起的组合结构，上环共分 8 瓣。固定导叶 17 个，采用 ZG20MnSi 分两段铸造后焊接而成，其中 1 号、4 号为中空特殊固定导叶，供顶盖自流排水用。基础环分 4 瓣，用 ZG20MnSi 钢铸造而成，其上设有 4 个安装转轮时用来悬挂转轮的凹台，此凹台在安装完毕后，应用补平块补平。

导水机构的型式为径向式，活动导叶 32 个，用 ZG20MnSi 材料整铸，导叶布置圆直径为 1.31m，导叶高度为 4.54m。为防止锈蚀，对导叶轴颈进行了电镀。导叶密封采用橡胶密封，导叶轴套用尼龙 1010 制成。为防止泥沙进入轴颈，在导叶中下轴颈处均采用橡胶密封。导水机构的传动机构为叉头式，保护装置为剪断销，当剪断销被剪断时备有不停机更换剪断销的工具。导水机构接力器为 2 只 ϕ900mm 的环形接力器，缸体安装在支持盖上，活塞与控制环直接相连。

主轴型式为双法兰空心结构，轴中心装有操作油管，主轴带轴领，分四段锻造后用电渣焊接成整体，材料为 18MnMoNb。水导轴承为分块瓦式导轴承，采用稀油自循环润滑，在油槽的下部装有半环式油冷却器。共有 10 块轴瓦，其中 5 块瓦装电阻型温度计，其余 5 块瓦安装膨胀信号温度计。在轴承下方安装有端面可调的水压密封，为防止抬机时损坏密封，在密封盖上特设有减压排水阀。这样既可自动补偿密封块的磨损量，又可使密封面的压力保持稳定和均匀，同时还能防止泥沙进入密封面。检修密封采用空气围带式。尾水管为专门设计的弯肘型尾水管，高度为 27.12m，长度为 50.85m，因尾水管水平扩散段跨距较大，设有两个支墩。为防止机组抬机和水击压力上升过大，调速器装有导叶分段关闭装置，并在顶盖上装 4 只真空破坏阀。防飞逸装置采用 ϕ200mm 事故配压阀。

2.7.3 贯流式水轮机的典型结构

如图 2-59 所示为 GZ003—WP—550 贯流转桨式水轮机结构，转轮型号为 003，卧轴灯泡式，转轮直径为550cm。该水轮机基本参数有：最大水头 $H_{max}=10m$，设计水头 $H_r=6.2m$，最小水头 $H_{min}=3m$。额定流量 $Q_r=199m^3/s$，额定输出功率 $P_r=10.46MW$，额定转速 $n_r=78.9r/min$，飞逸转速 $n_{run}=215r/min$，保证效率为92.5%，向下游看旋转方向为顺时针。引水室均由钢板焊接而成，形状如灯泡。在其中布置发电机、轴承、主轴和管路等。与引水室相连的为座环，为钢板焊接结构，固定导叶共8个，其中上下2个为特殊结构，可作为进人检修和管路通道。

导水机构为圆锥式，主要由导叶、底环，顶盖、导叶传动机构和控制环等组成。导叶共有16片，由ZG20MnSi整体铸造而成。底环、顶盖和导叶两端均采用球面，以保证导叶在转动时能够有效封水。控制环支承在顶盖上，均为钢板焊接结构。控制环通过推拉杆与两个直径为500mm普通式直缸接力器相连，并立放在基础墩上。

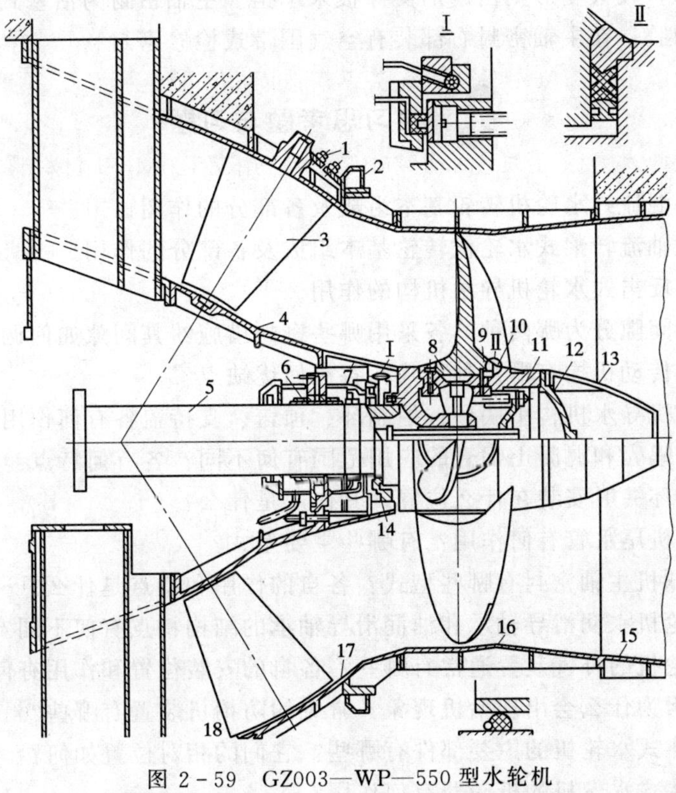

图2-59 GZ003—WP—550型水轮机

1—导叶传动机构；2—控制环；3—导叶；4—底环；5—主轴；6—水导轴承；7—密封座；8—转轮；9—叶片操作机构；10—叶片密封；11—转轮接力器活塞；12—端盖；13—泄水锥；14—主轴密封；15—尾水管；16—转轮室；17—顶盖；18—座环

水轮机转轮为转桨式，共有 4 片叶片，叶片与枢轴分别铸造，采用螺栓与叶片连成一体。叶片转动机构为耳柄连杆式，与转轮接力器活塞直接相连。转轮接力器位于转轮体下端空腔内，在转轮体下端壁上固定有转轮体端盖，形成接力器油腔，在接力器腔内充满了 2.5MPa 的操作油。操作油由装在发电机顶端的受油器控制。转轮室为焊接结构，分两瓣，分瓣面采用法兰结构，用螺栓连接，为了便于检查转轮和导水机构，在顶部和底部各设置了一个向外开启的进人门。

水轮机主轴为双法兰空心轴，分别与转轮体和发电机相连，在主轴中间装有操作油管。水轮机导轴承为动静压式对开球轴承，它由轴瓦、球面支承、密封和球面座等组成，导轴瓦上部两边各留 50mm 宽的巴氏合金。轴承采用外冷式油循环系统。径向力通过轴承的凸缘和扇形支撑传至座环。运行中主轴出现较小的位移由法兰凸缘和轴承套管来承担，较大变形则由扇形支撑板来承担。主轴密封为活塞式水压密封，活塞材料为轴承橡胶。在主轴密封右部装有空气围带式检修密封。

复习思考题与习题

2-1　简述混流式水轮机转轮基本组成及各部分的作用。

2-2　简述轴流转桨式水轮机转轮基本组成及各部分的作用。

2-3　简述反击式水轮机导水机构的作用。

2-4　导叶间隙分为哪两种？各采用哪些密封措施？其间隙如何调整？

2-5　导叶传动机构有哪几种型式？各有何优缺点？

2-6　水轮机导水机构中底环、控制环、顶盖、支持盖各有何作用？

2-7　金属蜗壳和混凝土蜗壳的应用范围有何不同？各有何特点？

2-8　基础环一般安装在什么位置，其作用是什么？

2-9　水轮机尾水管有何作用？有哪些主要型式？

2-10　水轮机主轴密封有哪些型式？各自的作用和特点是什么？

2-11　水轮机水润滑导轴承和油润滑导轴承的结构特点有何不同？

2-12　水轮机的补气装置通常有哪些？各自的安装位置和作用有何不同？

2-13　机组为什么会出现抬机现象？常见的防抬机装置有哪些？

2-14　水斗式水轮机的主要部件有哪些？它们的相对位置如何？

2-15　水斗式水轮机的折向器有何作用？

第3章

水轮机的工作原理

3.1 水轮机内的水流运动

分析水流在转轮中的流动状态，是研究水轮机工作原理的基础工作。由于转轮本身的流道形状复杂，而且自身也在作旋转运动，在水轮机中的水流，一方面随转轮旋转作圆周运动，同时又沿叶片之间所构成的流道作相对运动，是一个十分复杂的三维空间运动。对水轮机转轮中的水流分析，到目前为止很难用数学的方法表示出水流的运动规律，一般采用引入假设，对水轮机中的水流运动作一些必要的简化，再进行分析研究。

3.1.1 水轮机速度三角形

1. 水流在水轮机内的运动

(1) 轴面。水轮机转轮是绕定轴旋转的，为了方便分析水流在转轮内的运动，常采用圆柱坐标系，如图 3-1 所示，其中 z 轴和水轮机轴线一致，r 轴为与轴线垂直的径向方向，ϕ 为幅角，即被研究的质点所在径向面位置与起始径向面所围的圆心角。轴面是指由 z 轴与 r 轴所构成的平面，即通过主轴轴线的径向面。可见，在转轮内有无数个轴面。其位置可由 ϕ 来表示。而在转轮内空间上任一点可由 z、r 和 ϕ 来确定，工程上一般将转轮投影到轴面上，称为转轮轴面投影，如图 3-2 所示，它是由转轮叶片进、出口边线和上冠及下环边线组成的。

(2) 流面。流面是指以轴面流线为母线，绕轴线旋转所形成的旋转面。混流式水轮机的流面呈喇叭形，如图 3-3 所示，这是由于水流在转轮内由径向改变为轴向所形成的。轴流式水轮机的流面，则呈一个圆柱形，忽略径向速度时，水流在转轮内始终是轴向。

因分析水流在转轮中的运动常在各流面上进行，为了研究方便，把流面展开。混

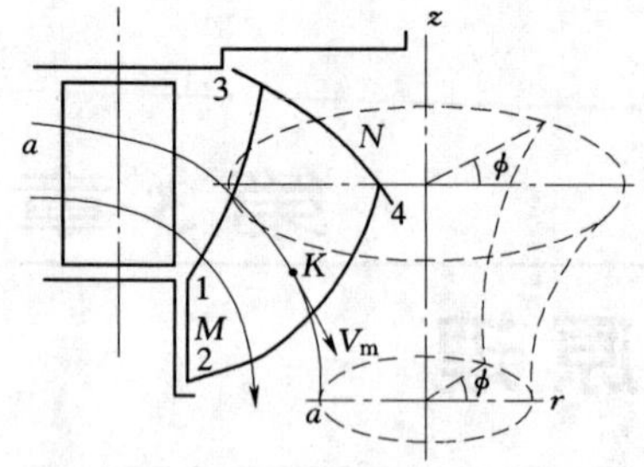

图 3-1 水轮机转轮轴向平面图

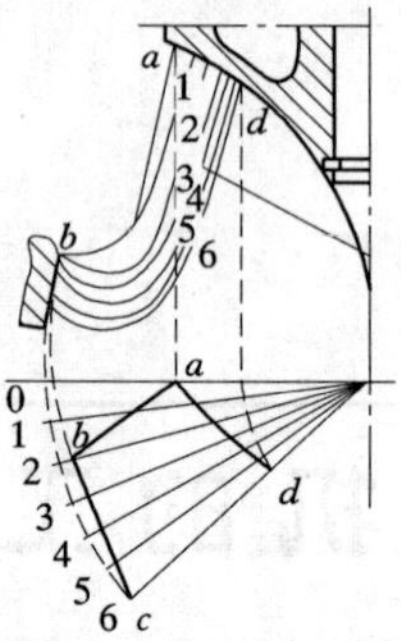

图 3-2 混流式水轮机转轮轴面投影图

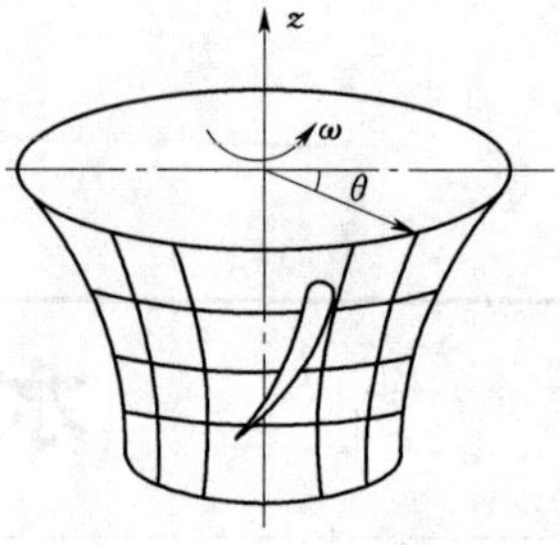

图 3-3 混流式水轮机转轮流面

流式水轮机的流面是喇叭形，可近似按圆锥面展开，如图 3-4 所示。轴流式水轮机的流面是圆柱面，就直接按圆柱面展开。叶片在这圆锥展开面上的投影为翼型，中线称为叶片的骨线，骨线与圆周方向之间夹角，在进口边称为叶片进口角，用 β_{e1} 表示，在出口边称为叶片出口角，用 β_{e2} 表示。

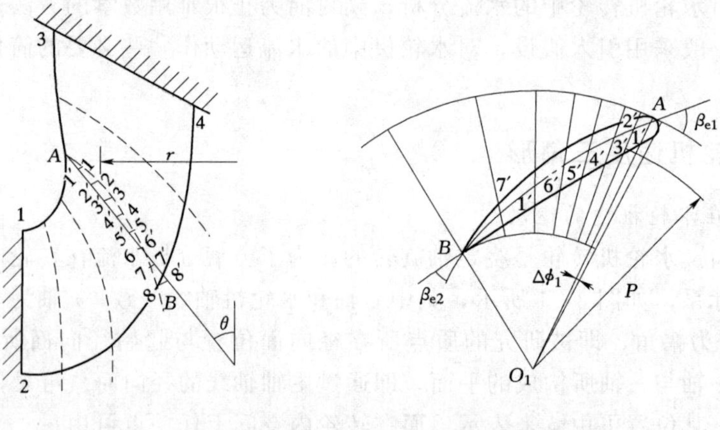

图 3-4 混流式水轮机转轮叶片流面圆锥展开投影

2. 转轮内的运动速度分析

水流质点在转轮内沿转轮叶片表面方向的运动为相对运动，可用相对速度 W 表示。水流质点随着转轮一起旋转的运动，称为圆周运动或牵连运动，用圆周速度 U 表示。水流质点对水轮机固定部件（对地球）的运动称为绝对运动，用绝对速度 V 表示。根据力学中速度合成与分解的原理，转轮中任一点水流的绝对速度都可以分解为沿转轮叶片流动的相对速度和随着转轮一起旋转的圆周速度，由这三个速度构成一个封闭式三角形称为水轮机的速度三角形。表达式为：

$$\vec{V} = \vec{W} + \vec{U}$$

在水轮机流道内，各处的水流质点运动情况是不一样的，水轮机的进口和出口处的流速三角形对水轮机能量转换起着重要作用，这对研究水流在转轮中的运动有重要的意义。为区别速度三角形各元素之间相互关系，我们规定：下标“0”表示水流尚未进入转轮进口边上的点；下标“1”表示转轮叶片进口边上的点；下标“2”表示转轮叶片出口边上的点；下标“3”表示水流在转轮叶片已出口上的点。

水流速度三角形在转轮中的运动状态，如图 3-5 所示。

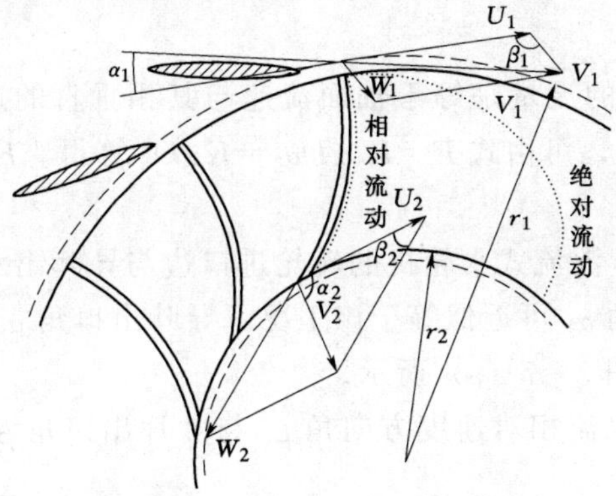

图 3-5 水流速度三角形

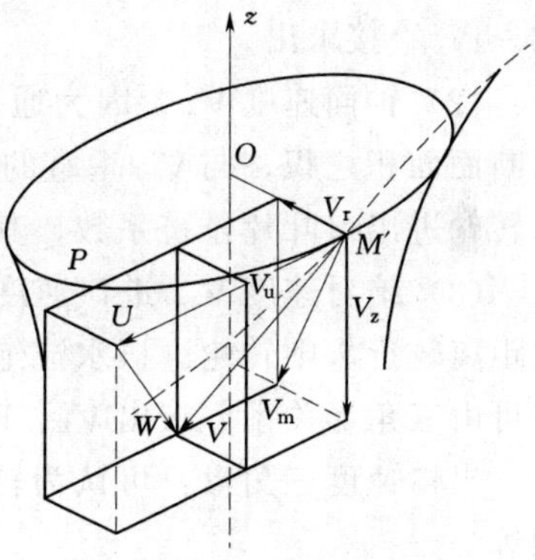

图 3-6 各速度的空间关系

水流速度三角形中各速度的空间相互关系，如图 3-6 所示。将绝对速度分解为圆周和轴面的两个分速度，绝对速度在圆周切线方向的分量称为圆周分速度，用 V_u 表示；绝对速度在轴面内的分量称为轴面速度，用 V_m 表示。则绝对速度与圆周速度之间夹角称为水流绝对速度方向角，用 α 表示；相对速度和圆周速度之间夹角称为水流相对速度方向角，用 β 表示。

由图 3-6 知，坐标系中的圆周速度 U 与转轮的转速 n 有关，设对应圆周的直径为 D，则有：

$$U = \frac{\pi D n}{60} \tag{3-1}$$

绝对速度与两个分速度的关系为：$\vec{V} = \vec{V}_u + \vec{V}_m$，因为 $\vec{V}_u \perp \vec{V}_m$，则有：

$$V = \sqrt{V_u^2 + V_m^2} \tag{3-2}$$

式中：$V_u = V\cos\alpha, V_m = V\sin\alpha$

由于水轮机的轴面速度 V_m 与进入转轮的流量 Q 有关，设过流面积为 F，则有：

$$V_m = \frac{Q}{F} \tag{3-3}$$

3.1.2 转轮进出口速度三角形

1. 混流式水轮机转轮进出口速度三角形

对于流道中某一流线，转轮进出口边的位置是确定的，根据已知的水轮机直径、转速、流量和导叶的相关参数等，就可以求出水轮机速度三角形各速度值，并可以绘制出速度三角形。

(1) 圆周速度 U。转轮进、出口圆周速度大小与转轮进出口直径有关系，可由式 (3-1) 直接求出。

(2) 轴面速度 V_m。因为通过水轮机转轮的流量是等于轴面流速与其相垂直的过水断面面积之积，与 V_m 垂直的过水断面面积，可由式 $F=K_1\pi Db_0=K\pi D^2$ 算得。K_1 为转轮进出口叶片排挤系数，其值小于 1。

(3) 绝对速度 V。进口速度三角形：由于混流式水轮机的转轮进口边与导叶出水边距离较近，则转轮进口水流绝对速度方向角 α_1 可近似等于该工况下导叶出口角 α_0，即可由三角形关系，求出 V_1、W_1 和 β_1。如图 3-7 (a) 所示。

出口速度三角形：可认为转轮叶片出口水流相对速度方向角 β_2 与叶片出口角 β_{e2} 相等。

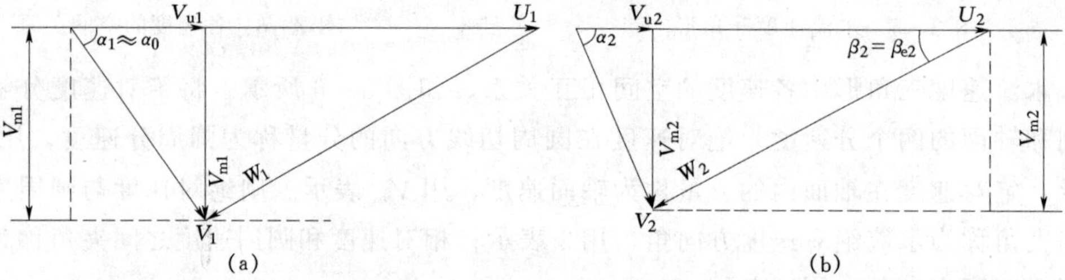

图 3-7 混流式转轮进、出口速度三角形
(a) 进口速度三角形；(b) 出口速度三角形

则可作出出口速度三角形。如图 3-7 (b) 所示。并求出 W_2、V_2 和 α_2。

2. 轴流式水轮机转轮进出口速度三角形

由于轴流式水轮机中的水流径向分量很小，可忽略不计，即水流流进和流出转轮都是轴向的，如图 3-8 (a) 所示。以 D 为参考点计算圆柱面，则转轮进出口公式：

$$U = U_1 = U_2 = \frac{\pi D n}{60};V_m = V_{m1} = V_{m2} = \frac{Q_{eff}}{F};F = \frac{\pi}{4}(D_1^2 - d_m^2)$$

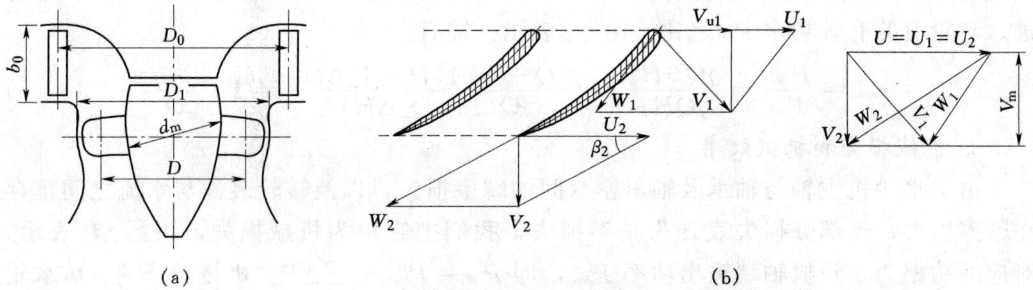

图 3-8 轴流式转轮进、出口速度三角形

式中：Q_{eff}为通过转轮的有效流量；d_m 为转轮轮毂直径。

对于转轮进口，由于轴流式水轮机的导叶出口与转轮叶片进口边相距较远，即 $\alpha_1 \neq \alpha_0$，需由动量矩定理求出进口绝对速度在圆周速度分量 V_{u1}，可求出 $V_{u1}=\frac{Q_{eff}}{\pi D b_0}\mathrm{ctg}\alpha_0$。对转轮出口，可根据转轮运行工况和出口水流方向来确定。这样可分别求出轴流式转轮进出口速度三角形各参数值。如图 3-8（b）所示。

3.1.3 水轮机的能量损失与效率

水流流经过流部件，水能不能全部地转化为机械能传给发电机。一是由于沿程产生摩擦损失，局部发生撞击和漩涡损失；二是少量的水流不做功由间隙漏走；三是必须克服轴承处的机械摩擦损失。因此，水轮机的能量损失可分为三种：水力损失、容积损失和机械损失。相应各类损失的效率有水力效率、容积效率和机械效率。

1. 水力损失和水力效率

水流克服水轮机过流部件的沿程水头损失和局部水头损失称为水力损失。过流部件包括水轮机的引水室、导水机构、转轮和尾水管。水力损失的大小与水流的速度有关，并与过流部件的表面粗糙度及运行工况有关。

水流的沿程损失和局部损失表现为水头损失$\sum\Delta H$，水轮机工作水头 H 减去水力损失$\sum\Delta H$ 称为有效水头，即 $H_n=H-\sum\Delta H$。水力效率是指该有效水头下的功率 P_{eff}与水流输入功率 P_{in}之比。用 η_{hyd} 表示。则有：

$$\eta_{hyd}=\frac{P_{eff}}{P_{in}}=\frac{\gamma Q H_n}{\gamma Q H}=\frac{\gamma Q(H-\sum\Delta H)}{\gamma Q H}=1-\frac{\sum\Delta H}{H} \tag{3-4}$$

2. 容积损失和容积效率

水轮机的转动部件与固定部件之间存在一定的间隙，在水轮机有效水头的作用下，一部分水流会从间隙中漏掉，这部分的能量损失称为容积损失。把进入转轮的流

量 Q 减去容积损失 $\sum q$ 称为有效流量 Q_{eff}。容积效率是指该有效流量下的功率 P'_{eff} 与进入转轮前的有效功率 P_{eff} 之比。用 η_{cub} 表示。即有：

$$\eta_{cub}=\frac{P'_{eff}}{P_{eff}}=\frac{\gamma Q_{eff}H_n}{\gamma QH_n}=\frac{\gamma(Q-\sum q)(H-\sum\Delta H)}{\gamma Q(H-\sum\Delta H)}=1-\frac{\sum q}{Q} \qquad (3-5)$$

3. 机械损失和机械效率

由于水轮机主轴与轴承及轴承密封间的摩擦损失，以及转轮表面与水流之间也存在摩擦损失，这部分损失表现为功率损失，我们把它称为机械损失，用 $\sum\Delta P$ 表示，对应的功率为水轮机轴端输出功率 P_{out}，即 $P_{out}=P'_{eff}-\sum\Delta P$。机械效率 η_{mec} 是水轮机轴端输出功率 P_{out} 与有效流量下的功率 P'_{eff} 之比。用 η_{mec} 表示。则有：

$$\eta_{mec}=\frac{P_{out}}{P'_{eff}}=\frac{P'_{eff}-\sum\Delta P}{P'_{eff}}=1-\frac{\sum\Delta P}{P'_{eff}} \qquad (3-6)$$

4. 水轮机总能量损失和总效率

水力损失、容积损失和机械损失之和为水轮机总能量损失。水轮机的总效率，简称水轮机效率，用 η 表示。它是指水轮机轴端输出功率 P_{out} 与水流输入功率 P_{in} 之比。即

$$\eta=\frac{P_{out}}{P_{in}}=\frac{P_{eff}}{P_{in}}\times\frac{P'_{eff}}{P'_{eff}}\times\frac{P_{out}}{P'_{eff}}=\eta_{hyd}\eta_{cub}\eta_{mec} \qquad (3-7)$$

水轮机效率是水力效率、容积效率和机械效率的乘积。现代水轮机的容积效率和机械效率都很高，可达99%以上。在水轮机三种损失中以水力损失为主，故水力效率也较低，因此尽量减小水力损失，对提高水轮机效率是至关重要的。通常水轮机尺寸越大，效率也就越高。中小型水轮机最高效率为 80%～90%，大型水轮机可达 90%～95%。

3.1.4 水轮机的基本方程式

1. 水流作用在水轮机转轮上的力和力矩

水流在流经转轮叶片时，作用于转轮叶片，使水轮机获得旋转的机械能。要知道水轮机转轮中的水流如何转换成机械能的，首先要分析作用在转轮叶片上的力和力矩，从而推导出水轮机的基本方程式。相关理论分析方法有好几种，这里只介绍动量矩定理。如图 3-9 所示为水流通过转轮时动量矩变化，为了研究方便，将绝对速度 V 分解为 V_u 和 V_m 两个分量，轴面分速度 V_m 方向通过转

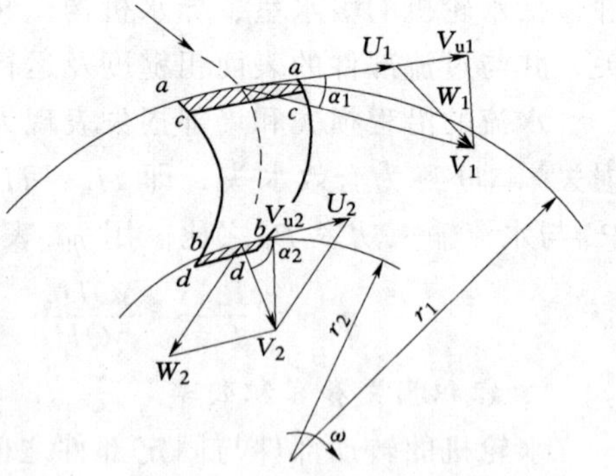

图 3-9 水流通过转轮时动量矩的变化

轮轴线，对主轴不起作用，而圆周分速度 V_u 垂直于径向，对主轴产生动量矩为 mV_ur。设外力矩总和为 M_a，根据动量矩定理有：$\frac{d(\sum mV_ur)}{dt}=M_a$。

现在分析转轮流道 $aabb$ 内的水流对主轴的动量矩变化，设在 dt 时间内，转轮进口水流由 $a-a$ 断面运动到 $c-c$ 断面，转轮出口水流由 $b-b$ 断面运动到 $d-d$ 断面。即流道内水流由 $a-a$ 和 $b-b$ 断面运动到 $c-c$ 和 $d-d$ 断面，其动量矩的变化就等于 $aacc$ 和 $bbdd$ 部分水流的动量矩之差。由于水流是连续流动的，故这两部分的流量是相等的，质量也相等。则转轮进、出口动量矩的变化量等于 $bbdd$ 部分动量矩减去 $aacc$ 部分的动量矩。即

$$\frac{d(\sum mV_ur)}{dt}=\frac{\gamma Q}{g}(V_{u2}r_2-V_{u1}r_1)=\frac{\gamma Q}{g}(V_2r_2\cos\alpha_2-V_1r_1\cos\alpha_1) \tag{3-8}$$

现分析转轮内可能作用在水流质点上的外力和形成的力矩，其所受的外力有重力，转轮上冠和下环内表面对水流的压力，转轮外的动水压力及转轮叶片对水流的作用力。其中，重力与轴线重合，而转轮上冠和下环为环形部件，水流呈轴对称而相互抵消，均不能对水流产生力矩。因此，水流所受的外力矩只有转轮叶片对水流的作用力，它迫使水流改变运动方向和速度大小，故转轮叶片对水流作用力产生的力矩 M_b 为：

$$M_b=M_a=\frac{\gamma Q}{g}(V_2r_2\cos\alpha_2-V_1r_1\cos\alpha_1) \tag{3-9}$$

叶片对水流有作用力矩 M_b，则水流对叶片有反作用力矩 M，它们大小相等方向相反，

则有：

$$M=-M_b=\frac{\gamma Q}{g}(V_1r_1\cos\alpha_1-V_2r_2\cos\alpha_2) \tag{3-10}$$

或

$$M=\frac{\gamma Q}{g}(V_{u1}r_1-V_{u2}r_2) \tag{3-11}$$

2. 水轮机的基本方程式

为了应用方便，常用功率形式来表示，而水流传递给转轮的有效功率 P_{eff} 是水流对叶片的作用力矩 M 与转轮角速度 ω 的积，即为：

$$P_{eff}=M\omega=\frac{\gamma Q}{g}(V_{u1}r_1\omega-V_{u2}r_2\omega) \tag{3-12}$$

又因为 $r_1\omega=U_1$，$r_2\omega=U_2$，上式可写为：

$$P_{eff}=\frac{\gamma Q}{g}(U_1V_{u1}-U_2V_{u2}) \tag{3-13}$$

在水轮机水力矩中常采用水轮机的基本参数来表示，水轮机的有效功率为：

$$P_{eff}=\gamma QH\eta_{hyd}$$

把上式代入（3-13），整理后得：

$$H\eta_{hyd}=\frac{1}{g}(U_1V_{u1}-U_2V_{u2}) \tag{3-14}$$

也可以写成：

$$H\eta_{hyd}=\frac{1}{g}(U_1V_1\cos\alpha_1-U_2V_2\cos\alpha_2) \tag{3-15}$$

或

$$H\eta_{hyd}=\frac{\omega}{g}(V_{u1}r_1-V_{u2}r_2) \tag{3-16}$$

式（3-14）～式（3-16）均为水轮机基本方程式。水轮机基本方程式还可用环量的形式来表示。转轮的速度环量为 $\Gamma=2\pi V_u r$，将式（3-16）右端分子和分母同时乘以 2π 得：

$$H\eta_{hyd}=\frac{\omega}{2\pi g}(2\pi V_{u1}r_1-2\pi V_{u2}r_2)=\frac{\omega}{2\pi g}(\Gamma_1-\Gamma_2) \tag{3-17}$$

此外，水轮机基本方程式还可以用 V、U 和 W 三者组成，由三角形的余弦定理可得：$V_1U_1\cos\alpha_1=\frac{1}{2}(V_1^2+U_1^2-W_1^2)$ 和 $V_2U_2\cos\alpha_2=\frac{1}{2}(V_2^2+U_2^2-W_2^2)$ 两式。

将此两式代入式（3-15）中，可得到：

$$H\eta_{hyd}=\frac{V_1^2-V_2^2}{2g}+\frac{U_1^2-U_2^2}{2g}+\frac{W_2^2-W_1^2}{2g} \tag{3-18}$$

以上几种形式的水轮机基本方程式，它们表示了单位质量水流的能量与转轮进、出口水流各种运动参数间的相互关系，说明了水流对转轮做功的必要条件是要使水流通过转轮时叶片进、出口速度矩发生改变。为了能充分地进行能量转换，转轮进、出口速度圆周分量的大小是关键，它决定了叶片进、出口水流速度矩的大小，也说明了转轮中能量的转换是由于水流和叶片相互作用的结果，一方面叶片流道迫使水流动量矩发生变化，另一方面又以一定的水压作用在叶片上，驱动转轮旋转做功，形成旋转力矩。

3.2 水轮机的运行工况

水轮机的运行状态或运行条件称为水轮机的运行工况。水轮机工作水头、流量和功率等参数总是不断地变化，因此水轮机的运行工况也是经常在变化的。对于水轮机，特别是混流式和定桨式水轮机，由于转轮叶片不可调，而转轮设计时只能满足一种工况，即最优工况，偏离设计工况均为非设计工况。下面对这两种工况来进行分析。

3.2.1 水轮机的最优工况

水轮机在不同的工况下运行，其中效率最高的工况称为最优工况。这是由流道中的水力损失起决定性作用，而水力损失的大小又主要取决于转轮进水方向和转轮出水方向。因在此工况下，水轮机转轮的进口水流相对速度方向与叶片骨线相切，转轮出口水流为法向，转轮流道中的相对水力损失是最小的，即无撞击进口和法向出口。

1. 无撞击进口

转轮进口水流相对速度 W_1 方向与转轮叶片骨线在进口点的切线方向一致称为无撞击进口，即 $\beta_1=\beta_{e1}$。如图 3-10（b）所示，此时水流能够平顺通过水轮机叶片流道，不产生撞击、脱流和漩涡等现象，水力损失最小，水力效率最高。

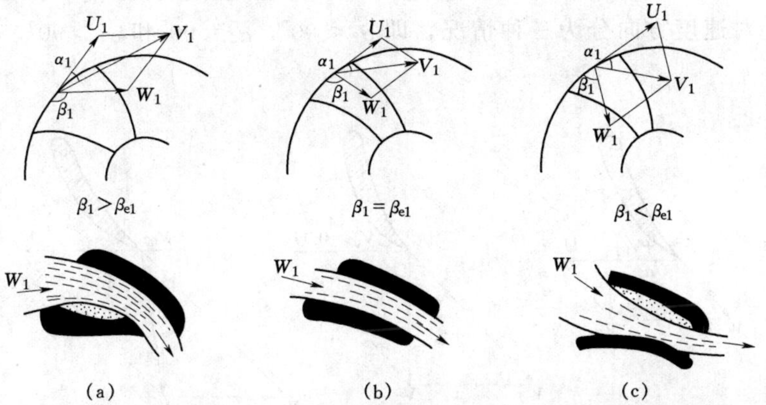

图 3-10 转轮进口处的水流运动

如图 3-10（a）、（c）和图 3-11 所示，当 $\beta_1\neq\beta_{e1}$时，水流就会产生冲角，即 $\Delta\beta=\beta_1-\beta_{e1}$。若 $\Delta\beta>0$ 为正冲角，$\Delta\beta<0$ 为负冲角，此时会使得叶片头部的正面（或背面）出现脱流和漩涡，形成撞击损失。一般冲角（可用 W_c 来估量）越大，撞击损失就越大。

对于机翼型水轮机叶片，由于叶片前缘是圆头形，进口水流对叶片正面的正冲角不大时，撞击损失很小。但是，水流对叶片背面有负撞击，即使对叶片背面撞击不大，也将引起叶片正面形成脱流，大大增加水力损失，导致效率急剧下降。因此，在工程设计时，对设计工况不是按 $\beta_1=\beta_{e1}$ 来设计，而是采用小的正冲角，通常 $\Delta\beta=3\sim10°$，这样既可以改善大流量工况（较大负荷）区的水力性能，同时也可减小叶片的弯曲程度，使之不产生脱流，从而减小了转轮的水力损失和改善空化性能。

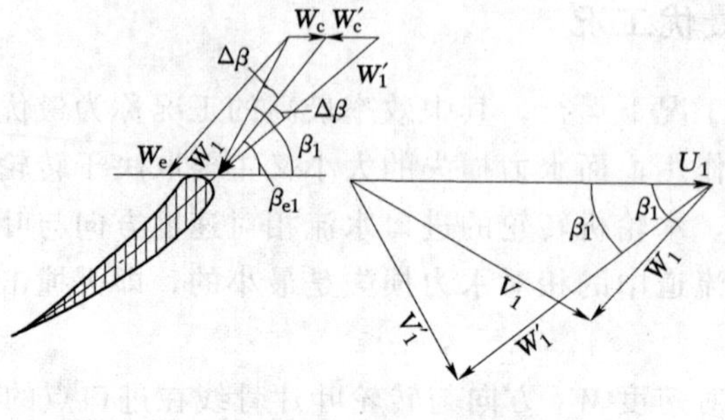

图 3-11 转轮叶片进口冲角

2. 法向出口

要研究转轮中的水流损失在何种状态下最小，应先分析转轮出口水流的流动。出口水流的绝对速度方向分为三种情况，即 $\alpha_2<90°$，$\alpha_2=90°$ 和 $\alpha_2>90°$，如图 3-12 所示。

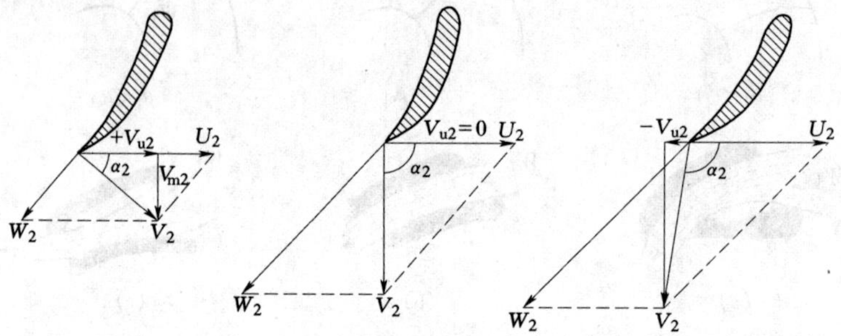

图 3-12 水流出口情况

当 $\alpha_2=90°$时，则 $V_{u2}=0$，转轮叶片流出的水流绝对速度 V_2 与出口圆周速度 U_2 是垂直的，即绝对速度 V_2 方向是法向，此工况称为法向出口。这时水轮机的水力损失最小。一方面因尾水管为扩散形，水流在尾水管中，轴面速度比圆周速度削减更快，而 $V_{u2}=0$，即更有效地利用轴面运动的动能，此时尾水管内的水流旋转摩擦损失也最小；另一方面流量不变时，水流法向出口，即 V_2 为最小值，因而与 V_2^2 成正比的沿程损失和局部损失也最小。对于 $\alpha_2<90°$和 $\alpha_2>90°$，而 $V_{u2}>0$ 和 $V_{u2}<0$。都会产生旋转水流，这部分动能尾水管较难回收。V_{u2} 越大，尾水管的摩擦损失和漩涡损失就越大，特别对 $V_{u2}<0$，会出现与机组旋转方向相反的漩涡，增加了漩涡损失。

试验表明，当 $\alpha_2=80°\sim88°$时，即 V_{u2} 略大于零。这时转轮出口水流具有略带正向旋转速度，使得水流在离心力作用下，能紧贴尾水管的管壁流动，可以防止或减小水流在尾水管内产生脱流，从而减小了尾水管中的能量损失。

3.2.2 水轮机的非最优工况

由于电站水库特性不同，特别是有防洪要求的水库，水位变化较大；在电网中担负调峰、调频的水轮机，功率和流量变化都较大，因此，水轮机在非最优工况下运行往往是不可避免的。尤其是混流式和轴流定桨式水轮机，由于转轮叶片是不可调节的，所以其运行状态往往偏离最优工况，破坏无撞击进口与法向出口状态，产生撞击损失，并使尾水管的动能回收减少，水轮机效率下降。这时的工况称为非最优工况。

1. 对混流式和轴流定桨式水轮机的影响

(1) 水头不变流量改变时的情况。当水头不变时，如果负荷改变，则导水机构就会开或关导叶，改变进入水轮机的流量。如图 3-13 所示，其中虚线表示最优工况时的转轮进、出口速度三角形，实线表示导叶开度小于最优工况时的位置，这时 $\beta_1 \neq \beta_{e1}$，产生一个冲角，会出现脱流和漩涡区，导致水力损失增大，效率急剧下降。

在转轮出口处，由于出口相对速度 W_2 的方向不变，仍然沿叶片表面出流，但相对速度减小，这使得绝对速度 V_2 方向偏离法向，产生与圆周方向相同的分速度 V_{U2}，导致尾水管产生漩涡损失，引起效率降低和机组运行不稳定。

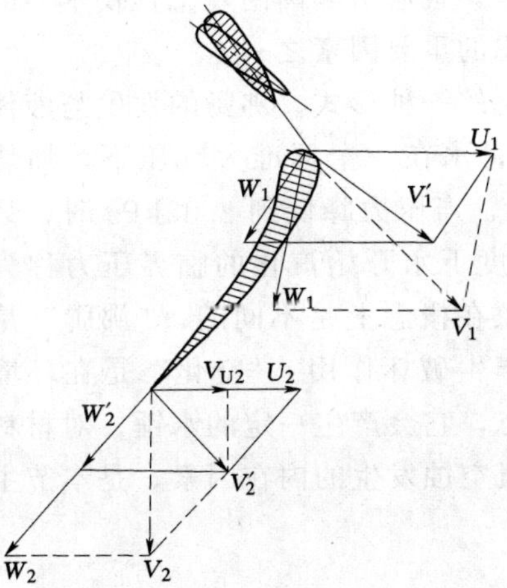

图 3-13 流量改变时转轮进、出口速度

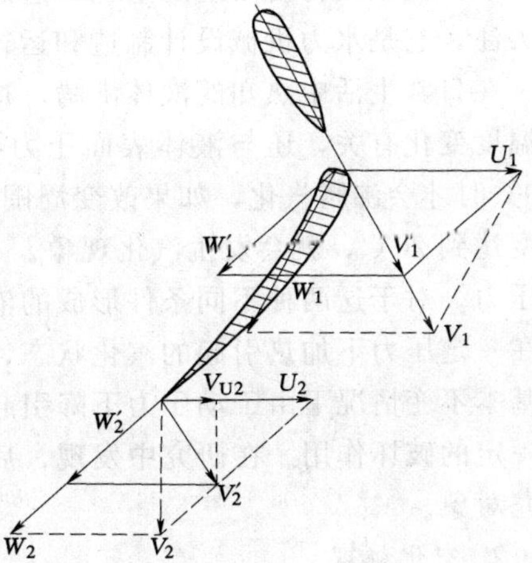

图 3-14 水头改变时转轮进、出口速度

(2) 流量不变水头改变时的情况。水轮机流量不变，即导水机构的叶片开口不变，当水头变化时，V_1 和 W_2 方向不变，但大小发生变化，引起 W_2 和 V_1 的相应变化，如图 3-14 所示。同样，进口易引起撞击损失和脱流损失，转轮出口的水流也不

能保持法向出口，易在尾水管中产生涡带，导致机组振动和效率降低，恶化水轮机性能。

2. 对轴流转桨式水轮机的影响

对于轴流转桨式水轮机，转轮叶片与导叶能够协联动作，当水头、流量变化时导叶开度会增大或减小，转轮叶片转角也相应地增大或减小，以保持接近无撞击进口和法向出口，使得机组在较高效率区内运行。由此可见，轴流转桨式水轮机由于叶片的可调节性，减小了偏离工况的水力损失，所以轴流转桨式水轮机的效率曲线比混流式和轴流定桨式水轮机要平坦得多。

3.3　水轮机的空化

3.3.1　空化与空蚀的机理

1. 空化现象

空化现象于 1891 年在驱逐舰螺旋桨上被发现后，也陆续在水轮机和水泵等水力机械中发现有类似的破坏现象。随着水轮机不断向大容量、高水头、高转速方向发展，水力机械运行时出现的空化所造成的严重危害，普遍引起国内外工程技术界的极大关注，它是水力机械设计制造和运行中必须考虑的重要因素之一。

在日常生活中熟知的液体沸腾，这是液体汽化的一种形式。沸腾的发生与液体内部温度变化有关，还与液体表面压力有关。例如，水在一个标准大气压下，加热到 100℃时才会沸腾汽化，如果改变周围环境的压力，当压力降低到 2.35kPa 时，只要温度达到 20℃，就会发生汽化现象。在一定的温度下水开始汽化的临界压力称为汽化压力。对于这两种不同条件形成的液体汽化现象在概念上是不同的，“沸腾”是液体在一定压力下加热引起的汽化状态，对材料不产生破坏作用。“空化”是在环境温度基本不变情况下由于动压力下降引起的汽化状态，它会产生一定的水锤，对材料产生一定的破坏作用。在研究中发现，后者是水轮机空蚀发生的内在因素，是本节主要研究对象。

2. 空化机理

水轮机空化是当流道中水流局部压力下降到临界压力（一般接近汽化压力）时，水中气核成长为气泡，气泡的聚积、流动、分裂、溃灭现象的总称，过去称作“气蚀”。由于水流在流经水轮机过流部件时，在某些部位可能产生压力下降，当压力低于汽化压力时水就空化，释放出大量的气泡，使得原溶解于水中的空气也随水蒸汽而逸出，因此气泡是水蒸汽和空气的混合体。这些气泡在流经高压区时，蒸汽泡在高压作用下迅速凝缩成很小的水珠，使得气泡内形成真空，于是周围的高压水流质点，以极大的速度向气泡中心冲击，形成巨大的水锤压力，压力可达几百甚至上千个大气压。在水锤压力作用下空气也被压缩，直到气体的弹性压力大于水锤压力时，才停止压缩。接着气泡由于反作用力而产生膨胀，又会发育成新的气泡，同样又引起水流质点产生冲击力。这样气泡形成与溃灭，约每秒近千万次。由于水流质点这种反复高速冲击产生的水锤，使过流部件的金属表面遭到严重的破坏。这种由于空化造成过流表面的材料损坏称为空蚀。根据近代的实验室和现场的研究，空化对过流表面的破坏作用主要有机械作用、电化作用、化学作用三种。

(1) 机械作用。气泡在压缩（或溃灭）时产生很大的微观水锤冲击力，这种反复高频高压脉冲水锤作用，使得金属承受重复载荷，当疲劳应力超过材料的疲劳极限时，金属表面便开始疲劳破坏而落脱，在被破坏的部位也易产生应力集中。

(2) 电化作用。在发生空化过程中，水轮机部件被高压水反复冲击而产生大量的热量，在不受冲击的部位温度较低，这样部件表面存在局部温差，在晶粒中形成热电偶，并存在着电位差，在材料中有电流产生，引起热电效应，对金属表面产生电解作用。金属表面因电解作用而发暗变毛糙，加速了机械作用的破坏。

(3) 化学作用。当气泡在高压区被压缩时要释放出热量，并且由于水锤对金属表面的冲击作用，使得金属材料的表面局部出现高温，这是发生化学反应的主要原因。据实验测定，在气泡凝结时局部温升可达几百摄氏度，这种高温高压促进了气泡对金属材料表面的氧化腐蚀作用。

根据对空化现象的多年观测认为，空化对过流表面的破坏主要是机械作用，化学和电化作用是次要的。在机械作用的同时，化学和电化腐蚀加速了机械破坏过程。空蚀开始时，一般金属表面失去光泽而变暗，接着变毛糙，进而发展成麻点，最后变为海绵状的蜂窝孔。

3.3.2 水轮机的空蚀类型及破坏

1. 空蚀类型

根据发生空蚀的位置和条件，水轮机空蚀可分为翼型空蚀、局部空蚀、间隙空蚀和空腔空蚀四种。

(1) 翼型空蚀。根据反击式水轮机的工作原理，水流动量矩的改变意味着叶片正面和背面必然存在压差，一般正面为正压力，背面为负压力。当负压区的压力低于相应的汽化压力时，就可能发生翼型空蚀，如图 3-16 (a) 所示。所以在转轮叶片背面的空化最为普遍。翼型空蚀的位置与水轮机型号有关，对混流式水轮机一般发生的部位如图 3-15 (a) 所示，主要发生在叶片背面出水边的下半部靠下环的 *A* 区、叶片背面与下环靠近进口处 B 区和叶片背面与上冠交界处 D 区，另外在下环内表面 C 区有时也发生空蚀。对轴流式水轮机主要发生在叶片背面出水边与轮毂连接部位，如图 3-15（b）所示。其中，叶片背面出水边中部和外缘后部 B 区的空蚀最为严重，叶片背面进水头部 A 区次之。

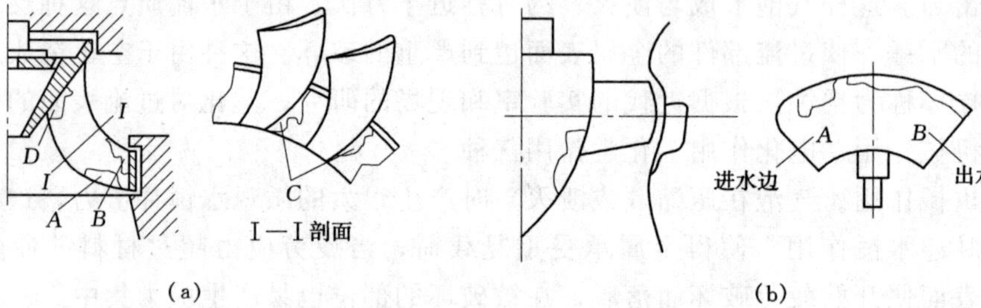

图 3-15　反击式水轮机翼型空蚀

（a）混流式水轮机；（b）轴流式水轮机

（2）局部空蚀。是由于水轮机过流部件表面凹凸不平造成局部脱流、水流绕流形成漩涡，使得压力下降而产生的，如图 3-16（b）所示。一般是因为水轮机加工制造缺陷或检修变形等因素造成的，对轴流转桨式水轮机，主要发生在转轮室连接处、叶片固定螺钉及密封螺钉处。混流式水轮机则是转轮上冠泄水孔后面。

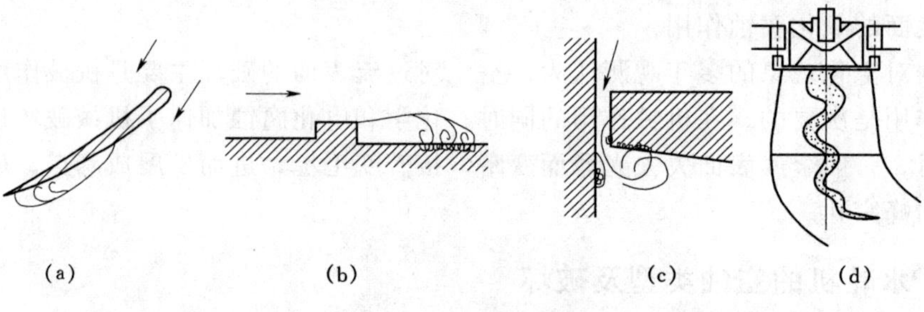

图 3-16　反击式水轮机翼型空蚀

（a）翼型空蚀；（b）局部空蚀；（c）间隙空蚀；（d）空腔空蚀

（3）间隙空蚀。间隙空蚀是在水流通过某些间隙或较小的通道时，因局部流速升高，压力降低到汽化压力时产生的。这类因间隙产生的空蚀称为间隙空蚀，它通常发生在导叶间隙处和转轮止漏间隙处，如图 3-16（c）所示。混流式水轮机主要在转轮上、下迷宫环间隙处，以及导叶的端面和立面间隙处。轴流式水轮机主要在叶片外缘与转轮室的间隙处和导叶端面间隙处。在间隙空蚀的作用下，转轮室、叶片外缘、叶片法兰下表面及转轮体局部都将遭到破坏。

(4) 空腔空蚀。当反击式水轮机在非最优工况下运行时，转轮出口水流总是具有一定的圆周分速度 V_{u2}，使得水流在尾水管内产生旋转，形成涡带，中心形成真空带。当涡带中心出现的负压小于汽化压力时，水流就会产生空化现象，而中空旋转的涡带周期性地冲击尾水管壁，造成尾水管壁产生空蚀，这种空蚀称为空腔空蚀。如图3-16 (d) 所示，空腔空化的产生与运行工况有关系，涡带从转轮叶片出水边一直延伸到尾水管，其形态随工况而变化，在较大负荷时，尾水管中涡带形状呈柱状形，几乎与尾水管中心线同轴；但在低负荷时，空腔涡带较粗，呈偏心螺旋状，空间极不稳定，将发生强烈的空腔空蚀。由于涡带使得转轮出流不稳定，从而造成流量和压力不稳定，引起水压周期性的脉动。对机组运行稳定性的影响较大。这种压力脉动可能引起基础部件、机件和轴承的垂直振动，引起主轴摆动、出力波动、强剧的噪音等运行不稳定现象。

2. 空蚀破坏危害

空蚀破坏对水轮机产生的危害，主要有以下几个方面。

(1) 破坏水轮机过流部件，特别是水轮机转轮叶片。我国某水电站，水轮机空蚀较严重，运行不到两年就导致叶片穿孔而无法运行，必须更换转轮。

(2) 导致水轮机效率降低和机组功率摆动。水轮机在非最优工况下运行，特别在远离设计工况时，转轮内部的流态变坏，易产生空蚀和压力脉动，导致部分能量损失、水轮机效率急剧下降。此时压力脉动的幅值往往比正常运行时的大得多。在压力脉动可能造成有效水头变化时，还会引起机组有功功率的摆动。

(3) 引起机组的振动、噪音和运行不稳定。在水轮机产生空蚀时，水流从转轮上冠到下环，叶片进水口边脱流，卷成涡带，通过叶片流道。由于水流沿叶片长度方向流动不均匀，自上而下产生二次流，在叶片间产生高强度的不稳定涡流，这种不稳定流是振动的激振源。另一方面转轮出口绝对速度的圆周分量会产生强烈的螺旋状空腔涡带，拍打尾水管边壁而产生噪音，且水流压力呈周期性脉动变化，严重影响机组的运行稳定性。

(4) 空蚀增加了机组的检修周期和检修复杂性。如六郎洞水电站水轮机在空蚀与泥沙磨损作用下，曾发生过平均 12 天检修一次的情况，黄河上的刘家峡、三门峡等水电站，有的水轮机经过一个汛期的运行就需要检修。这不仅造成耗用大量人力物力，增加费用开支，而且延长工期，影响电厂发电效益。

3.3.3 水轮机的吸出高度和安装高程

1. 空化系数

上述水轮机发生的四种空蚀，在反击式水轮机中是普遍存在的，主要以翼型空蚀为主。水轮机空蚀性能的好坏，一般是指翼型空蚀的好坏而言。在水轮机中，一般用效率来表征能量性能，用空化系数来表征水轮机空化发生条件和性能。空化系数是一个无因次系数，过去常称为“气蚀系数”。

为了弄清空化系数的物理意义，我们来研究水流在流经叶片时的压力分布情况。如图 3-17（b）所示为叶片正、背面压力分布示意图。当水流以相对速度 W_1 进入叶栅时，在叶片进口边缘点 1 流速水头全部转变为压力水头 P_H。接着，水流沿叶片进口边缘绕流，由于弯曲产生的离心力作用使液体从叶片上脱离，在叶片正、背面的压力均突然下降。以后，水流沿叶栅流动过程中，平均压力沿叶片出口方向逐渐降低。叶片正、背面压力下降不一致，因而在叶片正、背面存在压力差。若与大气压力作比较［图 3-17（b）中 P_a 线］，叶片正面大部分或全部是正压（大于大气压），背面则大部分为负压（小于大气压）。在叶片背面接近出口边的 K 点压力降到最低，而在叶片出口边处点 2，由于叶片正、背面的压力趋向一致，故背面压力稍有回升。根据此压力分布曲线，可以分析和推导出叶片不发生翼型空蚀的条件和空化系数。

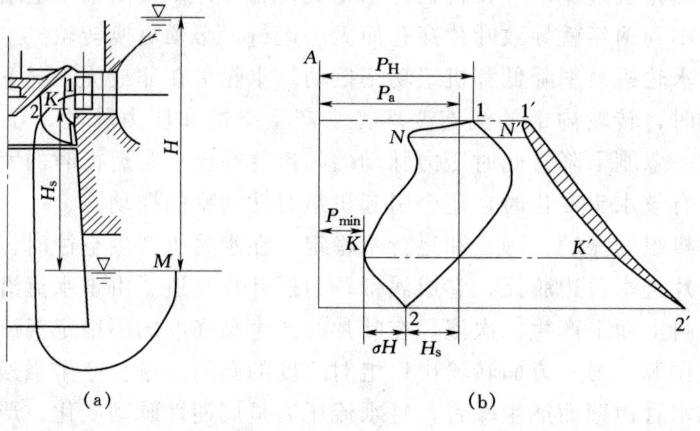

图 3-17 转轮叶片正、背面压力分布

一般说来，要保证水轮机不发生空蚀，应使叶片上的最低点压力 P_K 大于给定温度下水的汽化压力 P_v，即：

$$\frac{P_K}{\gamma} \geqslant \frac{P_v}{\gamma} \tag{3-19}$$

为了得到不发生空蚀的条件，如图 3-17（a）所示，可列出通过 K 点和尾水渠 M 点流线的伯努力方程如下：

$$\frac{P_K}{\gamma} + z_K + \frac{V_K^2}{2g} = \frac{P_M}{\gamma} + z_M + \frac{V_M^2}{2g} + h_w \tag{3-20}$$

式中：h_w 为由 K 点至 M 点的水头损失；P_M/γ 为自由水面 M 点的大气压力。

由上式可以得到 K 点的真空值 h_{vM}：

$$h_{vM}=\frac{P_M}{\gamma}-\frac{P_K}{\gamma}=(z_K-z_M)+\left(\frac{V_K^2-V_M^2}{2g}-h_w\right) \tag{3-21}$$

式中：$z_K-z_M=H_s$ 为静力真空，又称水轮机吸出高度；$\frac{V_K^2-V_M^2}{2g}-h_w=h_v$ 为动力真空。

可见，K 点的真空由静力真空和动力真空两部分组成，其中静力真空与水轮机安装时的吸出高度有关，与水轮机本体无关，而动力真空与水轮机的水头或者说与转轮本身所形成的速度有关，即动力真空与水头成正比。因此，同一台水轮机应用于不同水头时，其动力真空值也就不同，所以它不能确切地表达水轮机的空化性能。为了确切地确定水轮机的空化性能，我们引入一个无因次量——空化系数，令其等于动力真空与水头的比值，即：

$$\sigma=\frac{V_K^2-V_M^2}{2gH}-\frac{h_w}{H} \tag{3-22}$$

由式（3-22）可见，水轮机空化系数 σ 是一个无因次值，它与水轮机的几何形状、水轮机的工况、转轮出口的动能、尾水管的性能和效率等有关。对某一型号水轮机，在确定的工况下（如设计工况），其空化系数为定值。空化系数大的水轮机，在同样使用水头下，它所产生的动力真空也大，所以发生空蚀损坏的可能性也就越大。在水轮机设计和选型时，在保证良好的能量特性情况下，应尽量使空化系数值小一些。但是，能量特性与空蚀特性通常是相互矛盾的。如何使得水轮机既有良好的能量特性又有良好的空蚀特性，这是近代国内外水轮机界研究的一个重要课题。

水轮机的吸出高度 H_s，其值与水轮机的安装高程有关，式（3-21）若用水轮机吸出高度和水轮机空化系数来表示时，则可改写为：

$$h_{vM}=\frac{P_M}{\gamma}-\frac{P_K}{\gamma}=H_s+\sigma H \tag{3-23}$$

K 点的压力可表示为：

$$\frac{P_K}{\gamma}=\frac{P_M}{\gamma}-H_s-\sigma H$$

由式（3-19）不发生空蚀的条件可得到下式：

$$\frac{P_M}{\gamma}-H_s-\sigma H\geqslant\frac{P_v}{\gamma} \quad 或 \quad \frac{P_M}{\gamma}-\frac{P_v}{\gamma}\geqslant H_s+\sigma H \tag{3-24}$$

2. 水轮机的吸出高度

(1) 吸出高度计算公式。对于已选好水轮机型号、空化系数值已被确定的水轮机，为了保证不发生翼型空蚀，必须使 K 点的压力 P_K 大于或等于水的汽化压力 P_a，根据式（3-24），令 $P_M/\gamma=H_a$、$P_v/\gamma=H_v$，则有：

$$\sigma_p=\frac{H_a-H_s-H_v}{H}\geqslant\sigma \quad (3-25)$$

不等式左边的值与电站安装的具体条件有关，它是电站运行条件下的空化系数，σ_p 称为电站空化系数。如果电站空化系数大于水轮机的空化系数，即 $\sigma_p>\sigma$，水轮机就不会发生翼型空蚀。反之，水轮机转轮内将产生空蚀。式（3-25）中 H_a、H_v 一般变化不大，可近似为常数，而水轮机工作水头是已知值，因此要保证水轮机不产生空蚀，重要的问题是合理确定吸出高度 H_s 值。为此，我们根据不发生空蚀的条件，把式（3-25）改写成：

$$H_s\leqslant H_a-H_v-\sigma H \quad (3-26)$$

上式若进行实际计算时，应考虑到标准海平面的平均大气压力 $H_a=101\text{kPa}$，一般水的温度在 5～20℃之间时，水的空化压力 $H_v=0.9\sim2.4\text{kPa}$。当高度在 3000m 以内时，若电站所在地海拔高程为 Z(m)时，则该处的大气压力降低 $Z/900$（×9.8kPa)，由于 $H_a-H_v=98\text{kPa}$，则式（3-26）可写为：

$$H_s=10-\frac{Z}{900}-\sigma H \quad (\text{m}) \quad (3-27)$$

由于模型与原型水轮机之间存在尺寸比例的影响及模型水轮机试验的误差，要对式（3-27）中的水轮机空化系数进行必要修正。常见的修正方法有修正值法和安全系数法两种。

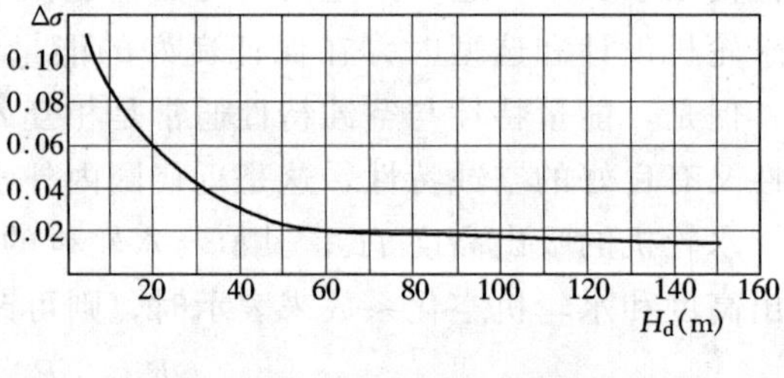

图 3-18 空化系数修正值

为了保证不发生空蚀，在计算水轮机的吸出高度时需要留有一定的安全裕量，称为空化裕量。修正值法就是在综合特性曲线上查得空化系数后，要再加上修正值 $\Delta\sigma$。如图 3-18 所示为修正值与设计水头的经验关系曲线。于是，式（3-27）可改为：

$$H_s=10-\frac{Z}{900}-(\sigma_M+\Delta\sigma)H \quad (\text{m}) \quad (3-28)$$

式中：Z 为电站装机处的海拔高程，m，常用水电站的最低尾水位 Z_w；σ_M 为模型水轮机的空化系数；$\Delta\sigma$ 为与水头有关的空化系数修正值，根据设计水头查图 3-18。

安全系数法就是在综合特性曲线上查得空化系数后，要乘上空化安全系数 K_σ。制造厂和水电设计院，常用此法进行计算：

$$H_s = 10 - \frac{Z}{900} - K_\sigma \sigma_M H \quad (m) \tag{3-29}$$

式中：K_σ 为安全系数，对轴流式水轮机 $K_\sigma=1.1\sim1.2$；对混流式水轮机一般取 $K_\sigma=1.1\sim1.5$，若转轮采用不锈钢，则 $K_\sigma=1.1\sim1.2$，若易空化部位采用抗空化措施，则 $K_\sigma=1.2\sim1.4$，若采用碳钢，则 $K_\sigma\geqslant1.4$。

应当说明，上式中的 σ_M 值与水轮机工况有关，其代表值是设计工况的 σ_M 值。对水轮机工作水头 H，当确定吸出高度时，多采用额定水头 H_r，但最好用不同工作水头计算出不同吸出高度 H_s，并取其中最小值。这样可保证在各种工况下不发生空化，但会增加建设投资，故应通过经济比较来确定。在初步设计中，对轴流式用最小水头，混流式水轮机还应按最大水头及对应的 σ_M 来进行校核。

(2) 吸出高度点的规定。吸出高度是指在水轮机中所规定的空化基准面与尾水位的高差。在实际中，由上面得到了叶片不发生空蚀的合理的吸出高度 H_s 公式计算时，叶片上压力最低点 K 点位置是随水轮机工况而变动的，而且很难由计算确定的。为计算方便，对不同形式、不同装置方式的水轮机，规定了不同的起算位置。具体规定如下：

立轴混流式水轮机，K 点位于底环平面上，H_s 为下游水面到底环平面的高度。

立轴轴流式水轮机，K 点位于转轮公称直径计算点高程上，H_s 为下游水面到转轮叶片旋转中心线的高度。

卧轴水轮机，K 点位于转轮叶片的最高点，H_s 为下游水面到转轮叶片最高点的高度。

如果上述 K 点的高程高于下游水面，称为正吸出高度，反之，K 点高程低于下游水面，称为负吸出高度。具体如图 3-19 所示。

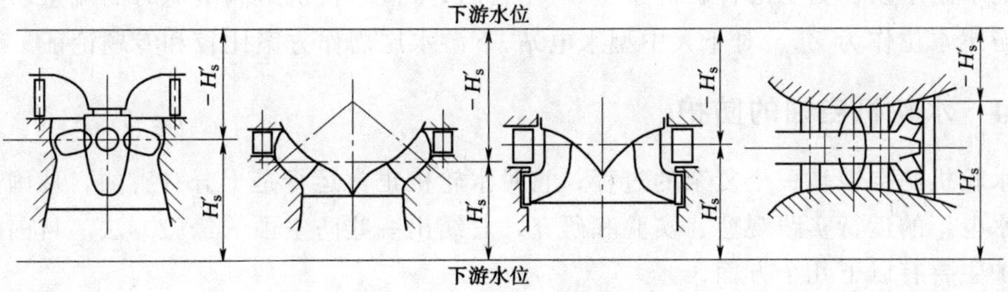

图 3-19 吸出高度计算点规定

3. 水轮机的安装高程

水轮机的安装高程是指水轮机按规定安装时作为基准的某一平面的海拔高程。水轮机安装高程在水电站厂房布置设计中起控制性作用，它将直接影响电站的开挖深度和厂房的其他高程。工程上为安装方便，对各类水轮机的安装高程采用统一规定的安装标记基准，通常用水轮机名义吸出高度 H'_s 来表示。

(1) 水轮机名义吸出高度 H'_s。立式水轮机名义吸出高度 H'_s 是指下游水面到导水机构中心线之间的距离。

对于立轴混流式水轮机
$$H'_s = H_s + \frac{b_0}{2} \tag{3-30}$$

式中：b_0 为导叶高度。

对于轴流式水轮机
$$H'_s = H_s - KD_1 \tag{3-31}$$

式中：K 为轴流式水轮机流道尺寸系数,即转轮叶片中心线到导叶中心线之间的距离与转轮公称直径的比值,根据转轮型号查相关手册。若无资料,K 可取 0.41 进行计算。

卧式水轮机名义吸出高度 H'_s 是指下游水面到水轮机主轴中心线的距离。

对卧式混流式和贯流式水轮机
$$H'_s = H_s - \frac{D_1}{2} \tag{3-32}$$

(2) 水轮机安装高程 Z 的计算。对于立式水轮机 Z 是指导叶中心线高程，对卧式水轮机 Z 是指主轴中心线高程。它是根据下游尾水位高程和名义吸出高度相加而得，即：

$$Z = Z_w + H'_s \tag{3-33}$$

式中：Z_w 为电站的下游尾水位，m。

水电站的下游尾水位是随电站的流量变化而变化的,它与机组运行方式、水库综合利用等有关。在实际工程中,一般是根据水电站的最低尾水位来计算。在初步设计阶段,对中小型水电站,若装机 1～2 台时,可按一台机组 50%额定出力时相应的流量所对应的下游水位作为 Z_w;若装机大于 3～4 台时,可按一台机组满负荷时的流量所对应的下游尾水位作为 Z_w。对于大中型水电站,下游水尾需作方案比较和专题论证。

3.3.4 水轮机空蚀的防护

水轮机的空蚀是一个复杂的过程，它对水轮机正常运行是十分有害的，从国内外许多水电厂的运行实践观察、实验和研究，总结出一些防空蚀的经验方法。目前的空蚀防护主要有以下几个方面。

1. 设计方面

设计方面主要是改善水轮机转轮叶片翼型设计。例如改善叶片头部的形状；使转轮叶片呈光滑的流线型；尽可能使叶片上压力分布均匀，并缩小低压区；叶片背面无鼓包，使水流能平顺流畅；叶片出口边应较薄等。实践证明，翼型设计得合理，可以减轻空化和空蚀损伤。但从能量观点上讲，要求水轮机的过流量尽可能大，而空化系数又随过流量的增加而增加，为保证水轮机有良好的能量特性，空化系数不可能太小。

水轮机空蚀破坏与吸出高度有关，合理确定水轮机的吸出高度，可以避免或减轻水轮机的空蚀破坏。如刘家峡水电厂设计要求 $H_s=-2.5$m，实际达到 $H_s=-7\sim-8$m，仍发生空蚀，运行 6000h 空蚀面积达 7m^2。所以适当选择 H_s 对机组运行性能非常重要。

2. 制造方面

提高制造加工工艺水平，包括转轮材料的冶炼方法、铸造工艺，以及结构的焊接、叶型加工、铲磨、检测手段、热处理水平及其质量保证体系等，这均将影响转轮的成品质量，进而影响水轮机抗磨蚀的性能。转轮叶片加工后的型线尽可能与叶片木模图一致。实际运行中，在同一个水轮机上，发现各叶片被空蚀损坏的程度差别很大，这是由于制造时型线误差较大造成的。另外还应注意叶片表面的粗糙度，易使局部脱流空化。如丹江口水电厂 3 号机和 5 号机空蚀破坏程度相差 25 倍。

3. 材质选用方面

过流部件材质选择对减轻转轮磨蚀破坏，以及延长转轮使用寿命有着重要作用。不同的材料具有不同的抗空蚀、抗磨损性能，而且区别很大。就抗空蚀、抗磨损、耐腐蚀而言，铸造碳钢（ZG230—450～ZG270—500）是最差的，低合金钢 ZG20SiMn 在水电厂应用很广泛，该材质对应用于水质清洁的水电厂，在空蚀部位表面增设不锈钢保护层条件下可以维持 3～5 年大修一次，但抗磨损性能较差。镍铬系列不锈钢有较好抗空蚀性能，抗泥沙磨损也比低合金钢要好，但在多泥沙河流水电厂还必须采取抗磨损措施。我国近年来使用 ZG0Cr13Ni6 和 ZG0Cr13Ni4 不锈钢，它们的抗蚀性能均较好。如八盘峡水电厂 1 号、2 号机采用 20SiMn 材料的转轮，平均每运行 1.65h 就得检修 1h，3 号、4 号、5 号机改用 0Cr13Ni 材料。

4. 运行方面

改善运行条件，合理选定工作区。水电厂在水库调度年份内，由于年内来水量不均和水库运用的要求，特别是初期发电，水库蓄水位达不到设计要求而长时间在低水头下运行等，使机组经常不能保持在设计工况下运行。此时水流进入转轮的流态偏离最佳工况，造成压力的变化，形成脱流，引起空蚀破坏。可通过把机组限定在某一功率区运行或者通过改变开机方式，进行成组调节，改善运行工况，尽量避开空蚀区域。

采用空蚀补气。补气对破坏空腔空蚀、减轻振动有一定的作用。将空气送进空蚀区，可减少真空度；因空气具有很好压缩性，可降低气泡溃灭时产生的冲击力，从而减小空蚀破坏。

5. 检修方面

(1) 提高空蚀检修质量。水电站要提高空蚀检修质量，主要有这几个方面：①定期维护检修。空蚀破坏有一定潜伏期，有一定的周期性，及时检查和处理空蚀部位，能够有效地控制空蚀损坏；②轮换备用转轮，缩短检修周期。对于磨蚀严重的水轮机，电站停机检修的周期主要决定于水轮机转轮的补焊与处理，采用已处理好的备用转轮更换需要处理的转轮，可以大大缩短检修周期，保证检修质量，提高电站的发电经济效益；③提高检修人员素质，保证检修质量。提高检修质量是延长磨蚀部件寿命重要因素之一，而提高检修质量决定于检修人员的技术水平和责任心。例如焊接工艺，由于对焊道搭叠、焊接工艺、参数等的选择以及焊缝清理、应力消除都需焊工去完成，因此焊工水平的高低，决定检修质量的好坏。

(2) 选用高效抗空蚀的防护材料进行表面防护。水轮机转轮采用高效抗空蚀的防护材料进行防护，是延长转轮使用寿命的重要手段之一。其检修的主要措施是在通流部件上采用各种防护复合层。其方法有铺焊、堆焊、喷焊、表面涂层、搪瓷等。

此外，有些电站在转轮上增设一些部件，以改善转轮流态达到减少空蚀破坏的目的。例如：鲁布革水电厂混流式机组，在叶片之间加设较短的副叶片；吴河水电厂机组，在叶片出口边装设大小不同的导流板；水口水电厂，轴流式机组在叶片外缘加设裙边，顶盖上加装阻水筋；新安江、新丰江水电厂，在叶片上埋设补气管，这些都收到一定效果。

3.4 水轮机的磨损和振动

3.4.1 水轮机磨损

1. 磨损的概念

水轮机磨损是指在含沙水流条件下，水轮机过流部件表面造成材料损失的现象。水轮机在工作时，水流中的泥沙颗粒将撞击和切削作用于过流部件的表面，同时，由于撞击和切削的机械作用而产生高温高压，使金属表面产生氧化，在泥沙水流不断冲击下，所产生的交变应力加速金属保护膜的破坏和金属表面细微颗粒的逐步脱落，会出现沿着水流方向的划痕和麻点，随着磨损的进一步发展，水轮机部件表面出现波纹或沟槽痕迹，严重时可使水轮机部件穿孔。磨损一般发生在叶片正面，且在磨损部位呈金属光泽。

磨损对水轮机的运行和检修产生的影响很大，它造成过流部件磨损后，导致漏水量增加，水轮机效率下降和出力不足，特别是空蚀与磨损的联合作用大大加快了过流部件的损坏，从而影响了电站的安全运行和供电的可靠性。如黄河上游支流的巴家嘴水电站，3 年内两台水轮机磨损了四个转轮。还有在刘家峡、三门峡等电站，有的水轮机经过一个汛期的运行就需要检修。因此，泥沙磨损问题应引起足够重视，并要设法加以解决。

2. 影响磨损破坏的因素

水轮机磨损的因素是多方面的、复杂的，根据多年来对水轮机磨损的研究，大致有以下几个方面：泥沙颗粒的特性、含沙水流的特性和抗磨材料的特性等。泥沙颗粒的特性是指沙粒的形状、大小、成分以及硬度等，若沙粒粒径越大、沙粒的形状越尖锐、沙粒的硬度越大，则产生的磨损强度就越大，磨损就越严重。对含沙水流的特性来说，含沙水流的特性指水流含泥沙的浓度、水流速度和方向。含沙水流的速度、浓度越大，单位时间内冲击水轮机部件的沙粒数量就越多，磨损就越严重。水轮机材料的抗磨性能与材料的硬度、组成、表面的粗糙度及材料的热处理等有关系。一般来说，材料的硬度越高、材料组织越密实、晶体结构越均匀，抗磨性能就越强。

3. 水轮机磨损的防护

(1) 合理设置拦沙和排沙设施，减少泥沙进入水轮机。对于河流都含有一定量泥沙，特别是汛期，所以应当设拦沙和冲沙设施，防止泥沙进入水轮机转轮。

(2) 合理选择机型和比转速。对多泥沙河流上的高水头水电站，宜选择混流式水轮机，它比冲击式水轮机工作寿命长，但检修工作量大。对低水头水电站，选择混流式水轮机比轴流式水轮机有利，因轴流式转轮出口相对流速高，转轮磨损严重，但转桨式水轮机叶片检修较混流式方便。

(3) 采用合理的抗磨结构和抗磨材料。过流部件结构应避免产生突弯、扩大或缩小，应使流速分布均匀，过水平顺，防止局部脱流、漩涡导致磨损加剧。如在导叶密封处铺焊抗磨材料，有的在顶盖和前盖板加抗磨筋等。抗磨材料常见有金属和非金属材料两种，在各种防磨损措施中，效果较好的是以铺焊、堆焊和喷焊抗磨材料，以及涂抹环氧金刚砂、聚酯胺和尼龙等非金属材料。如三门峡、青铜峡和刘家峡等水电站，为解决磨蚀防护问题，经多年的研究，在 30 多种对比防护材料试验中筛选出 4 种具有良好抗磨性能的材料。即 SPHG1、GB1 焊条、环氧金刚砂和金属陶瓷，并总结出相应的工艺措施，取得良好的效果。

3.4.2 水轮机振动

1. 振动的类型

振动有很多类型，可根据振动不同的特征来区分不同振动类型。

根据振动的原因可分为：机械振动、水力振动和电磁振动。由机械部分的惯性力、摩擦力和其他力等干扰力引起的振动称为机械振动；水轮机过流部分的动水压力引起的振动称为水力振动；由来自发电机电气部分的电磁力引起的振动称为电磁振动。

根据振动的方向分为：轴向振动和径向振动，即沿着机组轴线的振动和垂直于机组轴线振动。轴向振动也称垂直振动，径向振动也称为水平振动。

根据振动的部位分有轴振动、支座（轴承和机架）振动和基础振动等。轴向振动在机组振动中占有重要的地位，它主要有如下两种振动形式。

（1）弓状回旋。是一种横向振动，振动时转子中心绕某一固定点作圆周运动，其半径即为振幅。

（2）摆振。这时轴中心无圆周运动，整个转子在垂直平面上绕某一平衡位置摇摆。

2. 振动的原因

（1）机械振动。引起机械振动的因素有转子质量不平衡，机组轴线倾斜，导轴承缺陷等引起。由于转子质量不平衡，转子重心对轴线会产生一个偏心矩，主轴旋转时因不平衡质量的离心惯性力的作用，主轴将发生弯曲变形，即所谓“弓状回旋”。水轮机和发电机轴线倾斜也要引起振动和摆动。对新安装机组，轴线在安装时要进行测量调整，其摆度值通常都能处理在规定的范围内，因此，轴线倾斜一般不会引起剧烈振动。但在运行一段时间后，由于某些原因使轴线改变，就会引起机组振动。

（2）电磁振动。由电磁因素引起的振动，大致有转子磁极线圈的匝间短路、转子和定子的空气间隙不均匀以及磁极极性次序错位等。发电机的这些缺陷会使空气间隙内磁通密度的分布不对称，即造成磁力不平衡，而引起机组振动。

（3）水力振动。引起水力振动的因素有水力不平衡、尾水管中水流不稳定、涡带及空腔空蚀等。一般说来，水力机组的振动主要是水力振动引起的。①水力不平衡：当进入转轮的水流失去轴对称时，则会出现不平衡的径向力，而造成转轮振动。造成水力不平衡的因素，通常有蜗壳形状不正确，不能保证轴对称；导叶开度不均匀，引起流入转轮水流不对称和转轮压力分布不均匀；转轮止漏环不均匀，造成压力脉动，产生横向振动；流道有异物堵塞等。②尾水管中水力不平衡：水轮机在非最优工况下运行时，由于转轮出口水流的旋转，造成尾水管中形成涡带，而引起机组振动。混流式水轮机运行在30%～70%最优负荷时，在尾水管涡带正向螺旋状涡流的作用下，尾水管内将产生显著的压力脉动，其脉动频率大致为机组转速频率的1/3～1/5。尾水管压力脉动最大值出现在尾水管直锥段的上半部，后沿水流方向逐渐减弱，至肘管后趋于消失。尾水管压力脉动值一般小于水头的10%，但发现超大型水轮机尾水管压力脉动值已大大超过了水头的10%，甚至达20%～30%以上。这种压力脉动除引起尾水管本身过大的振动外，还可引起压力钢管的振动、顶盖和推力轴承的垂直振动、出力波动等。压力脉动还可能引起厂房振动和引水管道的水力共振。③卡门涡列：如果在平行流动的水流中，顺垂直流向放置一个圆柱体，当水流流速增加至其雷诺数 $R_e \geqslant 3.5\times10^6$ 时，在圆柱体后，就会出现几乎平行的两排涡列，这两排涡列的单涡按一定距离交错排列，且方向相反，这就是卡门涡列。在水轮机转轮叶片、导叶等过流部件的尾部，也有可能出现这种卡门涡列并引起振动。当转轮叶片尾部产生的卡门涡列频率与叶片自振频率接近时，叶片将产生共振，使转轮叶片严重损坏。

3. 消除振动的措施

(1) 查清振动的方法。水轮机振动的问题是复杂的，产生原因很多，要消除振动，需先找出振动产生的原因，常用有测量、试验工况及分析两种方法。①测量方法：采用百分表和压力表进行机组振动、摆度及压力脉动的测量，是最常用的方法。一般在轴承支架和定子机座处设置振动测点及在各部导轴承处设置摆度测点，在尾水管等处增设必要的压力脉动测点等。采用速度传感器测量振动、电涡流传感器测量摆度、压力变送器测量压力的计算机监测装置，不仅具有幅值显示功能，而且具有波形和频谱分析功能，还可以进行离线或在线监测。②试验工况及分析：水轮发电机组振动、摆度、压力脉动的测量，应分别在空载无励额定转速、变转速、空载变励磁电流、空载有励额定转速、不同负载、调相等工况下进行。通过空载无励额定转速工况，可了解机组轴线与轴承间机械蹩劲力作用的大小；通过空载变励磁电流工况，可了解定子铁芯有无冷态振动；通过空载有、无励额定转速工况，可了解发电机电磁不平衡力作用的大小；通过不同负载工况，可全面了解机组运行的稳定性；通过变转速工况，可了解发电机转子重量不平衡力作用的大小；通过调相工况，可了解机组无水力作用因素下的运行情况。总之，水电机组振动、摆度、压力脉动的测量，应在各种不同工况下进行，并通过比较分析，区分各种不平衡力作用的大小，从而查找引起振动的原因，及时处理，保证机组的稳定运行。

(2) 消振的措施。经查明振源和振动原因后，根据不同的情况采用不同的措施消除或减缓振动。常用的方法主要有下面几个方面：①轴心孔和尾水管补气，是目前国内最常用的方法，若下游水位超过设计尾水位，且吸出高度 $H_s \leqslant -5$m 时，宜采用压缩空气补气或射流补气；②尾水管直锥段加装同心圆导流栅；③尾水管壁加装三角形阻水筋或稳流片；④调整止漏环间隙，对于高水头混流式机组，有时需割除下梳齿来消除水力自激振动；⑤改变叶型和在叶片间加支撑，可以改变叶片自振频率，消除或减弱转轮叶片卡门涡列振动现象；⑥调整轴线或调整轴瓦间隙等。

复习思考题与习题

3-1 什么是轴面？什么是流面？混流式水轮机与轴流式水轮机的流面形状有何不同？

3-2 什么是水轮机的速度三角形？

3-3 水轮机的能量损失及其效率有哪些？减小能量损失有哪些途径？

3-4 什么是水轮机的最优工况？其必要条件是什么？

3-5 什么是水轮机的空化？空化的破坏机理有哪三种？哪种是主要的？

3-6 水轮机空化破坏的主要危害是什么？

3-7 水轮机空蚀的类型有哪三类？它们常发生的部位和影响是什么？

3-8 水轮机的空化系数 σ 的定义和表达式是什么？空化系数 σ、工作水头 H 与空化性能之间有什么关系？

3-9 反击式水轮机不发生翼型空蚀的条件是什么？

3-10 什么是水轮机的吸出高度 H_s？各种型式水轮机的 H_s 起算位置如何规定？H_s 为正值或负值意味着什么？合理选择吸出高度 H_s 有何意义？

3-11 什么是安装高程？各种型式水轮机的安装高程是以何处为标记基准？

3-12 水电站中常用哪些措施来防止水轮机空化？

3-13 什么是水轮机磨损？它与水轮机空化特征有哪些区别？防止水轮机磨损采用哪些措施？

3-14 引起水轮机振动有哪些原因？消除振动有何方法？常采用哪些消减振动的措施？

3-15 某电站装置 HL240—WJ—60 型水轮机，额定水头 $H_r=32\text{m}$，最低尾水位 $Z_w=278.5\text{m}$，$\sigma_M=0.23$，试求水轮机最大允许吸出高度和安装高程。

第4章

水轮机的相似理论和特性曲线

4.1 水轮机相似律和单位参数

前面我们已经讨论了水流在水轮机各部件里流动的情况和水轮机的工作原理，同时还得出了工作水头和功率的关系，即水轮机基本方程式。水轮机的运行工况是多变的，其内部流动情况非常复杂，目前尚不能依靠纯理论计算来解决设计问题。水轮机的设计一直是采用理论计算和试验（特别是模型试验）相结合的方法。近年来在水力机械的生产和科学研究中，电子计算机得到了广泛的应用。目前计算机的数值分析计算发展到可以对水力机械内部水流运动进行数学模拟，即可根据内部流动分析的计算程序，对各种不同设计参数的组合进行计算，得出最佳方案，并可估计机器的各种性能，这种方法称作“数值试验”。但是，“数值试验”并不能完全代替模型试验。因为理论方法的不完善，存在一定的局限性，因此即使有任何好的计算方法也很难准确反映出水轮机内部的实际流动情况，仍要依靠模型试验来解决。所以，目前模型试验仍然是研究水力机械的重要手段。在水力机械领域中广泛地采用试验的方法，结合理论计算求得完善的水力机械过流部件的参数。这种试验的方法实际上不仅应用在水力机械中，在其他许多科技领域中同样被采用。

研究水轮机原型与模型参数之间存在的相似规律，并确定这些参数之间的换算关系的理论，称之为相似理论。有了相似理论，就可以把从模型试验获得的参数用相似原理的公式换算到原型水轮机上去，从而得出原型水轮机的特性参数以及这些参数之间的关系。也可以把原型水轮机的参数用相似原理的公式换算到模型水轮机特性曲线上去，以验证原型水轮机的工作特性。

4.1.1 水轮机相似条件

所谓的水轮机相似，是指它们中的水流流动和水力特性保持相似，即两个水流中同名运动要素特征值相等或对应特征值比值存在共同的比例。这就必须满足所谓的水轮机相似条件，包括应满足它们的几何相似、运动相似和动力相似。

1. 几何相似

几何相似是指原型与模型水轮机过流通道的几何形状相似，即所有对应空间角度相等，并且一切线形尺寸成一定的比例，边界条件相同。如图 3－4 和图 4－1 所示，即：

$$\beta_{e1}=\beta_{e1M};\quad \beta_{e2}=\beta_{e2M}\cdots \tag{4-1}$$

$$\frac{D_1}{D_{1M}}=\frac{D_2}{D_{2M}}=\frac{b_0}{b_{0M}}=\frac{a_0}{a_{0M}}=\cdots=\text{常数} \tag{4-2}$$

式中：D_1、D_2 分别为转轮的进、出口直径；b_0、a_0 分别为水轮机的导叶高度和导叶开度；β_{e1}、β_{e2} 分别为水轮机转轮叶片进、出口角。

以上参数有脚标“*M*”者均为模型水轮机的参数，以下相同。

保持上述几何相似的、不同直径的一系列水轮机称为同系列水轮机。

2. 运动相似

运动相似是指原型与模型水轮机流道内对应空间点处的水流质点的运动状态相似，即各同名速度方向相同，大小成一定比例，也即原型和模型水轮机流道所有对应空间点的速度三角形相似，如图 4－1 所示。即：

$$\alpha_1=\alpha_{1M};\quad \beta_1=\beta_{1M}\cdots \tag{4-3}$$

$$\frac{V_1}{V_{1M}}=\frac{W_1}{W_{1M}}=\frac{U_1}{U_{1M}}=\cdots=\text{常数} \tag{4-4}$$

式中：V_1 为进口绝对速度；U_1 进口圆周速度；W_1 为进口相对速度；α_1 为进口绝对

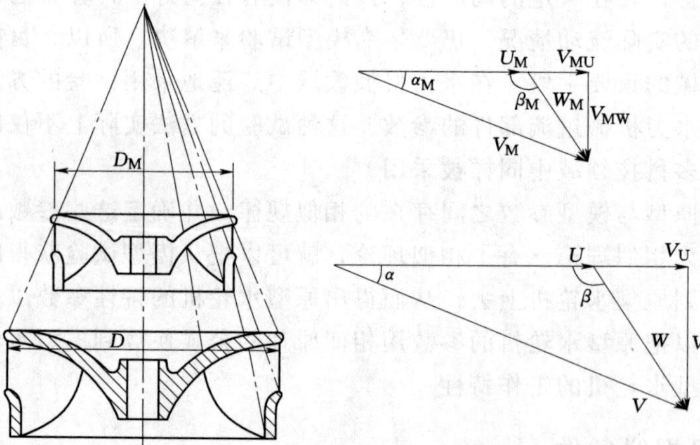

图 4－1 水轮机几何相似和运动相似示意图

速度与圆周速度的夹角、β_1 为进口圆周速度与相对速度的夹角。

3. 动力相似

动力相似是指原型与模型水轮机流道内对应空间点处的各同名作用力方向相同、大小成一定比例，并且具有相同的边界条件，即动力相似要求作用力比例 λ_F 为常数。

$$\lambda_F = \frac{F_P}{F_{PM}} \tag{4-5}$$

式中：F_P 为原型水轮机上某点的作用力；F_{PM}为模型水轮机上相应点的同样性质的作用力。

对于满足上述三个水轮机相似条件的水轮机工况称为相似工况。在三个相似条件中，几何相似是运动相似的必要条件，为了保持运动相似，必须保持动力相似，因此满足几何相似及运动相似也必然存在动力相似。在进行模型试验时，完全满足上述三个相似条件是困难的，有时也是不可能的，因此必须根据不同的情况抓住主要条件，忽略某些次要条件，在得出了模型和原型水轮机主要参数的换算公式后，再进行适当的修正。

4.1.2 水轮机相似定律

水轮机的相似定律，一般是指相似水轮机主要参数间关系的定律，简称为相似律。水轮机相似律通常包括转速相似律、流量相似律和功率相似律。

1. 转速相似律

转速相似律是指原、模型水轮机的转速与原、模型水轮机的水头及直径之间关系的定律。根据水轮机的圆周速度，有：

$$U_1 = \frac{\pi D_1 n}{60} = k_u \sqrt{2gH\eta}; \quad U_{1M} = \frac{\pi D_{1M} n_M}{60} = k_{uM} \sqrt{2gH_M \eta_M} \tag{4-6}$$

式中：k_u 为水轮机的流速系数；D_1 为转轮直径。

式（4－6）可改写为：

$$\frac{nD_1}{\sqrt{H\eta}} = \frac{60k_u \sqrt{2g}}{\pi} = 84.6k_u; \quad \frac{n_M D_{1M}}{\sqrt{H_M \eta_M}} = \frac{60k_{uM} \sqrt{2g}}{\pi} = 84.6k_{uM} \tag{4-7}$$

对于两个几何和运动都相似的水轮机而言，其流速系数 k_u 也相等，所以当 $\eta = \eta_M$ 时由式（4－7）得转速相似律公式：

$$\frac{n}{n_M} = \frac{D_{1M} \sqrt{H}}{D_1 \sqrt{H_M}} \tag{4-8}$$

式（4－8）建立了模型与原型水轮机之间处在相似工况下转速之间的相互关系，同系列水轮机在相似工况下，其转速与直径成反比，与水头平方根成正比。

2. 流量相似律

流量相似律是指原、模型水轮机的流量与原、模型水轮机的直径及水头之间关系的定律。根据几何相似和运动相似的条件得：

$$\frac{Q}{D_1^2 \sqrt{H}} = \frac{Q_M}{D_{1M}^2 \sqrt{H_M}} \tag{4-9}$$

由式（4-9）可得流量相似律公式：

$$\frac{Q}{Q_M} = \frac{D_1^2 \sqrt{H}}{D_{1M}^2 \sqrt{H_M}} \tag{4-10}$$

式（4-10）建立了模型与原型水轮机在相似工况下流量之间的关系，从此式可见同系列水轮机在相似工况下，流量与直径平方成正比，与水头平方根成正比。

3. 功率相似律

功率相似律是指原、模型水轮机的功率与原、模型水轮机转轮直径及水头之间关系的定律。根据水轮机功率公式（1-6）及流量相似律公式（4-10）得功率相似律公式：

$$\frac{P}{P_M} = \frac{D_1^2 H^{3/2} \eta}{D_{1M}^2 H_M^{3/2} \eta_M} \tag{4-11}$$

式（4-11）建立了原型与模型水轮机在相似工况下输出功率之间的关系，从此式可见同系列水轮机在相似工况下，功率与直径平方成正比，与水头平方根的三次方成正比。

4.1.3 单位参数

虽然根据相似律可以对同系列的水轮机在相似工况下进行参数换算，但是以不同模型尺寸对同系列水轮机进行模型试验时将绘出不同的特性曲线，这在实际工程中既不便于应用也不便用于水轮机之间的性能比较。为解决这个问题，把模型试验得到的水轮机参数根据相似律转换成一个转轮直径 $D_1 = 1\text{m}$、水头 $H = 1\text{m}$ 的标准水轮机参数，这就是所谓的单位参数，它包括单位转速 n_{11}、单位流量 Q_{11} 和单位功率 P_{11}。下标“11”分别表示 $D_1 = 1\text{m}$、$H = 1\text{m}$ 时的水轮机参数。

1. 单位转速 n_{11}

由转速相似律公式（4-8）可得

$$\frac{nD_1}{\sqrt{H}} = \frac{n_M D_{1M}}{\sqrt{H_M}}$$

当 $D_{1M} = 1\text{m}$、$H_M = 1\text{m}$ 时，$n_M = n_{11}$，则得：

$$n_{11} = \frac{nD_1}{\sqrt{H}} \tag{4-12}$$

n_{11}称为单位转速，它表示当转轮直径 $D_1=1\text{m}$、水头 $H=1\text{m}$ 时水轮机所具有的转速，单位为 r/min。

2. 单位流量 Q_{11}

当 $D_{1M}=1\text{m}$、$H_M=1\text{m}$ 时，$Q_M=Q_{11}$，由流量相似律公式（4-10）得：

$$Q_{11}=\frac{Q}{D_1^2\sqrt{H}} \tag{4-13}$$

Q_{11}称为单位流量，它表示当转轮直径 $D_1=1\text{m}$、水头 $H=1\text{m}$ 时水轮机的过流量，单位为 m^3/s。

3. 单位功率 P_{11}

当 $D_{1M}=1\text{m}$、$H_M=1\text{m}$ 时，$P_M=P_{11}$，假定 $\eta=\eta_M$，由功率相似律公式（4-11）得：

$$P_{11}=\frac{P}{D_1^2H^{3/2}} \tag{4-14}$$

P_{11}称为单位功率，它表示当转轮直径 $D_1=1\text{m}$、水头 $H=1\text{m}$ 时水轮机的功率，单位为 kW。

同型号的水轮机在相似工况下的单位转速、单位流量、单位功率都相同，不同工况点有不同的转速、流量和功率。与最高效率相应的单位转速称为最优单位转速，用 n_{110}表示；与最高效率相应的单位流量称为最优单位流量，用 Q_{110}表示。

水轮机的单位参数反映了该系列水轮机模型的主要特征，所以在水轮机设计与选择中起着重要的作用，可根据模型转轮的单位参数确定原型水轮机的主要参数，绘制出相应的原型水轮机综合特性曲线。

4.1.4 比转速

在水轮机相似理论中，采用单位参数 n_{11}、Q_{11}和 P_{11}都只能够从一个方面反映水轮机的特性，并且还包含了 D_1。但在水轮机设计或水电站选型中，给定的条件往往是 P 和 H，而 D_1 是待求的。

水轮机比转速是表示水轮机特性的一个综合性参数，它反映了水轮机转速 n、水头 H 和功率 P 相互间的关系，并概括地反映了水轮机的特性。水轮机比转速的大小等于工作水头 $H=1\text{m}$、水轮机功率 $P=1\text{kW}$ 时的转速，其大小与转轮直径 D_1 大小无关，用符号 n_s 表示。

1. 比转速的表达式

根据式（4-12）和式（4-14），将单位功率 P_{11}开平方后再与 n_{11}相乘，则得：

$$n_{11}\sqrt{P_{11}}=\frac{nD_1}{\sqrt{H}}\times\frac{\sqrt{P}}{D_1 H^{3/4}}=\frac{n\sqrt{P}}{H^{5/4}} \tag{4-15}$$

对于符合几何相似、运动相似和动力相似的水轮机，由于 n_{11} 和 P_{11} 都相等，因此上式的结果为一常数，此常数用 n_s 表示，就是水轮机的比转速。即：

$$n_s=\frac{n\sqrt{P}}{H^{5/4}}\quad(\mathrm{m\cdot kW}) \tag{4-16}$$

根据式（1-6）、式（4-12）、式（4-13）可推出比转速 n_s 与单位转速 n_{11} 和单位流量 Q_{11} 的关系式：

$$n_s=3.13n_{11}\sqrt{Q_{11}\eta}\quad(\mathrm{m\cdot kW}) \tag{4-17}$$

式（4-16）和式（4-17）说明了比转速 n_s 是一个综合了 n、H 和 P 或单位参数 n_{11}、Q_{11} 和 η 的参数。在相似工况下，n_{11} 和 Q_{11} 相同，所以 n_s 也是相等的。由于 n_s 随工况而变，所以通常拿最优效率工况对应的最优比转速或设计工况对应的设计比转速进行不同型式水轮机的性能比较。

2. 比转速与水轮机性能之间的关系

由式（4-17）可知，比转速 n_s 愈大，单位流量 Q_{11} 或单位转速 n_{11} 或 η 愈大。由 $P=9.81QH\eta=9.81Q_{11}D_1^2H^{3/2}\eta$ 可知，当水头 H 一定，转轮直径 D_1 为同一值时，Q_{11} 和 η 愈大，所得的水轮机功率 P 也愈大。由此可认为，水轮机的比转速 n_s 愈大，水轮机的单机容量 P 也愈大，水轮机的能量特性也越好；反之，比转速 n_s 愈低，水轮机的能量特性愈差。因此，比转速的下限受能量特性的限制，现代反击式水轮机的比转速一般不低于 60m·kW。

由单位流量公式（4-13）可知，当水头 H 和转轮直径 D_1 一定时，Q_{11} 愈大，通过水轮机的流量 Q 愈大；由于转轮出口断面与转轮直径有关，在 D_1 一定时，Q 愈大，水轮机出口流速 U_2 也愈大。再由空蚀系数计算公式（3-22）可以看出，U_2 愈大，水轮机的空蚀系数 σ 愈大，因而水轮机的空蚀性能也愈差，故水轮机的比转速上限受空蚀性能限制，现代反击式水轮机的比转速最大不超过 1100m·kW。

3. 比转速与水轮机型式之间的关系

比转速与水轮机型式之间的关系，如图 4-2 所示，比转速愈高的水轮机，单位流量愈大，其所需过流断面的面积愈大。因此，转轮相对直径 D_2/D_1 也愈大，同时导水部件相对高度 b_0/D_1 也愈大，而叶片数 Z_1 则愈少。由于 b_0/D_1 大和 Z_1 少，所以转轮强度较低，故不能应用于较高的水头。因为比转速高，空蚀系数大，为减小挖方量，要求吸出高度 H_s 不能太小，由 H_s 的计算公式（3-27）可见，在 σ 一定的情况下，要使 H_s 不太小，只有靠应用于较低水头的水电站才能解决。

为此，高比转速水轮机只能应用于低水头、大流量水轮机，即轴流式水轮机。低

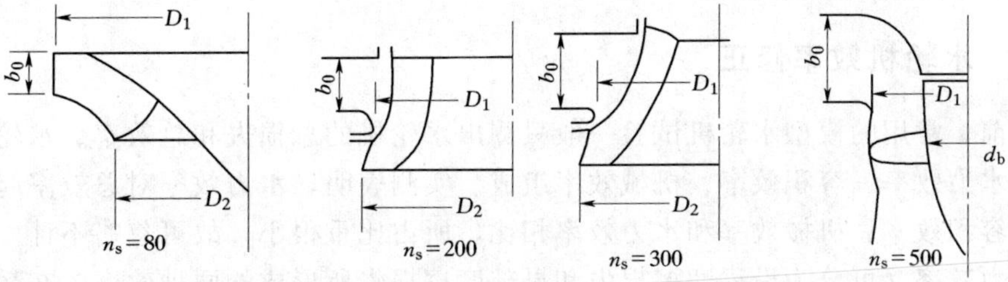

图 4-2 不同比转速水轮机外廓形状

比转速水轮机应用于高水头、小流量水轮机，即切击式水轮机。中比转速水轮机应用于中流量、中水头水轮机，即混流式水轮机。反击式水轮机还可按比转速大小，分为高、中、低三种类型，其关系见表 4-1，一般根据比转速就可以定性地估计出水轮机的基本性能和形状。

表 4-1　　　　水轮机比转速范围

水轮机型式		比转速范围	适用水头范围（m）
轴流式		300～1100	5～50
混流式	高比转速	250～400	20～50
	中比转速	150～250	50～150
	低比转速	60～150	150～400
冲击式		10～50	200～500

比转速是一个十分重要的参数，根据比转速的大小，可定性地分析出水轮机的应用水头范围、水轮机的轮廓形状及其主要特性等。从充分利用水流能量的观点看，一般认为，高比转速的水轮机较好。提高比转速的主要途径是设法提高水轮机的单位转速和单位流量。目前，世界各国都在努力向提高水轮机比转速的方向发展。

4.2 水轮机相似计算

在利用相似律推导水轮机单位参数过程中，是假定同系列水轮机严格保持几何相似且水轮机中的液流为理想液体，相似工况下其效率是相等的。事实上几何相似的模型与原型水轮机的尺寸相差甚大，表面粗糙度不同，工作介质黏度存在差异，水轮机中的液流也不是理想液体，因此两者虽在相似工况下，但水力损失是不同的，效率也是不相等的。在由模型数据推算原型水轮机的参数时要进行修正，原、模型水轮机在相似工况下的效率应进行换算。

4.2.1 水轮机效率修正

目前，常用的模型水轮机试验一般只测出水轮机的总损失和总效率。水轮机的总效率由水力效率、容积效率、机械效率组成。实测表明，水力效率对总效率起主要作用，而容积效率、机械效率和水力效率相比，所占比重很小，故可忽略不计。

水力效率又可分为沿程摩擦损失和局部摩擦损失所形成的两种效率，在最优工况下，主要是沿程摩擦损失所形成的效率。对于冲击式水轮机，原型一般采用与模型相同的效率，不进行效率换算；对于反击式水轮机，国际电工委员会（IEC）推荐了水轮机试验中最优工况效率换算公式，对于轴流式水轮机采用下式：

$$\eta = 1-(1-\eta_M)\left(0.3+0.7\times\sqrt[5]{\frac{D_{1M}}{D_1}}\times\sqrt[10]{\frac{H_M}{H}}\right) \tag{4-18}$$

对于混流式水轮机采用下式：

$$\eta = 1-(1-\eta_M)\times\sqrt[5]{\frac{D_{1M}}{D_1}} \tag{4-19}$$

在我国混流式水轮机中，当 $H<150$m 时，通常用（4－19）进行效率换算；当 $H>150$m 时，则用下式：

$$\eta = 1-(1-\eta_M)\times\sqrt[5]{\frac{D_{1M}}{D_1}}\times\sqrt[20]{\frac{H_M}{H}} \tag{4-20}$$

上述各式是在水轮机试验中最优工况下的效率换算式，具体应用时 η_M 用模型最优工况时的效率值 η_{Mmax} 代入，得到的 η 为原型水轮机的最高效率 η_{max}。在非最优工况下的效率换算，如采用上述效率换算式，势必导致计算得的原型水轮机效率偏高。因为，此时水轮机已偏离最优工况，水力损失也会增加。目前，对非最优工况下的效率换算通常采用简化的等差修正法，即非最优工况下的原型效率等于模型效率加上效率修正值，不同工况的效率修正值相同。

非最优工况下的效率修正值为：

$$\Delta\eta = \eta_{max}-\eta_{Mmax} \tag{4-21}$$

非最优工况的效率换算公式为：

$$\eta = \eta_M+\Delta\eta \tag{4-22}$$

等差修正法应用于转桨式水轮机时，应按照不同桨叶转角 ϕ 对应的不同最高效率值进行，因为最优工况效率换算公式是按照流道内（包括转轮叶片）最优流动条件推导的，而转桨式水轮机各 ϕ 角下均可理解为存在最优流动条件（但 ϕ 角过大、过小时就会存在较大偏差）。所以，每一个 ϕ 角对应一个 $\Delta\eta_\phi$ 值，某一个 ϕ 角下效率修正就

采用一个 $\Delta\eta_{\phi}$。

实际上，对于原型水轮机的最高效率，各制造厂考虑到其工艺水平和制造误差，所提供的原型水轮机最高效率通常要比上述公式计算所得最高效率 η_{max} 低。因此，在决定非最优工况下的效率修正值时，常采用接近实际生产和制造水平的 η_{max} 值。

从上述最优工况效率修正式可见，在其他条件相同的情况下，尺寸大的水轮机其效率也越高，这也是近代不断提高水轮机单机容量的原因之一。

4.2.2 单位参数的修正

由于水轮机模型和原型的效率不等，故模型和原型之间的单位参数也不完全相等。在整理模型试验数据及绘制模型综合特性曲线时，通常采用的是忽略了水力效率影响的单位参数近似公式（4-12）至式（4-14），所以在由模型到原型的参数换算时必须进行修正。主要对单位转速和单位流量进行修正。

1. 水轮机单位转速的修正

最优工况下：

$$n_{110} = n_{110M}\sqrt{\frac{\eta_{max}}{\eta_{Mmax}}} \tag{4-23}$$

任意工况下原型水轮机相应工况点的 n_{11} 为

$$n_{11} = n_{11M} + \Delta n_{11} \tag{4-24}$$

式中：Δn_{11} 为单位转速修正值。

$$\Delta n_{11} = n_{110} - n_{110M} = n_{110M}\left(\sqrt{\frac{\eta_{max}}{\eta_{Mmax}}} - 1\right) \tag{4-25}$$

在工程中，一般规定当 $\sqrt{\eta_{max}/\eta_{Mmax}} - 1 < 3\%$ 时，Δn_{11} 可以忽略不计，即单位转速可以不修正，取 $n_{11} = n_{11M}$。

2. 水轮机单位流量的修正

最优工况下：

$$Q_{110} = Q_{110M}\sqrt{\frac{\eta_{max}}{\eta_{Mmax}}} \tag{4-26}$$

任意工况下原型水轮机相应工况点的 Q_{11} 为

$$Q_{11} = Q_{11M} + \Delta Q_{11} \tag{4-27}$$

式中：ΔQ_{11} 为单位流量修正值。

$$\Delta Q_{11} = Q_{110} - Q_{110M} = Q_{110M}\left(\sqrt{\frac{\eta_{max}}{\eta_{Mmax}}} - 1\right) \tag{4-28}$$

同样，当 $\sqrt{\eta_{max}/\eta_{Mmax}} - 1 < 3\%$ 时，可以不修正 Q_{11} 值。

【例 4-1】 已知 HL240 模型水轮机最优工况参数为：最优单位转速 $n_{110M} = 72\text{r/min}$，最优单位流量 $Q_{110M} = 1.24\text{m}^3/\text{s}$，最高效率 $\eta_{Mmax} = 0.92$，模型转轮直径

D_{1M}=0.46m。原型水轮机型号：HL240－LJ－140，工作水头 H=30m。求原型水轮机在最优工况下的效率 η_{max}、流量 Q 和功率 P。

解：原型水轮机在最优工况下的效率为

$$\eta_{max} = 1-(1-\eta_{Mmax})\sqrt[5]{\frac{D_{1M}}{D_1}} = 1-(1-0.92)\times\sqrt[5]{\frac{0.46}{1.4}} = 0.936 = 93.6\%$$

效率差值：$\Delta\eta=\eta_{max}-\eta_{Mmax}=1.6\%$，考虑到实际工艺及制造水平因素的影响，取 $\Delta\eta=1\%$，所以原型水轮机在最优工况下的效率 $\eta_{max}=\eta_{Mmax}+1\%=93\%$。

单位参数修正：

由于 $\sqrt{\eta_{max}/\eta_{Mmax}}-1=0.0054<0.03$，单位参数不作修正，因此 $n_{110}=n_{110M}$，$Q_{110}=Q_{110M}$，原型水轮机在最优工况下

$$n = n_{110}\frac{\sqrt{H}}{D_1} = 72\times\frac{\sqrt{30}}{1.4} = 282\ (\text{r/min})$$

$$Q = Q_{110}D_1^2\sqrt{H} = 1.24\times1.4^2\times\sqrt{30} = 13.3\ (\text{m}^3/\text{s})$$

$$P = 9.81QH\eta = 9.81\times13.3\times30\times0.93 = 3640\ (\text{kW})$$

说明：以上计算所得水轮机在最优工况下的转速只是计算转速，仅作为水轮机同步转速选择的依据。

【例4-2】 HL220水轮机模型最优工况参数为：最优单位转速 n_{110M}=70r/min，最优单位流量 Q_{110M}=1.15m³/s，最高效率 η_{Mmax}=0.92，在某工况时的参数为 n_{11M}=70r/min，Q_{11M}=0.8m³/s，η_M=0.88，模型转轮直径 D_{1M}=0.46m。原型水轮机型号为HL220－LJ－410，H=60m。求原型水轮机最优工况及对应模型水轮机相似工况的效率 η、转速 n、流量 Q 和功率 P。

解：1. 求原型水轮机最优工况的参数

$$\eta_{max} = 1-(1-\eta_{Mmax})\times\sqrt[5]{\frac{D_{1M}}{D_1}} = 1-(1-0.92)\times\sqrt[5]{\frac{0.46}{4.1}} = 0.948 = 94.8\%$$

效率差值：$\Delta\eta=\eta_{max}-\eta_{Mmax}=2.8\%$，考虑到实际工艺及制造水平因素的影响，取 $\Delta\eta=1\%$，所以原型水轮机在最优工况下的效率 $\eta_{max}=\eta_{Mmax}+1\%=93\%$。

由于 $\sqrt{\eta_{max}/\eta_{Mmax}}-1=0.0054<0.03$，单位参数不作修正，因此 $n_{110}=n_{110M}$，$Q_{110}=Q_{110M}$，原型水轮机在最优工况下

$$n = n_{110}\frac{\sqrt{H}}{D_1} = 70\times\frac{\sqrt{60}}{4.1} = 132\ (\text{r/min})$$

$$Q = Q_{110}D_1^2\sqrt{H} = 1.15\times4.1^2\times\sqrt{60} = 149.7\ (\text{m}^3/\text{s})$$

$$P = 9.81QH\eta = 9.81\times149.7\times60\times0.93 = 81945\ (\text{kW})$$

2. 求原型水轮机某相似工况下的参数

$$\eta = \eta_M + \Delta\eta = 88\% + 1\% = 89\%$$

因单位参数不作修正，所以

$$n = n_{11}\frac{\sqrt{H}}{D_1} = 70 \times \frac{\sqrt{60}}{4.1} = 132 \quad (\text{r/min})$$

$$Q = Q_{11}D_1^2\sqrt{H} = 0.8 \times 4.1^2 \times \sqrt{60} = 104.2 \quad (\text{m}^3/\text{s})$$

$$P = 9.81QH\eta = 9.81 \times 104.2 \times 60 \times 0.89 = 54586 \quad (\text{kW})$$

4.3 水轮机特性曲线

水轮机特性常用各种参数间的相互关系来表达。这些参数可分为结构参数、工作参数和综合参数。结构参数通常有转轮进、出口直径 D_1 和 D_2，导叶高度 b_0 和导叶开度 a_0，转轮叶片转角 ϕ 等；工作参数通常为水轮机的工作水头 H、流量 Q、转速 n、吸出高度 H_s 以及水轮机的功率 P 和效率 η 等；综合参数一般包括水轮机的单位转速 n_{11}，单位流量 Q_{11}，单位功率 P_{11}，比转速 n_s，空化系数 σ 和效率 η 等。这些参数之间的变化关系比较复杂，不便用数学公式来表达，因此常用曲线表示。这些表示特性参数间关系的曲线称为特性曲线。特性曲线类型较多，但归纳起来可分为线性特性曲线和综合特性曲线两类。

通过这些特性曲线可以清楚地看出水轮机在不同工作条件下，各种参数之间的关系，从中了解水轮机的特性，也可以通过它对水轮机进行比较、选择和运用。

4.3.1 水轮机线性特性曲线

所谓线性特性曲线，就是仅表示两个参数间关系的曲线，可分转速特性曲线、工作特性曲线和水头特性曲线。

1. 转速特性曲线

水轮机转速特性曲线是对 D_1 一定，在水头 H 不变、导叶开度 a_0 固定时得出的流量 Q、功率 P、效率 η 和转速 n 之间的关系曲线，即：

$$Q = f_1(n); \quad P = f_2(n); \quad \eta = f_3(n)$$

图 4-3 所示的转速特性曲线可以根据模型转轮综合特性曲线换算得出。其方法是在模型转轮综合特性曲线图（见附图 1-7）内任取一等开度线，它与各 n_{11} 线相交，得出一系列交点，记下各交点的 n_{11}、Q_{11} 和 η_M，经修正后根据公式（4-12）、式(4-13)和式（4-14）求出各点的 n、Q 和 P 值，将同一开度下的 P、Q、η 和对应的 n 画出，便可得出转速特性曲线。

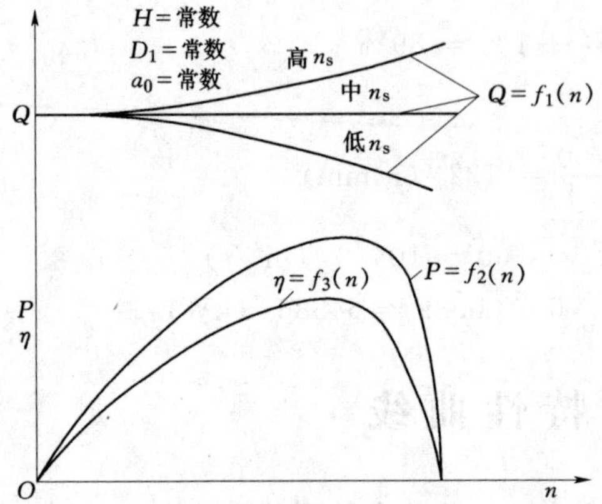

图 4-3 水轮机转速特性曲线

此外也可以根据原型试验，测出上述参数，然后绘制出转速特性曲线，如图4-3所示。

从图4-3中的$P=f_2(n)$和$\eta=f_3(n)$曲线可以看出，在每一个导叶开度a_0下，水轮机的功率P和效率η均在某一转速下达到最大值，当转速为零或为飞逸转速时，P和η均为零。P和η为最大值时的转速与水轮机的比转速有关，以高比转速水轮机为例进行分析。由该图可看出，在高比转速情况下，P和η不能同时达到最大值，即在η为最大值时，P并未达到最大值，这是因为在此情况下，虽然流量Q随着转速n的增加而增大，但效率η却随着转速的增加而减小。由公式$P=9.81QH\eta$可知，只有当效率η与流量Q的乘积$Q\eta$为最大时，水轮机功率P才达到最大值。对于中低比转速水轮机可依此原理分析。

因为水轮机都是与发电机作同步转速运行的，所以其转速特性曲线不反映原型水轮机的实际运行情况，但是通过转速特性曲线可以了解到水轮机的流量、功率和效率等参数随转速变化的关系。同时，从这些曲线中可获得水轮机的重要特征值，如最高效率η_{max}、最大功率P_{max}等。转速特性曲线在水轮机模型试验时用作特性曲线的转换，也是用于研究水轮机过渡过程不可缺少的资料（尤其是转速和流量的关系曲线）。

2. 工作特性曲线

工作特性曲线是当D_1、H和n为常数时，Q、P、a_0与η之间的关系曲线。按变化参数的不同，工作特性曲线可分为三类：功率工作特性曲线，即$\eta=f(P)$、$Q=f(P)$、$a_0=f(P)$曲线，如图4-4(a)；流量工作特性曲线，即$\eta=f(Q)$、$P=f(Q)$、$a_0=f(Q)$曲线，如图4-4(b)；开度工作特性曲线，如图4-4(c)。为便于分析比较，上述三类特性曲线均以相对值表示。图上A点表示水轮机的最优工况点，即效率最高点；B点为最大功率工况点，一般为水轮机的额定功率。

由图4-4（c）可见，当$a_0=0$时，Q、η、P均为零，当a_0开始增加时，Q便随着增加，但η、P仍为零，这说明此时的流量Q全部用来克服能量损失。当a_0增加到a_{0x}时，η和P才开始增加。a_{0x}为空载开度，对应开度下的流量称为空载流量。当开度增加到最优开度时，效率达到最大值；其后随着开度a_0的增加，转轮内水流条件变坏，使水力损失增加，而水轮机流量增加不大，效率却急剧降低，使得水轮机的功率不但不增加，反而降低。导叶开度偏离最优开度越远，效率降低越急剧。所以，

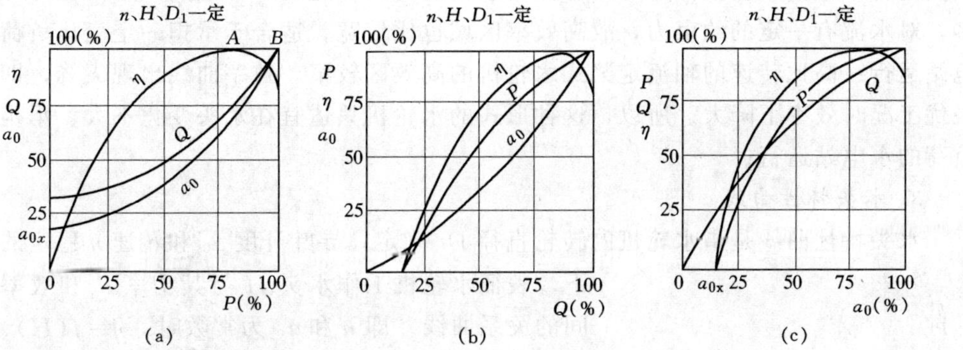

图 4-4 水轮机工作特性曲线

(a) 功率特性曲线；(b) 流量工作特性曲线；(c) 开度工作特性曲线

在水轮机实际运行中应尽量在最优开度附近运行。

工作特性曲线可根据模型综合特性曲线绘制。如绘制 $\eta=f(P)$ 工作特性曲线时，可先求出与 H 对应的 n_{11}，然后在模型综合特性曲线上过 n_{11} 作水平线，它与等效率线相交于若干点，求出各点的原型参数，然后按公式 $P=9.81Q_{11}D_1^2H^{3/2}\eta$ 求出功率，这样便可绘出各水头下的 $\eta=f(P)$ 曲线，如图 4-5 所示。

根据工作特性曲线可以了解水轮机某些工作性能，也可对不同形式水轮机性能进行分析比较。注意到为了便于不同形式水轮机进行性能比较，可以把它们的流量特性曲线绘制在同一个坐标系内。由图 4-6 可知，由于低比转速的切击式水轮机改变运行工况，是改变喷针的行程，对水力损失的影响较小，所以，高效率区域宽，高比转速的轴流转桨式水轮机的叶片可以随导叶转动，适应水流的变化，高效率区也较宽，

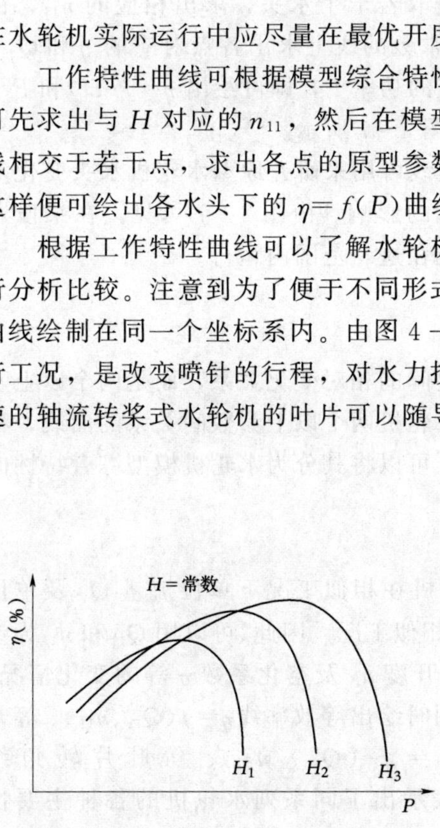

图 4-5 水轮机效率特性曲线

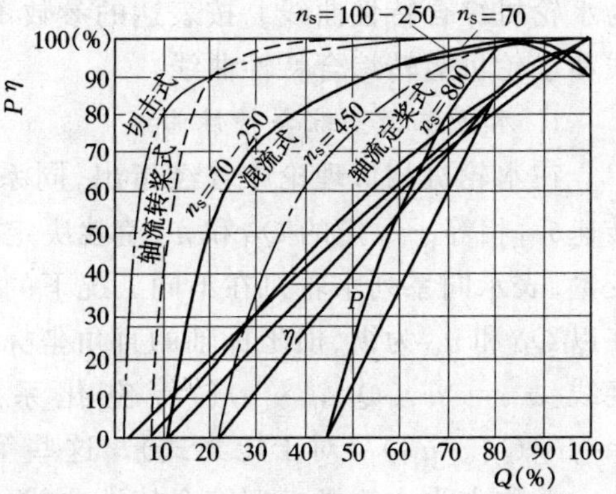

图 4-6 不同形式水轮机相对工作特性曲线

它们适合于承担变化负荷运行；中比转速的混流式水轮机叶片虽然固定，但叶片数较多，对水流有一定的约束力，故高效率区域也比较宽，适合于承担一定变化负荷的水电站运行；高比转速的轴流定桨式水轮机的高效区较窄，效率曲线出现尖峰，即偏离最优工况时效率下降大。所以，这种形式的水轮机只适宜在水头变化不大、承担基本负荷的水电站运行。

3. 水头特性曲线

水头特性曲线是指水轮机的转轮直径 D_1 确定，导叶开度 a_0 和转速 n 稳定的条件下，表征水轮机工作水头 H 与其功率 P 和效率 η 之间的关系曲线。即 n 和 a_0 为常数时，$\eta=f(H)$、$P=f(H)$曲线。

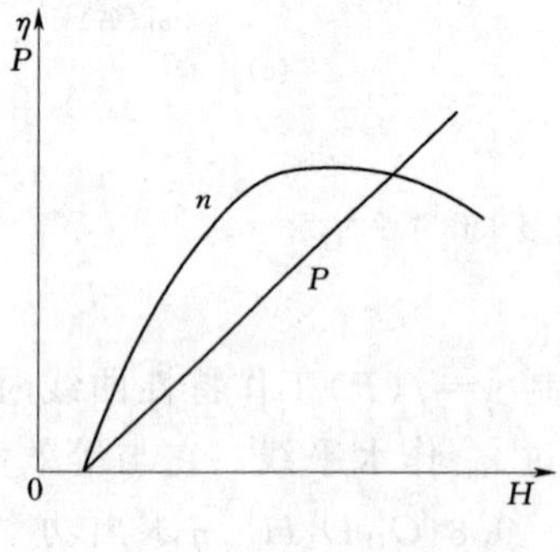

图 4-7 水轮机水头特性曲线

水头特性曲线同样可根据模型综合特性曲线换算而得。其方法是取若干个水头，求出相应的 n_{11}，由每个 n_{11} 在 a_0=常数的线上求出各点对应的 η 和 Q_{11}，计算出各点对应的功率 P，即可绘出 $\eta=f(H)$和 $P=f(H)$曲线，如图 4-7 所示。

水头特性曲线可用来研究原型水轮机水头变化对水轮机工作性能的影响。由图 4-7 可见，在某段水头范围内，水轮机的效率较高，水轮机应尽可能在这一范围内运行。

4.3.2 水轮机综合特性曲线

实际运行的水轮机，不是简单的两个参数之间的相对变化关系，而是两个以上参数相对变化关系。为研究方便，通常绘出表示水轮机两个以上参数间关系的曲线，称为水轮机综合特性曲线。按表达的参数不同，又可以将其分为水轮机模型综合特性曲线和水轮机运转综合特性曲线。

1. 水轮机模型综合特性曲线

在水轮机相似理论中曾经指出，同系列水轮机在相似工况下单位流量 Q_{11} 及单位转速 n_{11} 相等。一定的 Q_{11} 和 n_{11} 值就决定了一个相似工况。因此，可以用 Q_{11} 和 n_{11} 为参变量，表示同系列水轮机在不同工况下的效率 η、开度 a_0 及空化系数 σ 等的变化情况。在以 Q_{11} 和 n_{11} 为纵、横坐标轴的直角坐标系中，同时绘出等效率线 $\eta=f(Q_{11}, n_{11})$、等开度线 $a_0=f(Q_{11}, n_{11})$、等空化系数线 $\sigma=f(Q_{11}, n_{11})$、等叶片转角线 $\phi=f(Q_{11}, n_{11})$（对于转桨式），这些等值线表示出了同系列水轮机的各种主要性能，故称之为水轮机模型综合特性曲线。这种主要综合特性曲线一般由模型试验的方法获得。目前，世界上各国对于水轮机模型综合特性曲线的表示方法不尽相同，但上述采用单位转速和单位流量作参变量，使水轮机特性曲线均用统一的尺度绘制，这样，既消除了因水轮机的几何尺寸及工作条件差异而造成的影响，又便于考察、比较水轮机的性能。除少数从国外引进的转轮之外，列入我国水轮机型谱的水轮机转轮以及我国最新近研制的水轮机转轮，都采用了上述方法绘制出模型综合特性曲线。

不同类型的水轮机，其模型综合特性曲线具有不同的特点，掌握它们的特点，对于正确地选择水轮机及分析水轮机性能都是很重要的。附图 1 是各种形式水轮机的模型综合特性曲线，下面说明模型综合特性曲线的特点。

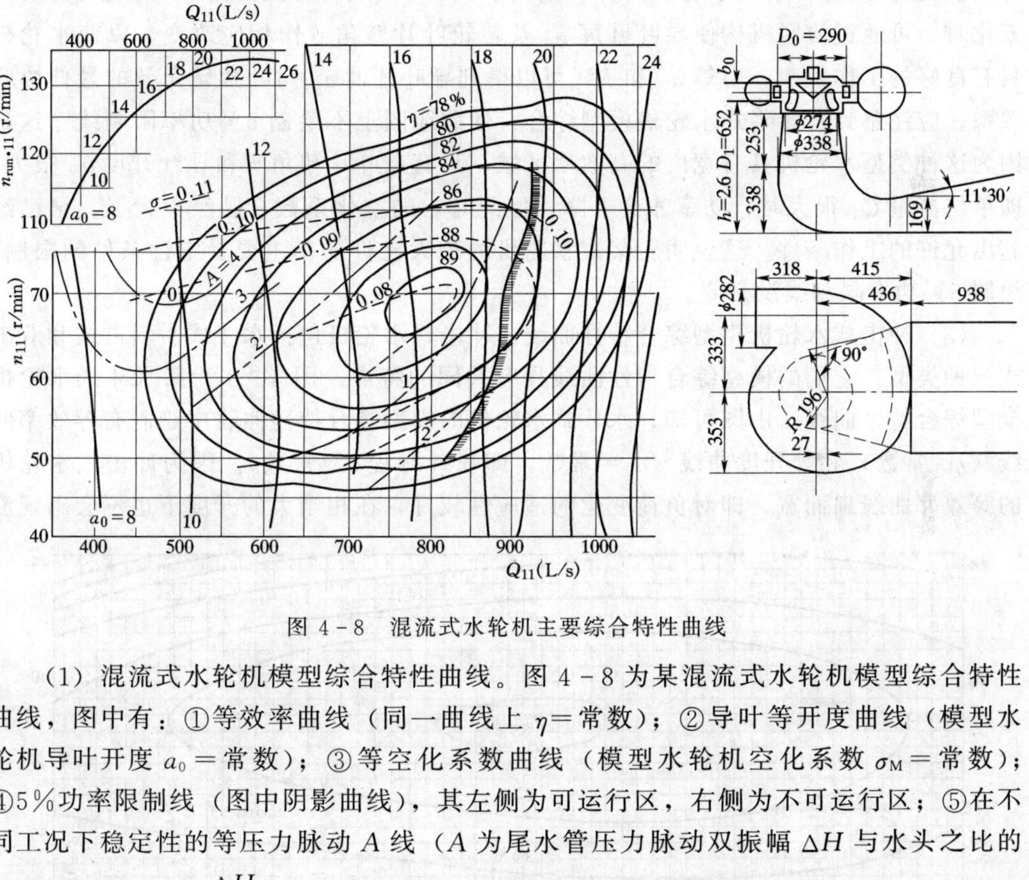

图 4-8 混流式水轮机主要综合特性曲线

(1) 混流式水轮机模型综合特性曲线。图 4-8 为某混流式水轮机模型综合特性曲线，图中有：①等效率曲线（同一曲线上 η＝常数）；②导叶等开度曲线（模型水轮机导叶开度 a_0＝常数）；③等空化系数曲线（模型水轮机空化系数 σ_M＝常数）；④5%功率限制线（图中阴影曲线），其左侧为可运行区，右侧为不可运行区；⑤在不同工况下稳定性的等压力脉动 A 线（A 为尾水管压力脉动双振幅 ΔH 与水头之比的百分数值，即 $A=\frac{\Delta H}{H}\%$）；⑥通常在模型综合特性曲线的左上角也把该转轮的飞逸特性曲线单独表示出来。另外，为了使用方便，还将模型转轮的流道参数和模型试验条件表示在同一图上。

5%功率限制线是各单位转速下 95%最大功率工况点的连线。在功率限制线右侧，由于效率急速下降，不能实现流量增大功率也随之增大的正常调节，并且为使水轮机具有一定的功率储备，故而将水轮机运行范围限制在最大功率的 95%（有时取 97%）以内。

轴流定桨式水轮机及其他叶片固定的反击式水轮机，其模型综合特性曲线与混流式水轮机具有相同形式。

（2）轴流转桨式水轮机的主要综合特性曲线。附图 1－3 为轴流转桨式水轮机的模型综合特性曲线，图中除了与混流式水轮机相同的曲线外还有转轮叶片的等转角线（ϕ＝常数）。因为转桨式水轮机具有双重调节机构，当水轮机的工作水头或负荷发生变化时，可通过协联机构使导叶开度 a_0 及转轮叶片转角 ϕ 作相应改变，以使水轮机具有良好的工作效率。由等 a_0 和 ϕ 线可以得到导叶开度 a_0 与叶片转角 ϕ 的最佳协联关系。应注意到，转桨式水轮机模型综合特性曲线图上不绘制 5%功率限制线。这是因为这种类型水轮机具有宽广的高效率区域，只有在叶片转角 ϕ 和导叶开度 a_0 很大，即单位流量 Q_{11} 很大时，功率才会下降，但此时它的空化系数 σ 已经很大了，早已经超出允许的工作条件。这说明转桨式水轮机的最大允许功率主要受空蚀条件的限制，绘制 5%功率限制线没必要。

（3）冲击式水轮机模型综合特性曲线。冲击式水轮机包括水斗式、斜击式和双击式三种类型，它们的模型综合特性曲线具有共同的特点。图 4－9 为某水斗式水轮机模型综合特性曲线。由图可知，水斗式水轮机的模型综合特性曲线中绘制有等效率曲线（η＝常数）和等开度曲线（a_0＝常数，即喷针行程 s＝常数）。因为冲击式水轮机的等效率曲线扁而宽，即对负荷变化的适应性较好，在相当大的开度下也不会出现流

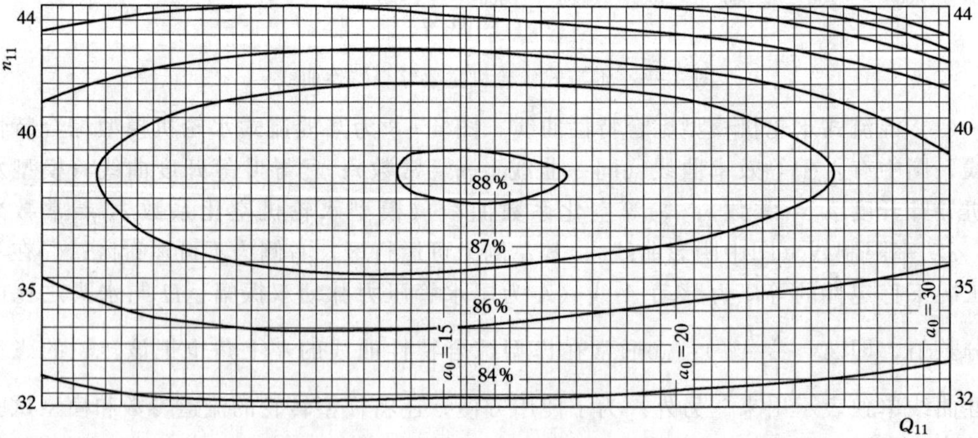

图 4－9 水斗式水轮机主要综合特性曲线

量增加而功率减少的情况，所以一般不标出功率限制线。另外，冲击式水轮机的转轮在大气压下工作，虽然也存在空蚀破坏现象，但其空蚀破坏机理与反击式水轮机不同，很难用空化系数来表征冲击式水轮机的空蚀性能，因此冲击式水轮机模型综合特征曲线上没有等空化系数线。

通过模型特性曲线可以判断模型水轮机各参数间的关系，了解水轮机的性能，计算模型水轮机的工作参数，换算水轮机的工作性能参数，对不同形式的水轮机进行比较。图 4-10 为不同形式水轮机等效率曲线 $\eta=f$（Q_{11}、n_{11}），从图中可看出不同形式水轮机的等效率曲线的形状以及它们在 $Q_{11}\sim n_{11}$ 坐标内所在的位置均不相同，由此可分析比较各种形式（n_s）的水轮机所适合的工作条件。

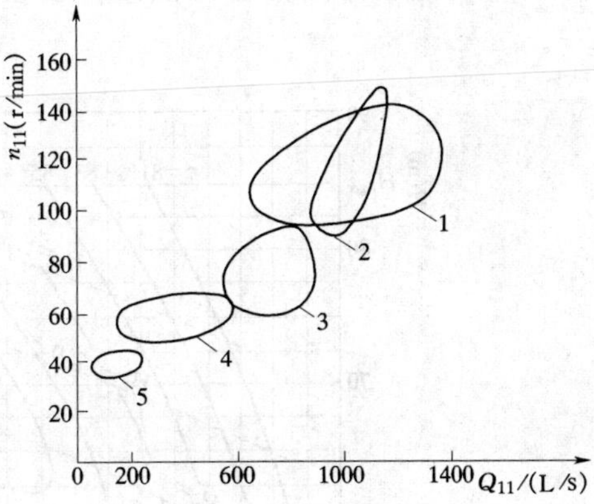

图 4-10 不同形式水轮机等效率线比较

1—ZZ；2—ZD；3—HL 中高 n_s；4—HL 低 n_s；5—CJ

水斗式水轮机的等效率线 Q_{11}，n_{11} 数值很小，等效率线形状扁平。这种曲线特性意味着水轮机当水头变化时效率变化较大，因此水斗式水轮机适用于高水头且水头变幅不大、小流量的水电站。

低比转速混流式水轮机等效率线，Q_{11}，n_{11} 坐标偏低，形状如扁平椭圆。水轮机当流量变化时效率变化不大，能较好适应负荷的变化，但水头变化时效率变化较大。因此，适用于高水头、低流量、水头变化小及负荷变化大的水电站。

中高比转速混流式水轮机的等效率线，在 $Q_{11}\sim n_{11}$ 坐标图上位置居中，形状接近椭圆，即水轮机在水头和负荷变化时其效率比较稳定。因此，适用于水头、流量中等范围的开发条件。

轴流式水轮机的等效率线位于 $Q_{11}\sim n_{11}$ 坐标图右上角。定桨式水轮机的等效率线呈狭长椭圆状，且倾斜明显，说明当水头变化时其效率变化不大，但流量变化时其效率变化较大，因此适用低水头、大流量、水头变化相对较大但负荷变化小的水电站；转桨式水轮机的等效率线形状近似于长、短轴接近的椭圆，它适用于低水头、大流量、水头和负荷变化均较大的水电站。

2. 水轮机运转综合特性曲线

水轮机的模型综合特性曲线反映了同系列水轮机单位参数间的关系。水轮机在水电站运行时，是在额定转速 n 下工作的。但是当功率 P 和水头 H 变化时，流量 Q、效率 η 和空化系数 σ 也随之发生变化。为了分析计算水电站的动力指标，若使用水轮机模型综合特性曲线就不够直观，也不够方便。因此，常常需要把模型综合特性曲线按相似理论公式转换成原型水轮机运转综合特性曲线。

水轮机运转综合特性曲线是用水轮机工作参数直接表达水轮机运行特性的曲线。它是选型设计中方案分析、比较的依据；是水电站运行管理、拟定机组的运行方式以及考察机组动力特性的主要依据；也是机组运行人员检查水轮机运行情况的依据之一。

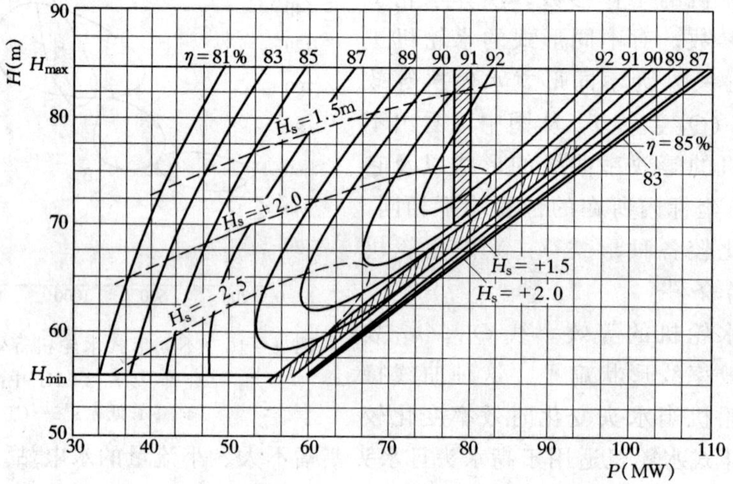

图 4-11 水轮机运转综合特性曲线

水轮机运转综合特性曲线是转轮直径 D_1 和转速 n 为常数时，以水头 H 为纵坐标，以功率 P 为横坐标绘制的几组工作参数等值线。图 4-11 为某混流式水轮机综合运转特性曲线，其中包括等效率曲线 $\eta=f(P,H)$，等吸出高度曲线 $H_s=f(P,H)$ 和功率限制线等。

功率限制线为一折线，折点对应于设计水头及发电机的额定功率。折点的上段，水轮机的工作水头大于设计水头，水轮机的功率受发电机额定功率的限制，此时的功率限制线是一条垂直于横坐标的直线。

对于混流式水轮机，其功率一般限制 5%，因此功率限制线的下段通常根据模型综合特性曲线上的 5%功率限制线进行绘制，具体可通过求出设计水头和最低水头对应的水轮机功率，将此两点连起来即可。对于轴流转桨式水轮机，受额定水头 H_r 下发额定功率 P 时的导叶开度 a_{0max} 或空蚀条件的限制。冲击式水轮机则受到最大喷针开度的限制。

4.4 水轮机的飞逸转速和轴向力

在各类水轮机特性曲线中，还有所谓的飞逸特性曲线和轴向水推力曲线。二者所涉及的水轮机飞逸特性和轴向水推力特性是水轮发电机组转动部件（水轮机转动部分、主轴和发电机转子等）和推力轴承与机架力学结构设计的重要影响因素，也是水电站建设和运行中应考虑的重要因素。

4.4.1 水轮机的飞逸

水轮机在正常运行时，转速 n 是保持恒定的。飞逸是水轮机运转中的一种特殊工况，即在水力机组运转中，由于某种原因突然甩掉全部负荷，发电机输出功率为零，且此时恰逢调速系统失灵或其他原因使导水机构不能关闭，水流的能量仅用来驱使转动部件空转以致水轮机的转速迅速上升，直到输入的水流能量与随转速升高而增加的各种损失（水力损失和机械损失）相平衡时，转速达到某一稳定值，这时的运转工况称为飞逸工况，而这个转速值称为水轮机的飞逸转速，用 n_{run} 表示。

水轮机在飞逸转速下运行时，转动部分产生很大的离心力（与机组角速度的平方成正比），巨大的离心力可能损坏机组转动部件、轴承和固定部分，甚至引起机组或厂房的剧烈振动以及发出强烈的噪音，从而造成严重的后果。所以，在水电站设计和运行中，通常都要采取必要的技术措施来防止飞逸事故扩大，以保证机组的结构安全。

4.4.2 飞逸特性曲线

水轮机在不同水头、不同开度时所产生的飞逸转速是不同的，这种特性称为水轮机的飞逸特性。水轮机的飞逸特性通常用单位飞逸转速 $n_{run\cdot 11}$ 表示，它是单位转速的一种特殊情况，可由相似公式得到飞逸转速表达式，即：

$$n_{run\cdot 11}=\frac{n_{run}D_1}{\sqrt{H}} \tag{4-29}$$

水轮机的飞逸转速可由模型试验来测定。在每个开度 a_0 下，负荷为零时所测得的转速即为该开度时的飞逸转速 n_{run} 将此飞逸转速代入式（4-29）便可以求出该开度下的单位飞逸转速 $n_{run\cdot 11}$。根据单位飞逸转速 $n_{run\cdot 11}$ 和开度 a_0（或不同 a_0 所对应的 $n_{run\cdot 11}$ 和 Q_{11}）即可绘出水轮机的飞逸特性曲线。

1. 混流式和轴流定桨式水轮机的飞逸特性曲线

混流式及轴流定桨式水轮机的飞逸特性只与导叶开度 a_0 和水头 H 有关。所以，

可在各种导叶开度 a_0 下使外载荷为零、水轮机飞逸，待转速稳定后测出飞逸转速 n_{run}，按式（4－29）计算得到 $n_{run \cdot 11}$，即可绘出飞逸特性曲线。图 4－12 为混流式转轮飞逸特性曲线。轴流定桨式和切击式水轮机的飞逸特性曲线也具有类似的形式。

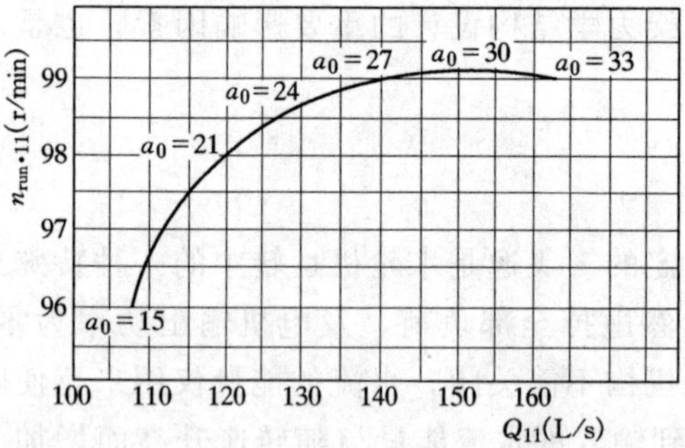

图 4－12 混流式转轮飞逸特性曲线

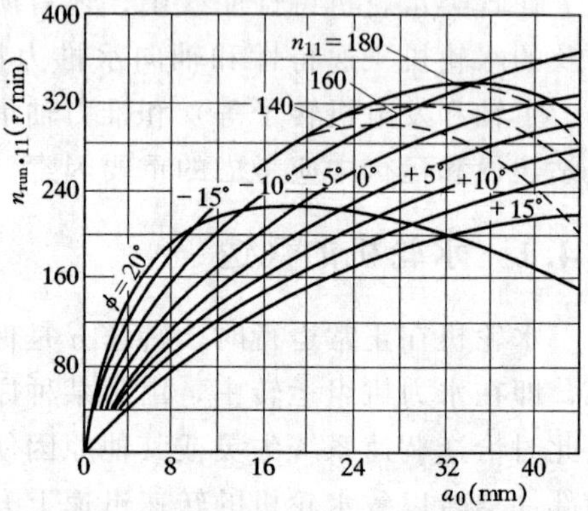

图 4－13 转桨式水轮机的飞逸特性曲线

2. 转桨式水轮机的飞逸性曲线

由于转桨式水轮机正常运行时，导叶开度 a_0 与转轮叶片的转角 ϕ 是保持协联关系的，因此，转桨式水轮机的飞逸转速还与转轮叶片的角度有关。所以，转桨式水轮机的飞逸特性有以下两种情况。

（1）机组甩负荷时，导水机构及转叶机构同时失灵，两者失去协联关系。此时的飞逸特性曲线是对于每一个转轮叶片转角 ϕ 在不同导叶开度 a_0 下进行飞逸试验得到的。图 4－13 中的实线即表示协联关系破坏时的飞逸特性曲线。从中可以看出一点规律，某一导叶开度 a_0 范围内，ϕ 角越小，$n_{run \cdot 11}$ 越大。

（2）机组甩负荷时，调速器失灵，导水机构和转叶机构同时失灵都不能动，但两者的协联关系仍保持。此时的飞速特性试验应在协联工况下进行，协联工况点的 a_0 与 ϕ 的组合关系由协联关系确定，其飞逸特性曲线如图 4－13 中虚线所示。从图中可看出，在某一水头下的最大 $n_{run \cdot 11}$ 不在最大开度下出现，它一般发生在某一较小的开度（约为最大开度的 70%左右）和较小的 ϕ 角下。保持协联关系时的飞逸转速低于协联关系破坏时的飞逸转速。

4.4.3 水轮机的飞逸转速计算

有了水轮机的飞逸特性和相似关系，就可以方便地求出水轮机在水电站运行中可能发生的最大飞逸转速 n_{runmax}。水轮机形式不同，n_{runmax} 发生的条件也不同，所以计算

n_{runmax}及对 $n_{run \cdot 11max}$的取值方法也不同。

1. 混流式和轴流定桨式水轮机的 n_{runmax}计算

对于混流式和轴流定桨式水轮机的最大飞逸转速 n_{runmax}，通常出现在最高水头 H_{max}及最大可能开度（取 $1.05a_{0max}$）时的工况，可按飞逸特性曲线中的最大单位飞逸转速 $n_{run \cdot 11max}$来进行计算，即

$$n_{runmax} = n_{run.11max} \frac{\sqrt{H_{max}}}{D_1} \quad (r/min) \tag{4-30}$$

式中的最大单位飞逸转速取值有以下三种方法：①在模型综合特性曲线图上的限制工况点对应的 a_{0Mmax}，再乘以 1.05 的系数得到模型水轮机导叶最大可能开度 a_{0Mmax}，用 a_{0Mmax}查飞逸特性曲线（可在《水电站机电设计手册》中查得）即得。②已知原型水轮机导叶的最大可能开度 a_{0max}，若导水机构相似，可由下式换算成模型导叶对应的最大可能开度 a_{0max}

$$a_{0Mmax} = a_{0max} \frac{Z_0}{Z_{0M}} \frac{D_{0M}}{D_0} \tag{4-31}$$

式中：Z_0 为导叶数目；D_0 为导叶轴线分布圆直径。用上式得到的 a_{0Mmax}，查飞逸特性曲线，即可得到 $n_{run \cdot 11}$值。③对于未给出飞逸特性曲线的转轮，可取表 4-2 中的最大单位飞逸转速代入式（4-30）作近似计算。

表 4-2　　部分水轮机转轮的 $n_{run \cdot 11}$

轮轮型号	HL310	HL260，HL100，HL180，ZD760/$\phi=+10°$	HL240	HL230，ZZ460	HL220，ZD760 $\phi=0°$	HL200，ZD760 $\phi=+5°$	HL160，ZD760 $\phi=+15°$	HL120
$n_{run \cdot 11max}$ (r/min)	163/174	132	155	128	133	131	127	100.4
转轮型号		HL110		ZZ600	ZZ460			
$n_{run \cdot 11max}$ (r/min)		93		352/280	324/240			

2. 转桨式水轮机的飞逸转速 n_{runmax}计算

转桨式水轮机的飞逸转速 n_{runmax}计算，分导叶与转轮叶片保持协联关系和协联关系破坏时的两种情况。

当导叶与叶片保持协联关系时计算原型转桨式水轮机的飞逸转速，应分别按各水头（H_{max}、H_r、H_{min}）所对应的 n_{11}值，由相应水轮机型号的保持协联关系的飞逸特性曲线中定出相应的最大单位飞逸转速，根据求出的 $n_{run} = f(H)$ 值绘出曲线，取

其最高值 n_{runmax} 即为水轮机在运行中可能出现的最大飞逸转速。

当导叶与叶片协联关系破坏时，导叶与叶片均能开启或关闭到任何位置，这种情况水轮机的最大飞逸转速 n_{runmax} 发生在导叶最大开度和转轮叶片在较小转角时，n_{runmax} 的计算方法与定桨式水轮机相同。

通常用单位飞逸转速和最优单位转速的比值 K_R 来表征飞逸性能，K_R 称为飞逸系数，即

$$K_R = \frac{n_{run\cdot 11}}{n_{110}} \tag{4-32}$$

不同形式的水轮机，其 K_R 值的大致范围：混流式水轮机或水斗式水轮机 $K_R=1.7\sim2.1$；转桨式水轮机保持协联关系时 $K_R=2.0\sim2.2$；转桨式水轮机协联关系破坏时 $K_R=2.4\sim2.6$。

掌握水轮机的飞逸特性，就可以根据最大飞逸转速计算水轮机、发电机转子以及其他转动部件的强度和刚度，计算机组主轴的临界转速，同时便于考虑运行机组的防飞逸措施。

4.4.4 水轮机防飞逸的措施

尽管机组转动部分的强度是按飞逸转速下设计的，但从经济考虑，其设计标准不能过高，机组在飞逸工况下运行时仍会严重影响到厂房和设备的安全，所以不允许水轮机在飞逸工况下长时间运行。我国行业要求只保证机组在飞逸工况下运行 2min，因此在水电站设计中，就要考虑采取防止飞逸或降低飞逸转速的措施。水电站常见的防飞逸保护措施简介如下。

1. 设置快速闸门

水电站根据运行和检修需要，在水轮机前装有闸门，用它兼作机组发生飞逸时的保护装置，机组发生飞逸时，能够在动水条件下关闭。中低水头的水电站，一般在引水钢管上装置平板快速闸门或在水轮机前装蝴蝶阀；高水头的水电站一般在水轮机前装球阀。近年有的大型水轮机在座环固定导叶与活动导叶之间的环形空间装置圆筒阀作为快速闸门。当机组发生过速达到 1.4～1.5 倍额定转速而不能够关闭导叶时，可在动水的情况操作（电动或液动）快速闸门，保证在 2min 内截断水流。这种装置可靠性高，但增加水轮机设备成本约 20%～30%，而且增加了设备的维护工作。

2. 增设事故配压阀

在导水机构接力器压力供油管上设置事故配压阀，当调速器失灵时，事故配压阀动作，压力油直接通过此阀操作接力器迅速关闭导水叶。这种装置结构简单，成本低，是常见的措施。

3. 改变转轮叶片转角

对于转桨式水轮机，可采用强行关闭或开大转轮叶片转角 ϕ 来降低飞逸转速。但在飞逸工况时开大叶片转角 ϕ，可能会引起机组强烈振动，同时需增大叶片操作机构零件的尺寸。

4. 导叶自关闭

这种措施正在试验、研究之中。在我国若干个水电站的试验认为，无油压导叶自关闭措施有可能防止飞逸的发生。所谓无油压导叶自关闭，就是当导叶在某一开度时，将控制导叶的接力器压力油源切断，并将接力器开启腔剩油排出，则导叶在水力矩作用下，自动向关闭方向转动，减小开度 a_0，甚至切断进入水轮机的水流。

冲击式水轮机的防飞逸措施，常采用折向器和反向喷嘴来解决。

前述几种措施，应用最多的是设置快速闸门和增设事故配压阀，特别是中小型水电站。前三种措施，虽然能够限制机组飞逸时间过长或降低飞逸转速，但仍不能保证机组不发生飞逸。近年来，国内外均在积极研究机组不发生飞逸的简单且可靠的方法，导叶自关闭就是其中之一。据我国已生产的水轮机导叶试验资料，导叶在很大一部分开度范围内，所受水力矩是向关闭导叶方向作用的，故认为有一定条件实现导叶的自关闭。这类方法若能够最终实现，将会改变机组的一些传统设计方法。例如，转动部分机械强度没有必要按飞逸转速设计，甚至取消用于限制飞逸时间所设置的快速闸门，这将大大有利于节省投资和提高机组运行可靠性。

4.4.5 反击式水轮机的轴向力

反击式水轮机在正常运行中，转轮会受到水流对它产生的轴向作用力，称为转轮的轴向水推力。

对于混流式水轮机，轴向水推力包括压力水流漏过上止漏环进入转轮上冠背面并作用于其上的轴向压力 F_1；水流作用于转轮内腔的水推力 F_2；水流对转轮下环产生的水压力 F_3；水流对立轴水轮机转轮的浮力 F_4。其中 F_4 与 F_1、F_2、F_3 方向相反，其值较大时，可能会出现将机组旋转部分上抬的抬机事故，严重时，会造成推力轴承、导轴承等部件的损坏。

对于轴流式水轮机，转轮上的轴向水推力主要是水流绕流叶片产生的，总的轴向水推力等于各叶片上作用力 F_1 之轴向分量 F_{t1}之和。

转轮的轴向水推力由主轴传递给机组推力轴承，再由推力轴承经荷重机架传递给基础，它是机组结构特别是推力轴承与机架力学结构设计中的重要影响因素。

水轮机的轴向水推力 F_h 与转轮形式及工作水头等因素有关，对转桨式水轮机还与叶片转角 ϕ 有关，影响因素较多，用计算的方法精确求取较困难。因此，轴向水推力的确定也常常是借助于模型试验确定单位轴向力 F_{h11}，再由相似公式（4－33）求得水轮机的轴向水推力 F_h。

$$F_{h11}=\frac{F_h}{D_1^2 H}\quad(\text{kN/m}^3)\tag{4-33}$$

但在很多情况下，仅需要知道可能范围内的轴向水推力最大值，此时可按下式近似计算原型水轮机的轴向水推力：

$$F_h=9.81\times10^3 K\frac{\pi}{4}D_1^2 H_{max}(\text{N})\tag{4-34}$$

式中：D_1 为转轮直径，m；H_{max} 为最大水头，m；K 为转轮最大单位轴向水推力，或称转轮的轴向水推力系数，kN/m³，一般由经验统计方法得出，具体见表 4－3 和表 4－4。

表 4－3 混流式水轮机的轴向水推力系数

转轮型号	HL310	HL240	HL230	HL220	HL200	HL180	HL160	HL120	HL110	HL100
K	0.37～0.45	0.34～0.41	0.18～0.22	0.28～0.34	0.22～0.28	0.22～0.28	0.20～0.26	0.10～0.13	0.10～0.13	0.08～0.14

表 4－4 轴流式水轮机的轴向水推力系数

转轮叶片数	4	5	6	7	8
K	0.85	0.87	0.90	0.93	0.95

立轴水轮机总的轴向推力 F_z，除轴向水推力外，还应包括转轮重量 W_r 和主轴重量 W_z，初步设计时可按下式估算：

$$F_z=F_t+W_r+W_z\tag{4-35}$$

水轮机转轮重量 W_r 计算式为

混流式：
$$W_r=9.81\times10^3\times[0.5+0.025(10-D_1)]D_1^3\quad(\text{N})\tag{4-36}$$

（分瓣转轮再增加 10%）

轴流式：
$$W_r=9.81\times10^3\times1.4d_h H_{max}^{0.1}D_1^{2.6}\quad(\text{N})\tag{4-37}$$

式中：d_h 为轮毂比。

主轴重量 W_z 计算式：$W_z=(0.4\sim1.0)\ W_r$ （4－38）

式中：比例系数按应用水头、主轴是否与发电机共用等因素选取，低水头或共用轴情况取低系数。

复习思考题与习题

4-1 什么叫水轮机相似理论？有何意义？

4-2 水轮机相似必须满足的条件是什么？同系列水轮机必须具备什么条件？

4-3 什么叫水轮机相似定律？主要内容是什么？

4-4 什么是单位参数？单位参数有什么意义？

4-5 什么叫比转速？它有什么重要意义？高比转速水轮机有何特点？

4-6 同系列水轮机比转速相同，不同系列水轮机比转速不同，这种说法对吗？为什么？

4-7 由模型水轮机换算到原型水轮机相似工况下的效率应怎样进行？

4-8 由模型水轮机换算到原型水轮机相似工况下的单位参数应怎样进行？

4-9 什么叫水轮机特性曲线？有哪几大类型？各包括哪些曲线？

4-10 绘制出各类水轮机的 $\eta=f(P)$ 工作特性曲线，并比较其特性。

4-11 什么是水轮机模型综合特性曲线？混流式水轮机的模型综合特性曲线包括了哪些内容？5%功率限制线的意义何在？转桨式水轮机有没有功率限制线？模型综合特性曲线有什么意义？

4-12 什么是水轮机运转综合特性曲线？它包括了哪些内容？各有何作用？

4-13 水轮机飞逸是怎样产生的？机组发生飞逸对机组有什么影响？在什么情况下应进行飞逸转速计算？怎样计算？水电站常用的防飞逸措施有哪些？

4-14 混流式水轮机的轴向水推力由哪些力组成？如何正确计算？

第5章

水轮机选型

水轮机选型主要是指水轮机的选型设计工作。水轮机选型设计直接关系到电站的经济效益和投资的多少，是一项相当重要的工作，也是水电站设计中的关键内容之一。

1. 水轮机选型设计的基本内容

水轮机选型设计的基本内容包括：

(1) 确定机组台数和单机容量；

(2) 确定机型和装置形式；

(3) 确定水轮机的额定功率、转轮直径、同步转速、吸出高度、安装高程、飞逸转速、轴向水推力等基本参数，冲击式水轮机，还包括喷嘴数目与射流直径等；

(4) 绘制水轮机的运转综合特性曲线；

(5) 估算水轮机的外形尺寸、重量和价格；

(6) 确定蜗壳、尾水管型号及主要尺寸；

(7) 根据上述条件，并结合水轮机结构、材质、特性、运行方式等方面的技术要求，拟定设备定购条件等。

2. 水轮机选型设计的基本要求

水轮机选型设计要根据水电站的水能、水文地质、工程地质、枢纽布置和电力系统多方面的条件，依据国内外水轮机的型谱、产品规范及其特性，以及同类水电站水轮机运行状况和经验、机组制造和运输的条件来进行，设计的基本要求包括：

(1) 水轮机能量特性要好，在额定水头要能够发出额定功率，额定水头以下时，机组受阻容量要小，水电厂全厂机组平均效率高。

(2) 水轮机的抗空蚀、抗磨损等性能要好，运行稳定、灵活、可靠，特别是对多泥沙河流条件尤其如此。

(3) 水轮机组的结构设计科学、合理，要具有先进性，便于安装、操作、检修与维护。

(4) 要考虑运输和安装的可能性，考虑制造厂商的技术水平和生产实力。

(5) 经过经济和技术比较，选用最优方案。

5.1 水轮机系列型谱

5.1.1 水轮机标准系列

为了充分利用水能资源，不同水头和流量的电站最好采用不同型号和不同尺寸的水轮机，但这样会使水轮机的品种和数目相当繁杂，不利于产品的通用化和标准化，并且增加了科研和设计工作，增大设计、制造、运行和维护的成本。为了克服上述缺点，同时又能使水轮机基本满足不同水能条件的水电站，各国都在自己多年的生产实践和模型试验基础上，推荐出一些适用于各种水头范围的水轮机标准系列。

在各科研、设计和制造单位长期积累经验的基础上，我国已制定了相关的水轮机转轮系列型谱，并在此基础上不断进行改进和创新，涌现出一些结构更加合理、效率更高、性能更优的水轮机转轮系列。

水轮机转轮系列型谱，是水轮机产品选型、产品品种发展和新产品研制的重要依据，是水轮机系列化、通用化、标准化的基础，其内容包括：

(1) 规定水轮机的形式和转轮型号。在反击式水轮机型谱中有混流式、轴流式、贯流式等形式的水轮机，对每种形式的水轮机又规定了适用于不同水头段的转轮型号。

(2) 规定合理的结构形式，即规定主轴布置形式和引水室形式。

5.1.2 反击式水轮机转轮系列型谱

对于反击式水轮机转轮系列型谱，一般以转轮的标称直径 D_1 为标准将其划分为大中型转轮型谱和中小型转轮型谱。$D_1 \geqslant 1m$ 的混流式水轮机和 $D_1 \geqslant 1.4m$ 的轴流式水轮机按大中型型谱执行，其他的水轮机均按中小型型谱执行。

1. 大、中型轴流式转轮型谱参数

大、中型轴流式转轮型谱参数见附录 1 中的附表 1-1，表中所列部分转轮的综合特性曲线见附图 1-1 至附图 1-3。

2. 大、中型混流式转轮型谱参数

大、中型混流式转轮型谱参数见附录 1 中的附表 1-2，表中所列部分转轮的综合特性曲线见附图 1-4 至附图 1-8。

3. 中、小型轴流式、混流式转轮型谱参数

中、小型轴流式、混流式转轮型谱参数见附录 1 中的附表 1－3。

5.2 反击式水轮机的选择

5.2.1 机组台数选择

对进入水轮机选型设计的水电站，总装机容量 P 及设计水头 H_d 常常是已知的，在此条件下，可以装置不同的机组台数 Z。机组台数不同，转轮的直径和转速也不相同，甚至水轮机型号也不同，从而导致水电站的投资、效率、运行条件、产品供货条件等发生变化。因此，为能选择合理的机组台数，首先要了解机组台数与下列有关因素之间的影响。

1. 机组台数与工程建设费用的关系

一般情况下，同一水电站中希望装配相同型号和参数的水轮机组，这无论对电站的设计、建设、运行与维护都是有利的。

在水电站采用相同型式水轮机且装机容量一定时，单机容量与台数成反比。单机容量不同时，机组的单位千瓦造价不同，通常大机组单位千瓦造价低于小机组。这一方面是因为大机组单位千瓦金属耗材低于小机组，另一方面也因为大机组单位重量的加工费较少，厂房需求平面尺寸减少。因此，对于一定的装机容量，使用较少的机组台数通常会有利于降低工程建设费用。

2. 机组台数与设备制造、运输及安装的关系

机组单机容量增大，可能会对机组的制造、运输、安装及其可靠运行增加相应的难度。因此，选择较少机组台数和较大单机容量要考虑机组制造水平和运输、安装条件。

3. 机组台数与电力系统的关系

电力系统处理事故的能力是有限的，为保证电力系统的运行安全，选择机组台数要注意使单机容量低于系统的事故备用容量，以免机组发生事故时对系统造成过大的冲击。

4. 机组台数与电站运行效率的关系

机组台数不同，水电站的平均效率也不同。但是，机组台数对水电站平均效率的影响程度，也是随机组台数、水轮机类型及电站在电力系统中地位的不同而不同。

一般地说，机组台数多，在运行中可以通过改变开机方式，避开低效率区，从而提高水电站的平均效率；机组台数少，虽单机效率较高，但电站的平均效率较低。同时，当水电站机组台数多到一定程度后，机组台数的增减对水电站的平均效率影响不大。此外，机组类型不同，机组台数对水电站平均效率影响也不同。如转桨式水轮

机，由于其转轮叶片可以转动，故其高效率区比较宽广，因而机组台数增加对进一步平稳水电厂的效率效果不大。但对定桨式水轮机，若机组台数多一些，则可以较显著地改善效率的平稳程度。

5. 机组台数与运行、维护的关系

多机组台数的电站，运行方式灵活，单台事故影响小，检修容易安排，但也因运行工作人员增多，维护耗材增加，而使运行费用加大。同时，机组台数多，相应的设备数量及设备操作的增加会使电站的事故率增高。

6. 机组台数与电气主接线的关系

现行水电站电气主接线采用扩大单元方式较多，故机组台数为偶数有利。但对于大型水轮机组情形，主变压器最大容量也有所限制，故主要采用单元接线方式，机组台数就不一定为偶数了。另外，由于运行方式机动性和厂用电可靠性的要求，全厂机组台数一般不宜少于两台。

以上所述的机组台数选择需要考虑的因素，彼此关联，甚至相互制约，选择确定时要根据具体条件，综合平衡，要有充分的技术经济论证。

5.2.2 水轮机型式选择

水轮机型式的选择主要依据是水轮机的应用水头范围，具体见表 1-1。

在采取适用水头范围选择水轮机型式时，有时会出现交界水头区有两种以上机型可选的情况，或在一些水头上水轮机型式有交叉搭叠现象。若使用水轮机型谱方法作转轮型号选择时，还可能出现某水头段上有两种型号可选情况。这都需要根据水电站具体条件，对可供选择的水轮机型式（转轮型号类同）进行谨慎的分析论证，作出正确的选择。

在进行水轮机型式的具体选择时，通常有以下几种方法。

1. 系列型谱使用范围图法

系列型谱使用范围图法主要用于中、小型水轮机型号的选择。此种方法先根据水轮系列型谱使用范围选出水轮机的型号，再根据相应型号转轮的使用范围图确定水轮机的主要参数。

系列型谱使用范围图是以流量 Q 为纵坐标，水头 H 为横坐标，以功率 P 为划分线，将水轮机型谱中的各标准转轮按其水头使用范围和选用的直径范围，求出其相应的功率范围，并绘在 $H \sim Q$ 坐标图内，每种标准转轮都有自己的水头和功率使用范围，图内重合部分表示转轮的使用范围相同。如图 5-1 为中、小型水轮机使用范围图。

根据从水轮机系列型谱使用范围图选出的水轮机型号，再从相应转轮的使用范围图来确定水轮机转轮的主要参数。中、小型轴流式水轮机转轮使用范围图如图 5-2

和图 5-3 所示，中、小型混流式水轮机转轮使用范围图如图 5-4 和图 5-5 所示。

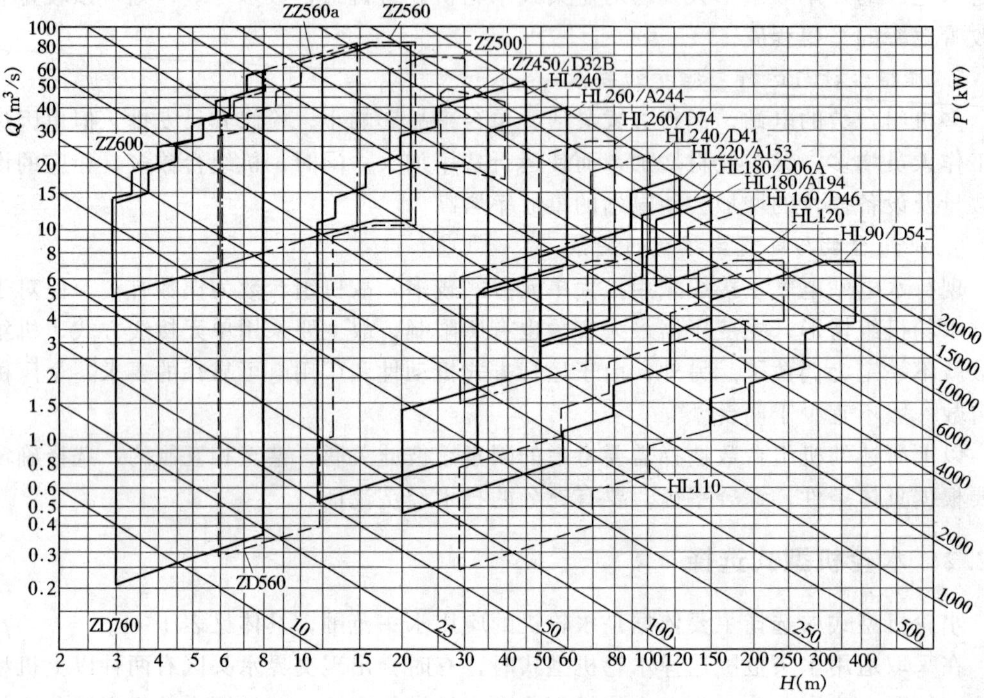

图 5-1 中、小型水轮机使用范围综合图

每个型号的转轮使用范围图由三个部分组成，即 $P \sim H$ 图与 $h_s \sim H$ 图和水轮机吸出高度 H_s 计算式。其中 $P \sim H$ 坐标图是把模型主要综合特性曲线的$\eta = f(n_{11}, Q_{11})$换算成对数坐标的特性曲线 $\eta = f(\lg P, \lg H)$，然后对应着不同的 D_1 和 n 值，把高效率放在相应的对数坐标的不同位置上，最后用一系列平行四边形的直线把这些对应于不同的 D_1 和 n 的高效率区划分出来，并在每一个平行四边形之内标明相应的 n 值。又由于相邻两平行斜线间的高效率区对应同一 D_1 值，因此，D_1 值就标在两平行斜线间隔的一端。每个平行四边形的上边线表示该直径转轮在不同水头时所能发出的极限功率。

$h_s \sim H$ 图以理论吸出高度 h_s 为纵坐标，以水头 H 为横坐标。h_s 为水轮机装置高程为零时的最大允许吸出高度。由于吸出高度与水头有关，故可绘制出 $h_s = f(H)$关系线。由于混流式水轮机的气蚀系数随 P 及 H 变化较小，所以只绘出一条线；而轴流式水轮机的气蚀系数随 P 及 H 变化较大，所以可绘出两条特性线，各相应于同一直径 D_1 下 σ 值的上限和下限。轴流式和混流式水轮机 $h_s = f(H)$关系示意图如图

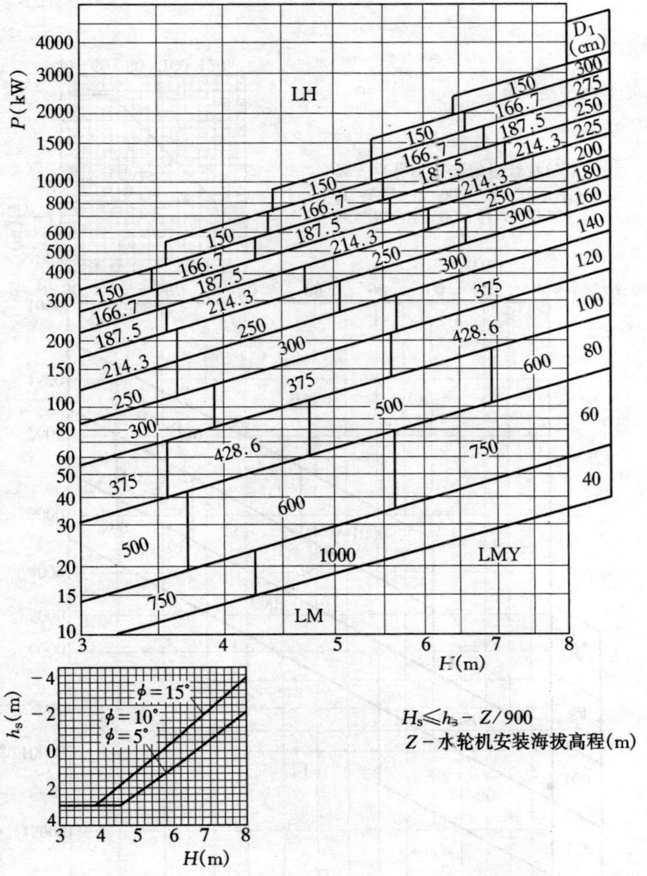

图 5－2　ZD760 系列水轮机应用范围图

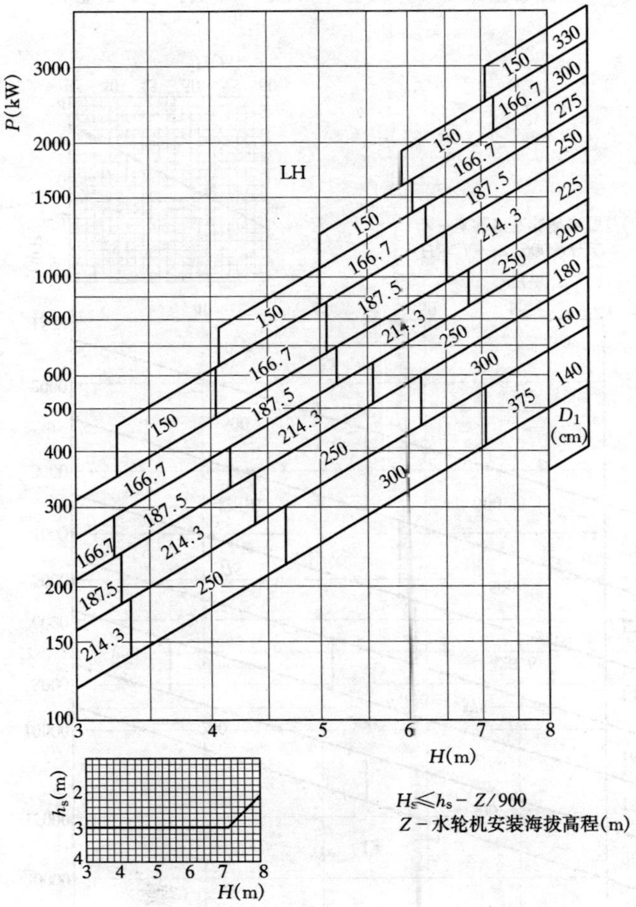

图 5－3　ZZ600 系列水轮机应用范围图

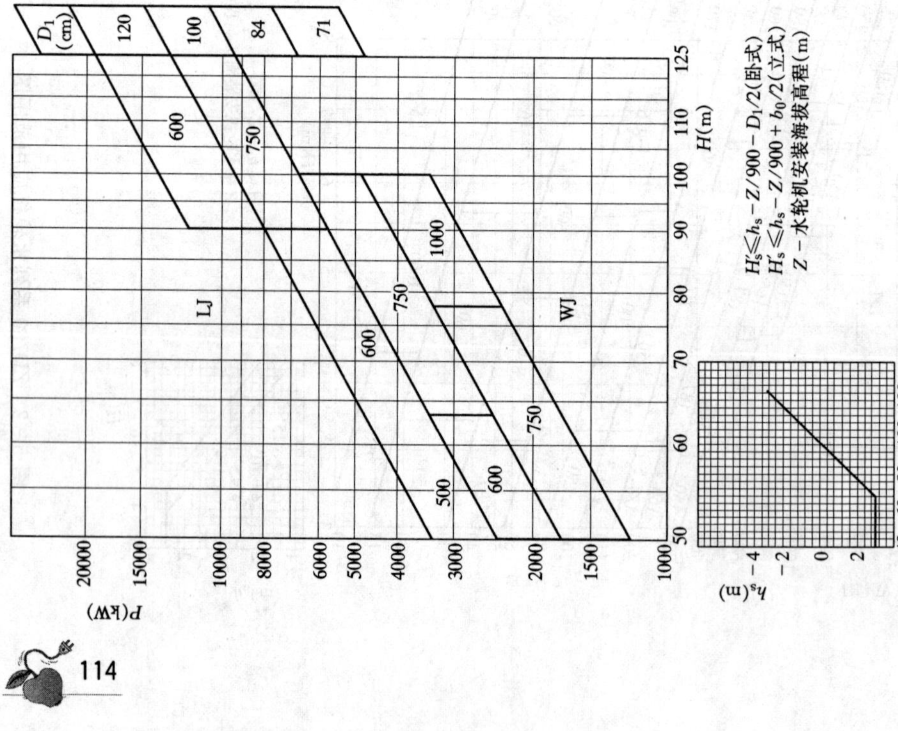

图 5－4　HL220/A153 系列水轮机应用范围图

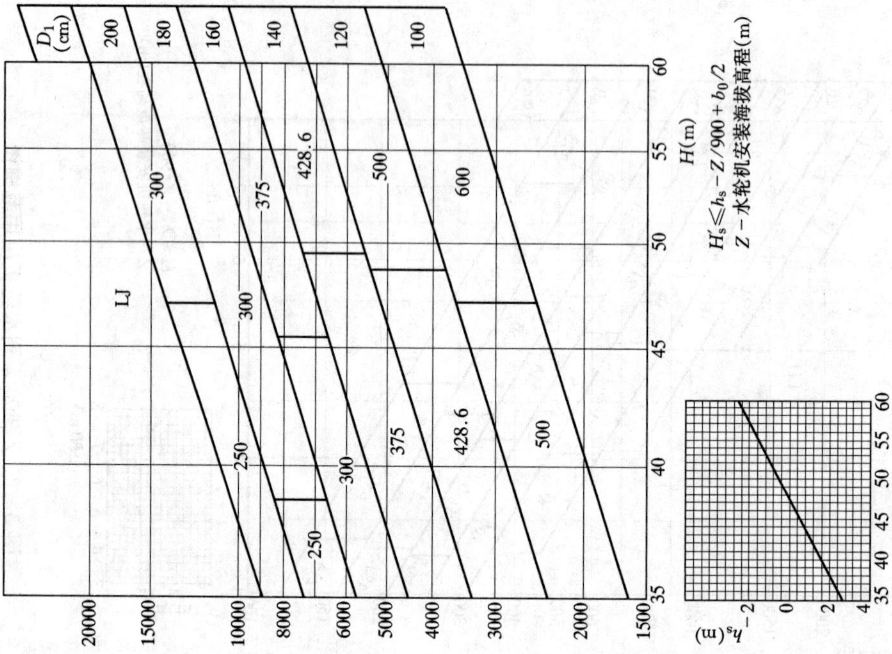

图 5－5　HL260/A244 系列水轮机应用范围图

5-6所示。

水轮机吸出高度 H_s 计算式表示出了水轮机主轴装置方式是立轴还是卧轴时，水轮机吸出高度 H_s 或名义吸出高度 H'_s 的计算公式。

在转轮的使用范围图上，根据水电站相应的设计水头 H_d 线和额定功率 P 线的交点来确定相应水轮机转轮的 D_1 值和 n 值。当交点落在平行四边形内时，即为该框内的转速 n，沿斜框对应上去端部框内的直径 D_1 即为所选直径。当交点落在平行四边形斜线上时，说明有两个 D_1 值可选，但一般选用大值以确保机组功率达额定功率。当交点落在平行四边形垂线上时，有两个 n 值可选，具体选用时要经比较确定。

在确定水轮机吸出高度 H_s 时，对于轴流式水轮机，由于有两条 $h_s=f(H)$ 线，如图 5-6（a）示意图所示。根据设计水头 H_d，可分别在 $h_s=f$（H）线上得到两个 h_s 值，记为 h_{s1}、h_{s2}，设 $h_{s1}>h_{s2}$。为确定吸出高度，需要先在 $P\sim H$ 坐标平面内求出已知的设计水头 H_d 线和额定功率 P 线的交点，当交点在平行四边形上（或下）平行线时，h_{s1}（或 h_{s2}）即为所求的吸出高度，交点落在上下两平行线间时，则应采用内插法求出相应的 h_s 值，此值即为所示的吸出高度。

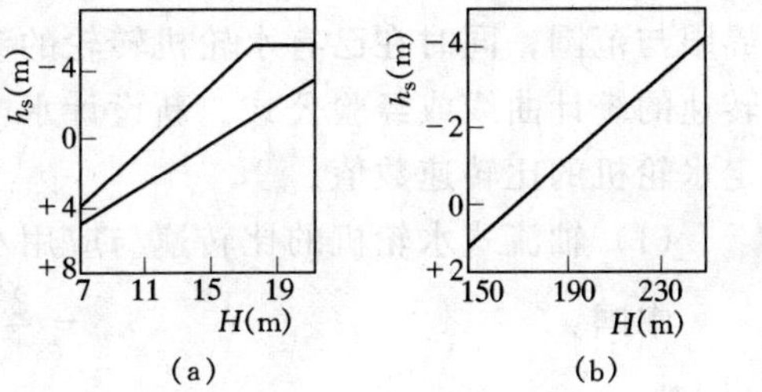

图 5-6　$h_s=f$（H）关系图

（a）轴流式；（b）混流式

上述所求得的 h_s 值是相对水电站最低尾水位的海拔高程 $Z=0$ 时的吸出高度，当电站最低尾水位的海拔高程不为零时，要加以修正，修正后的吸出高度 H_s 为：

$$H_s=h_s-\frac{Z}{900}$$

2. 综合特性曲线法

采用综合特性曲线法进行水轮机选型时，首先根据机组的已知条件，包括机组的额定功率、水电站的水头及最低尾水位等，由水轮机转轮型谱查得相应的转轮型号及有关参数，经计算后选择、确定和校核水轮机的转轮直径 D_1 和同步转速 n，并在此基础上经计算和比较后确定水轮机的吸出高度 H_s 的值，最后根据相应转轮的模型综合特性曲线图求解并通过作一系列辅助曲线的方法绘制出所要设计的水轮机综合运转特性曲线。具体的步骤及实例见后续的反击式水轮机选型算例。

3. 比转速法

前述两种水轮机选型的方法是根据已有水轮机转轮型谱及型谱中推荐的水轮机模型综合特性曲线来进行的，所选水轮机都是已有的标准水轮机。但是，对于某些大型水电站或为追求性能更优的新型水轮机来说，这种水轮机在型谱中是没有的，当然也没有相应的转轮模型综合特性曲线可供水轮机参数选择时使用。因此，在某些情况下，要想选出性能优良的水轮机，往往采用按比转速的方法来选择水轮机。

水轮机的比转速 n_s 包含了水轮机转速 n、功率 P 和水头 H 三个基本参数，综合反映了水轮机特征。根据水电站具体应用条件，选择具有合理比转速的水轮机型式，可以保证水轮机运行中有良好的能量指标与空化性能。

各类水轮机的比转速与水轮机的型式和结构有关，实际上，也反映了所使用水轮机的设计和制造技术水平。尽量提高相同应用条件下的水轮机比转速一直是现代水轮机发展趋向之一。目前，世界各国根据各自的应用水平，划定了各类水轮机比转速的界限与范围，同时在已有水轮机转轮的参数基础上，用数据统计方法得出了水轮机比转速的统计曲线或经验公式。新设计水电站可根据已知水头，利用这些曲线或公式决定水轮机的比转速数值。

(1) 轴流式水轮机的比转速与应用水头的关系。

中国：
$$n_s = \frac{2300}{\sqrt{H}} \quad (\text{m} \cdot \text{kW}) \tag{5-1}$$

日本：
$$n_s = \frac{20000}{H+20} + 50 \quad (\text{m} \cdot \text{kW}) \tag{5-2}$$

苏联：
$$n_s = \frac{2500}{\sqrt{H}} \quad (\text{m} \cdot \text{kW}) \tag{5-3}$$

(2) 混流式水轮机比转速与应用水头的关系。

中国：
$$n_s = \frac{2000}{\sqrt{H}} - 20 \quad (\text{m} \cdot \text{kW}) \tag{5-4}$$

日本：
$$n_s = \frac{20000}{H+20} + 30 \quad (\text{m} \cdot \text{kW}) \tag{5-5}$$

美国：
$$n_s = \frac{2105}{\sqrt{H}} \quad (\text{m} \cdot \text{kW}) \tag{5-6}$$

(3) 斜流式水轮机比转速与应用水头的关系。

日本：
$$n_s = \frac{20000}{H} + 40 \quad (\text{m} \cdot \text{kW}) \tag{5-7}$$

(4) 切击式水轮机比转速与应用水头的关系。我国《水电站机电设计手册》推荐的单转轮单喷嘴切击式水轮机 $n_{s1} = f(H)$ 曲线如图 5-7。

对于多喷嘴、多转轮切击式水轮机比转速的确定，应将对应于单转轮单喷嘴的 n_{s1} 选择在最佳范围内，一般取 $n_{s1} = 10 \sim 20\text{m} \cdot \text{kW}$，然后可借助转轮、喷嘴数目的增加，提高比转速，但 n_{s1} 不宜超过 60m・kW。多喷嘴、多转轮时，水轮机比转速为：

$$n_s = n_{s1}\sqrt{K_r Z_0} \tag{5-8}$$

式中：K_r 为转轮数；Z_0 为每个转轮的喷嘴数。

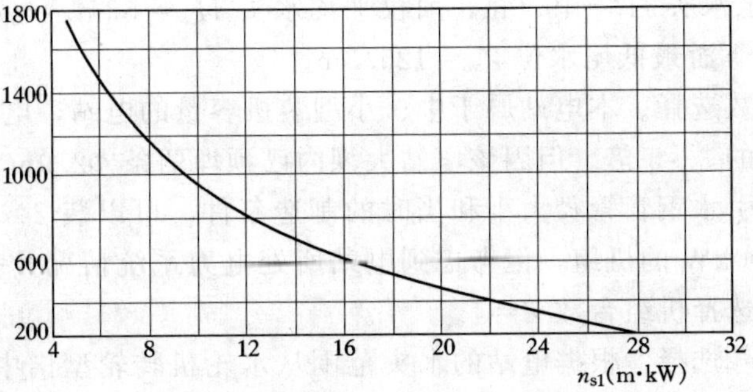

图 5-7　切击式水轮机 $n_{s1}=f(H)$ 曲线

每一种型式的水轮机都有自己的比转速最佳范围。图 5-8 表示出轴流式、混流式、水斗式水轮机的最高效率与比转速的关系。每种型式的曲线组都标有应用水轮机的额定功率数值，从中看出，轴流式水轮机比转速在 500～600m·kW 附近效率最高，混流式比转速 150～250m·kW 附近效率最高，水斗式比转速在 12～17m·kW 附近效率最高。

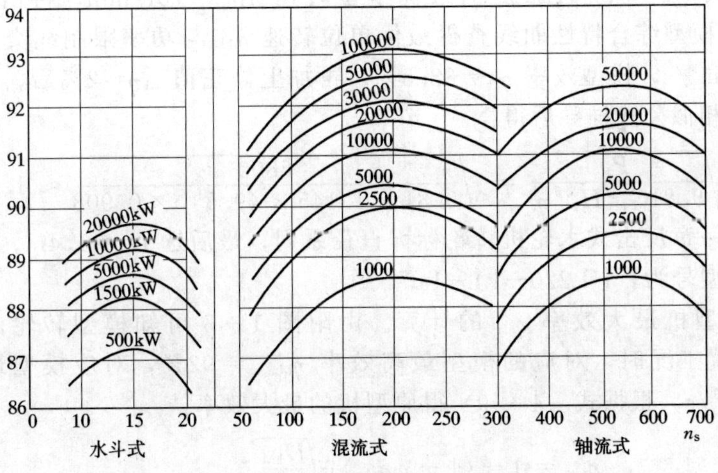

图 5-8　水轮机最优效率与比转速关系

水轮机选型设计时，可以根据上述比转速资料与水电站具体条件，确定适合的水轮机比转速，以保证水轮机较高的动能经济指标和可靠的安全性能。

4. 反击式水轮机选型算例

以混流式水轮机选型为例：

已知某水电站保证功率为10000kW，电站最大水头 $H_{max}=59.7m$，最小水头 $H_{min}=36m$，额定水头 $H_r=49.5m$，加权平均水头 $H_w=52m$，电站总设计流量 $Q=62.4m^3/s$，电站下游最低尾水位 $Z_w=125.3m$。

(1) 机组台数选择。本电站属于中、小型装机容量的电站，电站总装机容量一般考虑为保证功率的3～5倍。但因该电站大坝内已预埋两条 $\Phi2.9m$ 的引水钢管，根据电站水头范围、引水钢管管径大小和当时的制造条件，可以装2×10000kW的机组，也可以装4×6500kW的机组，但考虑到电站所处电力系统情况及获得较大的装机容量，综合考虑后选择机组台数 $Z=4$。

(2) 机组型号选择。根据电站的水头范围从水轮机转轮型谱中可查得HL230和HL220两种转轮型号。因HL230转轮在经济和技术方面均落后于HL220转轮，HL230转轮在国内已属淘汰机型，故本电站水轮机转轮的型号选用HL220。

(3) 装置方式选择。根据电站的规模及便于设备的布置、安装和维护，选用立轴装置方式。同时因电站的应用水头已在40m以上，故采用金属蜗壳的形式。

(4) 水轮机转轮直径 D_1 的确定。取发电机的效率 $\eta_F=96\%$，故水轮机单机额定功率 $P_r=\dfrac{6500}{0.96}\approx6771kW$，取 $P_r=6800kW$。

由附表1-2查得HL220的最优单位转速 $n_{110}=70r/min$，再由附图1-5的HL220转轮模型综合特性曲线查得最优单位转速 n_{110} 与功率限制线交点的单位流量 $Q_{11r}=1.145m^3/s$，模型效率 $\eta_M=88.8\%$，再加上修正值 $\Delta\eta=2\%$ 后，$\eta_r=\eta_M+\Delta\eta=90.8\%$。由相似公式推导后得：

$$D_1=\sqrt{\frac{P_r}{9.81Q_{11r}H_r^{1.5}\eta_r}}=\sqrt{\frac{6800}{9.81\times1.145\times49.5^{1.5}\times0.908}}\approx1.384\ (m)$$

根据第一章反击式水轮机转轮标称直径系列，最后选 $D_1=1.4m$。因此，初选的水轮机转轮型号为：HL220－LJ－140。

(5) 原型机最大效率 η_{max} 的计算。由附图1-5可知模型转轮的直径 $D_{1M}=0.46m$，最优工况时，对应的模型最高效率 $\eta_{Mmax}=92\%$，对应模型最优单位流量 $Q_{11M}=1.0m^3/s$，根据式(4-19)得原型机的最大效率：

$$\eta_{max}=1-(1-\eta_{Mmax})\sqrt[5]{\frac{D_{1M}}{D_1}}$$

$$=1-(1-0.92)\times\sqrt[5]{\frac{0.46}{1.4}}=93.6\%$$

(6) 转速 n 的选择。按最优单位转速和加权平均水头计算，由式(4-12)得：

$$n=n_{110}\frac{\sqrt{H_w}}{D_1}=70\times\frac{\sqrt{52}}{1.4}=360.6\ (r/min)$$

根据公式 $f=Pn/60$，可求得接近计算转速 360.6r/min 的同步转速有两个，分别为 $n_1=375$r/min 和 $n_2=333.3$r/min。

(7) 检验所选水轮机的实际工作范围。上述所选水轮机的主要参数 D_1 和 n 值能否保持较优的工作条件，必须经过检验。如能保持较理想的工作条件，则可确定为所选参数。

所选转轮在设计水头下的单位流量为：

$$Q_{11r}=\frac{P_r}{9.81D_1^2H_r^{1.5}\eta_r}=\frac{6800}{9.81\times1.4^2\times49.5^{1.5}\times0.908}=1.125\ (m^3/s)$$

由附表 1-2 得 HL220 的最优单位流量 $Q_{110}=1.15m^3/s$，$Q_{11r}<Q_{110}$ 且偏差不大，因此所选 D_1 能在设计水头时发出额定功率，符合要求。

检验 n 值时分别将 n_1 和 n_2 在水头 H_{max}、H_{min}、H_r 和 H_w 下的对应单位转速根据式(4-12)进行计算，结果见表 5-1。结合转轮模型综合特性曲线，结果发现在 H_{max} 和 H_r 范围内，选择 n_1 的方案处在较高的效率范围内，故选择 $n=375$r/min 方案。

表 5-1　各水头对应单位转速计算结果

转速方案	H_{max} (59.7m)	H_w (52m)	H_r (49.7m)	H_{min} (36m)
$n_1=375$r/min	67.947	72.804	74.620	87.5
$n_2=333.3$r/min	60.392	64.709	66.322	77.71

(8) 额定流量 Q_r 的计算。由式 (4-13) 得：

$$Q_r=Q_{11r}D_1^2\sqrt{H_r}=1.125\times1.4^2\times\sqrt{49.5}=15.5\ (m^3/s)$$

4 台机组的总流量稍小于电站的总设计流量，机组流量满足要求。

(9) 飞逸转速 n_{run} 的计算。混流式水轮机的飞逸转速一般发生在最大水头下。由附图 1-5 得知 HL220 的单位飞逸转速 $n_{run.11}=133$r/min，根据公式 (4-29) 得：

$$n_{run}=n_{run.11}\frac{\sqrt{H_{max}}}{D_1}=133\times\frac{\sqrt{59.7}}{1.4}=734\ (r/min)$$

(10) 转轮轴向水推力 F_h 计算。由表 4-3 查得 HL220 转轮的轴向水推力系数，取 $K=0.3$，再根据式 (4-34) 得：

$$F_h=9.81\times10^3K\frac{\pi}{4}D_1^2H_{max}$$

$$=9.81\times10^3\times0.3\times\frac{\pi}{4}\times1.4^2\times59.7=2.7\times10^5\ (N)$$

(11) 允许吸出高度 H_s 的计算。允许吸出高度根据式 (3-28) 进行计算。

根据额定水头 $H_r=49.5$m 查图 3-18，取 $\Delta\sigma=0.025$。查附表 1-2 得 $\sigma=0.133$。

在初步设计时一般取电站下游最低尾水位作为水轮机装置处的海拔高程，根据式(3-28)得：

$$H_s = 10 - \frac{Z_w}{900} - (\sigma + \Delta\sigma) H_r$$
$$= 10 - \frac{125.3}{900} - (0.133 + 0.025) \times 49.5 = 2.04 \quad (m)$$

需要说明的是，允许吸出高度是决定水轮机安装高程的一个重要参数，所以在决定最大允许吸出高度时，应该用多个特征水头，包括最大水头、最小水头和设计水头等在各种工况下的允许吸出高度值，进行经济比较来确定。

5.3 水轮机运转综合特性曲线绘制

水轮机运转综合特性曲线既是水轮机选型设计时方案分析、比较的依据，也是水电站运行管理、拟定机组运行方式以及考察机组动力特性的主要依据，是在机组运行过程中检查水轮机运行情况的依据之一。

本节结合上节混流式水轮机选型的实例，主要介绍水轮机运转综合特性曲线中等效率线和功率限制线的绘制。

1. 计算修正值

(1) 效率修正。根据以上计算得效率差值：$\Delta\eta = \eta_{max} - \eta_{Mmax} = 93.6\% \sim 92\% = 1.6\%$，考虑多种影响因素，取 $\Delta\eta = 1\%$，所以 $\eta_{max} = \eta_{Mmax} + 1\% = 93\%$，其他工况点的效率修正，均按等值修正考虑，取 $\Delta\eta = 1\%$。

(2) 单位转速修正。因 $\sqrt{\frac{\eta_{max}}{\eta_{Mmax}}} - 1 = \sqrt{\frac{0.93}{0.92}} - 1 = 0.005 < 0.03$

故单位转速不修正，即 $n_{11} = n_{11M}$。

(3) 单位流量修正。一般单位流量不修正，即 $Q_{11} = Q_{11M}$。

2. 能量特性计算

选取若干水头进行计算，本例取 6 个水头，其中包括 H_{max}、H_r、H_{min}，分别为 59.7m、54.5m、49.5m、45m、40m、36m。

模型与原型等效率线参数的转速公式如下：

$$n_{11} = n_{11M} = \frac{nD_1}{\sqrt{H}} \tag{5-9}$$

$$\eta = \eta_M + \Delta\eta = \eta_M + 1\% \tag{5-10}$$

$$P = KQ_{11}\eta \tag{5-11}$$

式中：$K=9.81\times10^{-3}D_1^2H^{3/2}$，$n_{11}$的单位为 r/min，$P$ 的单位为 MW。

已知机组转速 $n=375$r/min，转轮直径 $D_1=1.4$m，根据 6 个特定水头按式（5－9）换算为 n_{11} 作水平线与模型等效率线相交查得 Q_{11} 和 η_M，然后由式（5－10）和式（5－11）求得 η 与 P，列表计算见表 5－2。

表 5－2　　能量特性计算表

η_M (%)	$H_1=59.7$m			$H_2=54.5$m			$H_3=49.5$m			$H_4=45$m			$H_5=40$m			$H_6=36$m		
	$n_{11}=67.9$r/min			$n_{11}=71.1$r/min			$n_{11}=74.6$r/min			$n_{11}=78.3$r/min			$n_{11}=83$r/min			$n_{11}=87.5$r/min		
	$P=8.869Q_{11}\eta$			$N=7.736Q_{11}\eta$			$N=6.696Q_{11}\eta$			$N=5.804Q_{11}\eta$			$N=4.864Q_{11}\eta$			$N=4.153Q_{11}\eta$		
	Q_{11} (m^3/s)	η (%)	P (MW)	Q_{11} (m^3/s)	η (%)	P (MW)	Q_{11} (m^3/s)	η (%)	P (MW)	Q_{11} (m^3/s)	η (%)	P (MW)	Q_{11} (m^3/s)	η (%)	P (MW)	Q_{11} (m^3/s)	η (%)	P (MW)
70	0.467	71	2.941	0.474	71	2.603	0.495	71	2.353	0.522	71	2.151	0.575	71	1.986	0.635	71	1.872
72	0.490	73	3.172	0.496	73	2.801	0.517	73	2.527	0.546	73	2.313	0.600	73	2.130	0.652	73	1.977
74	0.514	75	3.419	0.517	75	3.000	0.535	75	2.687	0.565	75	2.459	0.618	75	2.254	0.675	75	2.102
76	0.544	77	3.715	0.541	77	3.223	0.555	77	2.862	0.587	77	2.623	0.638	77	2.389	0.695	77	2.222
78	0.576	79	4.036	0.570	79	3.484	0.577	79	3.052	0.606	79	2.779	0.662	79	2.544	0.726	79	2.382
80	0.606	81	4.353	0.600	81	3.760	0.606	81	3.287	0.637	81	2.995	0.692	81	2.726	0.766	81	2.577
82	0.644	83	4.741	0.630	83	4.045	0.635	83	3.529	0.665	83	3.204	0.743	83	3.000	0.900	83	3.102
84	0.675	85	5.089	0.664	85	4.366	0.683	85	3.887	0.730	85	3.601	0.832	85	3.440	1.075	85	3.795
86	0.730	87	5.633	0.731	87	4.920	0.750	87	4.369	0.810	87	4.090	0.953	87	4.033			
88	0.783	89	6.181	0.793	89	5.460	0.835	89	4.976	0.930	89	4.804	1.080	89	4.675			
90	0.853	91	6.884	0.867	91	6.103	0.935	91	5.697	1.030	91	5.440						
90	1.092	91	8.813	1.115	91	7.849	1.123	91	6.843	1.107	91	5.847						
88	1.165	89	9.196	1.170	89	8.055	1.171	89	6.979	1.176	89	6.075	1.130	89	4.892			
86	1.215	87	9.375	1.218	87	8.200	1.218	87	7.095	1.219	87	6.155	1.212	87	5.129			
84	1.261	85	9.506	1.260	85	8.285	1.256	85	7.149	1.248	85	6.157	1.241	85	5.131	1.216	85	4.293
82	1.304	83	9.599*	1.298	83	8.334*	1.287	83	7.153*	1.278	83	6.157*	1.270	83	5.127*	1.253	83	4.319*
80	1.343	81	9.648*	1.334	81	8.359*	1.317	81	7.143*	1.303	81	6.126*	1.291	81	5.086*	1.280	81	4.306*
78	1.368	79	9.585*	1.357	79	8.293*	1.338	79	7.078*	1.324	79	6.071*	1.311	79	5.038*	1.302	79	4.272*
76	1.385	77	9.458*	1.376	77	8.196*	1.363	77	7.028*	1.348	77	6.024*	1.328	77	4.974*	1.314	77	4.202*
74	1.398	75	9.299*	1.389	75	8.059*	1.378	75	6.920*	1.363	75	5.933*	1.347	75	4.914*	1.328	75	4.136*
72	1.405	73	9.096*	1.397	73	7.889*	1.385	73	6.770*	1.374	73	5.822*	1.361	73	4.833*	1.347	73	4.084*
70	1.413	71	8.898*	1.405	71	7.717*	1.393	71	6.623*	1.382	71	5.695*	1.368	71	4.724*	1.362	71	4.016*

3. 封闭点与最高效率点的计算

从 HL220 转轮模型综合特性曲线得知，当水轮机运行水头在 59.7～36m 之间，

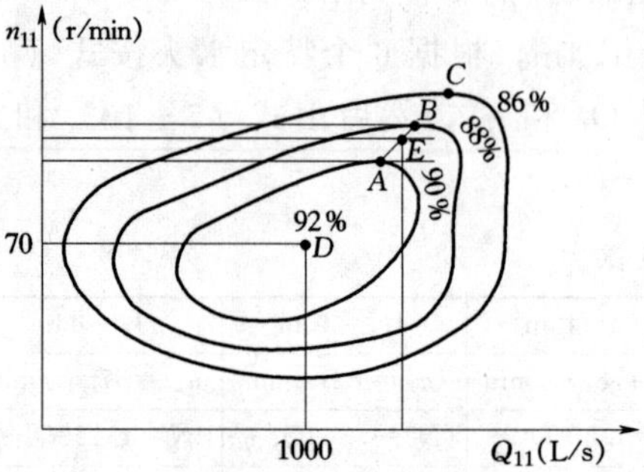

图 5-9 特定水头下最高效率点求取

对应的模型单位转速 n_{11} 在 67.9～87.9r/min 之间，在此运行区域内，只有 η_M 为 90%、88%和 86%的模型等效率线才存在 n_{11} 为最大值的顶点，如图 5-9 中的 A、B、C 点。显然，这三点就是达到相应效率的最小水头点，也即是原型等效率线中相应效率线的封闭点，把相应效率线左右两段连接起来。

A、B、C 三个封闭点找到后，即可按公式换算为原型参数。最高效率点 D 即为最优工况点，其模型参数前已交待，将两个点按公式（5-9）、（5-10）和（5-11）换算为原型参数，见表 5-3。

表 5-3　　封闭点与最高效率点计算

点　名	η_M (%)	η (%)	n_{11} (r/min)	Q_H (m^3/s)	H (m)	P (MW)
封闭点 A	90	91	79.1	1.08	44	5.515
封闭点 B	88	89	83.2	1.12	39.8	4.812
封闭点 C	86	87	86.3	1.165	37	4.386
最高效率点 D	92	93	70	1	56.3	7.544

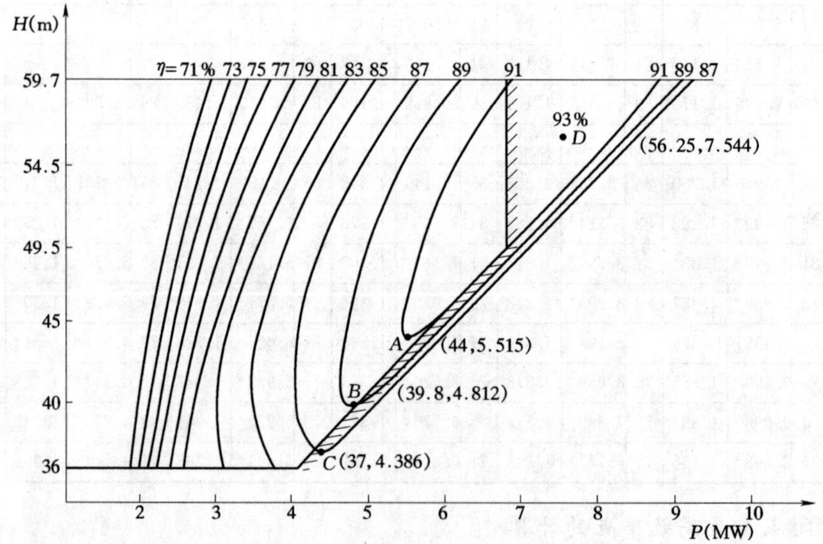

图 5-10 水轮机等效率线和出力限制线

4. 绘制功率限制线

根据混流式水轮机功率限制线的特征，求出功率限制线的三个特征控制点，其中最高点为 $H_{max}=59.7$m，$P=6.8$MW；转折点为 $H_r=49.5$m，$P=6.8$MW；最低点为 $H_{min}=36$m，$P=4.097$MW，由控制点可在运转综合特性曲线中绘制功率限制线，见图 5-10 所示。

5. 绘制等效率线 $\eta=f(H, P)$

水头运行范围与功率限制线绘好后，为了清晰表示等效率线及减少等效率线绘制工作量，可将表 5-2 中远离功率限制线的点（带“*”）舍去，将其余的点及表 5-3 中的点绘在 $H \sim P$ 坐标中，然后将等效率的点光滑连线，即可绘制出等效率线，见图 5-10 所示。

5.4 蜗壳与尾水管轮廓尺寸的计算

5.4.1 蜗壳型式及主要参数选择

蜗壳是水流通过水轮机的第一个部件，它将水流引向导水机构继而进入转轮区。对蜗壳的要求是：保证水力损失要小，水流经过导水机构时撞击小、流量均匀并成轴对称，水流在引水室内具有一定的环量，有合理的断面尺寸、形状和必要的强度等。为适应不同流量和水头条件，蜗壳有着不同的型式、结构和使用范围，可按图 5-11 来选择。

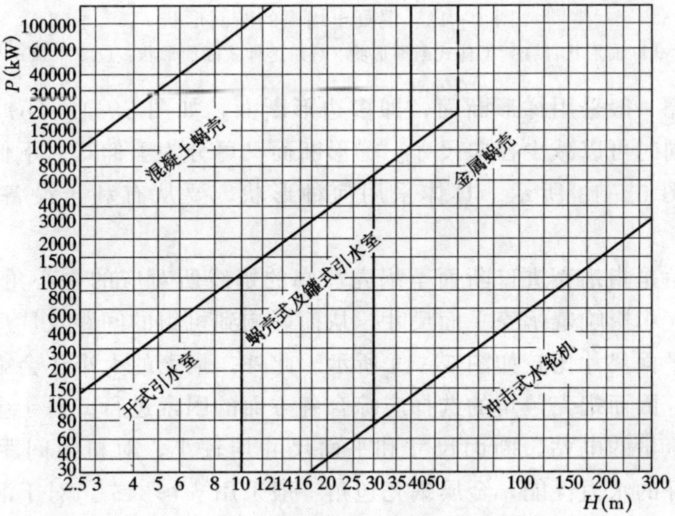

图 5-11 水轮机引水室应用范围

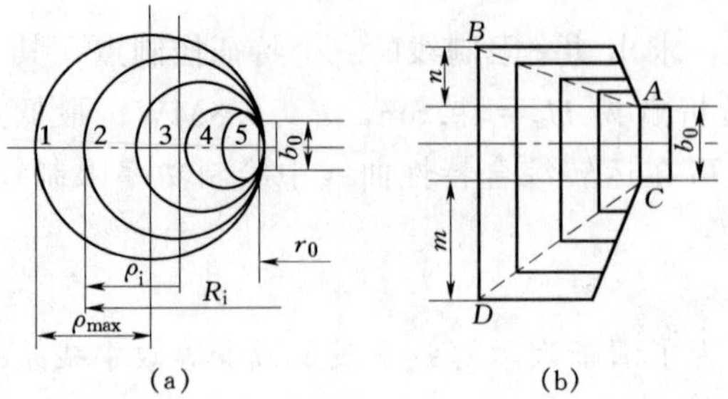

图 5-12　蜗壳的断面形状

(a) 圆形断面；(b) 梯形断面

水轮机的蜗壳分金属蜗壳和混凝土蜗壳。金属蜗壳一般用于水头大于 40m 的机组上，当水头低于 40m 时一般选用混凝土蜗壳，在具体选择时，要注意综合经济、制造和强度等方面的因素。

影响蜗壳尺寸大小的主要参数有：蜗壳断面形状、蜗壳包角及进口断面平均流速等。

1. 蜗壳断面形状及包角 ϕ_0

金属蜗壳一般采用圆形断面,可便于焊接或铸造,同时具有较高的强度。金属蜗壳的各个径向断面随流量的减少而变小,由于座环的高度不变,所以最后由圆形过渡为椭圆形,形状如图 5-12(a)所示。

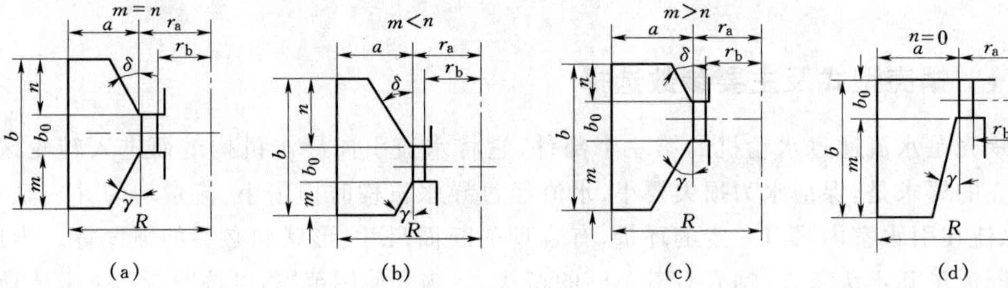

图 5-13　混凝土蜗壳的断面形状

(a) 对称式断面形状；(b) 下伸式断面形状；(c) 上伸式断面形状；(d) 平顶式断面形状

混凝土蜗壳一般采用梯形断面，即多边形断面，如图 5-12 (b) 所示。梯形断面便于施工，同时可以减少径向尺寸。梯形断面又可分为上伸式、下伸式和对称式等几种形状，如图 5-13 所示。具体采用何种形状，要从有利于设备布置和施工来选择。

蜗壳的包角是指蜗壳进口断面至蜗壳鼻端的蜗线所对应的中心角，用符号 ϕ_0 表示。蜗壳包角大小影响着蜗壳平面尺寸，从而影响到机组的间距及厂房尺寸大小。不同包角的蜗壳平面尺寸比较如图 5-14 所示。此外，蜗壳的大小还会影响到蜗壳中水力损失的大小，因而蜗壳包角的选择应综合各方面的因素进行。对于金属蜗壳多应用于高水头、小流量的电站，断面尺寸和平面尺寸均较小，对机组间距大小的影响不大，为获得良好的水力性能，金属蜗壳包角一般采用 $\phi_0 \approx 345°$。对于混凝土蜗壳多应用于低水头、大流量的轴流式水轮机，由于转轮出口动能大，尾水管的水力损失占主要部分，蜗壳及导水机构中的水力损失所占比重较小，为了减小机组间距，降低电站造价，混凝土蜗壳的包角一般采用$\phi_0 \approx 180°$。

2. 蜗壳进口断面平均流速 v_c 的确定

根据实践经验的统计资料，蜗壳进口断面平均流速 v_c 一般可由下式选取：

$$v_c = K\sqrt{H} \qquad (5-12)$$

式中：K 为流速系数；H 为水轮机水头，一般以额定水头 H_r 计算。

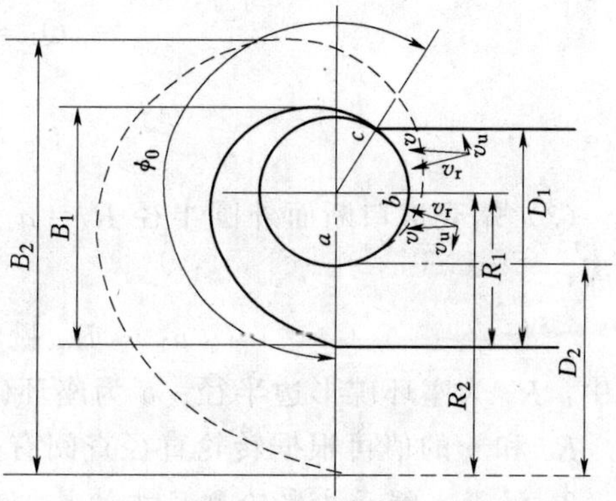

图 5-14 不同包角的蜗壳平面尺寸比较

实线为 $\phi_0 \approx 180°$；虚线为 $\phi_0 \approx 360°$

金属蜗壳建议按图 5-15 曲线 3 选取 K 值，混凝土蜗壳建议按图 5-16 决定蜗壳进口断面的平均流速。据经验统计，金属蜗壳所允许的极限流速一般为 14～15m/s，混凝土蜗壳所允许的极限流速一般为 3～8m/s，但对于大型水电站水轮机来说，v_c 的确定往往要经过多个方案的经济技术比较来确定。

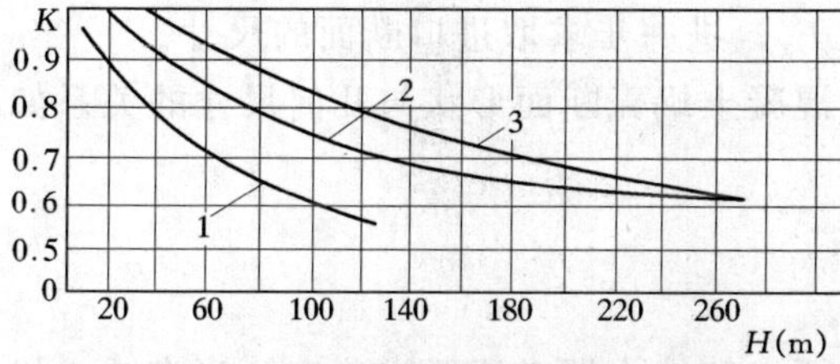

图 5-15 金属蜗壳的流速系数与水头的关系

1—1960 年以前国内生产的产品 K 值统计曲线；2—1960～1970 年间国内生产的产品 K 值统计曲线；3—推荐曲线

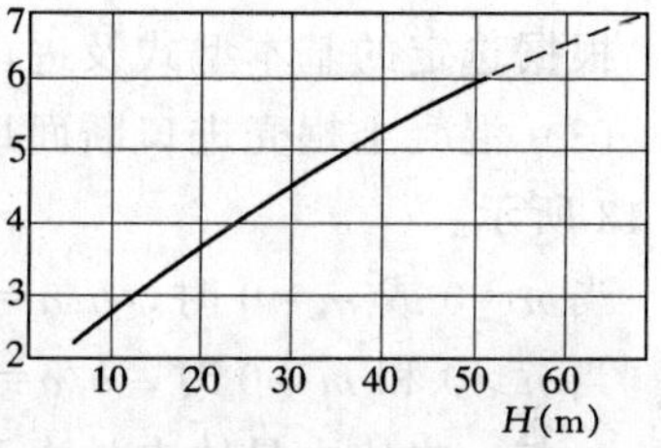

图 5-16 混凝土蜗壳进口断面平均流速

5.4.2 蜗壳主要轮廓尺寸计算

由图 5-14 可见，金属蜗壳（图中虚线部分）的主要尺寸：蜗壳的包角 ϕ_0、进口断面直径 D_2、蜗壳进口断面的外圆半径 R_2（图 5-14 在蜗壳水力计算时将进口断面定为 2 断面）。

1. 金属蜗壳主要轮廓尺寸计算

（1）金属蜗壳断面一般为圆形，一般包角 $\phi_0 \approx 345°$。

（2）根据式（5-12）确定蜗壳进口断面平均流速 v_c 后，根据水轮机设计流量 Q 求出进口断面流量 Q_2，即可求出蜗壳进口断面的直径 D_2：

$$Q_2 = Q\frac{\phi_0}{360^\circ} \tag{5-13}$$

$$D_2 = \sqrt{\frac{4Q_2}{\pi v_c}} \tag{5-14}$$

(3) 蜗壳进口断面外圆半径 $R_2 = a_1 + 0.5D_2$，a_1 为蜗壳中心线到主轴中心线的距离：

$$a_1 = R_0 + \sqrt{(0.5D_2)^2 - h^2} \tag{5-15}$$

式中：R_0 为座环碟形边半径；h 为座环碟形边至导水机构水平中心线高度。

R_0 和 h 的值可根据转轮直径查阅有关座环结构确定。

2. 混凝土蜗壳主要轮廓尺寸计算

(1) 如图 5-13 所示，混凝土蜗壳断面一般为梯形，有对称型、上伸型、下伸型和平顶型。混凝土蜗壳的包角一般取 $\phi_0 = 180^\circ \sim 225^\circ$（常用 180°）。

(2) 根据图 5-16 确定蜗壳进口断面平均流速 v_c 后，由水轮机设计流量 Q 求出进口断面面积 F_1（图 5-14 在蜗壳水力计算时将进口断面定为 1 断面）：

$$Q_1 = Q\frac{\phi_0}{360^\circ} \qquad F_1 = \frac{Q_1}{v_c}$$

根据选定的基本型式及进口断面面积 F_1，进一步求取进口断面的尺寸。

(3) 混凝土蜗壳进口断面尺寸计算。混凝土蜗壳断面形状与几何尺寸的关系如图 5-13 所示：

当 $n=0$ 或 $m=0$ 时，$b/a = 1.5 \sim 1.8$；

当 $n>0$ 和 $m>0$ 时，$b/a = 1.5 \sim 2.0$。

m 与 n 之比由具体电站水下部分结构要求和接力器布置要求确定。当有减小机组间距要求时，b_1/a_1 取大值，但一般不应大于 2.2。角度 δ 和 γ 的大小建议如下：

当 $m \leqslant n$ 时，$\gamma = 20^\circ \sim 35^\circ$；

当 $m > n$ 时，$\gamma = 10^\circ \sim 20^\circ$；

当 $n = 0$ 时，$\gamma = 10^\circ \sim 15^\circ$；

一般取 $\delta = 30^\circ$。

图中的 a、b 值，可由它们的比例式及进口断面面积的计算式联立方程求解。例如对称型断面，进口断面面积由几何关系得：

$$F_1 = ab - \frac{1}{2}m \times m\tan\gamma - \frac{1}{2}n \times n\tan\delta + b_0(r_a - r_b) \tag{5-16}$$

$$\frac{b}{a} = 1.5 \sim 2.0$$

$$b_0 + m + n = b$$

$$m = n$$

r_a、r_b、b_0 和 h 的值可根据转轮直径查阅有关座环结构确定。联解以上方程，可解出 a、b、m、n。最后可求出进口断面外径 $R_1 = a + r_a$。

5.4.3 尾水管作用及类型

尾水管是反击式水轮机过流通道的最后一个部件，它的优劣直接影响到水轮机效率。其形状对不同比转速水轮机存在不同变化，选择不当还可能引起机组的振动。

1. 尾水管的作用

经过推导得出的水轮机尾水管对水流能量利用的式（5－17）～式（5－19），充分反映了水轮机尾水管在水轮机工作过程中所起的重要作用。其可以下三种情况。

（1）水轮机无尾水管时水轮机转轮所利用的能量

$$\Delta E = H_d - \frac{v_2^2}{2g} \tag{5-17}$$

式中：v_2 为轮转出口流速；H_d 为上游水位至转轮间的水头。

由此可见，此时转轮只利用了电站总水头中的 H_d 部分，同时损失掉转轮出口水流的全部动能。

（2）具有圆筒形尾水管时水轮机转轮所利用的能量

$$\Delta E = \left(H_d - \frac{v_2^2}{2g}\right) + H_s \tag{5-18}$$

式中：H_s 为静力真空，也称水轮机吸出高度。

由此可见，与没有尾水管相比，此时转轮多利用了能量 H_s。这一多出部分称之为静力真空，它是在圆筒形尾水管作用下，转轮出口处不再是大气压而是一个负压，负压的存在相当于增加了作用在转轮两端的压力差，使转轮所利用的能量增加。

（3）具有圆锥形尾水管时水轮机转轮所利用的能量

$$\Delta E = \left(H_d - \frac{v_2^2}{2g}\right) + H_s + \frac{v_2^2 - v_5^2}{2g} - h_w \tag{5-19}$$

式中：v_5 为尾水管出口流速；h_w 为尾水管中的水头损失。

由于尾水管出口断面面积大于转轮出口断面面积，也即 $v_2 > v_5$，可见，与圆筒形尾水管相比，圆锥形尾水管又多利用了由于尾水管的扩散作用而形成的动力真空 $\frac{v_2^2 - v_5^2}{2g} - h_w$。

综上所述，尾水管的作用可归纳为：①将转轮出口水流平顺地引向下游；②当转轮置于下游水位之上时，利用下游水面至转轮出口处的高程差，形成转轮出口处的静力真空 H_s；③将转轮出口的水流动能转换为动力真空，减少了转轮出口的动能损失，提高了水轮机效率。

2. 尾水管的类型

尾水管有多种不同的型式，一般有直锥形尾水管和弯肘形尾水管。此外，在卧式小型机组中还有弯管式尾水管，在贯流式水轮机中，有断面由圆形过渡到矩形的尾水管等，如图 5-17 所示。

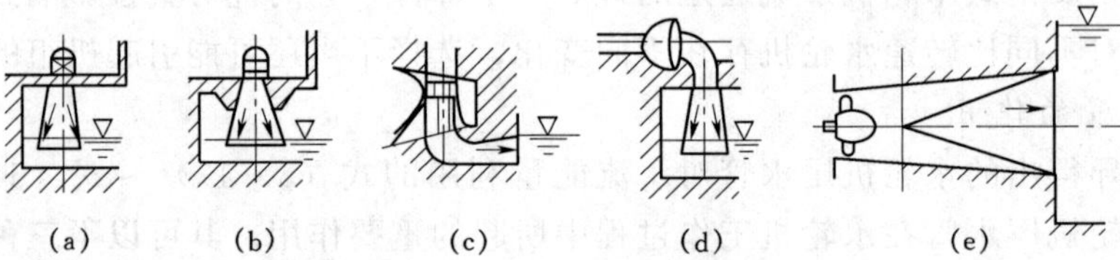

图 5-17 各种类型的尾水管

(a)，(b) 直锥形；(c) 弯肘形；(d) 弯管形；(e) 贯流式尾水管

(1) 直锥形尾水管。是一种最简单的扩散型尾水管，广泛应用于中、小型水电站中（转轮直径 $D_1<0.5\sim0.8$m)。直锥形尾水管结构简单，制造容易，性能良好。

(2) 弯肘形尾水管。在大中型立式水轮机中，因机组大，开挖工程大，为减少土建工程，必须采用弯肘型尾水管。弯肘型尾水管由直锥段、弯肘段和水平扩散段三部分组成。直锥段为垂直的圆锥形扩散管；弯肘段是一个 90°的弯管，其断面由圆形过渡到矩形；水平扩散段是一个水平的矩形断面扩散管。水流经过一段不长的直锥段后进入肘管使水流变为水平方向，再经过扩散段降低流速后流入下游。弯肘形尾水管因将水流由垂直方向改变为水平方向，而增加了水流转弯及出口水流不均所造成的水力损失。

5.4.4 尾水管主要尺寸计算

1. 直锥形尾水管

直锥形尾水管的主要尺寸有管子的扩散角 θ 和长度 L，具体见图 5-18 (a) 所示，其中 D_3 和 D_5 分别为尾水管进出口断面直径。水在直锥段扩散管中流动时，水流能量的损失包括扩散损失和摩擦损失两部分，因此管子的扩散角 θ 和长度 L 对水能的损失和水流的流态有很大的影响，必须合理选择。

如果 θ 过大，扩散管中会出现回流，这是因为流速降低过快，压力沿着流向增加，加上管壁对流速变化的阻滞作用，以致在管壁形成回流，造成扩散损失，如图 5-18 (b)所示。如果扩散管的长度 L 过长，尾水管出口断面流速虽然可以降低，但一般情况下，v_5 减至某一合理的最小值后，再继续减小会明显增加管路内的水流摩擦损失。

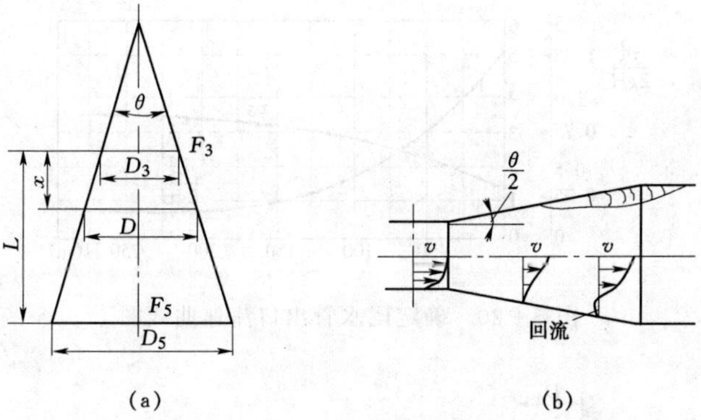

图 5-18 直锥形尾水管

(a) 直锥形尾水管参数；(b) 直锥形尾水管中水流运动

尾水管恢复系数 η_w 是一个反映扩散尾水管恢复和利用转轮出口水流动能的系数，其值等于尾水管使转轮出口所形成的动力真空与转轮出口动能之比。实际上，尾水管尺寸的绝对值与 η_w 无关，η_w 仅仅取决于尾水管的形状参数，包括 θ 和 L/D_3。图 5-19表示了不同相对管长时，尾水管最大恢复系数 η_w 及其相应的最优扩散角 θ。

由图 5-19 可看出，要获得较高的 η_w，必须要有较小的 θ 角。这是因为摩擦损失所占的比重往往远小于扩散损失和出口损失的缘故，但采取较小的 θ 角，挖方又会太多，造成电站的土建成本过高。因此，在小型水轮机中，较合理的挖深一般为 $L=(3\sim4)D_3$，对应于最小损失的扩散角 $\theta=12°\sim14°$，恢复系数 $\eta_w=77\%\sim82\%$；对于大中型水轮机一般采用弯肘形尾水管。

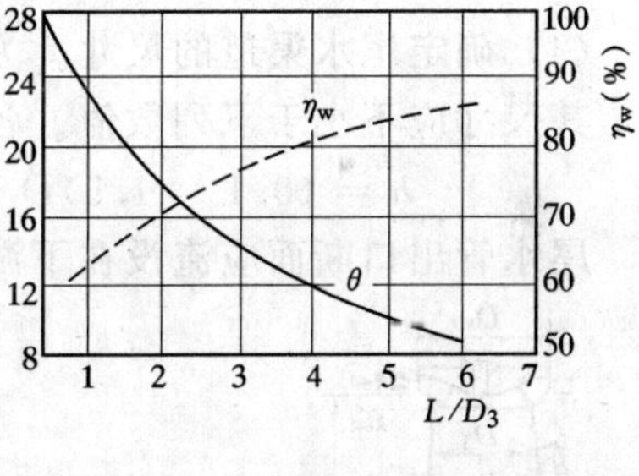

图 5-19 恢复系数 η_w 和扩散角 θ

直锥形尾水管的设计步骤如下。

(1) 根据经验公式 $v_5=0.008H+1.2$ 或查图 5-20，确定尾水管的出口流速 v_5。

(2) 根据水轮机流量 Q 和出口流速 v_5，计算尾水管的出口断面面积 F_5 和直径 D_5。

$$F_5=\frac{Q}{v_5};\quad D_5=\sqrt{\frac{4F_5}{\pi}}$$

(3) 选择尾水管的扩散角 θ 和长度 L。一般取 $\theta=10°\sim16°$，管长由进、出口断面直径 D_3、D_5 及 θ 角算出。

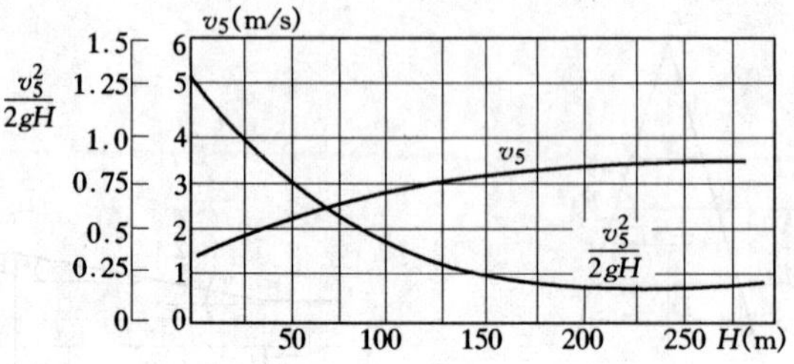

图 5-20 确定尾水管出口流速曲线图

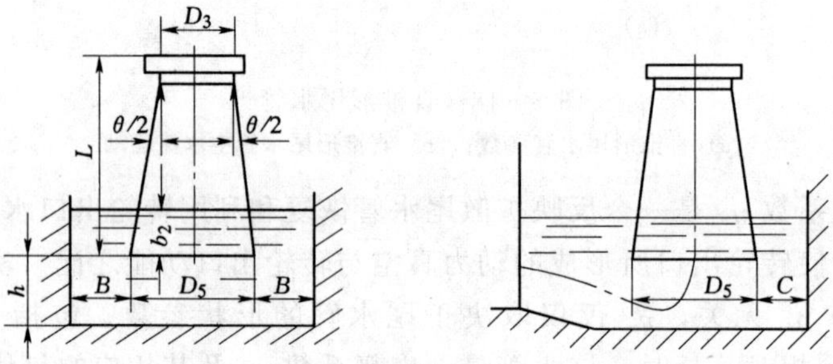

图 5-21 尾水渠道尺寸

(4) 确定尾水渠道的尺寸。为保证尾水管出口水流畅通，排水渠道应有足够的空间，其尺寸应不小于下列数值。各尺寸见图 5-21 所示：

$$h=(0.1\sim1.5)D_3;\quad B=(1.0\sim1.2)D_3;\quad C=0.85B$$

尾水管出口断面应淹没在下游水位以下，并应有足够的深度以避免吸进空气，影

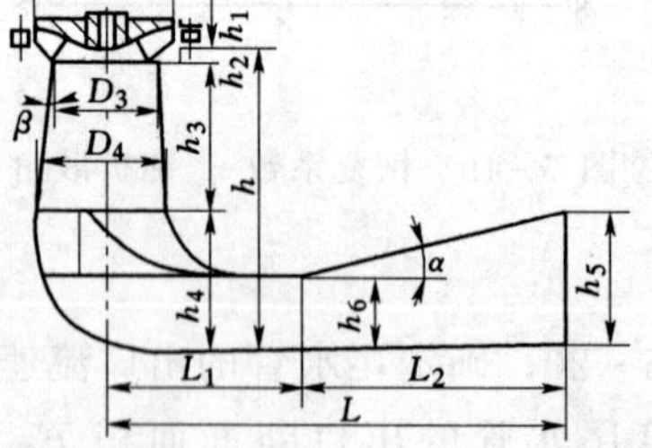

图 5-22 弯肘形尾水管

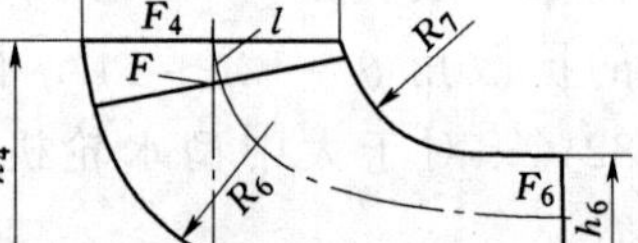

图 5-23 肘管简图

响尾水管的效率。在小型水轮机中，最小淹没水深为 0.3m，较大的水轮机为 0.5m。

2. 弯肘形尾水管

弯肘形尾水管的主要尺寸有三个：尾水管的深度 h、肘管的形式和尾水管的水平长度 L。如图 5-22 所示。

(1) 尾水管深度 h。是指水轮机导水机构底环平面至尾水管底板平面之间的距离。尾水管深度对水轮机运行稳定性影响很大，采用较大的深度，可改善尾水管偏心涡带所引起的振动，提高效率。但另一方面，尾水管深度的增加会增加工程开挖量和

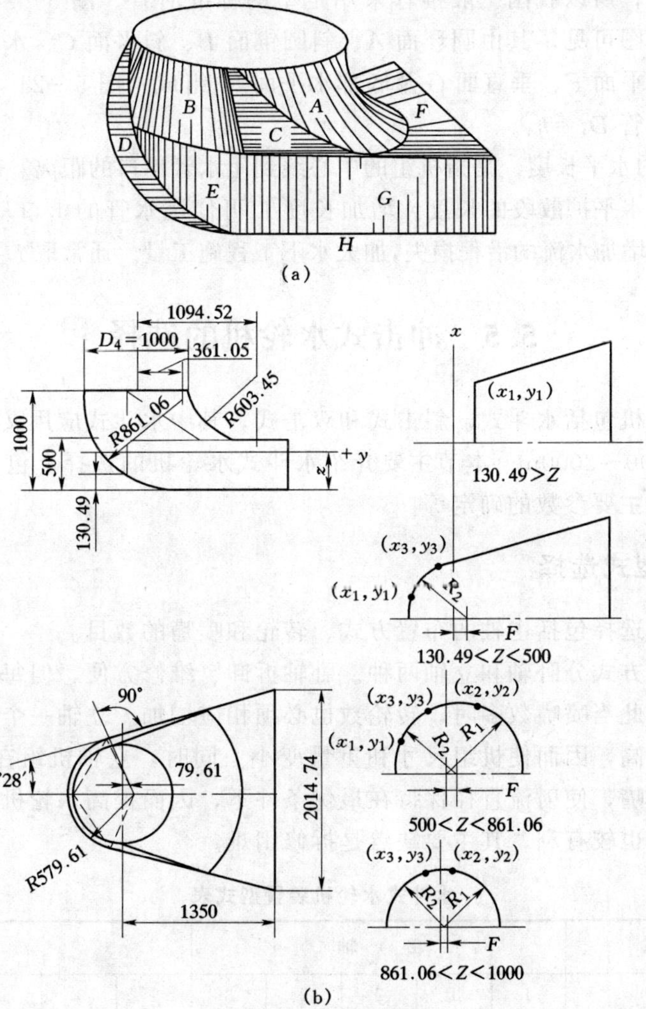

图 5-24 标准肘管

施工难度，因此往往需要限制尾水管深度的最小值。在考虑电站开挖量和保证尾水管水力性能的条件下，一般采用 $h/D_1=1.9\sim2.7$ 的范围。

(2)肘管的形式。因水流在肘管发生了大的改向，肘管内的水力损失比直锥管大得多，而对水力损失有重要影响的是肘管转弯处的曲率半径 R_6 和 R_7 以及肘管断面的变化规律，如图 5-23 所示。曲率半径愈小，产生的离心力愈大，为减少转弯处的水力损失，经实践证明，推荐使用合理的曲率半径，即 $R=(0.6\sim1.0)D_4$，且外壁曲率半径取上限，内壁曲率半径取下限。肘管的形状相当复杂，同时对整个尾水管的影响又相当大，所以我国一般推荐采用定型的标准肘管。图 5-24（a）是一标准肘管透视图，由图可见，其由圆环面 A、斜圆锥面 B、斜平面 C、水平圆柱面 D、垂直圆柱面 E、水平面 F、垂直面 G 及底部水平面 H 组成。图 5-24（b）为一标准混凝土肘管，此肘管 $D_4=h_4$。

(3)尾水管的水平长度。是指机组的中心线到尾水管出口的距离。确定肘管形式后，长度 L 就取决于水平扩散段的长度。增加长度 L 可使尾水管的出口动能减小，提高效率；但 L 过长，又增加水流的沿程损失，加大水下工程施工量。通常取 $L=(3.5\sim45)D_1$。

5.5 冲击式水轮机的选择

冲击式水轮机包括水斗式、斜击式和双击式，其中水斗式应用又最为广泛，应用水头范围可达 100～2000m。本节主要介绍水斗式水轮机的选择，包括水轮机装置型式、安装高程和主要参数的确定等。

5.5.1 装置型式选择

装置型式的选择包括主轴的布置方式、转轮和喷嘴的数目。

主轴的布置方式分卧轴和立轴两种。卧轴拆卸、维修方便，但每个转轮上只能布置两个喷嘴，因此当喷嘴数多时，转轮数也必须相应增加。立轴一个转轮上可布置多个喷嘴，比转速高，因而使机组尺寸和重量变小。同时，立轴机组在低负荷运行时，可切除一部分喷嘴，使射流直径保持在最优条件下，因而提高水轮机的平均效率。立轴轴承工作条件也较有利，其主要缺点是拆修困难。

表 5-4 水斗式水轮机装置型式表

主轴布置方式	卧轴					立轴				
转轮数	1	1	2	2	3	1	1	1	1	1
喷嘴数	1	2	2	4	6	2	3	4	5	6

水斗式水轮机的装置型式根据单机容量、流量和水头，参考表5-4进行选择。一般小容量机组选择卧轴，流量小水头高选一个喷嘴，流量大水头低选择2个喷嘴；大容量机组选择立轴，当水头高时选2～3个喷嘴，水头低时选4～6个喷嘴。

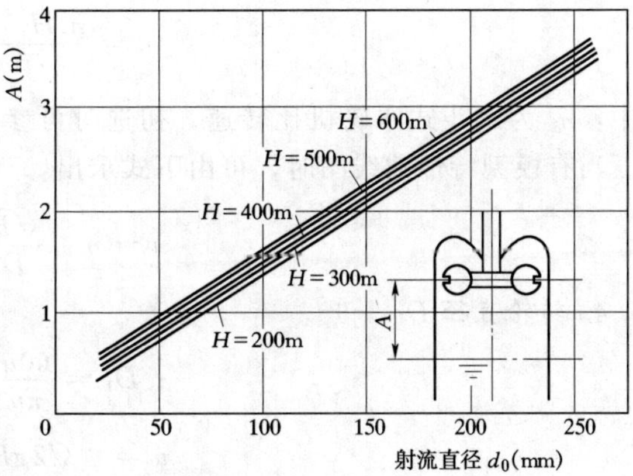

图5-25 立轴水斗式水轮机距离A的选择曲线

5.5.2 安装高程选择

水斗式水轮机的转轮安装在下游尾水位以上。安装得太高，下游尾水位以上的水头会浪费太大；安装得太低，由于尾水激起的浪花和泡沫等溅到转轮上会引起附加水力损失，降低水轮机效率。所以要合理选择水轮机安装高程，一般对立轴水斗式水轮机而言，射流中心线至最高尾水位的距离A，可由图5-25查取。对卧轴水斗式水轮机，可按$A \geqslant 1.5D_1$选取。

5.5.3 主要参数选择

1. 射流直径d_0

一般，对水斗式水轮机为：

$$d_0 = 0.545\sqrt{\frac{Q}{z_0\sqrt{H_r}}} \tag{5-20}$$

式中：d_0为射流直径，m；Q为水轮机流量，m^3/s；z_0为喷嘴数；H_r为设计水头。

2. 喷嘴直径d_n

喷射水流时，因射流直径收缩变小，所以喷嘴直径要大于射流直径，一般取$d_n = md_0$，其中m为系数，与喷嘴型式有关，见表5-5所示。

表5-5 **系数m与喷嘴型式关系表**

喷嘴型式	长喷嘴			短喷嘴
	62°/45°	75°/45°	80°/53°	85°/60°
m	1.05	1.228	1.15～1.25	1.25

3. 转速 n

$$n=\frac{n_s H_r^{1.25}}{\sqrt{P}} \tag{5-21}$$

式中：n_s 为水斗式水轮机比转速，初选时可参考比转速与水头关系曲线图 5-26 选取。当有模型特性曲线图时，可由下式求出：

$$n=n_{110}\frac{\sqrt{H_r}}{D_1} \tag{5-22}$$

4. 转轮直径 D_1

$$D_1=\frac{60u}{\pi n} \tag{5-23}$$

$$u=\psi\sqrt{2gH_r}$$

式中：u 为圆周速度；ψ 为圆周速度系数，一般取 ψ=0.465～0.485。

当有模型特性曲线时，可由 $D_1=\sqrt{\frac{Q}{Q_{110}\sqrt{H_r}}}$ 来确定。

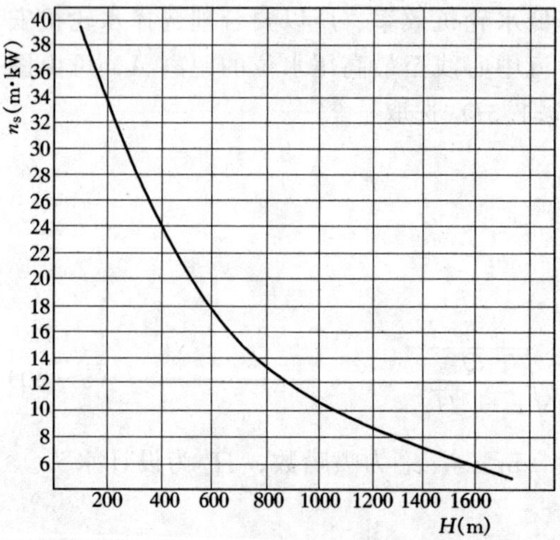

图 5-26　极限比转速与水头关系曲线

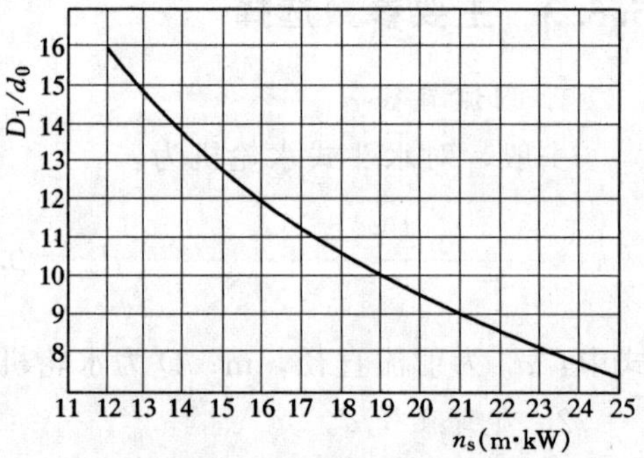

图 5-27　比转速与 D_1/d_0 关系曲线

5. 直径比 D_1/d_0

水斗式水轮机的 D_1/d_0 是一个重要的参数，当 D_1/d_0 大和 z_0 多时，都会提高比转速，但另一方面也会降低效率。一般认为 D_1/d_0 在 12～26 之间时，效率最好。通常是列出几个 D_1/d_0 值，进行分析比较后，再最后确定 D_1/d_0、D_1、n、z_0 等主要参数。初选时，可根据 n_s 由图 5-27 选取。

6. 水斗数 z_1

$$z_1 = 6.67\sqrt{\frac{D_1}{d_0}} \tag{5-24}$$

5.5.4 水斗式水轮机选择步骤

当已有型谱或参考已生产水轮机的资料进行选择时，水轮机选择的方法和步骤可参照反击式进行。选择新转轮时，按改变 D_1/d_0 比值的方法，合理拟定不同转轮数和喷嘴数，进行方案比较。

（1）根据原始资料确定单机容量 P。

（2）确定水轮机的流量 Q。

（3）拟定方案。①确定型式：小型一般采用卧式，每个转轮喷嘴数 1～2 个；大、中型采用立式，一个转轮采用 2～6 个喷嘴。②确定转轮个数：立式一般为 1 个转轮，卧式可选 1～3 个转轮进行比较。

（4）进行方案计算和比较。根据图 5-26 选择多个比转速，取不同的转速 n 和直径 D_1，列于表 5-6 并进行计算，经方案比较后确定最终方案。

表 5-6　　水斗式水轮机选择方案比较表

方案	型式	转轮数	总喷嘴数 z_0	转速 n	比转速 n_s	射流直径 d_0（mm）	转轮直径 D_1（m）	直径比 D_1/d_0	预期效率表 功率（%）			
									100	75	50	25
Ⅰ Ⅱ …												

复习思考题与习题

5-1　水轮机选型设计的基本内容和常用方法有哪些？

5-2　选择水电站机组台数时通常要考虑哪些主要因素？

5-3　如何考虑选择水轮机的型式？

5-4　当水轮机的计算转速与同步转速不一致时，如何确定机组的转速？

5-5　如何绘制混流式水轮机综合运转特性曲线中的功率限制线？

5-6　如何绘制混流式水轮机综合运转特性曲线中的等效率线？

5-7　混凝土蜗壳有哪几种断面形式？各适用于什么情况？

5-8　蜗壳包角的大小对机组及电站有何影响？

5-9　尾水管有何作用？其回收转轮出口动能的原理是什么？

5-10　尾水管有哪几种类型？其特点是什么？

5-11　水斗式水轮机如何选择？

5-12　某电站 $H_{max}=134m$，$H_{w}=123m$，$H_{r}=120m$，$H_{min}=90m$，总装机容量630MW，水轮机安装高程 $Z=650m$。试用水轮机型谱选择水轮机机型，拟定机组台数，并用模型综合特性曲线计算水轮机的基本参数。

第6章

模拟式水轮机调速器

6.1 水轮机调速器概述

6.1.1 水轮机调节的任务

1. 用户对电能质量指标的要求

在电力系统中，发电、供电和用电是同时进行的。水轮发电机组能够把水能转换成电能，供用户使用。用户除了要求供电安全、可靠和经济外，还对供电的频率和电压等指标有着严格的要求。频率和电压波动过大，会影响用户的产品质量和设备的正常工作。

我国电力系统规定：电力系统的频率应保持50Hz，其允许偏差对电力网容量在3000MW及以上者为±0.2Hz，对容量在3000MW以下的地方电力网为±0.5Hz；用户端电压变动幅值的允许范围是：35kV及以上的用户为额定电压的±5%，10kV及以下的用户为额定电压的±7%，低压照明用户为额定电压的+5%～−10%。一些工业发达国家，对频率和电压的稳定要求更加严格。

2. 水轮机调节的任务

发电机的频率与转速和磁极对数有以下关系：

$$f = \frac{Pn}{60} \tag{6-1}$$

式中：f 为发电机输出的交流电压频率，Hz；P 为发电机的磁极对数；n 为发电机的转速，r/min。

发电机的磁极对数取决于发电机的结构，对已制造好的发电机 P 是一个常数，由式（6-1）可知，发电机输出的频率与转速成正比，即水轮发电机组的频率随其转速的增减而增减，要保证频率在允许的范围内，就要保证机组转速在规定的范围内。

电力系统频率的稳定主要取决于有功功率的平衡，即系统内的有功功率与有功负荷的平衡，而电力系统的有功负荷是不断变化的，因此，水轮机调节的基本任务就是：根据电力系统负荷的变化不断地调节水轮发电机组的有功功率输出，使系统内的有功功率与有功负荷相平衡，并维持机组转速（频率）在规定的范围内。

3. 水轮机调节系统组成及功用

图 6-1 为水轮机调节系统框图，从该图可见，水轮机调节系统由引水系统、水轮发电机组、电力系统、调速器等 4 个部分组成，并构成了一个封闭的调节系统。引水系统的作用是将上游水库或河道中的水引入水轮机，作功后再排至下游；水轮发电机组的作用是由水轮机将水流能量转化为旋转的机械能，再经发电机将机械能转换为电能并输送到电力系统；电力系统也称电网，其作用是将发电机输出的电能输送给用户；调速器的作用是根据电网频率的变化和用户的给定值调整进入水轮机的水能。

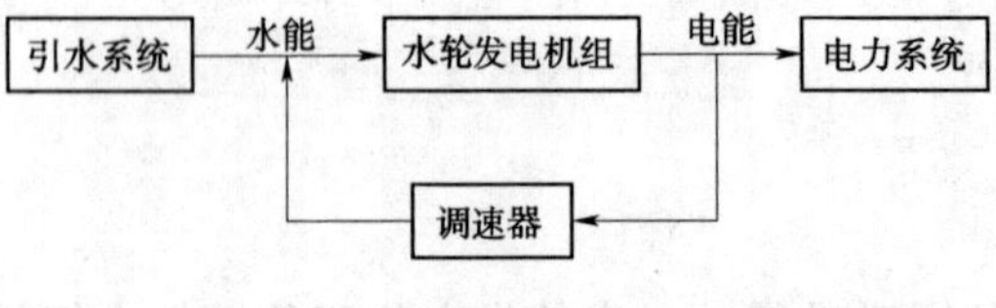

图 6-1　水轮机调节系统框图

调速器由自动调节机构、操作控制机构和指示仪表等组成，而自动调节机构是调速器的核心部分，它由测频元件、放大元件、反馈元件和执行元件等组成。其作用分述如下。

自动调节机构：

（1）测频元件。在运行中测量机组的转速或输出电能的频率，并将其与给定值相比较，再根据偏差的大小和方向发出指令，控制下一级元件工作。

（2）放大元件。将测频元件来的频差信号和反馈元件来的反馈信号综合后进行放大，以推动下级元件工作。

（3）反馈元件。起校正作用，包括硬反馈和软反馈元件，或增加的其他反馈元件。反馈一般采用负反馈形式，反馈信号的方向与输入信号的方向相反，起到削弱输入信号作用的目的。其中硬反馈元件属于起定量作用的校正元件，它将执行元件（接力器）输出信号按比例地引回输入端，以实现预计的调节规律；软反馈元件属于起稳定作用的校正元件，它将执行元件（接力器）输出信号的微分值引回输入端，以确保调节的稳定性和调节品质。

（4）执行元件。是调速器的输出接力器，它接受放大后的调节信号，并通过控制水轮机导水机构，调整进入水轮机的水流量。

操作控制机构：主要有转速调整机构、开度限制机构、手自动切换装置、紧急停机电磁阀和手动操作机构等，以便调整机组转速、增减负荷、开机、停机和手动控制运行等。

指示仪表：为了便于监控调速器的运行状况，对运行中出现的问题能及时了解和处理，在调速器上安装有油压表、转速表、开度表等。

6.1.2 水轮机调节的方法

1. 机组运动方程式

图 6-2 为水轮发电机组示意图。水轮发电机组的转动部分是一个围绕固定轴线作旋转运动的刚体。它的运动规律可由机组运动方程式描述为：

$$J\frac{\mathrm{d}\omega}{\mathrm{d}t}=M_t-M_g \qquad (6-2)$$

式中：J 为机组转动部分的转动惯量；ω 为机组旋转角速度，$\omega=\pi n/30$；$\mathrm{d}\omega/\mathrm{d}t$ 为机组旋转角加速度；M_t 为水轮机动力矩；M_g 为发电机阻力矩。

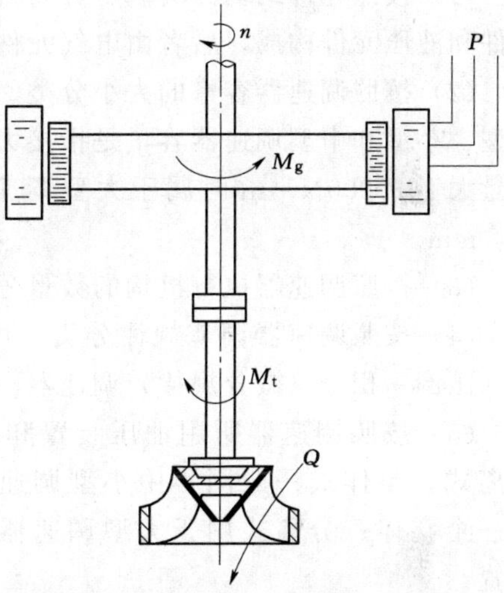

图 6-2 水轮发电机组示意图

水轮机动力矩主要由水轮机工作水头和流量决定；发电机阻力矩包括负荷阻力矩和由轴承摩擦、空气阻力等引起的损耗阻力矩，主要是负荷阻力矩。当动力矩和阻力矩失去平衡时，机组转速就会随之而变化。根据上式，转速的变化有三种情况：

(1) 当 $M_t>M_g$ 时，说明机组负荷减少，机组转速上升，这时需要减少水轮机的动力矩，以使力矩平衡，机组转速稳定并保持在规定的允许值范围内。

(2) 当 $M_t=M_g$ 时，机组力矩平衡，转速稳定。

(3) 当 $M_t<M_g$ 时，说明机组负荷增加，机组转速下降，这时需要增加水轮机的动力矩，以使力矩平衡，机组转速稳定并保持在规定的允许值范围内。

2. 水轮机调节的方法

要调整水轮机的动力矩，实际上就是调整水轮机的输出功率。根据式 (1-6)，由于水轮机工作水头不易调整，因此调整水轮机功率最直接、最合理的方法就是改变进入水轮机的流量。对于不同类型的水轮机，流量调节方式及流量调节机构各不相同。

（1）混流式、定桨式水轮机流量调节方式为单调节；其流量调节机构是导叶。

（2）转桨式水轮机流量调节方式为双调节；其流量调节机构是导叶、桨叶。

（3）冲击式水轮机流量调节方式为双调节；其流量调节机构是针阀（由喷针、喷嘴等组成）、折向器（或称偏流板、截流板）。

6.1.3　调速器的分类、型号和系列型谱

1. 调速器的分类

调速器的分类方法较多，可按以下方式进行分类。

（1）按照元件结构分类。可分为机械液压调速器和电气液压调速器，前者由机械元件和液压元件构成，后者由电气元件和液压元件构成。

（2）按照调速器容量的大小分类。可分为特小型、小型、中型、大型调速器，特小型、小型和中型调速器容量是指接力器的工作容量，单位：N·m，当接力器工作容量大于 30000N·m 时属于大型调速器，其容量用主配压阀直径的大小表示，单位：mm。

（3）按照调速器执行机构的数量分类。可分为单调节调速器、双调节调速器。

（4）按照调速器调节规律分类。可分为 PI 型（比例—积分规律）调速器、PID 型（比例—积分—微分规律）调速器。

（5）按照调速器所用油压装置和接力器是否单独设置分类。可分为整体式和分离式。整体式一般用于中小型调速器，它将机械液压柜、油压装置、接力器做成一个整体；分离式用于大型调速器，其机械液压柜、油压装置、接力器均单独设置。

2. 调速器的型号编制说明

我国机械行业标准 JB/T2832—2004《水轮机调速器及油压装置型号编制方法》规定，调速器产品型号编制由产品基本代号、规格代号、额定油压代号、制造厂及产品特征代号四部分组成，如图 6-3（a）所示。

其中基本代号又由动力特征等五个部分组成，如图 6-3（b）所示。具体为：①动力特征：Y 为带有接力器及压力罐的调速器；T 为通流式调速器；D 为电动式调速器。对不带有接力器和压力罐的调速器，此项省略。②调节器特征：W 为微机电液调速器。对机械调速器，此项省略。③对象类别：C 为冲击式水轮机调速器；Z 为转桨式水轮机调速器。对于单调节水轮机调速器，此项省略。④产品类型：T 为调速器；C 为操作器；F 为负荷调节器。⑤产品属性：D 为电气液压调速器的电气柜；J 为电气液压调速器的机械柜。对电气柜与机械柜为合体结构的电气液压调速器，此项省略。

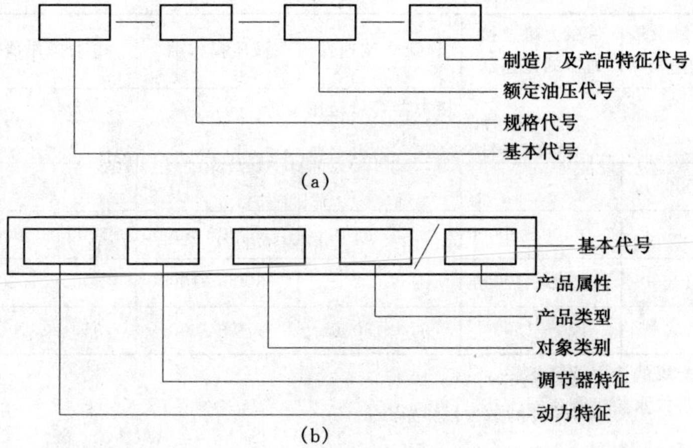

图 6-3 调速器型号编制方法

规格代号为表示产品主要技术参数的数字。对带接力器和压力罐的调速器，表示接力器容量（N·m）；对不带接力器和压力罐的调速器，表示主配压阀直径（mm）。对冲击式水轮机调速器，表示喷针配压阀直径（mm）×喷针配压阀数量/折向器配压阀直径（mm）×折向器配压阀数量，如数量为1则省略。

额定油压代号以额定油压 MPa 值表示。制造厂及产品代号依次表示制造厂代号和产品特征代号，产品特征代号可采用字母或数字，制造厂代号和产品特征代号之间须留一空格。

3. 型号示例

(1) YDT—18000—4.0—SK05A。表示带压力罐的模拟式电气液压调速器，接力器容量为 18000N·m，额定油压为 4.0MPa，为天津水电控制设备厂 05 系列第一次改型产品。

(2) YT—6000—2.5。表示带压力罐的机械液压调速器，接力器容量为 6000N·m，额定油压为 2.5MPa，为统一设计产品。

(3) TDBWST—100—4.0。表示不带压力罐的步进电机微机双调节调速器，是天津电气传动设计研究所的产品，其主配压阀直径为 ϕ100mm，额定的工作油压为 4.0MPa，为统一设计产品。

4. 调速器的系列型谱

根据我国机械行业标准 JB/T7072—2004《水轮机调速器及油压装置系列型谱》的规定，调速器型谱按容量可分为大型、中型、小型和特小型 4 个基本系列，具体见表 6-1 所示。

表 6-1 调速器容量划分系列

类别	不带压力罐及接力器的调速器①	带压力罐及接力器的调速器	通流式调速器	液压操作器	电动操作器	电子负荷调节器
系列	接力器容量范围（N·m）					配套机组功率（kW）
大型	＞50000					
中型	＞10000～50000②	＞10000～50000		＞10000～50000	＞10000～50000	
小型	＞3000～10000②	＞1500～10000		＞3000～10000	＞3000～10000	40，75，100
特小型	170～3000②	170～1500	170～3000	170～3000	350～3000	3，8，18

①是指调速器能配置的接力器容量；
②是指单喷嘴冲击式水轮机调速器。

6.2 机械液压调速器的自动调节机构

我国早期建成的水电站多采用机械液压调速器。尽管目前新建的大中型水电站一般采用电气液压调速器（微机调速器也属于电气液压调速器），但它们许多的基本原理是一致的。因此，掌握机械液压调速器的结构、性能和工作原理，仍然是必要且具有实用价值的。本节以 YT 小型调速器为例介绍其自动调节机构，其整机结构见附图 2-1 所示。

YT 小型调速器自动调节机构组成如下：测速装置——离心飞摆；第一级液压放大元件——引导阀和辅助接力器；第二级液压放大元件——主配压阀和主接力器；反馈机构——局部反馈机构、硬反馈机构（或称调差机构）和软反馈机构；执行机构——主接力器。以下分别进行分析。

6.2.1 测速装置——离心飞摆

1. 离心飞摆的作用

离心飞摆是机械液压调速器的测速装置，利用机械部件转动的方式检测转速偏差，并将其转变成相应机件位移输出。它由安装在其顶上的交流电动机拖动；交流电动机一般由与水轮发电机同轴的永磁发电机供电，或在一些可靠性要求不高的小水电站由水轮发电机输出端母线通过电压互感器供电，因此，离心飞摆的转速与水轮发电机组的转速成正比。当机组转速变化时，离心飞摆转速也随之按比例相应变化。离心飞摆的作用是将机组每一瞬间转速变化的大小和方向，转换成相应的机械位移量，去控制下一级元件工作。

2. 离心飞摆的结构和工作原理

YT 小型调速器采用菱形钢带式离心飞摆，其结构如图 6-4 所示。电动机 1 固定在外罩 2 的顶部，电动机轴与上支持块 5 用固定销钉 4 连接在一起。下支持块 13 用圆锥销与引导阀转动套 14 连为一体。两块重块 8，由限位螺钉 9 及螺母固接在钢带 6 的两侧，它们可在导板 7 允许的范围内径向向外或向里移动，对重块起限位作用，以免钢带由于过载而断裂。钢带 6 从下支持块与转动套之间穿过，两端用螺钉 3 固定在上支持块上，受弹簧力作用张成菱形，离心飞摆钢带上端为固定端，下端为自由端。为了安全，设有内外两层钢带，外层工作，内层备用，外层断裂时，内层起作用，防止事故扩大，但内层不可长期单独使用。

图 6-4 为离心飞摆额定转速时，引导阀的转动套处于中间位置时的状态。离心飞摆、转动套都随着电机转动，如果转速增加，这时离心飞摆左、右重块产生的离心力增大而向外伸展，通过钢带驱动下支持块和转动套向上移动，压缩弹簧，直至达到新的平衡为止。反之转速降低时，离心飞摆左、右重块产生的离心力也减小，在弹簧力的作用下，转动套向下移动。

YT 小型调速器离心飞摆的设计额定转速为 1450r/min，允许的转速变化范围为额定转速的 ±25%，对应转动套的行程为 15mm。可通过调整螺母 11 改变弹簧 12 的预压紧量，从而调整转动套在额定转速时的位置。

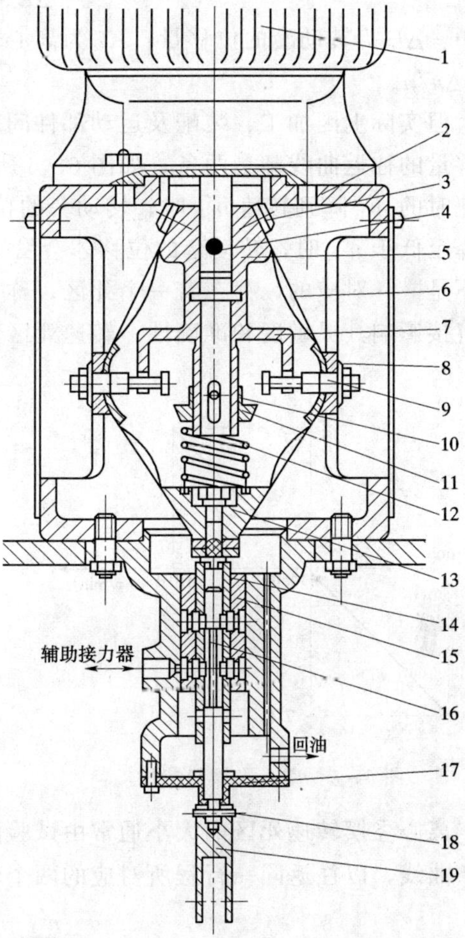

图 6-4 菱形钢带式离心飞摆结构图

1—电动机；2—外罩；3—螺钉；4—固定销钉；5—上支持块；6—钢带；7—导板；8—重块；9—限位螺钉；10—开口销；11—调整螺母；12—弹簧；13—下支持块；14—转动套；15—衬套；16—针塞；17—橡皮膜；18—销钉；19—叉头

离心飞摆的输入信号是机组的转速，输出信号是与下支持块相连的转动套的位移。因此，离心飞摆转速的变化就以转动套位置的高低反映出来。即离心飞摆的作用就是将机组转速偏差信号按比例转换成转动套的位移信号，传递给引导阀。

3. 离心飞摆的静特性

离心飞摆的静特性是指在稳定状态下，离心飞摆输出的转动套位移量 z 与输入转速 n 之间的关系特性。图 6－5 所示为理论特性。若把转动套的位移量 ΔL 看成是离心飞摆的输出量，而把转速变化量的相对值 x 看成是输入量，则有：

$$\Delta L = K_f x \tag{6-3}$$

式中：ΔL 为转动套的位移量；K_f 为离心飞摆放大系数；x 为转速变化量的相对值，$x=\Delta n/n$。

但实际上因加工、装配及运动部件间摩擦力的存在，离心飞摆转速升降时转动套位移量的往返曲线却是两条，如图 6－6 所示。由图 6－6 可见，当离心飞摆的转速由升速时的 n'_1 降到转速 n''_1 时，转动套的位移并不随着转速的变化而变化，只有当转速降至低于 n''_1 时，转动套的位移才会发生变化。由此可见，离心飞摆的输出与输入并不是一一对应的，存在着一个死区，称为离心飞摆的转速死区。离心飞摆的转速死区直接影响其灵敏度和准确性。转速死区值愈小，则离心飞摆的灵敏度愈高。

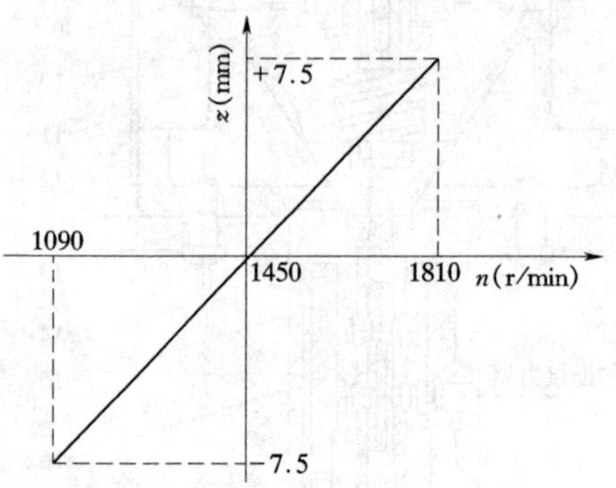

图 6－5 离心飞摆静特性

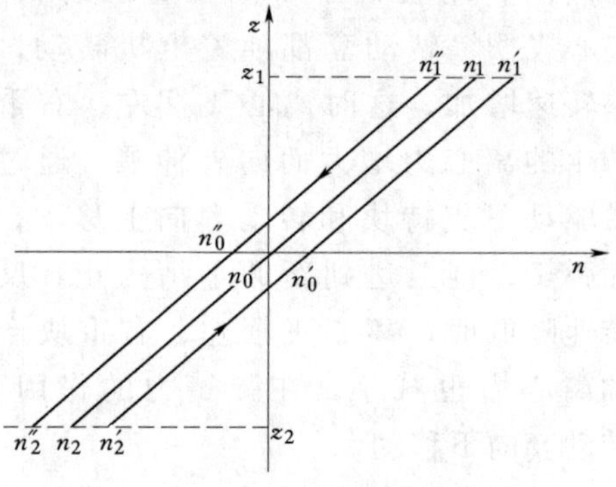

图 6－6 离心飞摆的转速死区

离心飞摆转速死区的大小通常由试验测得。通过试验，测出转速上升和下降时的两条曲线，以往返同一行程所对应的两个转速差的相对值 i_{xf} 表示转速死区。则

$$i_{xf} = \frac{n'_1 - n''_1}{n_r} \times 100\% \tag{6-4}$$

式中：n'_1 和 n''_1 为升速和降速过程中转动套同一行程点的两个离心飞摆转速；n_r 为离心飞摆额定转速。

GB/T9652.1—1997 规定，在额定转速±10%范围内，离心飞摆的最大转速死区不得大于调速器转速死区的 1/3。对大型机调要求 $i_{xf}<0.033\%$，对中型机调 $i_{xf}\leqslant$

0.05％，对小型机调 $i_{xf}\leqslant0.06\%$，对特小型机调 $i_{xf}\leqslant0.07\%$。

6.2.2 第一级液压放大机构

YT 型调速器采用两级液压放大，第一级液压放大机构由引导阀和辅助接力器组成，并与局部反馈杠杆共同工作，如图 6－7 所示。引导阀是第一级液压放大机构的配压阀，控制辅助接力器或中间接力器动作。辅助接力器是第一级液压放大机构的执行元件，也是操作主配压阀的接力器。

1. 引导阀结构和作用

如图 6－4 所示，引导阀与离心飞摆组合在一起，构成离心飞摆——引导阀总成。引导阀由针塞 16、转动套 14 和衬套 15 组成。针塞下端的螺纹旋进叉头 19，叉头又与反馈杠杆相连，因此针塞只能上、下移动，而不会旋转。转动套上开有上、中、下三排油孔，上油孔通入压力油，中油孔与辅助接力器活塞的上腔连通，下油孔为排油孔。引导阀针塞与转动套油孔（也称窗口）的配合如图 6－7 所示。当针塞上、下两个阀盘处于相对中间位置时，引导阀上、下阀盘正好封住上、下油孔，这时，辅助接力器上腔既没有进压力油也没与排油孔连通，上腔油压不变，辅助接力器活塞保持不动。当转速上升时，转动套上移，引导阀上油孔仍被封闭，中、下油孔连通，辅助接力器上腔通过引导阀中、下油孔排油，上腔油压下降，辅助接力器活塞（在主配压阀活塞向上推力作用下）上升；反之，当转速下降时，转动套下移，引导阀上、中油孔连通，下油孔被封闭，压力油通过引导阀上、中油孔进入辅助接力器上油腔，上腔油压上升，辅助接力器活塞（克服配压阀活塞向上推力作用）而下移。可见，引导阀的作用就是接受离心飞摆输出的位移信号，改变中油孔输出的油压，相应控制辅助接力器油腔油压的变化，从而控制辅助接力器动作。

2. 辅助接力器结构和作用

为了使主配压阀的活塞灵敏、快速动作，辅助接力器与主配压阀在结构上常连接在一起，配合一致地工作，构成辅助接力器——主配压阀总成。如图 6－8 所示为 YT 小型调速器的辅助接力器与主配压阀结构图，其上部是辅助接力器，下部是主配压阀。

辅助接力器由辅助接力器活塞 7 及辅助接力器壳体 9 组成，安装在主配压阀顶部。由于主配压阀活塞 5 上阀盘大于下阀盘，在压力油作用下形成一个向上的差压力而使它始终顶在辅助接力活塞上并随它一起移动。辅助接力器只有一个上油腔，并受引导阀的控制（自动运行时）。当机组转速上升时，油腔经引导阀中、下油孔排油，引起辅助接力器活塞 7 上升；机组转速下降时，压力油经引导阀上、中油孔流入油腔，使辅助接力器活塞向下移动。辅助接力器的作用就是通过其活塞上油腔油压的变

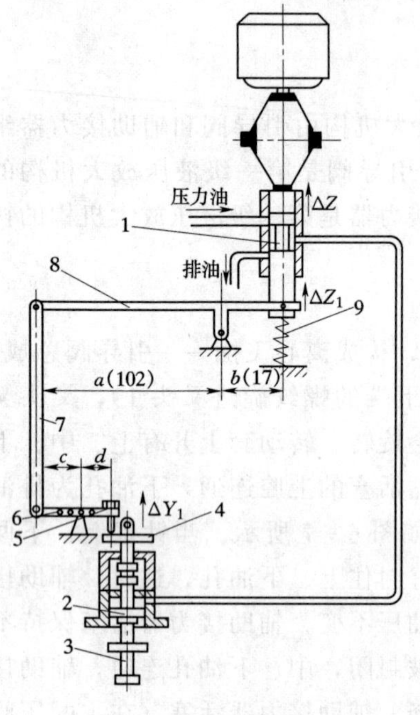

图 6-7 YT 小型调速器第一级液压放大机构示意图

1—引导阀；2—辅助接力器；3—主配压阀活塞；4—圆盘；5—调节螺钉；6、7、8—局部反馈杠杆；9—弹簧

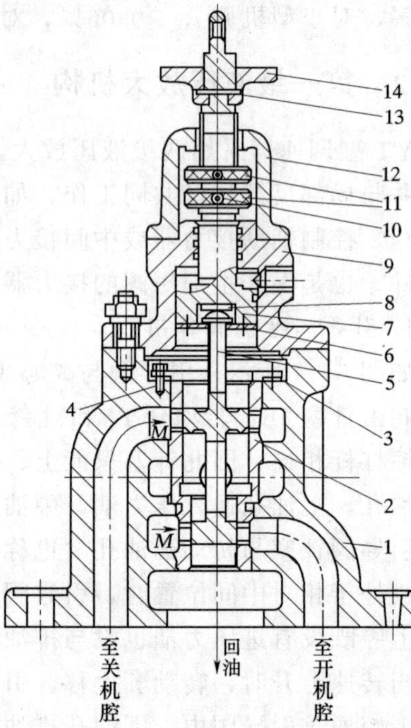

图 6-8 YT 小型调速器的辅助接力器与主配压阀结构图

1—主配压阀壳体；2—主配压阀衬套；3—压盖；4、10—固定螺钉；5—主配压阀活塞；6—压板；7—辅助接力器活塞；8—垫块；9—辅助接力器壳体；11—调速螺母；12—限位架；13—销钉；14—圆盘

化，使活塞上下移动，从而相应地控制主配压阀活塞动作。

6.2.3 第二级液压放大机构

YT 型机械液压调速器的第二级液压放大机构，由主配压阀和主接力器组成，主配压阀为第二级液压放大机构的配压阀，控制主接力器动作。主接力器为执行元件，响应主配压阀的动作并通过导叶控制操作机构改变导叶开度。

1. 主配压阀的结构和作用

如图 6-8 所示，主配压阀由差压式活塞 5、衬套 2、壳体 1 等组成。YT 小型调速器的上阀盘直径为 ϕ35mm、下阀盘直径为 ϕ25mm，在压力油的作用下，活塞受到一个始终向上的差压力，使它紧顶在辅助接力器活塞的凹坑内，并随之一起移动。当机组处于稳定运行状态时，这个向上的差压力与辅助接力器活塞上腔的油压力（含活塞自重）相平衡，差压式活塞不动作。

主配压阀衬套2上开有三排油口，中间一排呈圆形，与压力油源相连。上排油口通至主接力器的关机腔，下排油口接到主接力器的开机腔。主配压阀就是通过其活塞的位移，相应改变主接力器两油腔的油压以决定水轮机导叶的开启和关闭。在结构尺寸和工作油压一定的条件下，主接力器活塞移动的速度取决于油流动的快慢，即由主配压阀窗口开启面积的大小决定。在限位架12内的辅助接力器的活塞杆上，套装有两个调整螺母11，用以整定主配压阀活塞的最大工作行程。其中，上螺母用于整定主配压阀的关侧行程，以改变机组最短的关机时间（接力器的关闭时间）；下限位螺母用于整定主配压阀的开侧行程，以改变机组最短的开机时间（接力器的开启时间）。

2. 主接力器

主接力器为调速器第二级液压放大机构的执行元件，所有调节动作，无论是机组转速变化还是操作转速调整机构或开度限制机构引起的动作，最终均由主接力器去执行，从而控制导叶开度，改变机组流量，完成机组转速或负荷调整的任务。如图6-9所示为YT小型调速器的主接力器。活塞4将油缸5分隔成左、右两油腔，分别与主配压阀的上、下油口相连。主配压阀活塞上升时，主接力器右侧油腔排油，左侧油腔注入压力油，活塞将向右移动，经过滑块1使水轮机导叶开度关小。反之，主配压阀活塞下移时，主接力器活塞向左移动使导叶开度增加。

活塞杆8的另一端安装有反馈锥体9及手轮、锁锭等，反馈锥体的移动将带动调速器的硬、软反馈机构，向引导阀反馈接力器位移的信号。锁锭10的作用是在长时间停机、机组检修或事故停机后，将接力器活塞锁锭在全关位置，防止导水机构误动作而开启。它通过接力器沽塞杆上的一个螺母和圆柱销来实现，机组全关后，将螺母旋入最左端，利用圆柱销卡住螺母使其无法移动，从而锁住接力器活塞，即使有压力油的情况下，活塞也无法移动，进入锁锭投入状态。锁锭投入后如果使接力器左、右油腔连通（此转换阀在图6-9未画出，具体可见整机结构附图2-1），就可以转动手轮12带螺母11旋转而使活塞8移动来改变接力器开度，这即是调速器的手动操作。

在主接力器油缸进油内壁面处开有三角形油槽。活塞移到接近端盖时，会遮挡管口并靠三角形油槽通油，通流截面减少势必使活塞的移动减缓，既防止接力器活塞与缸体产生碰撞，又可降低导叶开、关末段的水锤压力。

为了减小水锤压力，避免轴流式水轮机关导叶时转子上抬，以及减轻斜流式水轮机的振动，可以有意加大延缓关闭阶段所占的行程比例，造成先快后慢的分段关闭规

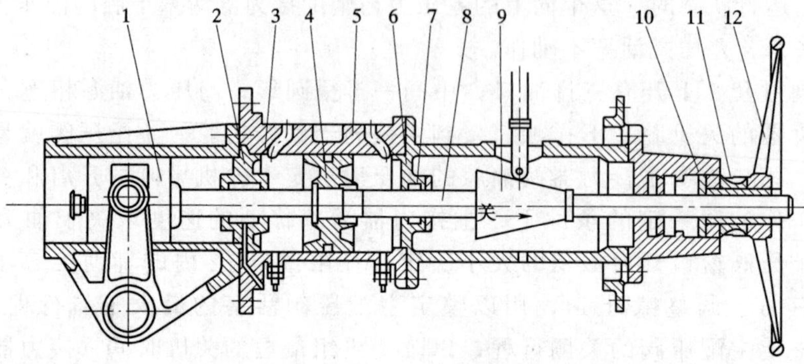

图 6-9 主接力器结构图

1—滑块；2、6—端盖；3—三角形油槽口；4—活塞；5—油缸；7—止漏装置；8—活塞杆；9—反馈锥体；10—锁锭；11—螺母；12—手轮

律。这可以在主配压阀油管上加调节阀或节流孔来实现，当接力器关至空载开度附近时使排油阻力增大，减小其关闭速度。

3. 接力器最短关闭时间的调整

接力器的关闭过程是一个十分重要而又复杂的过程，其中跟电站及设备安全直接相关的参数有接力器的最短关闭时间 T_f。T_f 过大，机组甩掉负载后流量不能及时减小，转速会上升过快，有产生飞逸事故的危险；T_f 过小，则会由于导叶关闭过快而引起过大的水击压力，有使压力管道爆裂的可能，轴流式水轮机还会有抬机事故的可能。因此 T_f，既不能过大也不能过小，必须依据机组及电站的具体条件，经过调节保证计算来决定。

图 6-8 中，调速螺母 11 与限位架 12 之间的上、下间隙，用于改变主配压阀及辅助接力器活塞上升或下移时的最大行程，限制主接力器移动的最快速度，也就是决定了接力器最短关闭和开启时间。调整时可先把接力器全开，再让紧急停机电磁阀动作，接力器由全行程 75％关至 25％的时间的两倍即为最短关闭时间 T_f。如果与设计值不符，可通过调整螺母 11 的位置并反复试验来达到。最短开启时间 T_g 的测量和调整方法相似，其值通常为最短关闭时间的 1～1.5 倍。

在一些引水管道较长的水电站，如果按照等速度紧急关机，不管采用何种速度，都难以同时解决转速和水压力上升的问题。此种情况下，可采用分段关闭装置实现前快后慢的分段关闭办法。前一阶段导叶快速关闭，有利于减小机组转速上升值；后一阶段导叶慢速关闭，有利于减小水击压力上升值。速度的拐点可根据电站需要来调整，一般拐点选在 20％～30％开度左右。

6.2.4 反馈元件

调速器中单有放大元件是无法稳定的，为了使调速器获得所需的调节规律并保持稳定，利用反馈元件将调速器的输出（接力器的位移）反馈到输入端，对调速系统进行校正。机械液压调速器的反馈通常包括硬反馈、软反馈和局部反馈，并有对应的机构和元件。

1. 局部反馈机构

（1）局部反馈机构的组成原理。局部反馈设置在引导阀与辅助接力器或中间接力器之间。YT 小型调速器的局部反馈机构如图 6-7 所示。它由圆盘 4、调节螺钉 5 和反馈杆件 6、7、8 等组成，该图所示为离心飞摆额定转速时引导阀与辅助接力器所处的平衡位置。当离心飞摆转速升高 Δn 值时，转动套相应上移一个 ΔZ 值，引导阀的中、下油孔接通，辅助接力器排油。这时，主配压阀活塞由于受向上差压力的作用与辅助接力器活塞一起上移，调节螺钉 5 被圆盘托起，通过反馈杆 6、7、8 使引导阀针塞上移，当针塞上移量 $\Delta Z_1=\Delta Z$ 时，引导阀针塞下阀盘又封住了转动套的下油孔，使引导阀处于新的平衡位置。于是辅助接力器活塞便停止在向上移动了 ΔY_1 值的位置上。当离心飞摆转速下降时，其动作过程相反。可见，局部反馈机构的输入信号是辅助接力器活塞的位移，输出信号是引导阀针塞的位移。局部反馈机构的作用就是接受辅助接力器的位移信号，并不断地保持引导阀的平衡。

（2）调节螺钉的作用。从上面分析得知，调节螺钉 5 动作后会通过反馈杆件使引导阀针塞动作。可见，引导阀针塞的稳定位置受调节螺钉 5 的影响，顺（逆）时针转动调节螺钉就可调整引导阀针塞的位置，改变机组在空载时的稳定转速。

（3）局部反馈系数 α。局部反馈输出量 ΔZ_1 与输入量 ΔY_1 的比值称为局部反馈系数 α，则 $\alpha=\Delta Z_1/\Delta Y_1$。$\alpha$ 值的改变可通过改变图 6-7 中杠杆 5 的中间支点来实现。α 值愈大，局部反馈量愈大，对同样大小的引导阀转动套位移量 ΔZ 值，辅助接力器只需较小的位移 ΔY_1 就能堵住转动套油孔，使辅助接力器稳定下来，而 ΔY_1 值越小，接力器移动速度就越慢。所以，增大局部反馈系数 α，对稳定性有利，而速动性变差；减小 α，情况则相反。此外，调速器的转速死区会随着 α 的增大而显著增大。因此，α 值一般选用设计中间值。

2. 硬反馈机构

硬反馈机构又称调差机构或永态转差机构，由于硬反馈量很小，故硬反馈机构的作用主要是实现机组有差调节，以保证并列运行的机组合理地分配负荷。

（1）组成原理。YT 小型调速器硬反馈机构如图 6-10 所示。它主要由反馈锥体 4、反馈框架 6、转轴 7、硬反馈螺母 10 及螺杆 9 等组成。硬反馈机构的输入信号是主接力器的位移，输出信号是引导阀针塞的位移。当外部负荷减小、机组转速上升时，转动套上移，引导阀中、下油孔接通，辅助接力器排油，主接力器往关的方向运动，经反馈锥体 4 和支杆 5 推动反馈框架 6 逆时针转动，连杆 8 随螺母 10 上升从而使引导阀针塞上移。机组转速上升引起的转动套上移使引导阀上油口打开，但接力器动作后，通过硬反馈机构使引导阀针塞上移从而关小转动套上油口直至关闭为止。调节结束后，硬反馈机构使引导阀针塞相对调节前升高了一定位移量，转动套也比调节前升高了与针塞相同的位移量，即转速比调节前要高。

(2) 硬反馈系数 α_p 和永态转差系数 b_p。硬反馈的输出量 ΔZ_p 与输入量 ΔY 的比值称为硬反馈系数 α_p，即 $\alpha_p=\Delta Z_p/\Delta Y$，如图 6-11 所示。由图 6-10 可见，$\alpha_p$ 值可通过转动螺杆 9 调整硬反馈螺母 10 偏离框架转动轴中心的距离 e 来改变。当硬反馈螺母的中心与框架转动轴中心重合时，$e=0$，硬反馈的输出量为零。

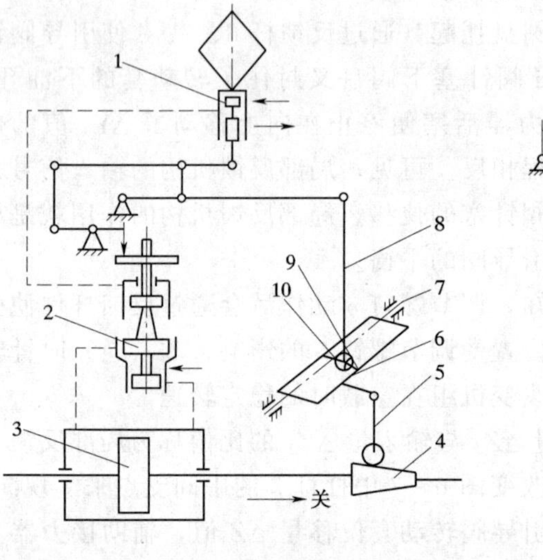

图 6-10　YT 小型调速器硬反馈机构示意图

1—引导阀针塞；2—主配压阀；3—主接力器；4—反馈锥体；5—支杆；6—反馈框架；7—框架转轴；8—硬反馈连杆；9—螺杆；10—硬反馈螺母

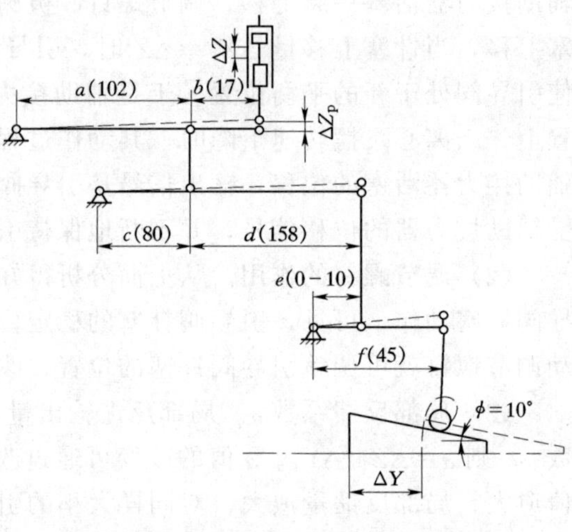

图 6-11　YT 小型调速器硬反馈传递系统（单位：mm）

当系统给定值不变并处于平衡状态下，转速相对值 x 与接力器位移相对值 y 之间的关系曲线，称为调速系统的静态特性，也称为调速器的静特性，如图 6-12 所示。

永态转差系数是指调速器静特性曲线上某一运行点斜率的负数，用符号 b_p 表示，$b_p=-dx/dy$。永态转差系数 b_p 也称为调速器的调差率。

由图6-12可见，当 $b_p=0$ 时，静态特性曲线为一水平线，不同的稳定状况下转速一致，此时称为调速器的无差静特性。当 $b_p>0$ 时，称为调速器的有差静特性，特性曲线为一斜线，b_p 值越大则特性曲线越陡，表明接力器行程相同时转速变化越大。b_p 值的调整是通过改变 α_p 值，即改变硬反馈螺母与框架转动轴中心的距离来实现。对于YT小型调速器，其偏心距为0～10mm，对应 b_p 设计值的调整范围是0～8%。

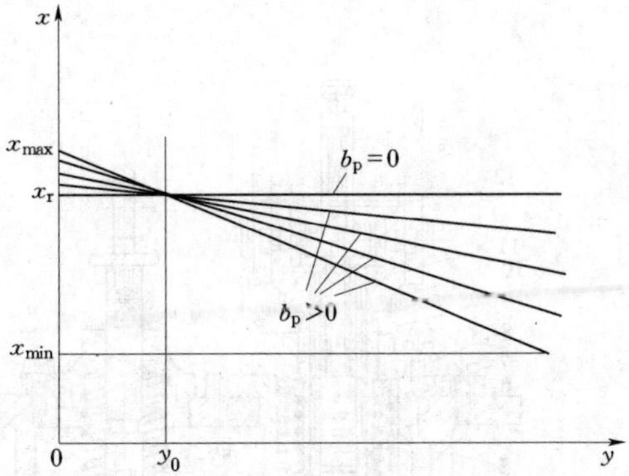

图6-12 不同 b_p 值的调速器静特性

根据GB/T9652.1—1997《水轮机调速器与油压装置技术条件》的要求，永态转差系数应能自零至最大值范围内整定，最大值不小于8%，零刻度实测值不应为负，且其值不大于0.1%。

3. 软反馈机构

软反馈机构又称暂态转差机构，其输入为接力器的位移信号，输出为与输入信号变化率成比例的引导阀针塞位移量。软反馈的作用是提高调节系统的稳定性和改善调节系统的调节品质。

(1) 缓冲器的结构及动作原理。缓冲器是软反馈机构的主要组成元件。图6-13所示为YT小型调速器缓冲器的结构，它属于液动弹簧式缓冲器。缓冲器主动活塞18与回复杆相联，弹簧19是为了消除传动杆件死行程而设置的，壳体20中注满30号透平油。在从动活塞1的台肩上置有定距套5，定距套上面有活塞吊架10，通过吊架10把从动活塞与去引导阀的回复杆相联，从动活塞1的空腔里装有针杆2，针杆下部有三角形油槽，针杆上部固定有针塞吊架14。针塞吊架上的圆头长槽中穿过销子12，销子12的两端固定在活塞吊架10的上部，托板15落在销子12上。两个调节螺钉13分别装在针塞吊架上部平板的两头，小弹簧9使调节螺钉13紧压在托板15上。通过螺套11把小弹簧9压紧并把从动活塞1与活塞吊架10连成一体。而托板15可以绕小轴16转动。在定距套5外有两层弹簧，内弹簧7为工作弹簧，而外弹簧6为自重平衡弹簧，它补偿了活塞等自重对回复过程的影响，有利于上下回复性能的一致。

当稳定工况时，主动活塞18不动，从动活塞1在弹簧6和7初应力作用下保持在中间位置，托板15亦处于中间位置，其下平面为水平状态，节流针塞2下端的三角形油槽顶端与从动活塞1上的孔口环形槽下边缘相对应。当机组突减负荷时，接力器迅速向关闭侧移动，通过传递杆件推动缓冲器主动活塞18向下移动，

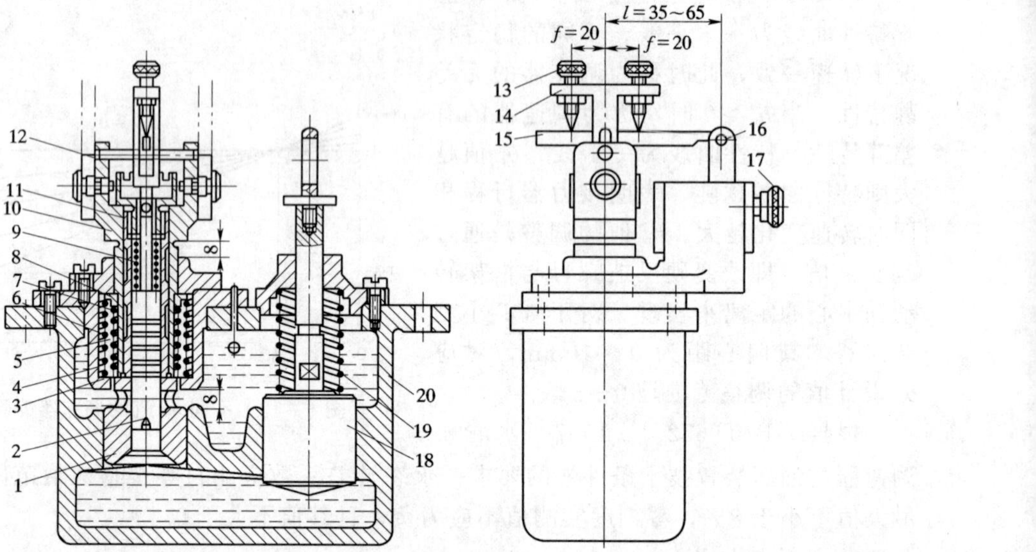

图 6-13 液动弹簧式缓冲装置结构（单位：mm）

1—从动活塞；2—节流针塞；3—下弹簧座；4—弹簧盒；5—定距套；6—外弹簧；7—内弹簧；8—上弹簧座；9—小弹簧；10—活塞吊架；11—螺套；12—销子；13—调节螺钉；14—针塞吊架；15—托板；16—小轴；17—手钮；18—主动活塞；19—弹簧；20—壳体

由于壳体下部的油只有一小部分从三角孔流到上腔，下腔油压增加，从动活塞 1 被迫上移并抬起销子 12，同时通过有关传递杆件对离心飞摆产生暂态反馈。随着从动活塞 1 的上移，弹簧 7 被压缩，销子 12 抬起托板 15 并以小轴 16 为支点顺时针旋转，使调节螺钉 13（左边螺钉起作用）对圆柱销 12 产生相对位移，即节流针塞 2 相对从动活塞 1 产生相对位移。节流针塞 2 下部的三角油槽与从动活塞上的横向油口连通形成节流孔，为油的流动打开了通路。当缓冲器输入信号不变时，从动活塞 1 停止向上移动，由于弹簧 7 被压缩后有反力作用，推动从动活塞下移，从动活塞下腔的油通过变节流孔口流入上腔，从动活塞回复，且逐渐回复到中间位置。同时节流孔口被堵住，反馈作用随之消失。缓冲器在主动活塞输入一个突变量后，从动活塞回复过程中最后 1mm 行程的输出如图 6-14 所示。缓冲器动作的结果，只是主动活塞停在新的位置上，其他部件均回复到原位置，故缓冲器能使机组实现无差调节。

当机组增负荷时，动作与上述相同，只是方向相反。

（2）软反馈机构的参数。①缓冲时间常数 T_d。缓冲时间常数是指输入信号停止变化后，来自接力器位移反馈信号衰减的时间常数。从图 6-14 可见，T_d 在数值上等于从动活塞由回复行程的最后 1mm 衰减到 0.368mm 所经历的时间。T_d 越小，从动活塞回复越快，调速器的速动性越好；反之，T_d 越大，调速器的速动性越差，但稳定性越好。YT 小型调速器，缓冲时间常数 $T_d=2\sim20$s，具体调整可通过手钮或两个调节螺钉实现，实际应用时由整机调试确定。②软反馈系数 α_t 和暂态转差系数 b_t。当缓冲器针塞全部堵住节流孔时软反馈的输出量 ΔZ_t 与输入量 ΔY 的比值称为软反馈系数 α_t，即 $\alpha_t=\dfrac{\Delta Z_t}{\Delta Y}$。暂态转差系数 b_t 是当永态转差系数为零，缓冲装置不起衰减作用，在稳态下的转差系数，其调整方法和 b_p 相似。对于 YT 小型调速器，软反馈螺母的偏心距 h 为 0～30mm，对应 b_t 设计值为 0～100%。详见图 6-15 所示。

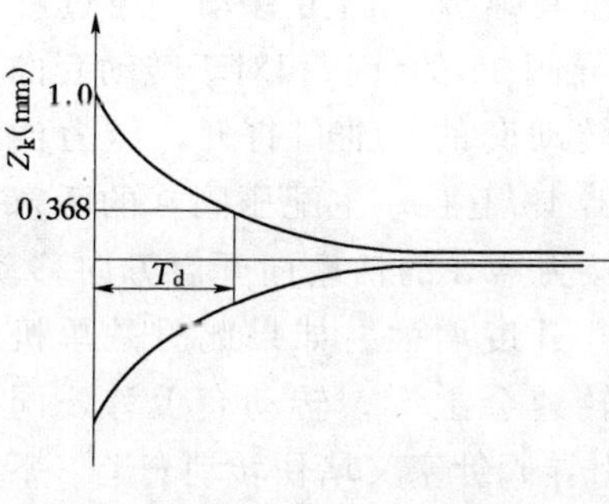

图 6-14 缓冲器回复特性曲线

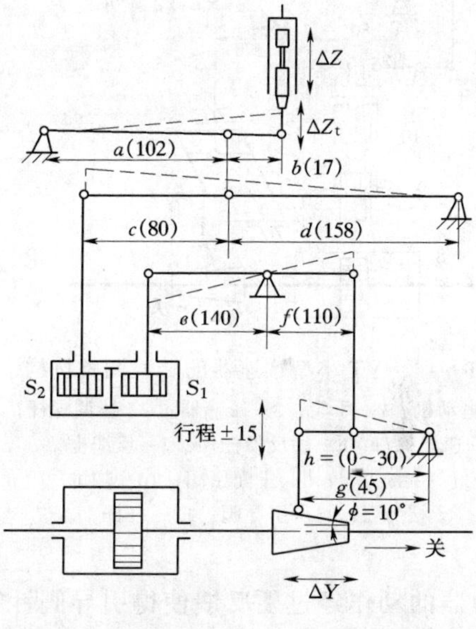

图 6-15 YT 小型调速器硬反馈传递系统

6.3 机械液压调速器的控制机构

在机械液压调速器中，除了前面所叙述的自动调节机构外，还必须具有控制机构。控制机构是指人为地操作、控制机组的一些机构，主要有转速调整机构、开度限制机构等。

6.3.1 转速调整机构

转速调整机构简称为速调机构或变速机构。它是调速器的主要操作机构，其作用是平移静特性曲线。当机组单机运行时用来改变机组转速，而并列运行时用来改变机组输出功率。

1. 组成原理

如图 6-16 所示，YT 小型调速器的转速调整机构由电动机 1、减速器 3、手轮 2、速调螺母 5、速调螺杆 4 及有关杆件等组成。转速调整机构布置在硬反馈机构的上方，两个机构用一个有弹簧支持的滑动叉头装置连在一起，因此，二者既可独立进行工作，也可在调整负荷时协同工作。

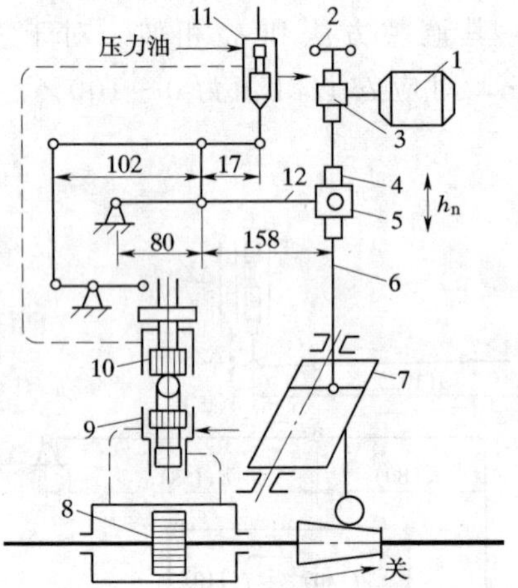

图 6-16　YT 小型调速器的转速调整机构

1—电动机；2—手轮；3—减速器；4—速调螺杆；5—速调螺母；6—硬反馈杆件；7—反馈框架；8—主接力器；9—主配压阀；10—辅助接力器；11—引导阀；12—杠杆

转速调整机构可以在调速柜旁由手轮 2 进行手动操作，或由电动机 1 进行远距离控制，使速调螺母 5 沿速调螺杆 4 上下移动，达到改变机组转速或机组输出功率的目的。

现将转速调整机构的动作原理分析如下。

当操作速调螺母 5 向上移动，通过杠杆 12 等会使引导阀 11 的针塞相对于转动套向上移动，于是转动套的上油口打开，压力油进入辅助接力器 10 上腔，主配压阀 9 的活塞向下移动，主接力器 8 的活塞向开启方向移动，水轮机的导叶开度增大。如果此时是单机运行，机组的转速会上升，转动套上移，同时接力器的动作经过硬反馈使得引导阀针塞下移，当引导阀针塞又堵住转动套上、下油孔时，机组就处在一个开度增加，转速升高了的稳定状态。如果此时是并列运行，机组的转速不变，转动套没有移动，接力器会一直开大，直到硬反馈使得速调螺母回到原空间位置，引导阀针塞重新堵住转动套的上、下油孔，机组就处于一个转速不变、开度增加、输出功率增加的稳定状态。

反之，当速调螺母 5 向下移动，并列运行在调整终了时，则机组输出功率减少；单机运行在调整终了时，则机组转速降低。

2. 速调工作范围

转速调整机构的工作范围是以机组空载额定转速为基准值，计算单机运行时机组转速升高或降低的极值，并以额定转速的百分数表示。YT 型调速器的速调工作范围通常为（－15％～＋10％）n_r，调整数值由速调指示器的指针指出。调速螺母由设计位置下移 11.5mm，上移 7.7mm 时，对应的转速变化值为－15％～＋10％。考虑到留有一定余量和装配误差，速调螺母的实际行程为－14～＋10mm。

6.3.2 开度限制机构

开度限制机构简称开限机构，是用来限制导叶开度（或冲击式机组喷针开度）的，另外还用来开机、停机和实现机组的手动运行。YT 小型调速器的开度限制机构由电动机 1、手轮 2，减速器 3，螺杆 4、开限螺母 5 和开限阀 6 组成，如图 6－17 所示。其中最主要的元件是开限阀，它由阀套和针塞组成，阀套开有三个油孔，下油孔与引导阀相连，中油孔经紧急停机电磁阀通向辅助接力器，上油孔为排油孔。开限针塞 7 经过杠杆与辅助接力器及反馈框架相连，并随它们的动作而升、降。利用电动机或人为操作手轮使开限螺母上、下移动，即会通过杠杆改变开限针塞的位置。

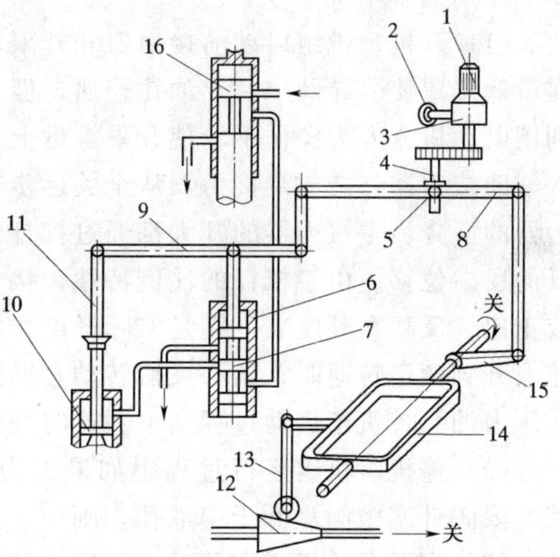

图 6－17　YT 小型调速器开限机构示意图

1—电动机；2—手轮；3—减速器；4—螺杆；5—开限螺母；6—开限阀；7—开限针塞；8、9、11、13、15—杆件；10—辅助接力器；12—反馈锥体；14—反馈框架；16—引导阀

1. 开度限制作用

限制开度的大小由开限螺母的位置来确定。开限螺母上升时，限制开度加大；下降时限制开度减小。开限螺母的行程可保证限制开度在 0～100％的范围内。限制开度与实际开度是两个不同概念，限制开度是实际开度最大允许值。两者的大小都由“开度表”指示（开度表数值用接力器行程的相对值表示），红针指示限制开度，黑针指示实际开度。运行时，黑针不能超越红针。

当机组的实际开度小于限制开度时，开限阀针塞 7 的中阀盘高于中孔口。辅助接力器的上腔油压完全受引导阀控制，机组处于自动调节状态，开限机构不起限制作用。

随着实际开度的增加，反馈的作用使开限针塞逐步下移，当实际开度增加到等于限制开度（即开度表红黑指针重合）时，开限针塞的中阀盘正好封住中孔口，引导阀通往辅助接力器的油路被隔断。此时，如果外部负荷增加引起机组转速下降，引导阀转动套下移时，压力油无法进入辅助接力器，接力器不能向开启方向移动，故导叶开度不能增加；反之，如果外部负荷减小引起机组转速升高，转动套上升时，开限针塞中阀盘下腔经引导阀接通排油，辅助接力器上腔的油可经开限针塞中阀盘间隙漏至引导阀排走，油压降低，主配压阀在差压作用下上移，故接力器能向关闭方向移动，导叶开度减小。随着实际开度的减小，开限针塞上移，油路连通，关机信号畅通。因此，在实际开度等于限制开度时不能执行开机命令，但可执行关机命令。

2. 开停机作用

(1) 开机。机组启动前接力器和开限均处于全关位置，离心飞摆未转动，转动套在最低位置使引导阀中、上油孔连通，但开限阀断开了引导阀至辅助接力器的油路。利用电动机或人为操作手轮使开限螺母上升，则会拉动开限针塞上升，压力油随之流入辅助接力器，造成主接力器从全关逐步开大，从而使机组启动。启动过程中辅助接力器的下降、主接力器的开大都经过杠杆使开限针塞降低，即传回与人为动作方向相反的反馈位移。由于杠杆的比例特性，接力器的行程将与人操作开限螺母上升的距离成正比，反映在开度表上则是实际开度指针总是跟随限制开度指针变化的。当机组转速上升到额定转速时，离心飞摆转动套回到中间位置，引导阀处于平衡状态，封闭上排压力油孔，机组启动过程结束。这时操作开限机构不能使导叶开度增加。

(2) 停机。机组运行过程中如果人为操作使开限螺母下降（即减小限制开度），使开限阀针塞中阀盘低于中油孔，则中、上油孔连通，辅助接力器经开限阀排油孔排油，使接力器向关机方向移动，至空载开度与系统解列后再关至全关位置。

6.3.3 手自动切换阀与滤油器

1. 手自动切换阀

手自动切换阀的作用是进行机组手动操作和自动操作的相互切换。它串接在引导阀与开限阀之间的油路上，与开限阀安装在同一个阀座内，其结构示意如附图 2-1 中所示。切换阀由阀套和柱塞组成，柱塞分上、下两段，可用手柄使柱塞旋转 90°。

(1) 自动位置。如附图 2-1 中所示。从油压装置来的压力油经柱塞上段孔和滤油器流往引导阀上油孔，而引导阀中油孔将经柱塞下段孔与开限阀下油孔连通。此时接力器开度受离心飞摆—引导阀自动控制。

(2) 手动位置。将切换阀操作手柄顺时针转动 90°，切换阀就转为手动位置，压力油从柱塞上段经油槽流向下段直接通向开限阀，此时引导阀的油路被柱塞切断，离心飞摆失去控制作用。此时接力器开度将由开度限制机构决定，调速器处于液压手动操作运行状态。

2. 滤油器

滤油器的作用是过滤油中的杂质。因引导阀是调速器中精度较高，配合间隙很小的部件，若油中含杂质，容易使其产生卡阻和磨损，因此压力油进入引导阀前必须进行过滤。

6.3.4 紧急停机电磁阀

据GB/T9652.1—1997的要求，带有压力罐的调速器应装设紧急停机装置并动作可靠。紧急停机电磁阀是机组的紧急停机装置，在机组发生事故时紧急停机从而保护机组。它由电磁阀线圈1、动铁芯2、阀体3、弹簧4、阀塞5等组成，如图6-18所示。

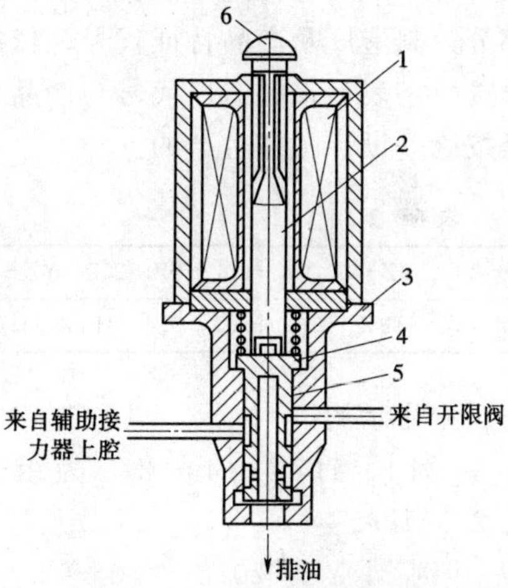

图6-18 紧急停机电磁阀

1—线圈；2—动铁芯；3—阀体；4—弹簧；5—阀塞；6—胶木帽

紧急停机电磁阀安装在开度限制阀和辅助接力器之间的管路上，正常运行时与动铁芯连在一起的阀塞5在弹簧4的作用下处于下部位置。此时，由于阀塞5上的上环形油槽与阀体3的左右两路油口相通，故紧急停机阀只相当于一段油管路，不影响调速器的运行。一旦发生事故，如油压过低、机组过速、电气事故等，事故信号使电磁阀线圈1通电，动铁芯2被吸起，阀塞5随之克服弹簧力上移（并压缩弹簧4），辅助接力器上腔直接通过阀塞5下环油槽和塞内中心通道排油，主接力器迅速关闭，将导叶关至全关位，实现紧急停机。当电磁阀线圈1断电，在弹簧4的作用下，阀塞5连同动铁芯2向下复位。若人为提起胶木帽6使动铁芯2上升，同样也可以实现紧急停机。

6.4 油 压 装 置

6.4.1 油压装置的作用和分类

1. 油压装置的作用

在水电站中，调速器、蝴蝶阀、球阀、减压阀等设备的操作都需要压力油。油压装置的作用就是为上述设备提供压力油源。油压装置所提供的压力油须有足够的能量，同时还要工作可靠，供油油质符合技术要求。

2. 油压装置分类

油压装置按其布置方式可分为分离式与组合式两种。分离式是指压力罐与回油箱分开布置；组合式则是指压力罐与回油箱装在一起。中小型调速器一般采用组合式结构。

3. 油压装置型号

我国的油压装置已经标准化，如表 6-2 所示。其型号编制按 JB/T 2832—2004 进行，由四部分组成；第一部分为基本代号，YZ 为分离式，HYZ 为组合式。第二部分为规格代号，分子表示压力罐的容积（m^3），分母表示压力罐的数目（无分母表示只有一个压力罐）。第三部分为额定油压，表示油压装置的额定油压（MPa）。第四部分为制造厂及产品特征代号，依次表示制造厂及产品特征代号。产品特征代号用字母或数字表示，制造厂代号与产品代号间须留一空格。如无制造厂代号，则表示产品是按统一设计图样生产的。

表 6-2　油压装置标准规格

分离式	YZ—1、YZ—1.6、YZ—2.5、YZ—4.0、YZ—6、YZ—8、YZ—10、YZ—12、YZ—16/2、YZ—20/2
组合式	HYZ—0.3、HYZ—0.6、HYZ—1.0、HYZ—1.6、HYZ—2.5、HYZ—4.0

型号示例：

[例 1] HYZ－4－2.5 为组合式油压装置，压力罐容积为 $4m^3$，额定油压为 2.5MPa。

[例 2] YZ—20/2—4.0—02 为分离式油压装置，压力罐总容积为 $20m^3$，为两个 $10m^3$ 的压力罐，额定油压为 4.0MPa，为统一设计 02 系列产品。

6.4.2 YT 小型调速器油压装置的组成

YT 小型调速器的油压装置如图 6-19 所示，它由压力罐 11、回油箱 13、中间油罐 10、螺杆油泵 3、补气阀 6、安全阀 2 等组成，如图 6-19 所示。压力罐是一个圆筒形两端封闭的容器，内存压缩空气（约占油罐总容积的 2/3）和透平油（约占油罐总容积的 1/3）。回油箱用于储存和收集调速器的回油及漏油。油箱里面装有滤网 7，把整个油箱分隔成回油区和净油区，为油泵提供清洁的油源。油泵、压力油罐均装在它的上面。

中间油罐 10（也称补气罐）与补气阀 6 是 YT 小型调速器油压装置的独特结构，它们与油泵联合工作，自动完成向压力罐供油和补气的任务，并维持压力罐内正常的油气比（1：2）。

安全阀 2 的作用是保证压力罐内的油压不超过允许的最高压力，防止油泵过载和确保压力罐的安全。当压力超过允许值时，安全阀自动打开，将油排回回油箱。单向阀9的作用是防止油泵停转时压力罐内的压力油倒流。电接点压力表主要用于油泵的启停控制，压力信号器用于事故油压发信。YT小型调速器的油压装置补气阀与中间油罐组成自动补气装置，下面介绍这一装置的自动补气原理。

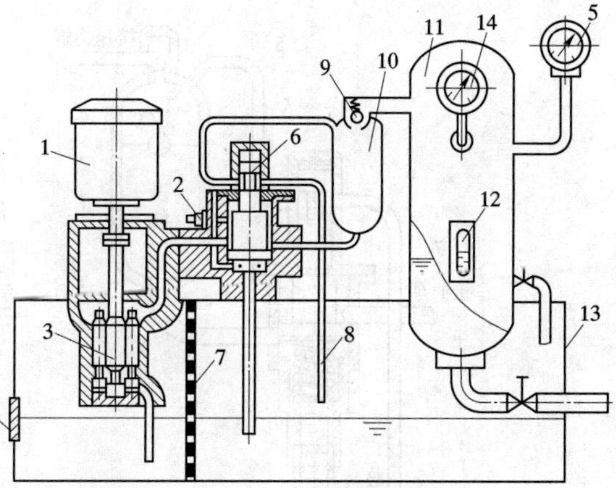

图6-19　YT小型调速器油压装置

1—油泵电动机；2—安全阀；3—螺杆油泵；4—回油箱油位指示器；5—压力信号器；6—补气阀；7—滤网；8—吸气管；9—单向阀；10—中间油罐；11—压力罐；12—压力罐油位指示器；13—回油箱；14—电接点压力表

自动补气装置的补气过程如图6-20所示，整个过程可分为三个时段。

第一时段：当压力罐油压升到工作油压的上限值时，油泵停转，单向阀1使压力罐与中间油罐隔断。补气阀活塞上部油压消失，在弹簧反力作用下活塞上移至顶部位置，如图6-20（a）所示，中间油罐经油管3、补气阀和油管4排油；空气自气管5、6和补气阀进入中间油罐并替换完罐内所有的油。

第二时段：当压力罐中的油压下降到工作油压的下限值时，油泵启动，压力油进入补气阀，并将活塞7和弹簧一起压下，活塞的上阀盘将中间油罐与大气隔断，同时压力油从油管3进入中间油罐并压缩空气。随着油泵不断工作，罐内压力上升，当压力升至一定值，单向阀1被打开，压缩空气、压力油先后进入压力罐。如图6-20（b）所示。

第三时段：当压力罐内油压升到工作油压的上限值时，油泵停转，中间油罐压力下降，单向阀1迅速关闭，同时补气阀内活塞在弹簧力作用下上移，中间油罐开始排油进气。如图6-20（a）所示。

如图6-20（c）、（d）所示为当压力罐内气体比例已达上限时，罐内油位过低，回油箱油位升高并把吸气管6的进气管口浸在油面之下，油泵打油时停止向压力罐内自动补气。

为实现压力罐内油气的正常比例，可通过调整吸气管6管口的位置来解决。

按GB/T 9652.1—1997规定，油压装置正常工作油压的变化范围在名义油压±5%以内。

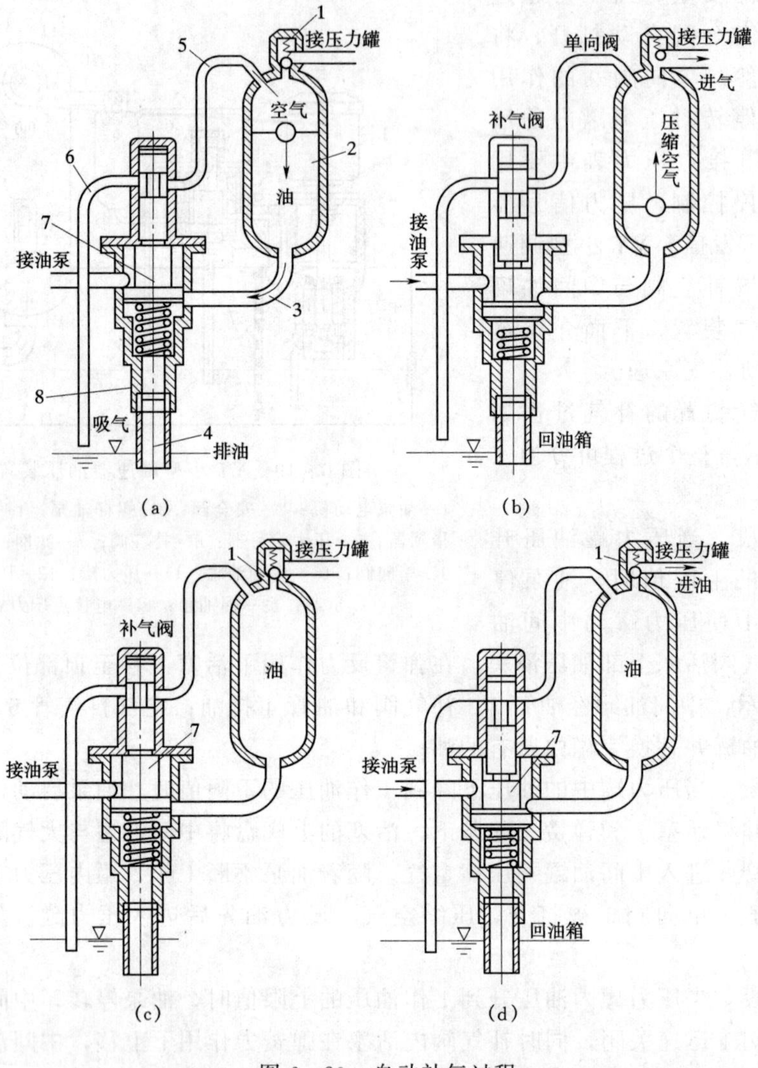

图 6-20 自动补气过程

1—单向阀；2—中间油罐；3、4—油管道；5、6—气管道；7—补气阀活塞；8—阀座

当油压高于工作油压上限 2%时，安全阀应开始排油；当油压高于工作油压上限 16%以前，安全阀应全部开启，并使压力罐中油压不再升高。当油压低于工作油压下限以前，安全阀应完全关闭，此时安全阀的泄漏量不大于油泵输油量的 1%。当油压低于工作油压下限 6%～8%时，有备用油泵的油压装置，则应启动备用油泵；当油压继续降低至事故低油压时，作用于紧急停机的压力信号器应立即

动作。

油压装置各压力信号器整定值的动作偏差，不超过整定值的±2%。

6.5 电液调速器的电气调节器

电气液压调速器简称电液调速器，也称电调，是为克服机械液压调速器的一些缺点和不足并在其基础上发展起来的。一般来说，电液调速器土要由电气调节和机械液压两人部分组成，并用电液转换器将这两部分联系起来。调速器的测频、反馈、调差、功率给定等控制部分，以及信号的综合和放大部分均采用电气回路来实现。各主要元件的基本特性仍与机调保持一致。综合放大后的电信号由电液转换器转变为机械位移信号，送往机械液压部分。其机械液压部分与本章机调的对应部分类同，本节不再重叙。

由于引进了电气部分，电液调速器与机械液压调速器相比较主要有以下优点。

(1) 具有较高的精度和灵敏度。大中型电液调速器的转速死区通常不大于0.04%～0.08%，而机械液压调速器则为0.10%～0.15%或其以上。电液调速器接力器的不动时间不大于0.2s，而机械液压调速器则为0.3s以上。

(2) 制造成本低。它用电气回路代替了制造和安装均要求较高的离心飞摆、缓冲器等复杂机械部件，机械液压结构简单。

(3) 易于实现各种控制信号（按水头调节、负荷分配等信号）的综合，便于实现成组调节，为机组的优化控制和水电站的经济运行提供了有利条件。

(4) 参数调整方便灵活，运行方式切换简易迅速。

(5) 便于实现计算机控制，提高水电站自动化水平。

(6) 安装、调试、检修都较为方便。

鉴于电调的上述优点，它从20世纪40年代问世以来，随着电子技术的发展，经历了电子管、晶体管和集成电路的三个发展阶段。我国于20世纪70年代开始生产和应用集成电路电调，其功能不断完善、性能更加优良，曾经在我国各地的大中型水电站中广泛采用。随着20世纪90年代现代控制理论和计算机控制技术的不断发展和成熟，计算机控制系统的可靠性、稳定性和性价比不断提高，数字式的电调即微机调速器迅速发展和普及，不少大中型水电站都采用了微机调速器，目前模拟式的电调主要应用在一些中小型水电站中。

本节主要阐述模拟式的电调，并以中小型水电站常见的YDT—18000A型调速器为例介绍这类电调主要电气回路的工作原理及性能。YDT—18000A调速器的原理框图见图6-21，系统机械液压总图见附图2-2。

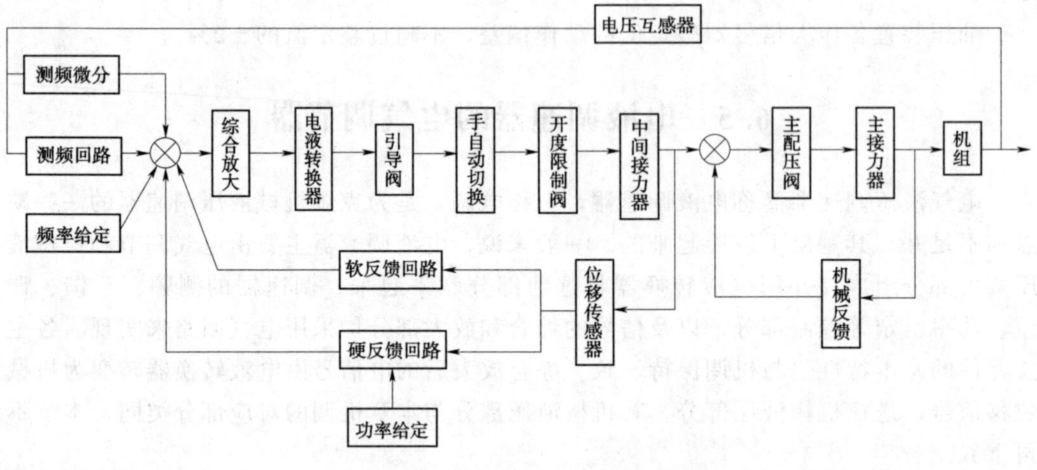

图 6－21 YDT—18000A 调速器原理框图

6.5.1 电气液压调速器的组成

电气液压调速器由电气调节器和机械液压系统两部分组成，但各种型号调速器具体结构有所不同。电气部分以一些电气回路取代机械调速器的离心飞摆、缓冲器和硬反馈机构，形成调速器的调节规律，将这些电气回路输出的信号加以放大，并经电液转换和液压放大，从而控制导叶开度。YDT—18000A 调速器的电气调节器和机械液压系统各部分组成如下。

1. 电气调节器部分

(1) 测频及频率给定回路。测频回路用于测量机组的频率，相当于机调中的离心飞摆。电调测频回路的信号可取自永磁机、发电机出口电压互感器或直接装于轴上的齿盘测速装置等。测频回路的输出为一个反映机组转速的直流电压信号，其方向取决于机组频率的升或降，大小则与机组基准频率偏差成正比。YDT—18000A 型电调测频信号取自发电机出口电压互感器，采用的是残压测频的方式。频率给定回路在人为控制下输出一个确定的直流电压，叠加在测频回路的输出信号上。频率给定电压与一定的频率偏差相对应，人为调整它的方向和大小就起到了机调中转速调整机构的作用。机调中要实现 PID 调节规律是很困难的，而电调可以利用电子元件较容易地得出机组转速变化的加速度信号，从而提前对调节信号进行校正，实现微分调节规律。实现这一目的的回路称为测频微分回路。

(2) 反馈及功率给定回路。机调在反馈机构中设置了缓冲器作为软反馈元件，根据接力器的位移不断地校正输入引导阀的调节信号，以使调节系统具有预期的动态特性。在电调中也设置了相应的软反馈回路（又称暂态转差回路）来完成相同的作用。机调中利用硬反馈机构实现机组的调差，在电调中也是利用硬反馈回路（又称永态转差回路）实现机组的调差。功率给定回路的作用是调整机组的转速或负荷，一般将功率给定与硬反馈合成一个回路，称为硬反馈及功率给定回路，但也有些电调将功率给定与频率给定合并成一个单元回路，称为功频给定回路。

（3）综合放大回路。综合放大回路是将前述的频率测量、频率给定、软反馈、硬反馈及功率给定等回路的输出信号进行叠加，再由放大器放大得出总的控制信号，它是直流电流信号，并经电液转换器后控制机械液压部分，完成水轮机的调节动作。

2. 机械液压系统部分

（1）电液转换元件和位电转换器。电液转换元件是将电气信号转换为机械位移信号，并经引导阀后变成了液压信号，从而实现了电液转换。电液转换器是电调中常用的电液转换元件，它将电气调节器输出的反映控制方向和控制量大小的直流电流信号按比例变成机械位移，从而驱动引导阀，控制机械液压机构动作。位电转换器是将机械位移信号转换为电气信号，从而为电气调节器提供所需的反馈信号。电调中常用的位电转换器为精密绕线电位器，主要是把接力器的位移方向和大小，按比例转换成相应的直流电压，输入电气调节器的反馈回路。

（2）液压放大机构。YDT—18000A 调速器具有两级液压放大机构，其组成包括引导阀、中间接力器、主配压阀、主接力器以及传动和反馈杠杆。其中第二级是带有局部反馈的液压随动系统，而中间接力器又是通过杠杆使主配压阀动作的，因此中间接力器的移动位移量与主接力器的移动位移量成正比，具有相同的运动规律。

（3）操作控制机构。YDT—18000A 调速器采用了机械型的开度限制机构，还配有手自动切换阀，紧急停机电磁阀，以及液压型锁锭等操作控制元件，其工作原理和作用与 YT 型调速器类似。

6.5.2 测频及频率给定回路

1. 测频回路

电液调速器的测频回路按频率信号源和电路形式的不同主要有三种形式：①频率信号取自永磁发电机的“永磁机——LC 测频回路”；②频率信号取自发电机端电压互感器的“发电机残压——脉冲频率测量回路”（简称残压测频回路）；③频率信号取自装在机组主轴上的齿盘测速装置的“齿盘磁头——脉冲频率测量回路”（简称齿盘测频回路）。

YDT—18000A 型调速器采用了残压测频回路，基本电路如图 6－22 所示。它由发电机出口电压互感器 PT 经 B_1 取得输入信号，在发电机失去励磁的情况下，仍能

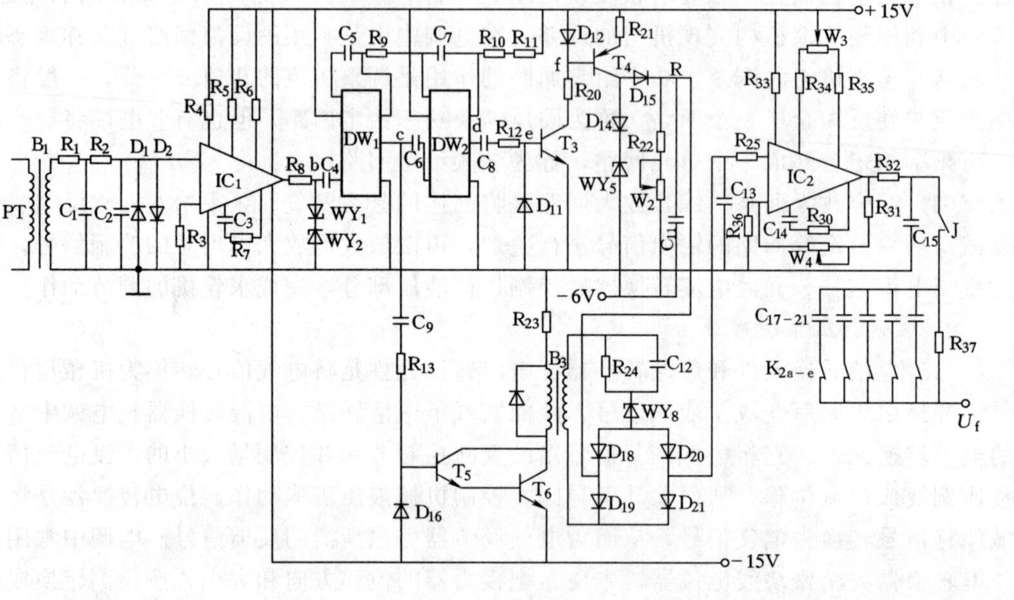

图 6-22　YDT—18000A 测频回路

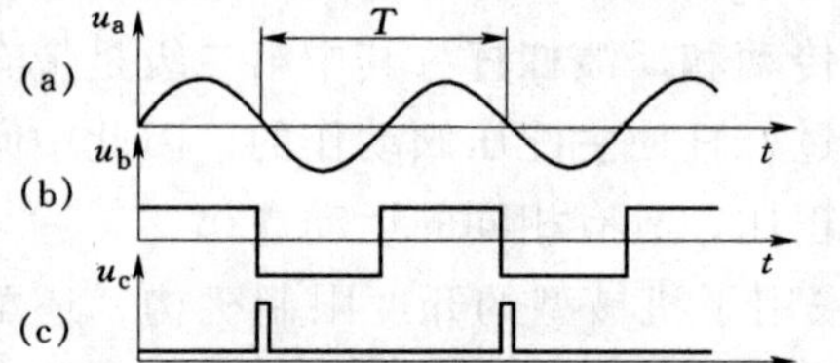

图 6-23　各点波形图

利用发电机残余电压工作。该电路由信号整形、控制脉冲发生器、函数发生器、采样控制、记忆放大和信号微分六个部分组成，其工作原理如下。

（1）输入信号整形。变压器 B_1 至电容 C_4 是信号输入并进行整形的电路。由发电机电压互感器 PT 来的是正弦波信号，如图 6-23（a）所示。经 R_1、C_1 和 R_2、C_2 滤掉高频分量，由二极管限幅后送入运算放大器 IC_1。IC_1 工作在开环放大状态，它的增益很高，其输出信号经稳压管削幅，变成前后沿很陡的方波信号，如图 6-23（b）所示。该方波的周期与输入信号的周期一致。

（2）控制脉冲发生器。控制脉冲由两个单稳触发器 DW_1 和 DW_2 产生。DW_1 具有极短的暂态时间（几毫秒），由 IC_1 输来的方波信号，经电容 C_4 微分，在下降沿时触发 DW_1，产生十分狭窄的方波，如图 6-23（c）所示。这个脉冲信号一方面输往采样控制回路，另一方面触发 DW_2。DW_2 是一个暂态时间 Δt_0 定长的单稳触发器，受前述脉冲触发，会输出一个暂态时间定长 Δt_0，常态时间长 $T-\Delta t_0$ 的方波，波形如图 6-23（d）所示。此方波信号通过电容 C_8 耦合至函数发生器。

（3）函数发生器。函数发生器由晶体管 T_3、T_4 的两级放大器和 C_{11}、R_{22}、W_2 的充、放电回路组成。DW_2 输来的方波信号，由电容 C_8 滤去直流成分，再受二极管 D_{11} 限幅、削去负波，成为图 6-23（e）所示的正方波。T_3 在正方波作用的 Δt_0 时间内导通，在其余时间（$T-\Delta t_0$）内截止。由 T_3 送往 T_4 的信号波形，如图 6-23（f）所示。T_4 是 PNP 型三极管，在 T_3 导通时 T_4 的基极电位低于发射极电位，也处于导通状态，其集电极电流将通过二极管 D_{15} 使电容 C_{11} 充电。由于充电回路电阻值很小，g 点的电位将迅速达到受稳压管 WY_5 所钳制的集电极电位 +12V。在 Δt_0 时间之后，T_3 和 T_4 同时截止，T_4 的集电极电位下降，二极管 D_{15} 截止，电容 C_{11} 将经过 R_{22} 和 W_2 放电，使 g 点电位逐渐下降，趋向 -6V。g 点的电位变化，如图 6-23（g）所示，g 点电位下降的速度由 C_{11} 和 R_{22}、W_2 总电阻的乘积决定，由于 R_{22} 和 W_2 电阻很大，使 g 点的电位下降缓慢。C_{11} 的放电过程经历 $T-\Delta t_0$ 之后，T_3、T_4 又重新导通，C_{11} 将再次充电，由此就形成了图 6-23（g）所示的周期性变化。

C_{11} 放电结束时 g 点的电位取决于放电时间 $T-\Delta t_0$ 的长短，在 C_{11}、R_{22}、W_2 及 Δt_0 一定的条件下，由信号周期 T 决定。当信号频率为 50Hz 时，调整 W_2 使放电结束时 $U_g=0$。如果信号的频率上升，则放电时间减短，放电之末 U_g 上升 ΔU。反之，当信号频率下降时，放电时间延长，放电之末 U_g 下降 ΔU。放电结束时 g 点电位的变化 ΔU，近似地与信号频率变化 Δf 成正比例。

（4）采样控制。采样控制电路包括 T_5、T_6 组成的复合放大器，脉冲变压器 B_3，以及由稳压管 WY_8 控制的二极管桥形电路 $D_{18}\sim D_{21}$。二极管桥形电路的截止或导通由采样控制电路控制。上述 g 点的电位变化可以经过二极管桥输向电容 C_{13}，C_{11} 放电结束的瞬间，正好是 DW_1 输出狭窄方波的瞬间，由 C 点引来的狭窄方波，经 T_5、T_6 放大，再通过脉冲变压器 B_3，使稳压管 WY_8 处于击穿状态、二极管桥形电路导通，g 点的电位 ΔU 将使电容 C_{13} 迅速充电。受狭窄方波的控制，C_{13} 的充电时间极短（几毫秒）。在其余的时间里，二极管桥形电路被 WY_8 截止，已充电的 C_{13}，将保留已充入的电位 ΔU，直到下一个脉冲来临。这样，C_{13} 就记忆了一个与频率偏差 Δf 成正比例的电压 ΔU，因而称 C_{13} 为记忆电容器。

（5）记忆放大。电容 C_{13} 所记忆的电压 ΔU 经过运算放大器 IC_2 放大，成为整个回路的输出信号 U_f。U_f 与频率偏差 Δf 成正比例关系，如图 6-24 所示。

$$U_f = b_f(f-f_0) = b_f\Delta f \tag{6-4}$$

YDT—18000A 测频回路的测频比例度为 $b_f=0.8\text{V/Hz}$。与 LC 测频回路相比，

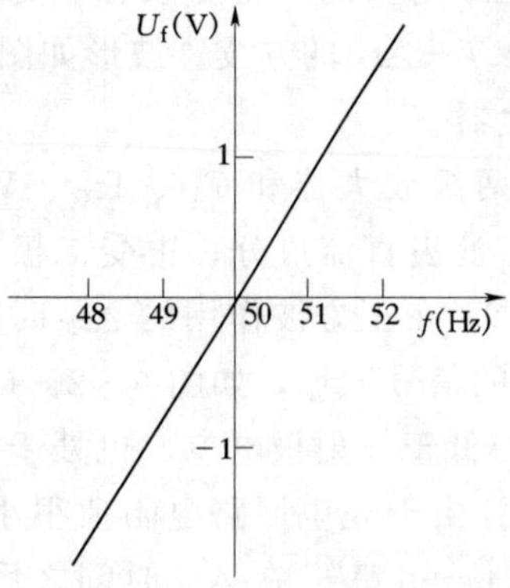

图 6-24 YDT—18000A 测频回路特性

残压测频方式不用永磁机，所得到的测频信号 $U_f = b_f \Delta f$ 线性更好，因此在电气液压调速器中得到更广泛应用。但是，残压测频回路比较复杂，增加了制作和调试的难度。

(6) 测频微分。电容器 $C_{17} \sim C_{21}$ 和电阻 R_{37} 组成的微分电路，在按键 $K_{2a} \sim K_{2e}$ 接通一个或几个时，对输出信号 U_f 起微分作用。U_f 本身是与频率偏差 Δf 成正比例的信号，也即是反映了机组的转速偏差，在它变化时取出的微分信号，就会反映机组转速的加速度。加入微分信号后，调速器将按比例—积分—微分规律动作，可能使调节质量更好。按键 $K_{2a} \sim K_{2e}$ 的不同组合，可以改变和选择合适的微分时间常数 T_n。

2. 频率给定回路

某个确定的直流电压 U_G，叠加在测频信号 U_f 上，以综合后的总信号去控制机械液压部分，当 $U_f + U_G = 0$ 时接力器不动作。

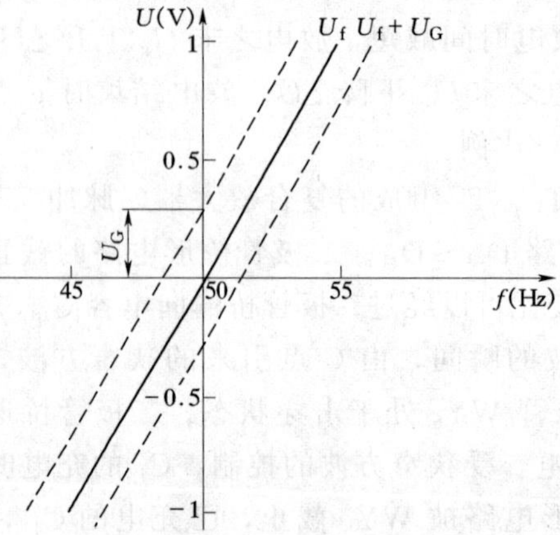

图 6-25 测频特性的平移

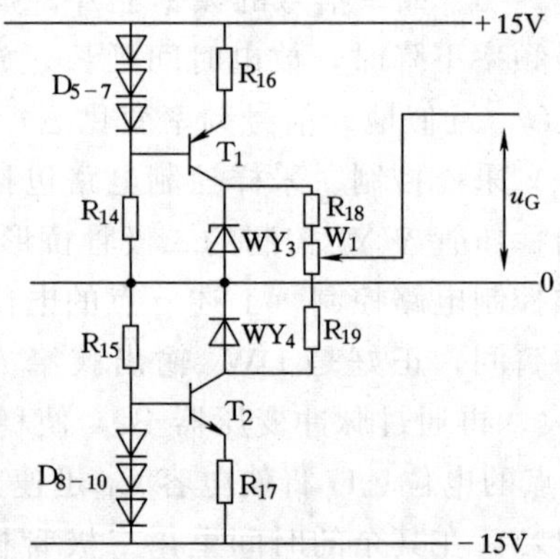

图 6-26 YDT—18000A 频率给定回路

(1) 频率给定作用。测频信号 U_f 是控制机械液压部分动作的基本信号，如前所述，机组在额定频率 $f_0 = 50$Hz 情况下稳定运行时，$U_f = 0$，接力器不动作。当负载减小使频率上升时，$U_f > 0$，将控制接力器向关方向动作。反之，频率下降 $U_f < 0$，会控制接力器向开方向动作。如果人为造成某个确定的直流电压 U_G，叠加在测频信

号 U_f 上，以综合后的总信号去控制机械液压部分，当 $U_f+U_G=0$ 时接力器不动作。则人为信号 U_G 引起稳定状态频率发生了改变，实际上是使测频特性发生了平行移动，如图 6-25 所示。当 U_G 为正时，使稳定状态的频率下降；当 U_G 为负时，则使稳定运行频率提高。与机械液压调速器的转速调整机构相比，人为信号 U_G 起到了转速调整的作用，在电调中称 U_G 为频率给定信号。

（2）YDT—18000A 的频率给定回路。YDT—18000A 型调速器的频率给定回路如图 6-26 所示。三极管 T_1、T_2 在恒压下稳定工作，为电阻 R_{18}、R_{19} 和 W_1 组成的串联电路提供稳定的直流电流。频率给定电位器 W_1 的活动触头受人为控制（手动或电动），取出一个稳定的直流电压 U_G，这即是频率给定信号。YDT—18000A 型的测频比例度为 $b_f=0.8V/Hz$，因此 $U_G=\pm0.8V$，将引起稳定运行频率发生 $\mp1Hz$ 的变化。

6.5.3 软反馈回路

为提高调节系统的稳定性、改善过渡过程品质，与机调相似，在电调中相应的设置了软反馈回路。

电调的软反馈回路主要是利用串联 RC 电路的充放电特性来实现。由电工原理可知，串联 RC 电路充、放电特性与机调缓冲装置的回复特性有完全一致的规律，而 RC 电路的时间常数 $T_d=RC$，它决定充放电过程的长短。电调软反馈的输入信号据电调结构形式的不同，可从主接力器或中间接力器获取，输出信号电压 U_H 与主接力器的行程 Y 成正比。

YDT—18000A 型调速器的软反馈回路如图 6-27 所示。它的核心部分是电容 C_{32} 与 W_{12}、R_{82} 组成的串联 RC 电路，电路由 W_{11} 活动触点取得输入信号，其输出电压经运算放大器 IC_4 放大，从 W_{15} 引出软反馈信号 U_H。位移传感器 W_8 与电位器 W_{13} 的活动触点之间，设有射极放大器 T_{21} 和 T_{22}，并经过 W_{11} 和稳压管 WY_{12} 相连。调整 W_{13}，使 WY_{12} 在空载开度以上 5%左右时达到稳定电压。机组空载运行时，接力器开度小于这一整定开度，WY_{12} 两端的电压低于稳定值，它表现为高阻抗。位移传感器 W_8 经 T_{21} 放大输来的电压，几乎全部作用于 C_{32} 充、放电。当机组带负载运行时，接力器开度大于上述整定值。此时，WY_{12} 达到其稳定电压，处于稳压工作状态，表现为低阻抗。位移传感器 W_8 经 T_{21} 输来的电压，将由 W_{11} 分压，有一部分作用于 C_{32} 充、放电。可见，WY_{12} 起了负载、空载切换的作用，其负载/空载比率由电位器 W_{11} 整定。回路的缓冲时间常数 T_d 由电位器 W_{12} 调整。空载状态的暂态转差系数 b_t，则由电位器 W_{15} 决定。YDT—18000A 型调速器，缓冲时间常数 $T_d=3\sim12s$，空载下暂态转差系数 $b_t=0\sim80\%$，负载/空载缓冲比率为 0.3～1.0，负载/空载切换的接力器开度可在20%~50%范围内整定。

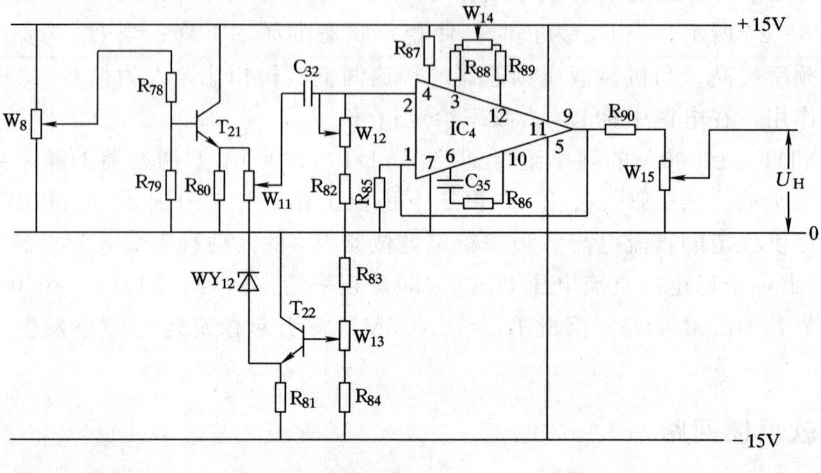

图6-27 YDT—1800A软反馈回路

6.5.4 硬反馈、功率给定及人工失灵区回路

1. 硬反馈及功率给定回路

YDT—18000A的硬反馈和功率给定回路如图6-28所示，其电源部分已省略。图中W_8是开度反馈电位器，其动点由中间接力器带动，因此电压U_A反映了中间接力器的位移。由于中间接力器以下是一个机械液压随动装置，因此U_A也反映了主接力器和导叶的开度。W_9为功率给定电位器，其动点处的电压U_p反映了给定功率的大小。W_8、W_9、R_{74}、R_{75}组成了一个电桥，电桥的输出经R_{76}、R_{77}和W_{10}组成的分压电路衰减后再经继电器J的常闭接点形成硬反馈及功率给定综合电压U_W再送至综合放大回路。

W_{10}为永态转差系数b_p的调整电位器，在同一开度下，调整W_{10}的动点位置，即调整了硬反馈量的输出，从而实现了永态转差系数b_p值的调整。硬反馈电压输出前串接了失速保护继电器J的接点，在正常运行时J的常闭接点接通，硬反馈电压从W_{10}的动触头输出。在测频信号U_f消失的事故情况下，J的线圈有电流通过，其常开接点闭合，常闭接点断开，将向信号综合及放大回路输送一个造成关机动作的电压，以保护机组。

2. 人工失灵区回路

由于电调的转速死区较小，灵敏度较高，对于在系统中担任基荷的机组，过高的灵敏度会造成机组因电网频率的微小变化频繁调节，不利于机组稳定。根据GB/T

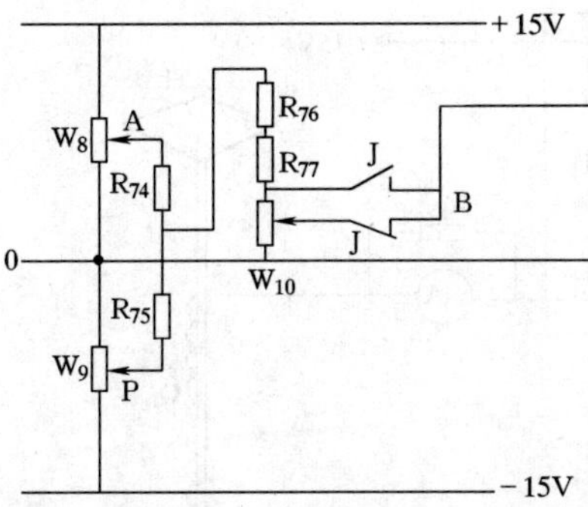

图 6-28 YDT—18000A 硬反馈回路图

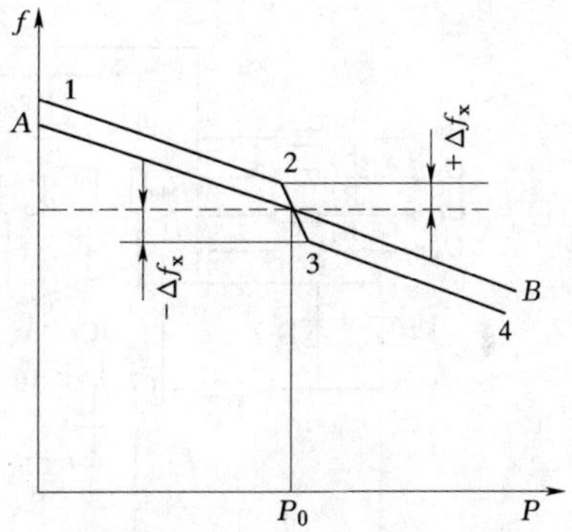

图 6-29 带人工失灵区的调速系统静特性

9652.1—1997《水轮机调速器及油压装置技术条件》的要求，对于大型电调应设置人工失灵区，其最大值不小于额定转速的1%，并能在设计范围内调整。人工失灵区也称人工频率死区，在所处工况下，可人为地使调速器在规定的转速变化范围内不起调速作用。当机组承担基本负荷运行，在给定频率附近，电网频率变化在这个频率死区范围以内时，该机组不参加调节，电网的变动负荷完全由调频机组承担，从而起到稳定机组的作用。当频率变化范围超过设定的频率死区时，该机组也参加调节，并与调频机组一起为恢复电网频率至规定值而承担一定的负荷。电调中用于设置上述频率死区的回路称为人工失灵区回路。

增加了人工失灵区的调节系统静特性如图 6-29 所示。机组在给定功率 P_0 附近有很陡 的静特性，如 2～3 段，当系统频差在该段范围内时，该机组基本不参加调节，输出功率较稳定；当系统的频差较大，超过 2～3 段范围时，则机组仍按原来的静特性 AB 参加调节。

YDT—18000 型调速器就采用了上述的人工失灵回路，具体电路及原理可参考相关资料。

6.5.5 综合放大单元

YDT—18000A 型调速器的调节信号综合及放大回路采用运算放大器 IC_3 来实现，其电路如图 6-30 所示。图中 IC_3 被设计为一个典型的加法器，将硬反馈及功率给定信号 U_W、软反馈信号 U_H、频率给定信号 U_G、测频信号 U_f进行叠加，再由推挽放大器 T_9、T_{10}进行放大，最后输往电液转换器工作线圈 Q_1。当输入信号为零时，调整电位器 W_5 使输出信号也为零，则能正常工作。

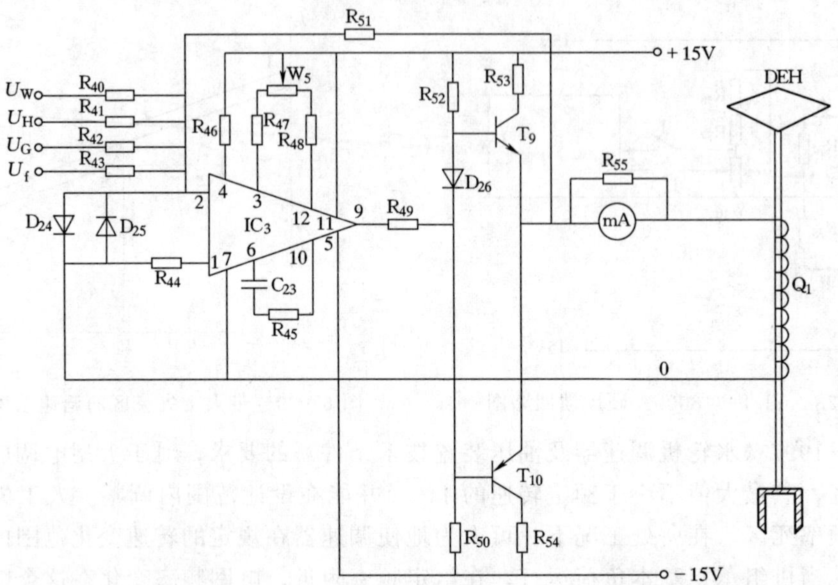

图 6-30　YDT—18000A 信号综合、放大回路

6.6　电液调速器的电液随动系统

6.6.1　电液转换元件

电液转换元件也称电液转换器，是电气液压调速器中联结电气部分和机械液压部分的一个关键元件，其主要作用是把电气部分综合放大回路输出信号转换并放大成具有一定操作力的机械位移信号，或具有一定压力的流量信号，用以驱动液压机构去实现水轮机的调节，因而电液转换器有位移输出和流量输出两种类型，后者又称为电液伺服阀。电液转换器由电气——位移转换部分和液压放大两部分组成。电气——位移转换部分按其工作原理可分为动圈式和动铁式。液压放大部分按其结构特点可分为控制套式、喷嘴挡板式和滑阀式，其中控制套式又可按工作活塞形式的不同分为差压式和等压式。本节介绍 YDT—18000A 型电液转换器和近来应用较为广泛的环喷式电液转换器。

1. YDT—18000A 型电液转换器

YDT—18000A 型电调的电液转换器如图 6-31 所示。包括电气——位移转换、位移——液压转换放大和引导阀。

电气——位移转换部分由铁芯11、永久磁钢9和磁轭7组成磁系统。在铁芯的上部与磁轭之间有环形空气隙，永久磁钢在空气隙中形成磁场。位移输出部件由线圈6、控制套轴10、十字弹簧3、控制套13组成。线圈有Q_1、Q_2两个，Q_1是工作线圈，Q_2是振动与启动线圈，固定在控制套轴10的中部，并通过控制套轴10的上端用十字弹簧将线圈悬吊在环形空气隙中。控制套13用圆柱销固定在控制套轴的下端。

当工作线圈Q_1有信号电流通过时，线圈在磁场力的推动下连同控制套轴一起产生沿轴向的上、下位移。其位移方向取决于线圈Q_1中电流的方向，位移量的大小与电磁力成正比，即与线圈中的信号电流成正比。用十字弹簧的变形力与之平衡，以形成信号电流与控制套位移间一一对应的关系。

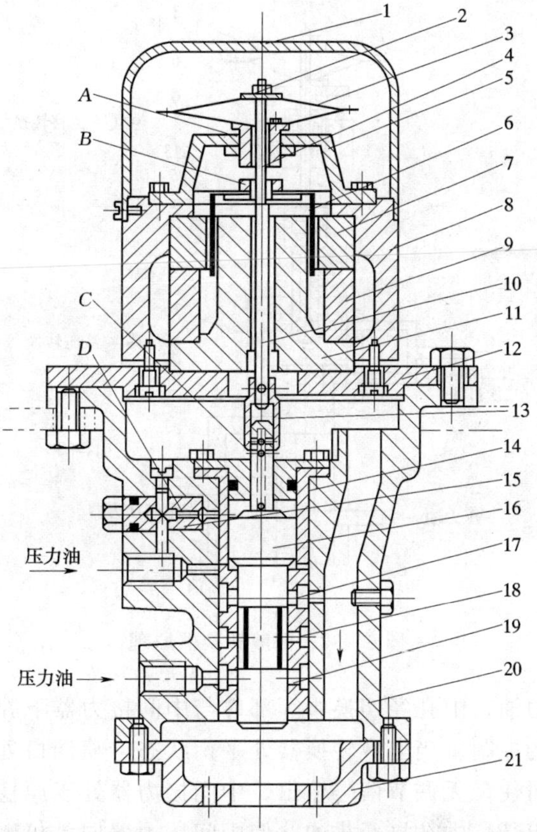

图6-31 电液转换器

1—外罩；2—螺母；3—十字弹簧；4、5—支架；6—线圈；7—磁轭；8—上壳体；9—永久磁钢；10—控制轴套；11—铁芯；12—底座；13—控制套；14—阀套；15—节流孔塞；16—活塞体；17—排油孔；18—中间接力器油孔；19—建油孔；20—下壳体；21—下盖

活塞体16的上部为一差动活塞，它与其缸体构成了电液转换器的液压放大部分。活塞将缸体分隔成上、下两腔，活塞面积上大下小。经两次过滤后的压力油一路进入下腔，另一路经固定节流孔D进入上腔。活塞上腔的油再沿活塞杆的中心孔上行，经杆上的径向油孔C喷出。电液转换器的原理如图6-32所示。

当电气调节器输出信号为零时，电液转换器处于平衡状态，控制套大约盖住喷油孔C的一半。因差动活塞面积上大下小，$S_上>S_下$，而压强$p_上<p_下$，只要固定节流油孔D的大小选择适当，便会使差动活塞的上、下压力相等，即$p_上 S_上=p_下 S_下$，处于平衡状态，与此相应的喷油孔开度称为平衡开度。若有关机信号输入，则控制套上

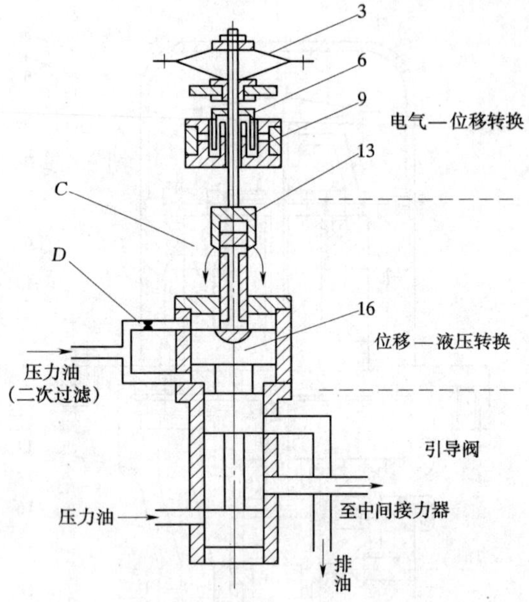

图 6-32 电液转换器原理

移，喷油口开度变大、喷油量增加，上腔油压减小，$p_{上} S_{上} < p_{下} S_{下}$，差动活塞上行，直到喷油口恢复平衡开度。反之，有开机信号输入时，会使差动活塞向下行，直到喷油口恢复平衡开度。可见差动活塞总是随动于控制套，而且两者位移量相等，但使控制套动作的微弱电磁力，经液压放大后能使差动活塞的操作力达到几百牛顿。

引导阀位于差动活塞下部，是下一级液压放大装置（中间接力器）的配油阀。其阀体在差动活塞之下，并与之制成一个整体。故此，引导阀体的位移量与差动活塞的位移量相等。在引导阀阀套 14 和下壳体 20 上开有三排油孔，上孔连通排油、下孔进压力油，中孔经切换阀等部件与中间接力器下腔连通。上、下油孔受引导阀两等径阀盘的控制。当电液转换器处平衡状态，喷油口处平衡开度时，引导阀上、下油孔被阀盘封住，无调节信号输出，中间接力器处于原稳定位置。当有关机信号时，引导阀阀体上行，中孔接通排油，使中间接力器向关机侧动作。反之，在开机信号的作用下，压力油经中孔进入中间接力器，使之向开机侧动作。

由于控制套与活塞杆间的配合间隙很小，为了防止卡塞，当调速器正常运行时，在振动线圈 Q_2 中通以交流振动电流，使线圈和控制套始终保持小幅度的振动，以提高控制套动作的灵活性和可靠性。当机组由停机到启动，再到空载的开机过程中，在测频回路尚未投入正常工作之前，首先是通过机组的启动继电器给线圈 Q_2 加入开机方向的直流电，形成开机信号，使调速器开启导叶，待机组进入空载开度以后，再用继电器切断直流电，并让振动电流进入线圈 Q_2，调速器进入自动控制状态。

2. 环喷式电液转换器

环喷式电液转换器是上述电液转换器基础上为克服工作过程中控制套卡阻现象频繁而在结构上进行一定改进后的产品，结构简图如图 6-33 所示。

电气——位移转换部分的磁系统由铁芯 4、永久磁钢 5、磁轭 6 组成，在环形空气隙中形成磁场。位移输出部件由可动线圈 2 和控制套轴 3 组成。控制套 12 利用滚动球铰结构 13 与控制套轴相联系，在轴向上随控制套轴上下动作，而径向上在滚动轴承和球铰等因素的作用下可产生转动。控制套轴的上端装有一对上下弹簧组合而成的弹簧装置 7。线圈依靠弹簧的支持位于环形空气隙中；当电气调节器输出的信号电流进入工作线圈后，在电磁力的作用下使之连同控制套轴和控制套一起产生相应的轴向位移，直到支承弹簧力与电磁力的作用平衡为止，位移的方向取决于电流的极性，位移量与信号电流的大小成正比，于是形成了信号电流与控制套位移间一一对应的关系。

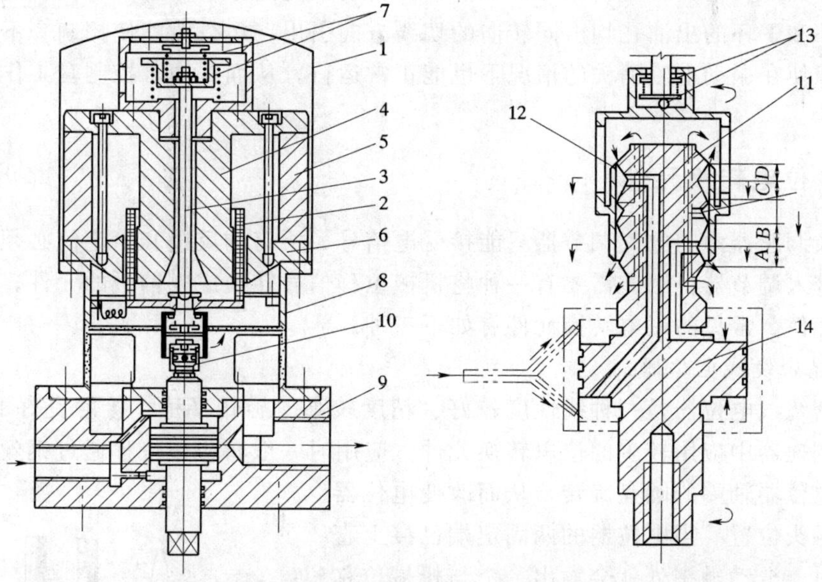

(a)　　(b)

图 6-33　环喷式电液转换器

(a) 结构简图；(b) 液压示意图

1—外罩；2—线圈；3—控制套轴；4—铁芯；5—永久磁钢；6—磁轭；7—弹簧装置；8—底座；9—阀座；10—活塞杆；11—阀塞；12—控制套；13—滚动轴承；14—等压活塞

位移——液压放大部分由阀塞 11、等压活塞 14 等组成。等压活塞在上下两腔的面积相等。上下两腔均引进压力油。活塞上杆就是阀塞 11，呈锯齿形，分上环 C、D 和下环 A、B。上下环受控于控制套。阀塞 A、B、C、D 四段的大直径端接回油腔 O，小直径端分别连通等压活塞的上、下腔。

稳态时，控制套所处位置使阀塞上下环压力相等，两者的环形喷油间隙也相等，等压活塞处中间位置。在关机信号电流作用下，控制套随线圈、控制套杆上移，上环喷油间隙减小，下环喷油间隙增加，则等压活塞下腔油压增大而上腔油压减小，等压活塞随之上行，直至上下环压力相等的新平衡位置。反之，开机信号电流会使控制套下移，从而使等压活塞下移，直到新的平衡位置。可见等压活塞随动于控制套，行程与控制套相等，而在操作力上得到相应的放大。

环喷式电液转换器具有以下优点：①阀塞锯齿形的齿锥按有利锥度设计，自动调心力强，不易发卡。②上下环的开口较大，运行时上环（下环）出口被污物堵塞时，则等压活塞下腔（上腔）压力增高，活塞自动上移（下移）。由于阀套未动，于是上环（下环）开口增大，污物被冲走，活塞又自动回复到原来位置，起到自洁作用。③阀塞上环和下环的出油孔均由同转向的切线方向引出，运行时能使控制套不停地自动旋转，即使在振动电流消失的情况下也能正常运行，从而提高了控制套工作的灵敏性和可靠性。

6.6.2 位电转换元件

电液调速器中的电气调节器只能接受电信号，所有的反馈和给定值必须以电信号的形式进入调节器，因此需要有一种将机械位移信号转换成电信号的元件，这就是位电转换元件。常见的位电转换元件有如下三种。

1. 精密绕线电位器

精密绕线电位器是一种线性度较好、精度较高、旋转平稳、接触良好的电位器，是电液调速器中应用较多的位电转换元件。应用时一般将机械位移通过钢丝绳带动一个装在电位器轴端的圆盘旋转，从而改变电位器的滑动触头位置。当电位器的两固定端已接上直流电源时，滑动触头处就会输出一个与机械位移对应的直流电压信号。

2. 精密直线滑动电位器

精密直线滑动电位器的动触头可以与机械部件一起移动，直接将位移信号转换成电信号的位电转换元件。其一般应用于电液调速器中限制开度的转换。

3. 光电编码器

光电编码器是一种将机械角位移转换成脉冲信号的位电转换元件。它一般多用于电机式数字微机调速器中，并与电——位转换电机同轴联接，当电机带动它一起旋转时，它连续发出与转

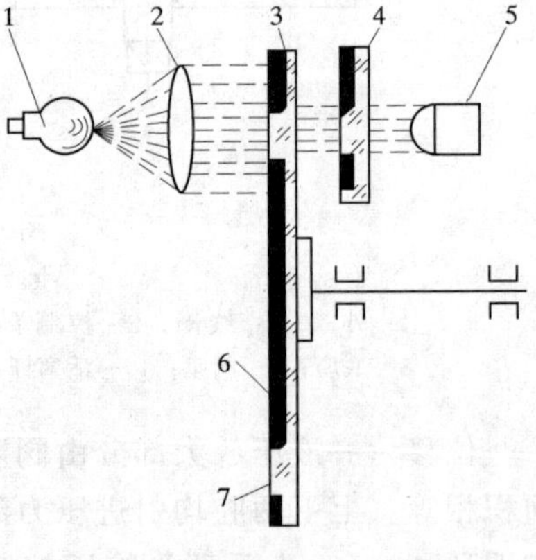

图 6-34 光电编码器原理图

1—光源；2—聚光镜；3—圆光栅；4—指示光栅；5—光电元件；6—不透光条纹；7—透光条纹

角及转向相应的脉冲信号。

光电编码器的原理如图 6-34 所示。在玻璃圆盘上用真空镀膜的方法镀上一层不透光的金属薄膜，再涂上一层均匀的感光材料，然后用精密照相腐蚀的方法，制成沿圆周等距的透光与不透光相间的条纹，从而构成了圆光栅 3。在指示光栅 4 上具有宽度相同的透光条纹。当电机带动圆光栅旋转时，光线透过这两个光栅照在光电元件 5 上，使光电元件接收到的光通量时明时暗地变化。光电元件将光信号转换成电信号，再经放大、整形等处理，便形成了输出的两路方波信号。两路方波信号的相位差可知道电机的转向，从方波信号的脉冲个数可以知道电机的转角。

此外，常见的位电转换器还有差动变压器和旋转变压器等，但由于它们应用于位移测量的原理和电路过于复杂，所以应用得较少。

6.7 新型电液调速器实例

6.7.1 机械液压部分

附图 2-2 是 YDT—18000A 型电液调速器机械液压系统图，主要由电液转换器 1、引导阀 2、中间接力器 6、主配压阀 11、接力器 12 和传递杠杆等自动调节元件组成。此外还有开度限制阀 8、杠杆、开限螺套 19、开限电机 9 等组成的开度限制机构，紧急停机电磁阀 4 及手自动切换阀 3 等控制元件。

由引导阀 2 和中间接力器 6 组成第一级液压放大，主配压阀 11 和接力器 12 组成第二级液压放大。

1. *液压放大部分的动作原理*

第一级液压放大装置由引导阀和中间接力器组成。引导阀有三排油孔，中孔经手自动切换阀 3、开度限制阀 8、紧急停机电磁阀 4 与中间接力器下腔连通，上孔接通排油，下孔接通压力油。上、下油孔的开口分别受到引导阀上、下阀盘控制。中间接力器上腔接通压力油，受油面积较其下腔小，按差动原理动作。

第二级液压放大装置由主配压阀 11 和主接力器 12 组成。主配压阀活塞在杠杆的带动下可在 衬套内上下移动。衬套有五排油孔，中间孔接压力油，与之相邻的两排油孔与主接力器的左右两腔相通，衬套上下两端的油孔分别经节流塞与排油相通。

机组处于稳定运行时，电液转换器工作线圈的电流为零，控制套搭叠了差动活塞杆顶部径向喷油口的一半使差动活塞上下两腔的压力相等，其下部的引导阀处于中间位置；中孔既不通压力油也不通排油，中间接力器上下两腔压力相等，接力器活塞停留在某一位置。主配压阀也处于中间位置，主接力器活塞处于与中间接力器活塞相应的稳定位置上。

若有关机信号，电液转换器工作线圈的电流 $I<0$，控制套随工作线圈上行，差动活塞杆顶的喷油口增大，排油量增加，活塞上腔油压损失增大，压力降低，两腔的差压使差动活塞向上移动，直到喷口重新到达平衡开口为止。差动活塞的上移使引导阀的中孔与排油孔接通，于是中间接力器下腔油压降低，上下两腔的压力差使之下行。经传动杠杆带动主配压阀活塞上行，主接力器向关侧动作去关闭导叶。与此同时，接力器活塞杆又带动反馈锥体 15 经杠杆使主配压阀活塞下移，逐步向中间位置恢复，当到达中间位置时，主接力器停止运动。

若有开机信号至，电液转换器工作线圈的电流 $I>0$，各部分的动作方向与上述相反。

假设中间接力器的行程增量由 A 点经 G 点传至主配压阀体的行程为 ΔH，则当主配压阀回中，接力器稳定下来时，接力器通过 F 点传至主配压阀体的反馈行程必定为 $-\Delta H$。由此可见在稳态下，调速器主接力器的行程与中间接力器行程成比例关系，即随动于中间接力器。凡属中间接力器型的调速器均具有这一特性。

变更设置在中间接力器缸体上节流孔 20 的孔径，可改变中间接力器向上或向下移动的速度，从而使中间接力器的启闭时间得到调整。调整主配压阀上下排油孔处的节流塞 14，改变节流孔孔径，可使主接力器的关闭和开启时间得到调整。

另外，在中间接力器动作的同时，通过杠杆 10 的 B 点带动开度限制针塞动作，通过钢丝绳带动反馈电位器 $W8$（即位移传感器 5）和实际开度指针转动。

2. 开度限制机构

YDT—18000A 型调速器的开度限制机构与一般 YT 型调速器的开度限制机构相似，原理如下。

（1）开度限制机构。由开限电机 9、减速器、手轮、螺杆、开限螺套 19、杠杆和开度限制阀等组成。开度限制阀设置在引导阀至中间接力器的油路中。在实际开度未达到限制开度时，开度限制阀只起引导阀至中间接力器油路的通道作用。限制开度的整定是由开限电机经减速器、开限螺套 19、杠杆带动开限针塞动作，开限针塞下移量越大，则限制开度越大。此外，开限针塞的位置还受导叶实际开度的影响，随中间接力器开度的增加（上移），开限针塞上移。当实际开度小于限制开度时，开限针塞下阀盘的位置低于开限阀下孔，引导阀至中间接力器的油路畅通，接力器开度可随负载自动增减。在限制开度工况时，导叶实际开度等于限制开度，开限针塞的下阀盘堵住开限阀下孔，切断了引导阀通往中间接力器的油路，压力油不能进入中间接力器下腔使其开启，因而主接力器也不能开启，从而实现了导叶的开度限制。

(2) 单向阀。为了保证在限制开度运行状态下关机信号能顺利通行，防止关机动行滞后引起机组转速超调量增加，在开度限制阀中，由中间接力器下腔直接通往引导阀中孔的油路上设置了单向阀，如图 6－35 所示。当机组在限制开度运行时，开限针塞下阀盘封闭了引导阀至中间接力器的油孔。如果此时机组甩负荷导致转速升高，关机信号使引导阀阀休随电液转换器控制套上行，单向阀进口经引导阀与排油连通，压力下降。在中间接力器下腔油压作用下，克服单向阀弹簧的推力，压开单向阀中的钢珠，使中间接力器下腔油液直接通过单向阀与引导阀排油接通，中间接力器下移，主接力器使导叶向关机侧动作。与此同时，中间接力器带动开限针塞下降相应距离，开限阀排油通路形成，单向阀复归。YT 型调速器在开度限制机构中未设单向阀，因此当机组在限制开度下运行且遇到甩负荷时，其辅助接力器先要靠开度限制针塞阀盘与衬套间的间隙漏油，使接力器缓慢地向关闭侧移动一点，然后通过实际开度的位置反馈使被开限阀盘封住的油孔打开，导叶接力器才能以正常的速度关闭。这样容易延迟机组关机过程，造成机组转速超调量的增加。

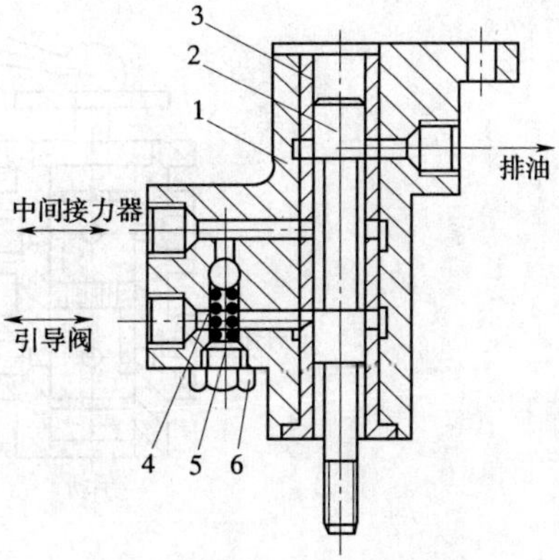

图 6－35 开度限制阀

1—阀座；2—针塞；3—衬套；4—钢球；5—弹簧；6—螺钉

3. 手自动切换阀

手自动切换阀设在引导阀至中间接力器的油路上，其结构简图如图 6－36 所示。与机调一样，YDT—18000A 型调速器手自动切换阀有两个工作位置。切换阀在自动位置时，油路连接如附图 2－2，压力油经切换阀上段，过双芯滤油器，进入电液转换器和引导阀。而引导阀经切换阀下段与开限阀、紧急停机电磁阀、中间接力器相通。此时液压部分由电液转换器和引导阀自动控制。切换阀柱塞若转动 90°到手动位置，压力油经切换阀柱塞上的切口，由上段直接流向下段，通向开限阀。此时电液转换器及引导阀失去控制作用，改由开度限制机构来调节和控制机组的运行状况。

4. 紧急停机电磁阀

紧急停机电磁阀设在开限阀与中间接力器相连的管路上，正常运行时不影响压力油的流通。事故状态下线圈有信号电流流过，铁芯上移，一方面使中间接力器下腔排油从而使主接力器使动作关闭导叶；另一方面使锁锭排油，在导叶全关后锁锭投入，锁住接力器。

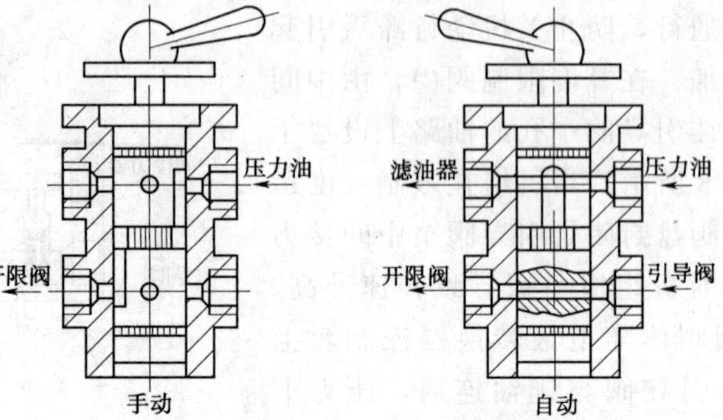

图 6-36　手自动切换阀结构简图

5. 锁锭

YDT—18000A 型调速器，采用了液压锁锭，结构如图 6-37 所示。正常运行时压力油使活塞下移，压缩弹簧并离开滑块，不影响接力器的移动。接力器全关闭后，若提起紧急停机电磁阀铁芯使锁锭内的压力油排出，则弹簧推动活塞投入滑块上相应的凹槽，锁死接力器。

6. 滤油器

YDT—18000A 型调速器设置了双芯滤油器，其结构如图 6-38 所示。滤油器内有两个双层滤芯，相互切换使用。每个滤芯由两层滤网组成，流向引导阀的油只过滤一次，流向电液转换器的油则过滤两次。这是因为电液转换器油孔细小，控制套及差动活塞运动间隙很小，对油质的要求极严。滤芯中部的磁钢可除去油中的细微铁屑，保证油质更加可靠。

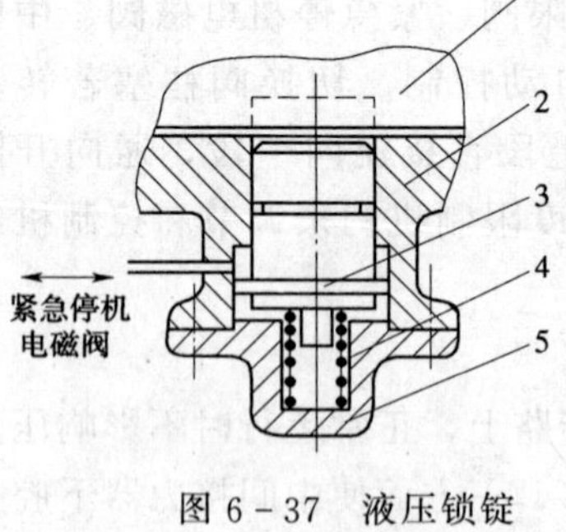

图 6-37　液压锁锭

1—滑块；2—接力器滑轨；3—活塞；4—弹簧；5—压盖

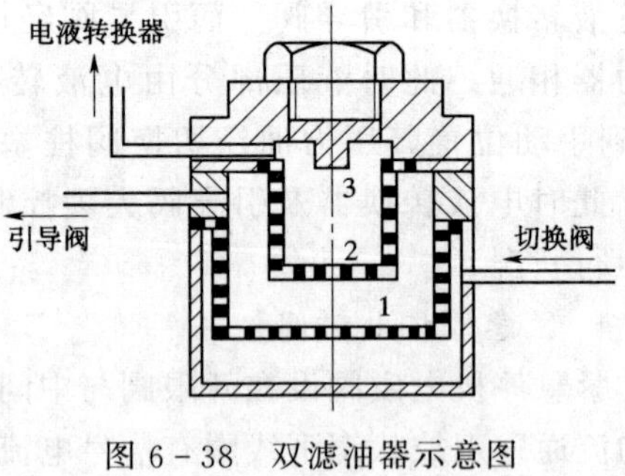

图 6-38　双滤油器示意图

1—粗滤网；2—细滤网；3—磁钢

6.7.2 电气回路部分

YDT—18000A 型电气调速器电气系统如附图 2-3 所示，前面已经阐述了其主要电气回路，包括测频及频率给定回路、软反馈回路、硬反馈及功率给定回路、信号综合及放大回路等，尚未提及的还有以下几部分。

1. 直流电源

电气部分的直流电压有两个来源：正常运行时图中 K_1 闭合，变压器 B_2 从 220V、50Hz 的厂用电系统取得交流电，经整流、稳压、滤波形成稳定的直流工作电源。在厂用电系统故障的情况下，断开 K_1，投入 K_5，用电池供给直流电源。设置备用电池组是为提高工作可靠性。

2. 电液转换器的振动电源

如附图 2-3 所示。ZD 是个自激多谐振荡器，调速器运行时它通过射极输出器 T_{23}，向电液转换器辅助线圈输送频率为 30Hz 的交流信号，从而造成微振动，以防控制套处发卡。

3. 机组转速显示

变压器 B_1 从发电机出口互感器 PT 取得信号，一方面向测频回路输送，另一方面输往放大器 IC_5，再经过泵电路作用于转速表，从而显示机组的实际转速情况。

4. 测频信号消失的保护动作

机组运行过程中，如果发生引线折断、熔断器熔断、发电机出口端短路等，都会引起测频信号消失故障。没有测频信号输入，单稳触发器 DW_1、DW_2 不再产生脉冲，测频回路会输出一个对应频率低于 30Hz 时的负电压信号，这将使接力器突然开大，造成过速或过载。为防止这种现象发生，附图 2-3 中设置了以继电器 J 为执行元件的保护回路。测频信号正常时，DW_2 输出的脉冲电压，将周期性地通过 R_{33} 对电容 C_{16} 充电，使三极管 T_7、T_8 均处于截止状态，继电器 J 无电流通过，其常闭接点闭合，不影响各信号电压的传递，调速器将正常运行。一旦测频信号消失，DW_2 不再产生脉冲，其输出变成接近零的稳定电压。电容 C_{16} 不再充电，两端电压下降，使 T_7、T_8 改变为导通状态，继电器 J 将由于有电流流过而动作。J 的常闭接点断开，常开接点闭合，使测频及频率给定信号切断，硬反馈信号切换成一定的正向电压，此正电压经 IC_3 放大造成接力器关闭，一直关到由功率给定电位器 W_9 整定的开度为止。此后，机组将在给定功率状态稳定运行。对小型机组而言，W_9 通常置于空载位置，机组也就自动关至空载状态运行。

另外，图中切换开关 K_3、K_4 用于调整试验，可切至不同位置以测量相应的信号电压。K_3 全部接通则用以检查测频信号消失的保护动作。

YDT—18000A 型调速器，测频回路带有微分环节，输出信号包含了反映机组加速度的部分，因此它属于比例—积分—微分型调速器，其信号传递情况如图 6-39 所示。

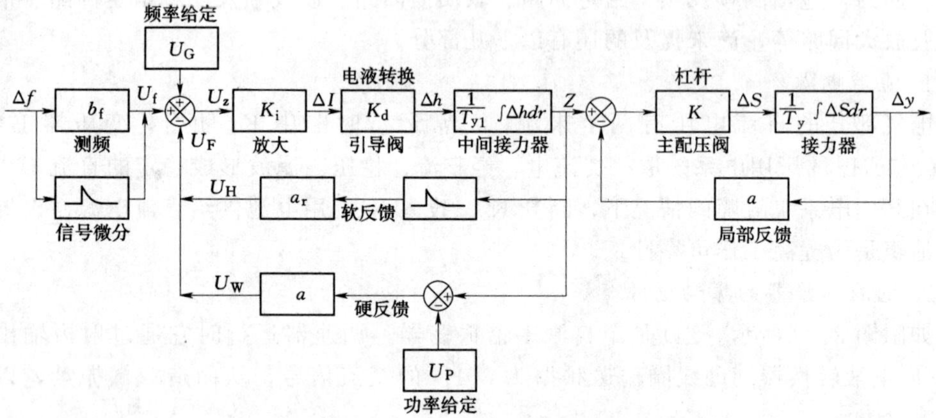

图 6-39　YDT—18000A 信号传递框图

6.7.3　整机动作原理

1. 机组的启动与停机

机组在自动开机前，先将频率给定置于 50Hz 位置，功率给定放在空载开度位置，并整定好调速器的有关参数。当中控室发出开机命令时，由机组的二次控制回路操作开度限制机构，开限电机向开启方向转动到略大于空载开度位置。由于功率给定在空载开度位置 $|U_A|<|U_P|$，故硬反馈及功率给定信号 U_W 为一个负值。由于开机前机组转速为零，继电器 J 线圈通电，其常开接点切断了测频及频给信号，因此综合放大回路输入值为 U_W，经综合放大后，电液转换器工作线圈通入开机电流（$I<0$），电液转换器控制套下移，其差动活塞与引导阀阀盘也随着下移。中间接力器与导叶接力器向开启方向移动，导叶开启，机组转速逐渐上升。随着导叶的开启和机组转速的上升，测频回路信号有输出，继电器 J 线圈断电复归，调速器进入正常自动调节状态。导叶继续开启直至空载开度，机组转速很快稳定于空载额定转速，开机过程结束。机组同期并列后，机组的二次控制回路再次操作开度限制机构，利用开限电动机将开限开启到全开位置，此时可根据运行需要，用功率给定装置或频率给定装置使机组带上指定的负荷。

正常停机时，由中控室发出停机令，二次控制回路操作功率给定电动机使机组减负荷。当负荷减到零，即导叶关至空载开度时，进行解列操作，机组进入空载运行状态。此时，二次控制回路再操作开度限制机构电动机使开限机构关至全关位置，导叶随即全关，机组转速下降。当转速降至35%额定转速时，二次控制回路投入机组停机制动装置，机组转速将很快降到零，正常停机过程结束。

2. 机组的自动调节运行

当机组处于稳定工况运行时，调节信号综合放大回路的输出信号为零，则通过电液转换器工作线圈 Q_1 的电流 $I=0$。此时若机组负荷发生变化，或者变更频率给定或功率给定，则调节系统将产生调节过程。

当机组按有差特性单机带负荷自动运行时，假定机组所带的负荷减少，则机组转速升高，测频回路输出 U_G 增大，综合回路平衡被破坏，输出信号电压朝正方向增加。该信号经直流放大回路放大后，向电液转换器工作线圈 Q_1 提供一个 $I>0$ 的电流。这是个关机电流信号，电液转换器控制套上移，引导阀阀盘也跟随上移，中间接力器活塞向下运动，通过传递杠杆使主配压阀活塞上移，主接力器开度关小。与此同时，中间接力器活塞下移后，带动位移传感器（反馈电位器）向软反馈回路和硬反馈回路提供反馈信号，使中间接力器的位移与 U_G 的变化形成近似于比例——积分（即PI调节规律）的动作规律。最后使中间接力器稳定在新的平衡位置上。另外，主接力器动作后，通过机械反馈杠杆使主配压阀活塞再回到中间位置，此时主接力器停止在与用户负荷相应的新平衡位置上。在此，主配压阀、主接力器和其机械反馈杆件构成了液压随动系统。

实际上这个调节过程是要经过几次波动后，调节系统才能稳定于新的工况点上运行。在新的工况点上，综合回路的输出信号也为零，但机组稳定于比调整前稍高的转速下运转（有差调节的原因）。

当机组所带的负荷增加时，首先是机组转速的下降，接着其自动调节过程恰好与上述情况相反，最后机组稳定在一个稍低于调整前的转速下运转。

另外，利用频率给定电位器 W_1 或功率给定电位器 W_9，可使空载运行的机组转速发生变化或使并列运行的机组负荷发生变化，其自动调节过程可按上述类似方法进行分析。

3. 机组的手动操作

当机组手自动切换阀切至手动位时，控制压力油不再经过引导阀，直接由手自动切换阀至开度限制阀再到中间接力器，电气回路、电液转换器和引导阀将不起作用，导叶开度完全由开度限制机构控制。

假如机组原处于自动调节状态，若要改为手动液压控制，此时应先操作机械开限机构的手轮，使开限指示红针与实际开度指示黑针重合，再将手自动切换阀13切至手动位置，这时压力油进入开度限制阀下进油口并守候于开限针塞的下阀盘处，中间接力器下腔也不通排油（排油通道被开限针塞的上阀盘阻断），则中间接力器处于平衡位置，主接力器开度不变，机组仍处于原工况下稳定运行。此时若要变更机组负荷，可操作开限机构手轮。若操作开限机构手轮使开限螺套 19 向上移动，则经杠杆 10 传递使开限针塞也向上移动，其上阀盘封不住排油口，中间接力器下腔的油经紧急停机电磁阀 4 进入开度限制阀上进油口并从排油口排掉，中间接力器活塞在上腔压力油的作用下向下运动，并通过杠杆传递使主配压阀活塞上移，主接力器向关闭侧运动，机组负荷减小。与此同时，反馈锥体 15 带动反馈杆件使主配压阀活塞回到中间位置，机组稳定于新的工况下运行。

若要增加机组负荷，可操作开限机构手轮使开限螺套 19 向下移动，其他机构的动作过程与上述情况相反。

同理，操作机械开限机构手轮，可进行手动开机和手动关机。

值得注意的是，当机组由手动操作变为自动控制时，应先观察电液转换器的平衡表指示是否为零，若平衡表不为零（$I\neq 0$），则应先调整功率给定电位器，并使平衡表指示为零（即综合放大回路输出为零），再将手自动切换阀切至自动位置，然后操作开度限制机构手轮，使开限指示红针大于导叶实际开度指示黑针即可。

4. 事故紧急停机

当机组由于某些电气或机械的严重故障而危及机组安全运行，或者由于某种原因（如调速器电气回路失灵或电液转换器卡阻等）造成机组转速达 140%额定转速时，二次保护回路中机械事故停机继电器动作，并使紧急停机电磁阀线圈通电，电磁阀活塞上移，中间接力器下腔的油直接通过电磁阀排油，并带动主配压阀活塞上移最大行程，主接力器快速关闭，同时锁锭投入。

当自动紧急停机控制回路失灵或因某种原因需要紧急停机时，也可手动操作紧急停机电磁阀，实现紧急停机。

复习思考题与习题

6-1　频率波动对用户有何影响？我国电力系统规定的频率波动允许值是多少？

6-2　水轮机调节的任务、途径和方法是什么？

6-3　试述水轮机调速器的分类方法。

6-4　离心飞摆的作用是什么？离心飞摆转速死区对调节系统有何影响？

6-5　YT 小型调速器第一级和第二级液压放大机构怎样构成？各构成元件有何作用？

6-6　YT 小型调速器接力器的最短关闭时间如何调整？其值大小对系统有何

影响？

6-7 永态转差系数、暂态转差系数对调节有何影响？机调的这两个系数如何调整？

6-8 机调转速调整机构的作用是什么？结合附图 2-1 简述其工作原理。

6-9 机调开度限制机构起什么作用？结合附图 2-1 简述其工作原理。

6-10 电气调节器包括哪些主要回路？各回路作用是什么？

6-11 结合附图 2-2 简述 YDT—18000A 的开度限制机构的工作原理。

6-12 结合附图 2-2 简述 YDT—18000A 在自动调节工况下的调节原理。

第 7 章

数字式微机调速器

水轮机调节系统是一个非线性的时变系统，其性能的好坏对系统各工况下的动态品质起着决定性的影响，直接关系到水轮机的功率和效率、稳定和安全。随着计算机控制理论及技术的不断发展和成熟，其先进性、可靠性和稳定性进一步提高，逐渐出现了经典和现代控制理论与计算机相结合的标准化、高性能新型计算机控制装置。但模拟调速器至今仍未能超出 PI 或 PID 的控制规律，而且其控制的速度和精度、稳定性和可靠性、远程监控及自动化程度都难以满足现代水电站及电力系统的要求。

随着 Intel 公司推出第一个微处理器开始，国内外调速器专家就开始将微机控制技术引入水轮机调节领域。我国在 20 世纪 80 年代开始研制微机调速器，并于 1984 年 11 月研制成功我国第一台微机调速器，在湖南欧阳海水电站投入运行。到了 90 年代，随着一些新型计算机装置和电液随动系统及标准化液压元件在调速器中的应用，新型调速器出现了高油压、液压元件集成、应用现代控制理论、采用新型计算机控制装置等特点，与机调、电调相比，新型微机调速器有以下优点。

（1）便于采用先进的调节控制技术，从而保证水轮机调速系统具有优良的静、动态特性。不仅可实现 PID 调节规律，还可以实现前馈控制、预测控制、模糊控制和自适应控制等复杂规律，从而可得到更好的动态调节品质。

（2）硬件高度集成，液压元器件标准化，可靠性和稳定性较高；同时直接数字控制使结构和操作回路更加简单，杆件死行程小，定位精度高，响应速度快。

（3）参数设定、修改方便，状态查询灵活、直观。

（4）提高性能和增加功能可通过修改软件实现。如机组的开停机规律、导水叶分段关闭规律、开机时频率自动跟踪和相位检测等，并具备自诊断功能、容错控制功能等。

（5）可利用通讯功能直接与厂级或系统级上位机连接，实现全厂的综合控制，提高自动化水平。

（6）微机调速器在速动性、精确性和可靠性方面具有优越性。

7.1 微机调速器的系统结构与组成

7.1.1 微机调速器的系统结构

1. 微机调节器的基本结构形式

（1）单微机调节器。单微机、单总线、单输入/输出通道。一些采用可编程序控制器作调节器的微机调速器就属于这种类型。由于可编程序控制器具有很高的可靠性，因而在一些水电站得到了应用，例如葛洲坝水电站的 WBST—A 型、三门峡水电站的 DKST 型等。

（2）双微机调节器。双 CPU、单总线、单输入/输出通道。

（3）双微机系统调节器。双微机、双总线、双输入/输出通道。如图 7－1 所示，这种结构实际上是两套微机调节器，其微机部分有采用单板机和 STD 总线工控机等。两套微机调节器的内容完全相同，结构完全独立，运行时在管理部件的调度下，一套系统处于正常运行状态，另一套系统为备用状态。当运行系统出现故障时，通过切换控制器无扰动地切换到备用系统，即所谓互为备用的冗余系统。这种结构形式在我国许多电站得到了应用。

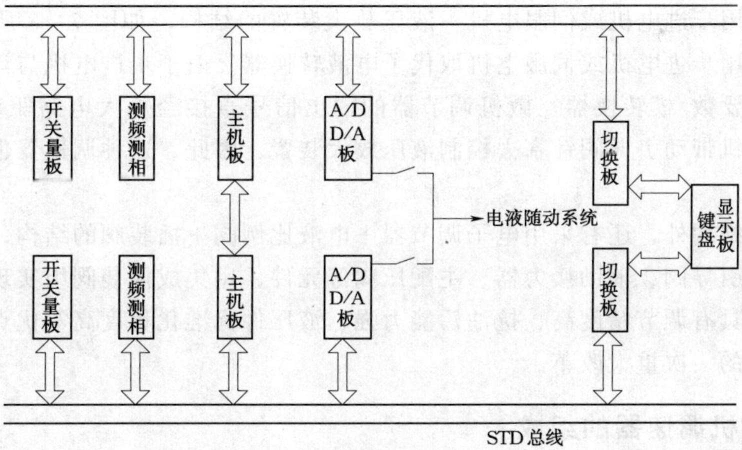

图 7－1 双微机调节器结构框图

2. 电液随动装置结构

按照电液转换元件的不同，电液随动装置可以分为两种形式。

(1) 采用伺服比例阀＋液压放大装置的结构，如图 7-2 所示。在这种系统结构中，用伺服比例阀取代了传统的电液转换器，由于伺服比例阀具有较强的防卡能力、抗油污能力和电磁操作力大等特点，其动、静态特性不低于电液转换器。运行情况表明，采用伺服比例阀的调速器机械液压柜，自投入运行以来具有较好的稳定性和可靠性。

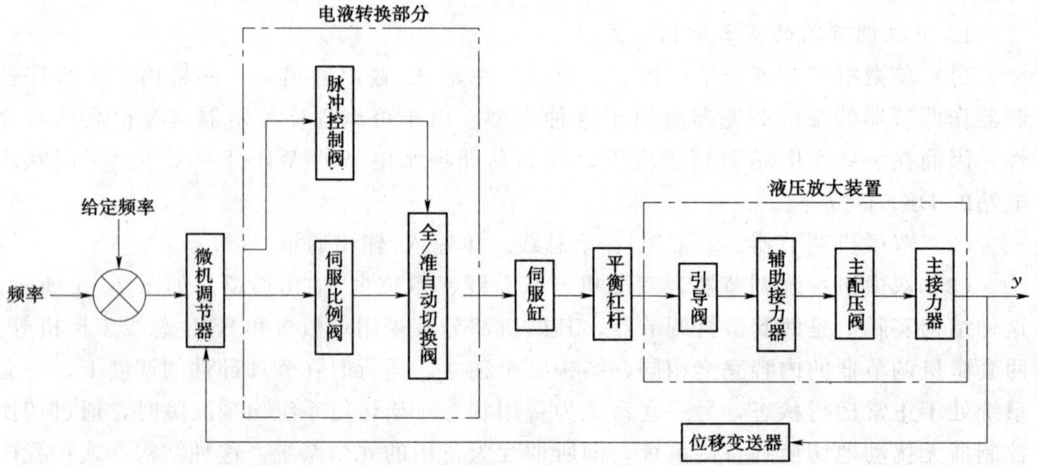

图 7-2 伺服比例阀＋液压放大装置的结构

(2) 采用步进电机或伺服电机＋液压放大装置的结构，如图 7-3 所示。这种结构的调速器用步进电机或伺服电机取代了电液转换器。由于步进电机与计算机接口简单，不再需要数/模转换器，微机调节器的输出信号直接经放大电路驱动步进电机，再由步进电机带动引导阀针塞去控制液压放大装置，因此，这种调速器也有较强的抗油污能力。

除上述结构外，还有采用电子调节器＋电液比例阀＋插装阀的结构，这种结构取消了传统的引导阀、辅助接力器、主配压阀等元件，用集成插装阀组实现接力器的操作控制。它具有调节精度高、抗油污能力强、液压件标准化程度高等优点，是对调速器液压系统的一次重大改革。

7.1.2 微机调速器的组成

微机调速器主要由微机控制装置、微机输入/输出装置和电液随动装置等组成。

1. 微机控制装置

微机控制装置是微机调速器的控制主体，实际上是一台工业微型计算机，如单板

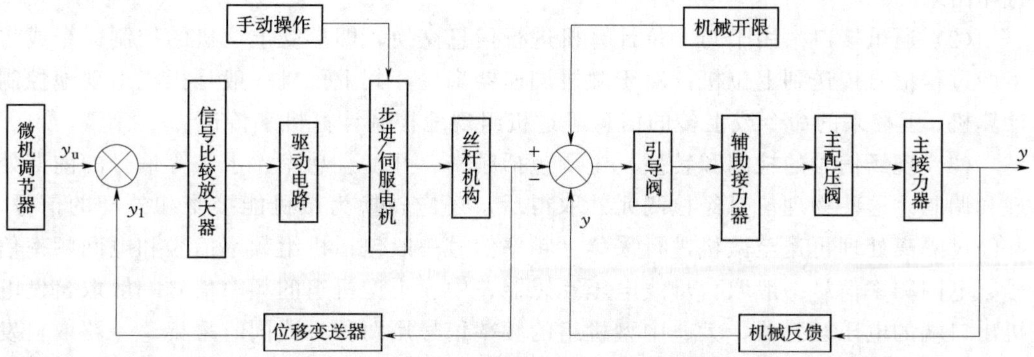

图 7-3　步进电机或伺服电机＋液压放大装置的结构

机、PLC、工控机或可编程计算机（PCC）等。它们都是由 CPU、ROM、RAM、总线、时钟等组成，并根据输入通道送来的设定值和反映被控对象运行情况的数据，按照预定的控制规律（PI 或 PID 调节规律）设计的控制程序，自动进行信息的处理、分析和计算，最后将反映调节量大小的结果通过输出通道发出控制命令。

一般大、中型水轮机微机调速器都采用了较高档次的控制微机，为提高可靠性都采用硬件冗余和软件容错的技术。在硬件方面采用双微机或三微机并行工作互为备用，故障自动无扰动切换的硬件冗余结构。每台微机都采用先进的表面贴片工艺和高度集成的工业元器件，并采用分布式的隔离电源和多重电磁兼容技术。在软件方面，借助其较强的数据处理能力和较好的人机界面，一方面采用触摸屏实现软面板技术，将运行有关的内容、数据和在线帮助集中一个窗口图文显示，并代替按键和开关等设备。另一方面利用软件技术，不仅能对设备进行在线自检测，封锁错误数据输出，同时利用专家系统指导参数设定，进行故障定位和超前维护及预警，借助计算机辅助分析系统进行故障录波、分析和原因推断。

2. 微机输入/输出装置

微机调节器的输入/输出装置包括与微机控制装置的人机接口、通讯接口、现场信号的检测和转换装置、电液随动系统的驱动装置等。

(1) 人机接口装置。包括显示器、键盘和打印机等。显示器的类型有：LED 数码管、CRT 显示器、液晶显示器和触摸屏。显示器通常作为数据和状态的图文显示，供操作员了解和掌握设备当前运行状态。键盘和按键主要用于参数的输入和修改、显示信息的切换等，当使用触摸屏时，操作人员在监控软件的作用下，直接用手点击屏幕相应位置即可完成键盘输入的功能，更有利于结构简化和操作方便。打印机主要用于数据和图形的输出，可将系统设置的参数、设备的运行记录、系统故障记录等数据打印出来。

（2）通讯接口。用于与上位计算机进行信息交换，即接受上位机的控制命令或将生产过程信号传送到上位机。对于微机调速器来说，其上位机一般是指机组现地控制计算机，远控来的命令或上传的信息经过机组现地控制计算机来传送。

（3）现场信号的检测和转换。主要包括频率、开度、功率、水头等信号的前期处理和调制。这些物理信号经检测元件取得后，还应转换为微机能接受和处理的信号，并经过隔离处理再送至微机进行采集。频率信号一般包括机组频率信号和电网频率信号。电网频率信号一般取自母线电压互感器，中、小型机组的频率信号一般取自发电机出口端的电压互感器，大、中型机组的频率信号用两种方式同时采集，一路取自发电机出口端电压互感器，常称为残压测频，另一路靠装于发电机轴上的齿盘用电磁开关进行采集，常称为齿盘测速。

（4）电液随动系统的驱动装置。是微机控制装置与电液随动系统的连接部件。微机控制装置输出的调节控制信号必须按电液随动装置的要求，转换为相应形式，并经放大后驱动电液随动装置的电液转换部件。不同的电液转换部件，其要求的信号形式不同，如步进电机的驱动一般采用专用的步进电机驱动模块，该模块要求提供的是方向和转动步数两个信号，而电液伺服阀驱动装置要求提供的是一个直流电流信号。

3. 电液随动装置

电液随动装置的主要作用是将微机调节器送出的调节电信号转换为液压信号，并经液压放大后，控制接力器的开和关。各种电液随动装置的主要区别是其电——液转换结构，常见的结构有：步进电机或伺服电机＋液压放大装置形式，伺服比例阀＋液压放大装置形式，电液伺服阀＋液压放大装置形式，电液数字阀＋液压放大装置形式。

不同的微机控制装置和电液随动系统，会有不同的结构和形式，当然也有不同的工作原理。但不管采用何种结构和形式，调速器的基本原理和功能还是一致的。

7.1.3 微机调速器的 PID 控制算法

微机调速器主要以 PID 调节规律作为基本的控制算法，并且是利用软件的方式来实现。计算机要进行运算，必须先建立相应的数字模型——数学方程式。机组频率和功率的变化都是连续的过程，但计算机只能处理离散的数学模型，无法进行连续 PID 的运算。因此，在确定连续 PID 调节规律的数学模型后，还须将其转换为便于计算机运算的离散化 PID 的算法模型（差分方程），才能由相应的软件完成模型的计算。

数字式微机调速器最基本的离散控制算法有两种，一种为位置型 PID 控制算法，另一种为增量型的 PID 控制算法。

因为微分环节只能维持一个采样周期，作用时间很短，而后面的电液随动系统又存在较大的惯性，微分环节的作用不能充分发挥。因此，在实际应用中，常采用实际微分环节的 PID 调节器。实际微分通道的输入和输出关系如下：

$$u_d(t)+T_d\frac{du_d(t)}{dt}=K_D\frac{de(t)}{dt}$$

式中：T_d 为微分时间常数；K_D 为微分增益；$u_d(t)$ 为输入偏差 $e(t)$ 时微分环节的输出值。

实用的位置型 PID 控制算式为：

$$u(n)=K_Pe(n)+K_IT\sum_{j=0}^{n}e(j)+\frac{K_D/T}{1+T_d/T}[e(n)-e(n-1)]+\frac{T_d/T}{1+T_d/T}u_d(n-1) \tag{7-1}$$

式中：K_P、K_I、K_D 分别为比例、积分和微分增益；$e(n)$、$e(n-1)$ 分别为第 n 次和第 $n-1$ 次采样周期的输入偏差；$u(n)$ 为第 n 次采样周期 PID 调节器的输出值；T 为采样周期。

实用的增量型 PID 控制算式为：

$$\begin{aligned}\Delta u(n)=&K_p[e(n)-e(n-1)]+K_ITe(n)\\&+\frac{T_d/T}{1+T_d/T}[e(n)-2e(n-1)+e(n-2)]\\&+\frac{T_d/T}{1+T_d/T}[u_d(n-1)-u_d(n-2)]\end{aligned} \tag{7-2}$$

式中：$\Delta u(n)$ 为第 n 次和第 $n-1$ 次采样周期 PID 调节器输出值 u 的差值，即 $\Delta u(n)=u(n)-u(n-1)$。

根据水轮机调节的特点，除了考虑并网前按 PID 调节规律进行控制外，还必须考虑并网之后按永态转差系数 b_p 作有差调节，其微机调节器的典型框图如图 7-4 所示。机组并网前，用电网频率与机组频率比较，得出频差 e 并输入到 PID 调节器，形成与频差相对应的调节规律，从而让机组跟踪电网频率，尽快达到同期条件。机组并网后，调节器的输入信号为频率给定值与机组频率比较所得频差。

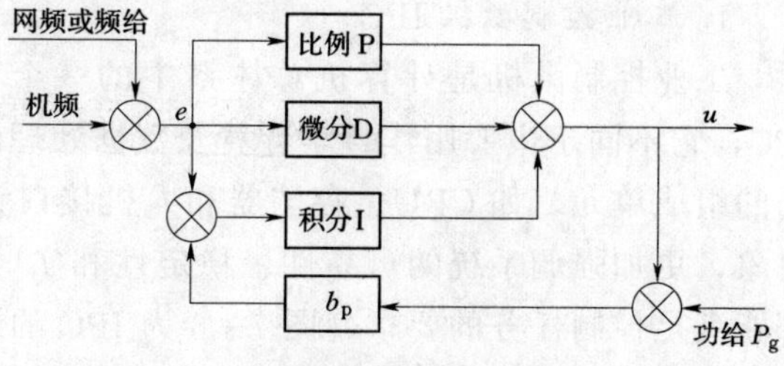

图 7-4　水轮机微机调节器典型框图

PID 调节器的反馈环节 b_p 的输入信号取自调节器的输出 u 与功率给定 P_g 的比较值，输出与 PID 输入信号进行比较后仅送到积分通道，这样可提高机组并网后增减负荷的速度。

由于增量型 PID 控制器只输出控制增量，不含偏差的累加值，因而具有较快的运算速度，不易产生误差积累，控制效果较好，误差动作（计算机故障或干扰）影响小；同时随动系统不会因为失电等故障情况导致执行机构产生误动作。此外，系统易于加入手动控制且在手自动切换时无冲击，动作灵活，因此在实际控制中增量型 PID 控制算法应用比位置型 PID 控制算法应用广泛。图 7－5 就是一个增量型数字 PID 微机调速器控制系统的原理框图。

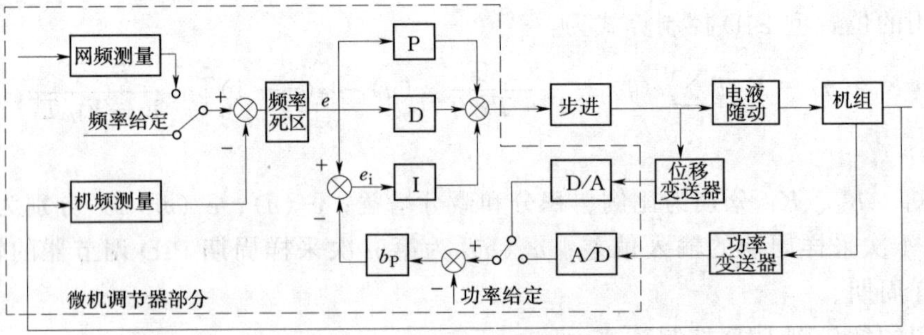

图 7－5　增量型数字 PID 微机调速器控制系统原理框图

7.2　微机调速器的组成和工作原理

7.2.1　微机控制器

作为微机调速器的控制核心——微机控制器，随着计算机技术的不断发展，经历了单片机、单板机到工业控制计算机、可编程控制器和可编程计算机的阶段，其 CPU 也从 Z80、Intel8031 等 8 位机到了 16 位或 32 位的 CPU，如 Intel 8086 和 Motorala 6300、Motorala 6800 等，同时也出现了多 CPU 及智能处理器的控制器。

1. 工业控制微机 IPC

工业控制微机是计算机总体系中的一个重要分支，是一种工业级的 PC，简称 IPC，它不同于主要用作科学计算及数据处理的信息处理机。虽然两者都具备基本相同的组成单元，如 CPU、存储器和人机接口设备，但 IPC 直接面向控制过程或控制对象，更加强调系统的可靠性、稳定性和实时性，CPU 的速度和存储器的大小一般都能满足控制任务的要求。图 7－6 为 IPC 的组成示意图。

由图可见，IPC 基本上由 CPU、存储器、人机接口、I/O 接口和系统支持板组

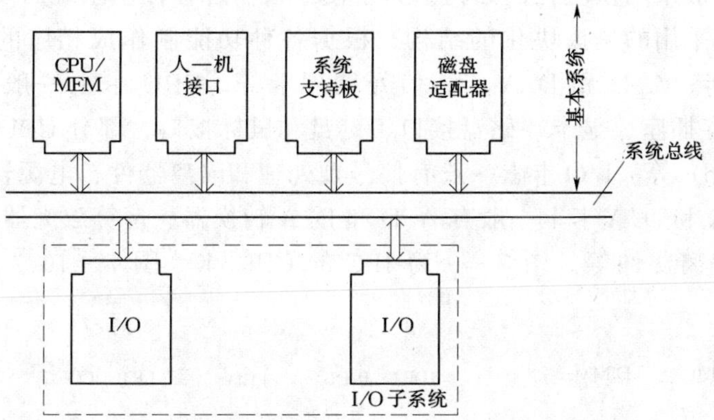

图 7-6 IPC 基本组成示意图

成，各部分之间通过总线的形式连接。从外观和感觉来看，部分 IPC 与个人计算机（PC）好像差别并不大，只是机箱显得沉重一些。实际上，IPC 与 PC 在基本结构上是有着相当大的差别。

（1）IPC 一般采用的是面向工业控制的总线，并采用底板的结构，各元件及结构都考虑要有极高的电磁兼容性、抗干扰能力和共模抑制能力。IPC 一般采用总线底板的方式，根据控制需要选择各种功能模板并安装在底板上。底板上的元件并不多，只具备一些数据传送必须的器件，具体功能由各模板实现。底板的作用仅仅是将各模板插座的数据线、地址线、控制线以及电源和地线一一对应地连接起来。系统电源经电缆连到底板的电源插座，再经底板的电源总线连到各功能模板。底板可以根据不同需要采用不同的总线标准和不同的插座槽数。图 7-7 为 IPC 的机箱，图 7-8 为 IPC 的底板。

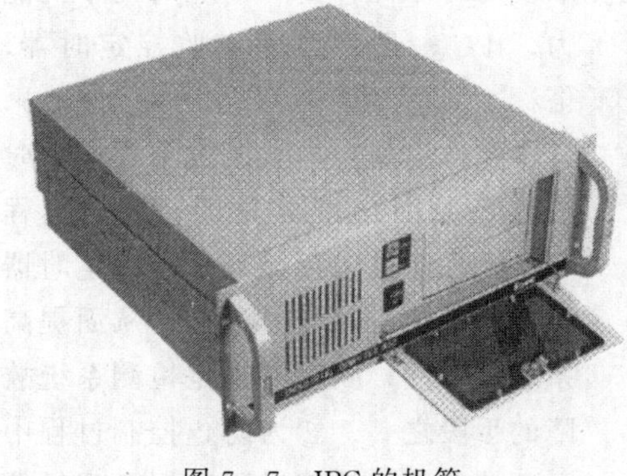

图 7-7 IPC 的机箱

图 7-8 IPC 的底板

(2) IPC一般采用模块化的结构。为了便于根据各种控制系统的要求组成相应的控制装置，IPC采用的是模块化的结构，根据各种功能制作成相应的功能板卡，如CPU卡、I/O卡、A/D和D/A卡、信号调理卡等。CPU卡上一般配备有相应的CPU插座、内存插座、显卡、磁盘接口、键盘和鼠标接口，部分CPU卡还支持电子盘（DiskOnShip）等。I/O卡上一般有信号预处理和隔离器件、电源转换器件、输出继电器等。A/D和D/A卡上一般有A/D和D/A转换器、运算放大器、多路转换器、采样保持器、隔离器件等。图7-9为IPC的CPU卡，图7-10为IPC的数据采集卡。

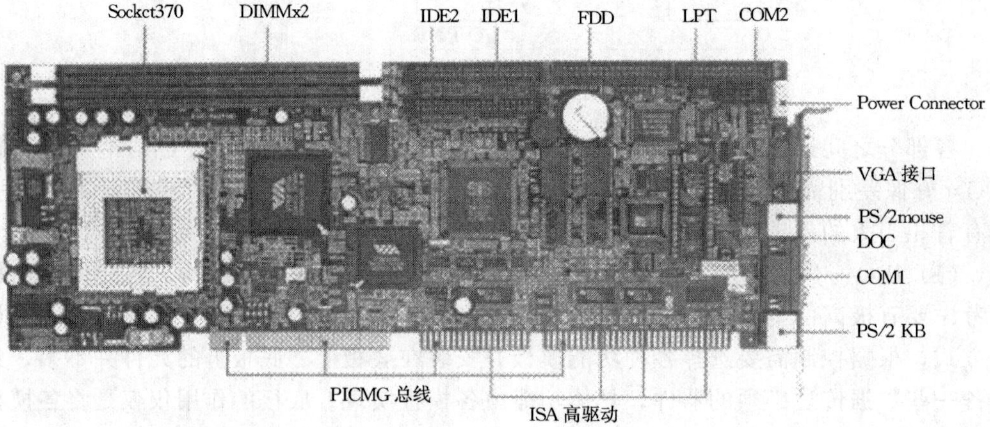

图 7-9 IPC的CPU卡

图 7-10 IPC的数据采集卡

(3) IPC支持多种实时控制功能并具有相应的装置。①为了保证控制系统的可靠性，提高系统的抗干扰能力，IPC一般都具备有监控定时器，俗称“看门狗”（Watchdog Timer），其主要作用是：当系统因干扰或瞬时故障等原因出现异常时，如“飞程序”或程序进入死循环，监控定时器可以使系统自动恢复运行，从而提高系统可靠性，同时它也是检测系统故障的手段之一。②为防止控制过程中电源消失引起控制过程数据及现场信息的丢失，IPC一般设有电源掉电检测和保护功能。当IPC在工业现场运行过程中出现电源掉电故障时，它能在掉电瞬间及时发现并保护当时的重要数据和计算机各寄存器的状态，一旦上电后，IPC能从断点处继续运行，从而起到保护现场的作用。③监控定时和掉电检测功能均要有能保存重要数据的后备存储器。为了保证可靠、安全，IPC中的这个存储体不应与工作存储器共用一个存储体，而应采用另一个后备存储体。后备存储体通常容量不大，它能在系统掉电后保证所存数据不丢失，故通常采用NOVRAM，E^2PROM或采用后备电池的SRAM。为了保护数据不丢失，系统的存储器工作期间，后备存储体应处于上锁状态。④为满足实时控制的需要，IPC一般均有相应的实时日历时钟或外部同步时钟接口。在实际工业过程控制系统中往往要有事件驱动和时间驱动的能力。一种情况是在某时刻预置某些控制功能，届时IPC应自动执行；另一种情况是IPC应能自动记录某个动作是在何时发生的。凡此种种，都必须配备实时时钟，且能在系统掉电后仍然不停顿地正常工作。常用的实时日历时钟芯片有DS1216、DS1287等。此外，在一些大中型控制系统中，为保证控制系统中所有计算机的控制时钟和事件记录能按统一标准的时间来进行，往往采用GPS对时装置给每一台计算机提供统一的同步时钟信号来实现。

（4）IPC一般采用实时的操作系统。IPC作为实时控制的计算机，所采用的操作系统也必须满足实时性的要求。常用的实时操作系统有VRTX、Tornado/VxWorks等。

（5）IPC还有各种形式，有将所有元器件都集成在一块电路板上的嵌入式单板计算机、将显示器也都集成在一起在嵌入式一体化工作站，还有曾用得较多的STD总线工控机等。

2. 可编程控制器PLC

可编程控制器（Programmable Logic Controller，简称PLC）最早出现于1969年，由美国数字设备公司（DEC）研制，并成功应用于美国通用汽车公司（GM）的汽车生产线上。PLC作为一种新型的工业控制装置，它当时是应现代工业生产要求控制方案能随生产品种灵活改变的需要研制出来的，其主要功能是实现逻辑控制，从而取代传统继电器的硬接线控制逻辑，克服传统继电器触点控制故障率高、系统维护量大、容易出现触点竞争和时序失配等问题。

随着微电子技术和计算机技术的迅猛发展，目前PLC的功能日益增强，不仅能进行一般的逻辑控制，还具备了数据运算、传送和处理的功能，可以进行模拟量控制、位置控制和实现远程通信，PLC已成为现代工业控制的主要设备之一。

输入输出接口电路是PLC与外围设备之间信息传递的通道，为保证PLC可靠工作，PLC在接口电路上采取了不少的措施，包括在输入输出回路中采用光电耦合器，并有多种形式的输出方式，如继电器输出、晶体管输出和晶闸管输出等。常用的接口电路如图 7-11、图 7-12 和图 7-13 所示。

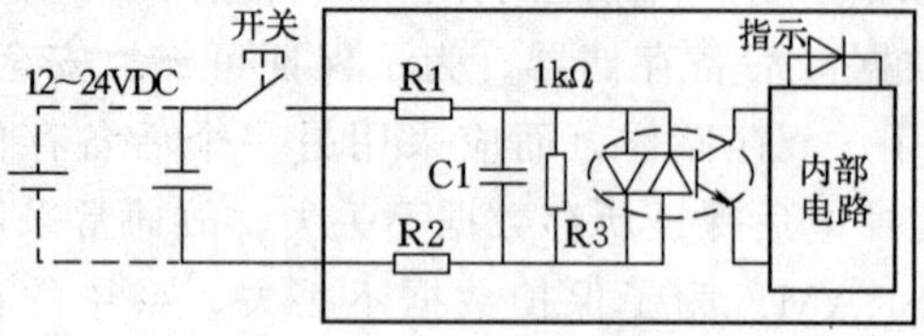

图 7-11 直流开关量输入接口示意图

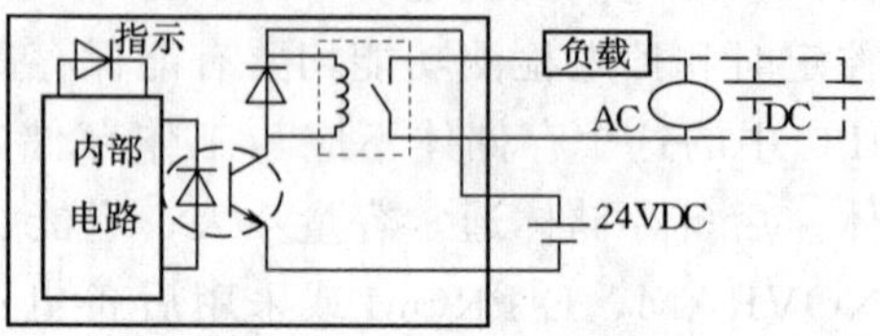

图 7-12 继电器开关量输出示意图

根据 PLC 的结构形状不同，PLC 可分为整体式和机架模块式两种。整体式结构 PLC 是将 CPU、电源、输入输出部件等全集中配置在一起，结构紧凑，体积小，价格低，同时还可以扩展一定数量的功能模块，如 A/D、D/A 模块、I/O 模块和运动控制模块等。模块式 PLC 是将各部分单独的模块分开，如 CPU 及存储器模块、电源模块、通信模块、输入模块、输出模块等，具体应用时根据系统需要，选择合适的模块并分别插入机架底板插座上，配置灵活、方便、便于扩展，一般应用于中、大型 PLC 场合。

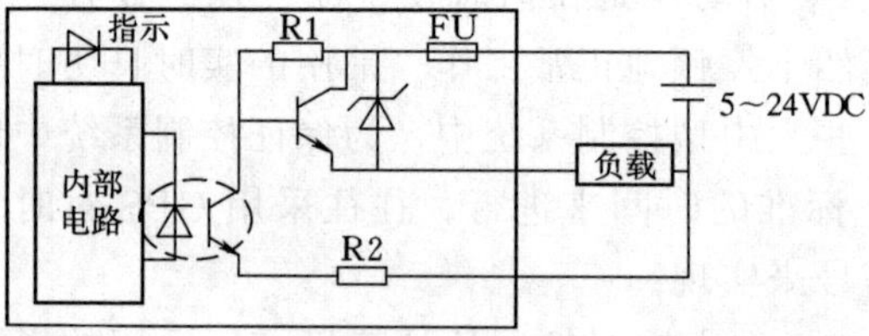

图 7-13 NPN 晶体管开关量输出接口示意图

作为微机调速器用的 PLC，一般选择整体式的 PLC，再配以相应的测频模块、A/D 模块、D/A 模块或定位控制模块等即组成了调速器的微机控制器。

3. 可编程计算机控制器 PCC

可编程计算机控制器（Programmable Logic Controller Computer，简写为 PCC）是 PLC 的升级产品，其基本的组成和工作原理与 PLC 相同，但 PCC 具有许多一般 PLC 所不具有的特点。首先，目前 PLC 均是采用单任务操作系统，而 PCC 已经采用了多任务操作系统，这是 PCC 与 PLC 的一大区别；其次传统 PLC 的编程语言以使用梯形图和类似于指令表的语言为主，很少支持高级语言编程，也很少有自己的高级语言，而 PCC 不但支持梯形图、C 语言等各种高低级编程语言，而且还具有专门为工业控制开发的高级语言，它比通用的高级语言如 C 语言更适合工业控制的特点，更易于编程；最后，传统的 PLC 只支持一个主 CPU，然后带多个处理器进行工作，而 PCC 可以支持多个主 CPU 同时工作，而且还具有智能处理器，如专门的时间处理单元（Time Processor Unit，简写为 TPU）。从上述可以看出，PCC 不是简单对 PLC

的更新换代，它在很多方面突破了传统做法，在可编程控制器中引入新的控制思想和编程思想，更易于实现越来越复杂的控制要求。

与PLC一样，PCC仍采用循环扫描的工作方式，但扫描顺序可以是固定的，也可以是可变的。一般小型PCC采用固定的扫描顺序，大中型PCC则采用可变的扫描顺序。这是因为大中型PCC处理的I/O点数多，其中有些点可能不必要每次都扫描，一次扫描时对某一些I/O点进行，下次扫描时又对另一些I/O点进行，即分时分批地进行顺序扫描，这样做可能缩短扫描周期，提高实时控制中的扫描速度。小型PCC的工作过程如图7-14所示。

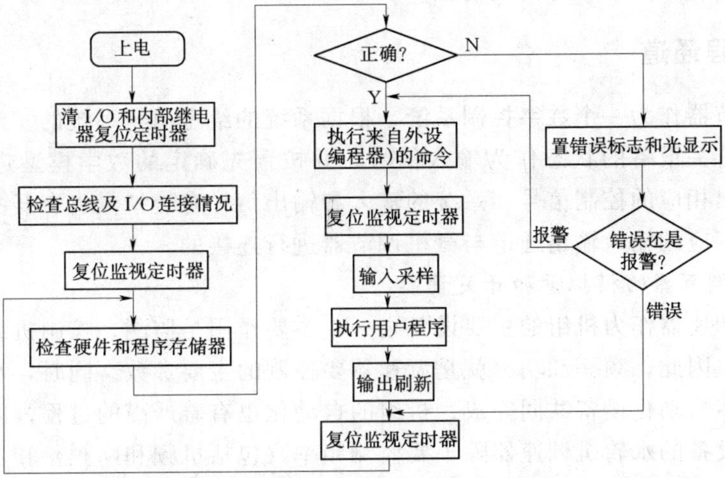

图7-14 小型PCC的工作过程

在水轮机调速器中，使用小型的PCC就可满足要求，如B&R2003。B&R PCC采用的是模块式的结构，其基本组成模块包括CPU模块（包含了存储器）、电源模块、通讯模块、数字量输入模块、数字量输出模块、模拟量输入模块、模拟量输出模块、运动控制模块等，具体可根据系统的功能需要进行组配。

B&R PCC与PLC一样都支持广泛应用的梯形图编程语言，但B&R 2003同时支持一些高级编程语言，更易于PID控制规律及一些高级控制策略的实现，这些高级编程语言包括C语言、B&R高级语言AB等。C语言是一种通用的编程语言，具有编程简单、方便，而且容易实现功能复杂的工业计算。但是它对于PCC来说，却并未发挥PCC的最大效能，有些功能需要用户自己编程来实现，这对于熟练C语言的程序员来说，可能很容易，但对于一般的工程人员就比较麻烦。B&R高级语言AB是基于WINDOWS的一种高级语言，它能够充分利用PCC的特点，是一种编程灵活、功能丰富的自动化编程语言。在 WINDOWS 操作系统下，能够轻松完成各种复杂的工业控制和监视。

此外 B&R PCC 采用的是多任务分时操作系统，它可以将整个操作界面分成数个分别具有不同优先权的任务等级。其中优先权高的任务等级有着较短的循环扫描周期，而且每个任务等级可包括多个具体任务，在这些任务中可再细分其优先权的高低。在这种操作系统的管理下，优先权高的任务等级总是先被执行，剩余的时间里可执行优先权较低的任务等级。一个多任务分时操作系统可以将比较重要的任务等级定义得高一些，而一些较一般的任务可以将其任务等级定义得低一些。这样整个控制系统便得到了优化，具有较好的实时性。

7.2.2 过程通道

微机调节器作为一个数字控制系统，根据系统的给定值与系统的实测值比较所得到的偏差及有关设备的状态作为输入信号，并按预先确定的数学模型进行运算和决策，最后输出相应的控制信号。系统的输入和输出信号有模拟量也有开关量，这些信号都是通过相应的输入输出通道与微机调节器进行连接的。

1. 微机调节器的模拟量和开关量

水轮机调速器作为机组的主要设备之一，主要作用是监测、控制机组的转速和输出有功功率，因此，频率和功率就是调速器要控制的主要参数。同时，水力发电的生产过程由许多自动化设备共同完成，机组的自动化也有着严谨的过程，因此作为机组自动化主要设备的水轮机调速器除了要监测频率（包括机频和网频）和功率之外，还要与其他自动装置有着信号的交换，这些信号包括：①水头 H 的测量信号；②反映导水叶开度的主接力器或中间接力器位移信号；③双调中反映轮叶转角的轮叶接力器位移信号；④上位机的开、停机信号；⑤机组并网信号；⑥运行及操作方式的切换信号；⑦微机同期装置来的调节信号等。上述信号中既有随时间连续变化的模拟量信号，也有反映设备状态及控制方向的开关量信号，但因计算机只能接受、处理和输出数字信号，所以上述信号等必须要经过相应的转换和隔离才能被计算机接受并处理，计算机的输出信号也必须要经过相应的转换和处理才能被执行器接受，从而实现相应的控制。

2. 模拟量输入通道

在微机调速器中，要监测的量有功率、水头和开度等一些随时间连续变化的量，这些量由相应的传感器或变送器转换为标准的模拟电压或电流信号，但这些信号在输入计算机前还必须做好相应的处理和转换。模拟量输入通道的基本组成如图 7－15 所示。

信号处理电路的作用包括滤波和信号调理。其中滤波有硬件滤波和软件滤波两种方式，通过滤波将输入模拟信号中混杂的干扰信号滤掉或将其衰减。信号调理主要是统一电平信号，将输入的各种模拟信号进行放大、衰减和转换，从而将各模拟输入信号变为统一的电平信号，便于后续电路的处理。

多路转换器的作用是通过分时切换要测量的输入信号，从而使系统可以使用一套放大器和 A/D 转换器，即可实现对多路信号的处理和转换，降低成本。多路转换器一般为集成电子开关。

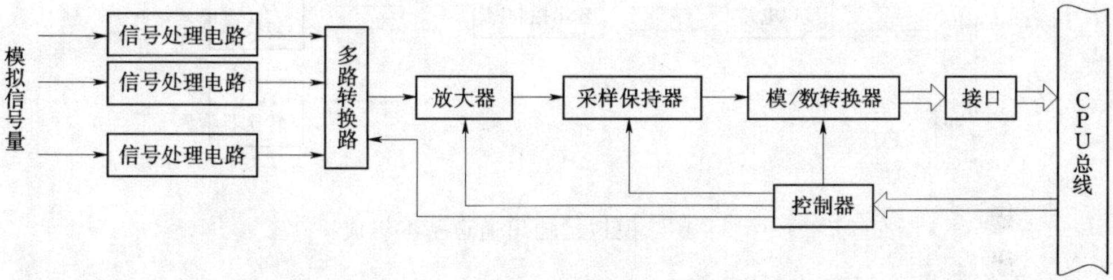

图 7-15 模拟量输入通道的基本组成

放大器的作用有二：一是减少输入信号的负载以减少通道对信号检测及处理电路的影响；二是对信号进行放大并具备一定负载能力，以便与 A/D 转换器工作范围相符。

采样保持器的作用是在某一时刻采集一个正在变化的模拟量信号，并在采集结束时保持采样值，以便在 A/D 转换过程中输入信号不发生变化，以免影响转换的结果。

模/数转换器是实现模拟量转换为数字量的关键部件，根据转换结果输出方式的不同，可分为并行 A/D 转换器和串行 A/D 转换器两种，根据转换器的工作原理不同又可分逐次逼近式 A/D 转换器和双积分式 A/D 转换器等。

3. 模拟量输出通道

模拟量输出通道的作用是把计算机输出的数字信号转换成外部过程控制设备或装置所能接受的模拟信号。但由于计算机是分时工作的，所以模拟量输出通道输出的模拟信号在时间和幅值上并不是连续的模拟量信号；同时，D/A 转换器位数不同，模拟量的输出分辨率也跟着不同。

根据所使用的输出保持器不同，模拟量输出通道可以分为数字量保持和模拟量保持两种结构形式。模拟量保持形式可以多个通道共用一个 D/A 转换器，这种方式的优点是只使用一个 D/A 转换器，但为保持输出电压不至于下降太多，需要不断地进行输出刷新，而且由于通道数较多，总的转换速度较低，可靠性较差。数字量保持形式缺点是每一通道需要一个 D/A 转换器，但其转换速度高、工作可靠，随着大规模集成电路技术的发展，这种形式的模拟量输出通道正越来越广泛地应用。

数字量保持形式的模拟量输出通道由接口电路、输出控制器、D/A 转换器等组成。如图 7-16 所示。计算机输出的数字量信号经接口电路送入到输出控制器，在输出控制器的控制下，按照一定的地址将数字量送至相应的 D/A 转换器并将数字量锁存下来，经 D/A 转换后将模拟量直接输出。

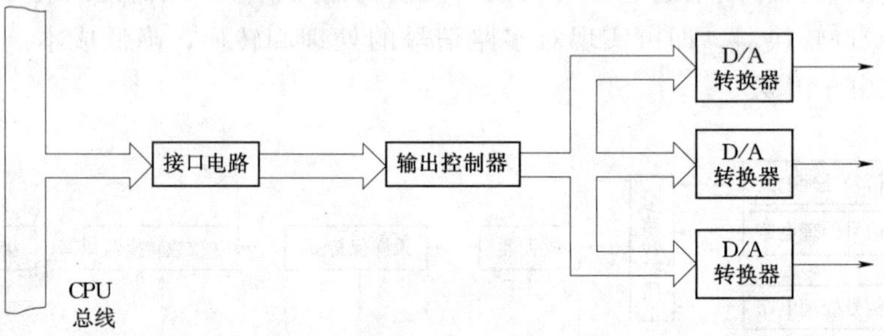

图 7-16 模拟量输出通道基本组成

4. 开关量输入、输出通道

开关信号一般指只有两种状态的信号，如开关的通和断，阀门的开和关等。微机调速器中的开关量输入信号有并网信号、开停机信号、功率增减信号、电源消失故障信号、开限全开或全关信号等，开关量输出信号有开限增减信号、事故操作及复归信号等。

开关量输入通道的作用就是把相应的开关量输入信号转换为计算机能够接受和处理的数字信号，并采取一定的隔离措施，以提高抗干扰能力。开关量输入通道通常由信号处理回路、输入寄存器、控制回路等组成。信号处理回路的作用是将生产过程的开关量信号转换成计算机所要求的电平信号，并对信号采取隔离措施和防抖动措施。常见的信号处理回路有光电耦合器式和继电器耦合式等，具体可如 7-17 所示。输入寄存器主要用于数据的记录和暂存，可在适当的时候由 CPU 去读取或采集。控制回路的作用是接受计算机发出的控制指令，产生相应的控制信号，从而按照程序的要求完成开关量的输入工作。

开关量输出通道的作用是把计算机输出的二进制开关量转换成能对生产过程进行控制的开关量信号，并经隔离后输出到相应的控制设备，完成相应的控制任务。开关量输出通道一般由接口电路、控制回路、输出锁存器和隔离驱动电路组成。常见的隔离驱动电路如图 7-12、图 7-13 和图 7-17 所示。

图 7-17 是固态继电器式隔离驱动电路原理图。固态继电器 SSR 是一个四端元件，其有两个输入端，两个输出端。当一定的控制信号加到其输入端上，就可以控制输出端的“接通”和“断开”。光电耦合器的作用是输入与输出量间的隔离和控制信号的传递。触发电路的功能是在光电耦合器的控制下产生合乎要求的触发信号，以驱

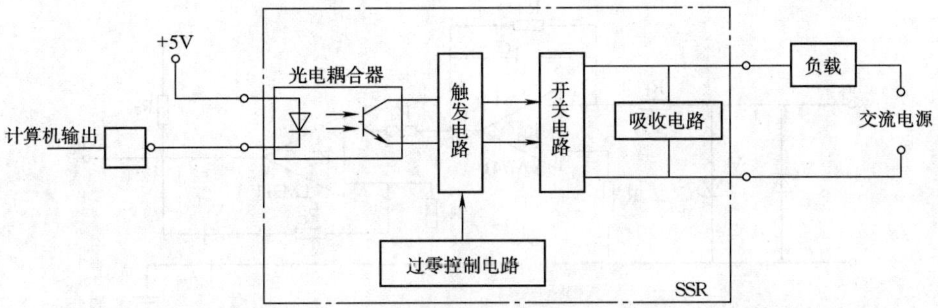

图 7-17 固态继电器隔离驱动原理图

动开关电路控制被控对象。开关电路实际就是一个双向可控晶闸管，在触发信号的作用下可控制交流电路的通和断。过零控制器用于保证触发电路只有在交流电压过零时，才触发开关电路实现通、断，以免产生高次谐波和尖峰干扰。吸收电路用于防止从电源传来的浪涌电压损坏开关电路或造成误动作。

7.2.3 测频工作原理

微机调速器要测量的频率信号有两个，即机组频率和电网频率，两者的工作原理一致。测量电网频率的目的是当机组在开机及空载情况时，调速器能够自动根据机组频率与电网频率的差值经运算后对机组进行控制，使机组的频率尽快地与电网达到同步，这一过程也称为自动跟踪电网频率（部分调速器还测量相位差并实现相位的自动跟踪）。机组并网以后，机组频率与电网频率一致，此时只监测机组频率，并根据机组频率与给定值的差值及功率给定值决定导水叶的开与关。由于机组频率和电网频率的测量原理一致，下面主要介绍机组频率的测量方式。机组的频率信号一般取自发电机出口端的电压互感器，这是一个电气型的信号；大、中型机组还有一路利用电涡流传感器及装在发电机轴上的齿盘通过电磁原理取得的机组频率信号，这是一个机械型的信号。当测频信号取自发电机出口电压互感器时称为残压测频，测频信号取自发电机轴上齿盘时称为齿盘测频。在残压测频和齿盘测频都正常并同时使用的情况下，机频<20Hz时，采用齿盘测频，机频≥20Hz时，采用残压测频。具体的测频方式有两种：一是采用单片机和相应的硬件构成相对独立的测频装置；二是采用可编程控制器作为调节器，利用其高速计数器进行测频。

1. 单片机测频原理

单片机属于微型计算机，它将计算机的所有部分，包括接口部分都全部集成在一块芯片上，片内不仅含有 CPU、ROM、RAM，而且含有并行 I/O、串行 I/O、定时/计

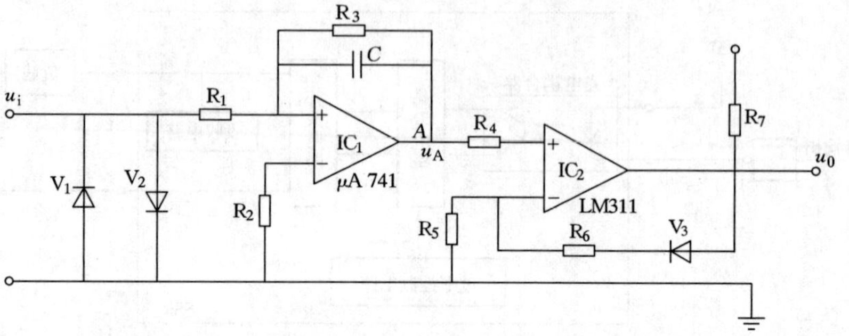

图 7-18 测频信号处理回路

数器、中断控制、系统时钟及系统总线等。由于其高度集成，功耗低、功能强、可靠性高，所以在部分调速器中就直接使用单片机来完成测频任务，并把测频的结果通过 D/A 转换或直接经计算机数据总线送至微机调节器。

无论是机组频率信号取自发电机出口电压互感器或是通过发电机轴上齿盘感应取得，其信号都属于连续变化的模拟信号，此信号必须经过相应的输入电路处理后才能进入单片机进行测量。测频信号处理回路如图 7-18 所示。

其中 u_i 为反映机组频率有效值为 0.5V 的正弦电压信号，V_1 和 V_2 组成的双向限幅电路将 u_i 变换成峰值 0.6V 的限幅电压，并经由运算放大器 μA741 和 R_1、R_2、R_3、C 组成的滤波放大电路处理后，输出 6V 左右的限幅电压 u_A，u_A 再经由运算放大器 LM311 和电阻 R_4～R_7、V_3 组成的比较电路，最后得到一个与被测信号频率相同的方波信号 u_0，测频信号处理电路各点电压波形如图 7-19 所示。

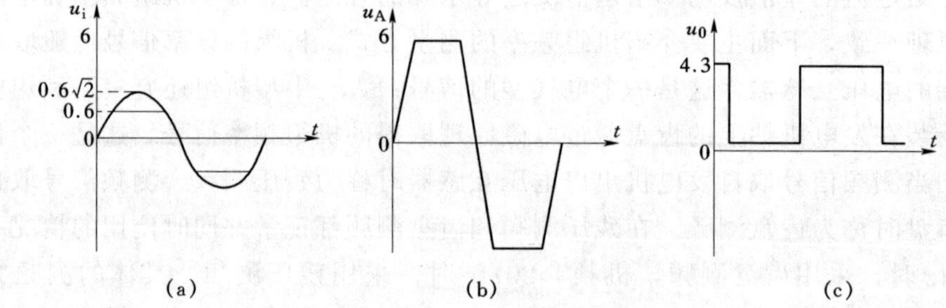

图 7-19 测频信号处理电路各点波形

(a) 双向限幅电路波形；(b) 滤波电路输出波形；(c) 比较电路输出波形

得到上述方波信号后，可以直接利用单片机内的定时计数器测出方波信号的周期，经过计算可得出相应的机组转速值。该转速值可由单片机与微机调节器的数据总线进行直接传送，也可由 D/A 转换器将其转换为一定频率范围内电压与频率成正比的双极性模拟量，再经微机调节器的模拟量输入通道进入微机调节器，从而完成频率测量任务。采用 D/A 输出的单片机测频装置 u～f 特性曲线如图 7-20 所示。

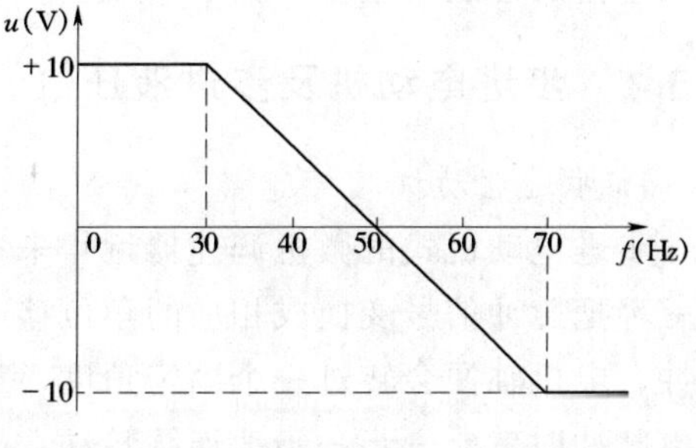

图 7-20 测频装置 u～f 特性曲线

2. PLC 测频原理

由于 PLC 具有较高的可靠性和较好的控制调节性能，目前许多调速器都采用 PLC 作为微机调速器的调节器，并直接利用其内部的高速计数器实现频率的测量，从而简化了电路，进一步提高调节器的可靠性。

图 7-21 是 PLC 测频的信号处理回路，机组出口电压互感器 PT 来的交流电压信号（0.1～110V）经过限流和限幅后，一路经运算放大器 LM124 整形为方波后直接从 PLC 的 X0 端子输入，另一路经频率/电压（V/F）转换器 LM2907 把频率信号转换为对应的电压信号后接至电气柜上的转速表，完成机组转速的显示。

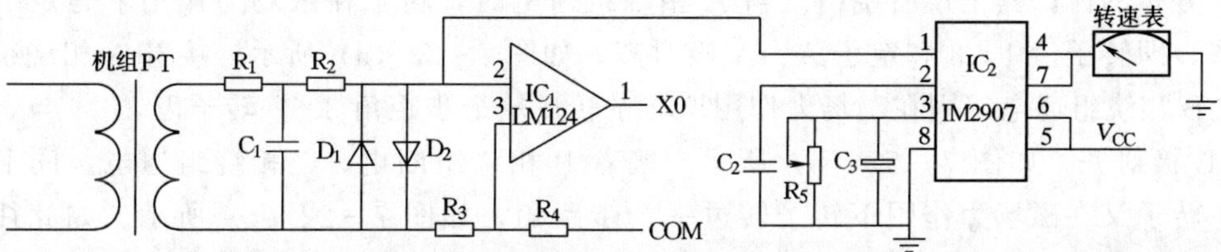

图 7-21 PLC 测频信号处理回路

作为微机调节器用的 PLC 一般都具备高速计数器功能，可实现双向输入、加、减、加/减四个方式，信号的输入与 PLC 工作时的循环扫描时间无关，高速计数处理过程中响应时间不延时。PLC 高速计数器的最大计数速度可达 5kHz 以上，可以满足机组测频的要求。

7.3 新型电液随动系统

随着现代液压技术不断引入，新型调速器的电液随动系统更多的采用了标准化、系列化的液压控制元件，调速器内的杠杆机构和油路系统进一步简化，步进电机、伺服电机等电气—位移转换装置，伺服比例阀、电液数字阀等电气—液压转换装置在新型调速器中的应用，基本克服了传统电液转换元件因卡阻而产生的调速器故障，提高了调速器的性能，改善了调节的品质。下面主要介绍部分新型的电液随动系统装置。

7.3.1 步进电动机及步进液压缸

1. 步进电动机

步进电动机式的微机调速器近年来在中小型水力发电机组中广泛应用。步进电机是一种把脉冲信号变换成相应的角位移或直线位移的机—电执行元件。每施加一个电脉冲，电机轴便会转过一个固定角度，称为一步，这个固定角称为步距角。当供给连续电脉冲时就能一步一步地连续转动，故称为步进电动机，简称步进电机。

步进电机轴的角位移与输入到电机的脉冲数严格成正比，其转速与输入脉冲的频率有关，控制输入脉冲的个数和频率，就可控制电机的转角和转速。

步进电机按结构可分为反应式和混合式，按相数可分为二相、三相和多相。步进电机的驱动控制方式有单电源供电、高低压供电和恒流斩波等方式，因恒流斩波控制方式的性能较好，所以一般微机调速器的步进电机驱动器都采用恒流斩波的方式。

图7-22为三相反应式步进电机的工作原理图。其定子上有六个磁极，每个磁极上装有一个控制绕组，相对的两极组成一相并在绕组通过时极性相反。转子上有四个均匀分布的齿，其上没有绕组。当A相绕组通电时，转子在磁场力作用下与定子齿对齐，即转子齿1、3和定子A、A′极对齐，如图7-22（a）所示。接着A相绕组断电，B相绕组通电，则在磁场力作用下转子转过一个步距角30°，转子齿2、4与定子B、B′极对齐，如图7-22（b）所示。接着B相绕组断电，C相绕组通电，同上原理，转子又在磁场力作用下转子转过一个步距角，如图7-22（c）所示。如此往复循环，并按A→B→C→A的顺序通电，步进电机便按一定方向不断转动。若改变通电顺序，即A→C→B→A，则电机转向相反。上述通电方式称为三相三拍方式，如改为A→AB→B→BC→C→CA→A的顺序通电，则为三相六拍方式，其步距角也为三相三拍的一半。

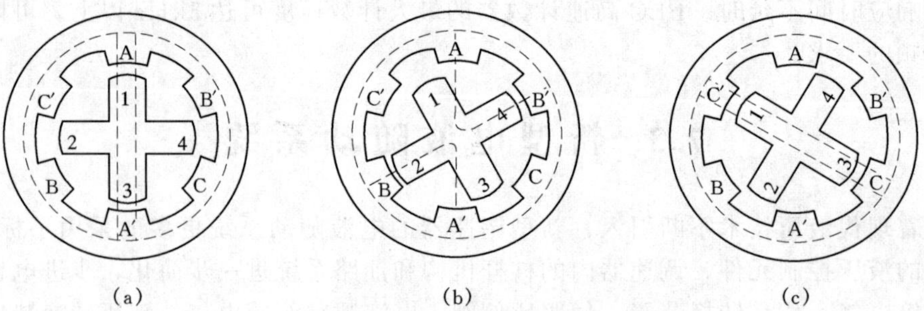

图7-22 步进电机工作原理图

2. 步进液压缸

步进液压缸由步进电机、滚珠丝杆螺母副和液压缸组成。步进电机将控制脉冲信号转换为电机轴的角位移；电机轴带动滚珠丝杆螺母副的丝杆转动时，螺母将直线移动；螺母再带动液压缸活塞移动，从而最终实现电—液的转换。

7.3.2 比例阀和伺服比例阀

1. 比例阀

早期的比例阀在20世纪60年代后期出现，仅将比例电磁铁用于控制阀，控制阀的原理不变，性能较差，频响在1～5Hz，适用于开环控制。到了80年代，控制阀的设计原理进一步完善，比例电磁铁也采用了多种反馈和校正技术，操控性能大为提高，稳态特性接近伺服阀，频响在5～30Hz，可用于开环或闭环控制。

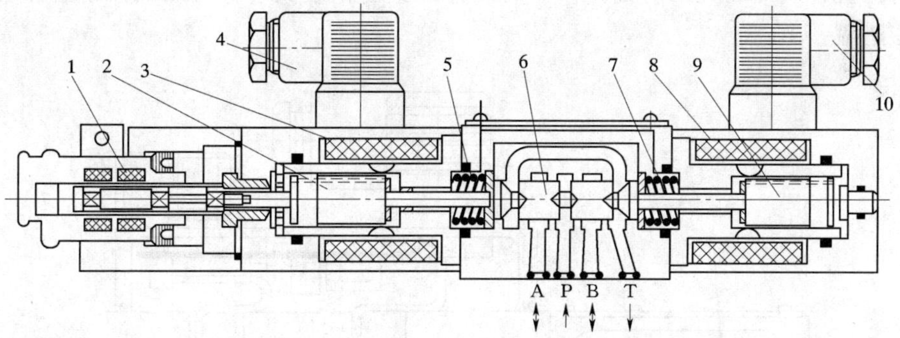

图7-23　直控式比例阀结构图

1—位移反馈装置；2、9—衔铁；3、8—线圈；4、10—接线盒；5、7—弹簧；6—滑阀

典型直控式比例阀结构如图7-23所示。由两个比例电磁铁（湿式，最大电流2.5A或2.7A）、两个对中弹簧、一个滑阀、一个位移反馈装置组成（有的无反馈装置，只能用于开环控制）。阀芯上开有V形或半圆形节流槽，使阀的流量特性呈抛物线形。阀的开口和方向与输入控制电流的大小和方向成比例。电流为正时一个比例电磁铁工作；电流为负时另一个工作；当无控制信号输入时，阀芯在弹簧作用下处于中间位置，比例阀没有控制油流输出。当左端比例电磁铁内有控制信号输入时，阀芯向右移动，阀芯右移压缩右侧弹簧，直到电磁力与弹簧力相平衡为止。阀芯的位移量与输入比例电磁铁的电信号成比例，从而改变输出流量的大小，同时左端的位移反馈装置把阀芯的位移量反馈至控制装置，从而实现闭环控制。当右侧比例电磁铁工作时，工作原理与上述情况相同，从而改变油流方向。

2. 伺服比例阀

伺服比例阀是20世纪90年代中期出现的一种电液比例阀。与一般的比例阀一样，它也是由大电流的比例电磁铁实现电气——位移转换，并经首级伺服阀阀芯实现位移——液压转换，再经主阀进行液压放大。但与一般的比例阀相比，伺服比例阀的频响可达30～100Hz，并能实现无零位死区的控制要求，同时，由于伺服比例阀采用了大电流的电磁铁，其操作力远大于采用力矩马达的伺服阀。伺服比例阀的具体结构有三种，直动式、先导式和插装式。直动式伺服比例阀的结构如图7-24所示，左端是一个阀体，中间是一个比例电磁铁，右端是一个位移反馈装置。当电磁铁线圈中通过不同方向和大小的电流时，在左端弹簧的共同作用下，衔铁会向着相应的方向移动不同的距离，并利用右端的位移反馈装置将衔铁的位移量反馈回控制装置，从而可实现对衔铁位置的闭环控制。当电磁铁线圈断电时，在弹簧力的作用下，阀芯会自动停在中间位置，从而断开所有油路。同时阀体配置了钢质阀套，可以确保耐磨和实现精确的零遮盖。

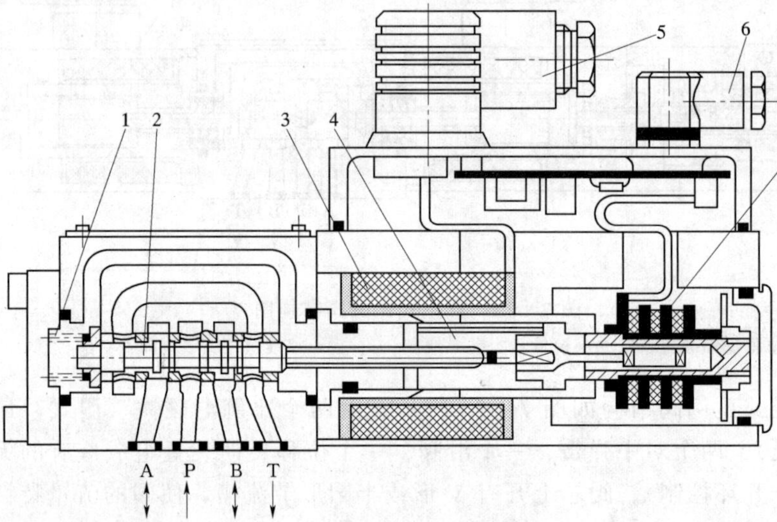

图7-24 直动式伺服比例阀结构

1—弹簧；2—阀芯；3—线圈；4—衔铁；5、6—接线盒；7—反馈装置

7.3.3 电液数字阀

电液数字阀也称开关阀，利用高速开关电磁铁来控制阀芯位置的变化，去改变阀体上各油路的通与断，从而改变各管路中油流的方向和流量的大小。

高速电磁换向阀是一种典型的电液数字阀，按照阀芯位置不同可分为二位、三位和多位换向阀；按阀体上主油路进、出口数目不同，又分为二通、三通、四通和五通等。

电液数字阀由于直接控制油路的通与断，容易在操作油管中形成压力脉动，对液压系统及至机组的稳定都有较大的影响，因此主要应用于一些中小型调速器中。

7.4 水轮机调节系统的特性

7.4.1 水轮机调节系统静态特性

1. 水轮机调节系统的静特性

水轮机调节系统的静特性也称为机组的静特性，是指机组处于稳定状态下，机组转速 n 与机组功率 P 之间的关系曲线。与调速器静特性一样，调节系统静特性也分为无差静特性和有差静特性。

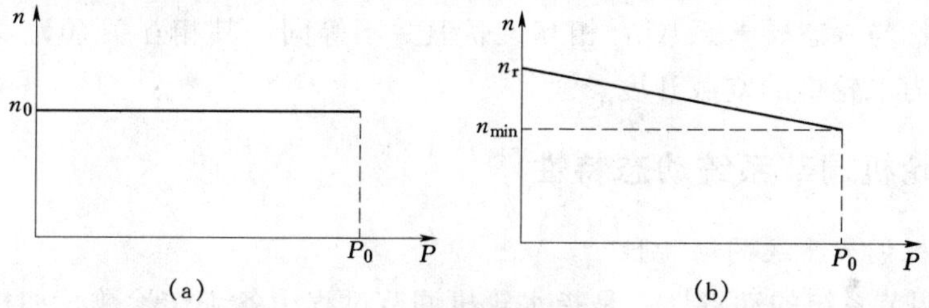

图 7-25 机组静特性曲线

(a) 无差静特性；(b) 有差静特性

图 7-25 为调节系统的静特性曲线图。由图 7-25（a）可见，无差静特性为一条水平线，机组功率在零至额定值之间变化，机组转速不变。这在单机带负荷运行时，对保证供电质量很有利，但无差静特性是硬反馈机构不起作用时形成的，单有软反馈的作用，调节系统稳定性难以保证。因此，对单机运行的机组可采用无差静特性，但对并列运行的机组，无差静特性无法实现机组间负荷的自动分配，所以一般不采用此调节特性。

有差静特性为一条斜线，当机组功率在零至额定值间变化时，机组的转速会随着机组功率的增加线性地减小，如图 7-25（b）所示。对于并列运行的机组，由于机组的额定容量、运行工况、在系统中的地位各不相同，当系统负荷发生变化时，必须合理地自动分配变动的负荷，以保证系统的稳定，在这种情况下，可采用有差静特性。由该图可见，不同机组转速对应着不同的机组功率。当系统处于稳定状态下出现负荷突然增加时，系统的频率会下降，机组转速跟着下降，调节系统根据转速的变化增加机组的开度，机组功率增加，当系统重新达到平衡状态时，机组也就稳定在一个新的转速上。由于新的转速与调节作用前的转速存在一个偏差，所以称为有差调节。

2. 水轮机调节系统的静态特性参数

(1) 永态转差系数 b_p。是调速器的静特性参数，定义为调速器静态特性曲线图上某一规定运行点斜率的负数：

$$b_p = -\frac{dx}{dy}$$

式中：x 为机组转速变化值；y 为调速器接力器行程变化值。

(2) 调差率 e_p。是调节系统的静特性参数，定义为水轮机调节系统静态特性曲线图上某一规定运行点斜率的负数：

$$e_p = -\frac{dx}{d(P/P_\gamma)}$$

式中：x 为机组转速变化值；P/P_γ 为机组功率相对值。

调差率 e_p 与永态转差系数 b_p 相互关联但并不等同，其相互关系为 $e_p=(1-y_0)b_p$，其中 y_0 为水轮机的空载开度。

7.4.2 水轮机调节系统动态特性

1. 水轮机调节系统的动特性

水轮机调节系统的动特性，是指水轮机调节过程中各工作参数，如机组转速、流量、功率等随时间的变化规律。动特性是稳定状态之间过渡过程的规律，受各方面的影响，可能出现多种多样的情况，但归纳起来，一般分为下列四类。

(1) 周期性扩散的振荡过程。负荷变化造成转速变化，但转速的变化成周期性上升、下降，而且波动幅度逐次加大。

(2) 周期性等幅的振荡过程。机组转速一旦变化就成周期性波动，但振幅不变。

(3) 周期性衰减的波动过程。负荷变化后机组转速发生周期性波动，但幅度逐次减小，最后重新稳定下来。

(4) 非周期衰减过程。机组转速不发生来回波动，在负荷变化后转速相应变化，但在一定时间内平稳地过渡到新的稳定状态。

由于前两类不可能重新稳定，是不允许发生的。非周期衰减过程最平稳，但很难实现。周期性衰减的波动过程能在一段时间后达到新的稳定状态，调节过程中机组转速有波动但幅度不大，而且不断减小，是绝大多数机组实际发生的情况。

2. 水轮机调节系统动态特性品质指标

判断水轮机调节系统过渡过程品质优劣的指标有：

(1) 调节时间 T_p。调节时间 T_p 是指在阶跃作用下调节系统从开始调节到被调节参数达到新的稳态值所经历的时间，如图 7-26 所示。从控制要求上看，调节时间 T_p 越小越好。

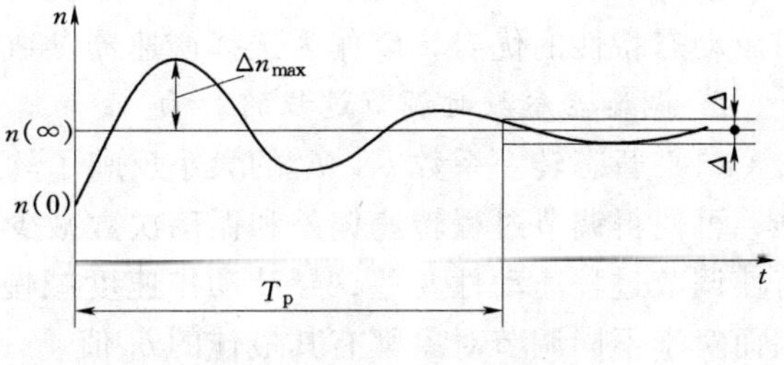

图 7-26 过渡过程品质指标

(2) 最大转速偏差 Δn_{max}。是指过渡过程转速第一波峰值与稳态转速值 $n(\infty)$ 之差。

(3) 超调量 δ。最大转速偏差与稳态转速值之比，即 $\delta=\dfrac{\Delta n_{max}}{n(\infty)}$。

国家标准 GB/T9652.1—1997 中关于动态特性的有关规定：①机组在空载工况下的稳定性。调速器应保证机组在各种工况和运行方式下稳定运行。在空载工况自动运行时，机组转速摆动相对值Δ，对大型电调不超过±0.15%，对大型机调、中、小型调速器不超过±0.25%，特小型调速器不超过±0.30%。②机组甩 100%额定负荷后，在转速变化过程中，超过额定转速 3%以上的波峰，不得超过 2 次。③机组甩 100%额定负荷后，从接力器第一次向开启方向移动起，到机组转速摆动值不超过±0.5%为止所经历的时间，应不大于 40s。④转速或指令信号按规定形式变化，接力器不动时间：对电调不大于 0.2s，机调不大于 0.3s。

7.4.3 水轮机调节系统参数对动态特性的影响

1. 调节对象特性参数对调节过程的影响

(1) 水流惯性时间常数 T_W 的影响。T_W 是使调节过程动态品质恶化的主要因素，它随着压力管道长度和水头的增加而增大，T_W 的增加会使调节系统愈接近稳定的边界，调节过程中转速的偏差会加大，波动次数会增多，调节时间会加长，甚至会超出稳定区域而无法使调节系统稳定下来。因此，当 T_W 较大时，应加大调速器的反馈参数。

(2) 机组惯性时间常数 T_a 的影响。T_a 反映机组惯性的大小，机组惯性加大，有利于调节系统的稳定和延缓机组转速的变化，但 T_a 过大也会导致系统调节时间增加，调节过程加长。总之，T_a 加大对改善动态品质是有显著好处的。

(3) 机组自调节系数 e_n 的影响。e_n 是表示机组受到外界扰动后反抗转速变化的自平衡能力，e_n 越大，越有助于稳定和改善动态调节品质。因此，机组在大电网中并列运行时，由于负载的自动调节作用和负载惯性作用，T_a 和 e_n 均将增大，其调节品质必然优于单机运行时的工况。

上述三项调节对象的参数，对调节系统而言，一般是不能改变的，只能反映调节对象动态特性的优劣，以作为选择调速器参数的依据。

2. 调速器参数对调节过程的影响

(1) 暂态转差系数 b_t。b_t 的大小反映了软反馈的强弱。b_t 的增加，软反馈作用加强，可使得调节过程转速偏差和振荡次数减少，有利于改善动态品质，但 b_t 值过大，将使调节过程速动性变差，导叶动作速度减慢，调节时间加长，转速偏差反而加大，因而对于不同调节对象都有其最佳的 b_t 值。一般情况下 T_W 较大时应增加 b_t 值以减小水击作用，T_a 小时应增加 b_t 值以减小转速变化。

(2) 缓冲时间常数 T_d。T_d 的大小反映了软反馈的快慢。T_d 值越大，软反馈衰减越慢，调节速度放慢，有利于减少调节过程的振荡次数和超调量，提高调节过程稳定性；T_d 值过大，会使调节时间加长，调节速动性变差；因而对于不同调节对象亦有其最佳的 T_d 值。

(3) 加速度时间常数 T_n。T_n 的大小反映了 PID 调节器中微分环节作用的强弱。T_n 值越大，微分作用越强，在系统输入发生变化时调节信号输出越大，系统的速动性提高。但 T_n 值过大，容易在系统输入发生变化时形成较大的冲击输出，引起系统稳定性降低。一般情况下 T_n 的取值要结合水流惯性时间常数 T_W 来进行，T_W 越大，则 T_n 取值也越大。

(4) 永态转差系数 b_p。永态转差系数 b_p 的大小反映了硬反馈的强弱，其最主要的作用是实现有差调节，在并列机组间进行变动负荷的自动分配。加大 b_p 值可增加调节的稳定性，但由于 b_p 值的可调范围有限，故其对调节系统的稳定性和动态品质影响不大。

对于微机调速器，也常有采用比例增益 K_P、积分增益 K_I 和微分增益 K_D 作为调速器整定参数的，它们与 b_t、T_d 和 T_n 的换算关系如下：

$$K_P = \frac{T_d + T_n}{b_t T_d}, K_I = \frac{1}{b_t T_d}, K_D = \frac{T_n}{b_t}$$

7.5 微机调速器实例

7.5.1 TDBYWT—18000 微机调速器系统组成

1. 系统主要组成

TDBYWT—18000 微机调速器属于步进电机 PLC 式微机调速器，它由微机调节器和步进随动系统两部分组成，并采用增量型 PID 调节规律，其结构原理如图 7-8 所示。

(1) 微机调节器部分。TDBYWT—18000 微机调速器电气系统如图 7-27 所示。其由一台高性能的日本三菱 FX2 系列 PLC 加上相应的信号处理和控制模块组成。其中 U1 为基本单元，包括了 CPU、存储器和 I/O 接口部分，主要完成开关量的输入输出、机频、网频及步进电机转角的测量。U2 为 A/D 转换模块，主要是将接力器位移、开限给定、机组有功和运行水头等模拟信号转换成相应的数字信号，以便 PLC 进行运算和处理。U3 为定位控制模块，主要是将 PLC 根据运算结果决定的输出信号转换成步进电机的转向信号和转角脉冲信号。U4 为步进电机驱动模块，主要是将定位控制模块送来的转向信号和转角脉冲信号，经过放大后，驱动步进电机带动凸轮按给定的方向和转角转动，从而实现电气—位移转换。U5 为驱动电源模块，其主要是为步进电机驱动模块提供工作电源。U6 为信号处理模块，主要完成机频、网频、开度及开限等信号的调理，使其符合上述模块和基本单元的要求，同时将部分信号经转换后驱动相应的仪表进行运行参数的显示。U7 为通信模块，主要是为了与触摸屏 (GOT) 进行数据通信，从而可在触摸屏上实现参数的整定和修改、操作命令输入、信息报警、运行状态图文显示等。U8 为远程通信模块，主要用于处理和实现与上位机的通信，实现机组的自动发电控制 (AGC)。

(2) 电液随动装置部分。TDBYWT—18000 微机调速器的电液随动装置采用步进电机装置作为电气—位移转换部件，取代了电调常用的电液转换器，解决了影响机组安全和可靠运行的电液转换器油污发卡等问题。图 7-28 为 TDBYWT—18000 微机调速器的机械液压系统图，步进电机装置由步进电机、编码器、凸轮和传动轴等组成。当步进电机接收到脉冲信号后，带动凸轮转动，通过凸轮将步进电机的角位移转换成引导阀针塞的直线位移，再经引导阀、辅助接力器和主配压阀实现对主接力器的控制。

由 TDBYWT—18000 微机调速器的机械液压系统图可见，其机械液压系统的组成包括了主接力器、主配压阀、辅助接力器、引导阀、步进电机装置、反馈回复机构、开度限制机构、事故停机电磁阀、油压装置等。

2. 主要参数

(1) 接力器容量 18000N·m。

(2) 工作油压 2.5MPa (或 4MPa)。

(3) 接力器行程 210mm，接力器容积 11.3L。

(4) 油泵两台，电机功率 7.5kW，输油量 1.4L/s。

(5) 转速死区 $i_x \leqslant 0.08\%$。

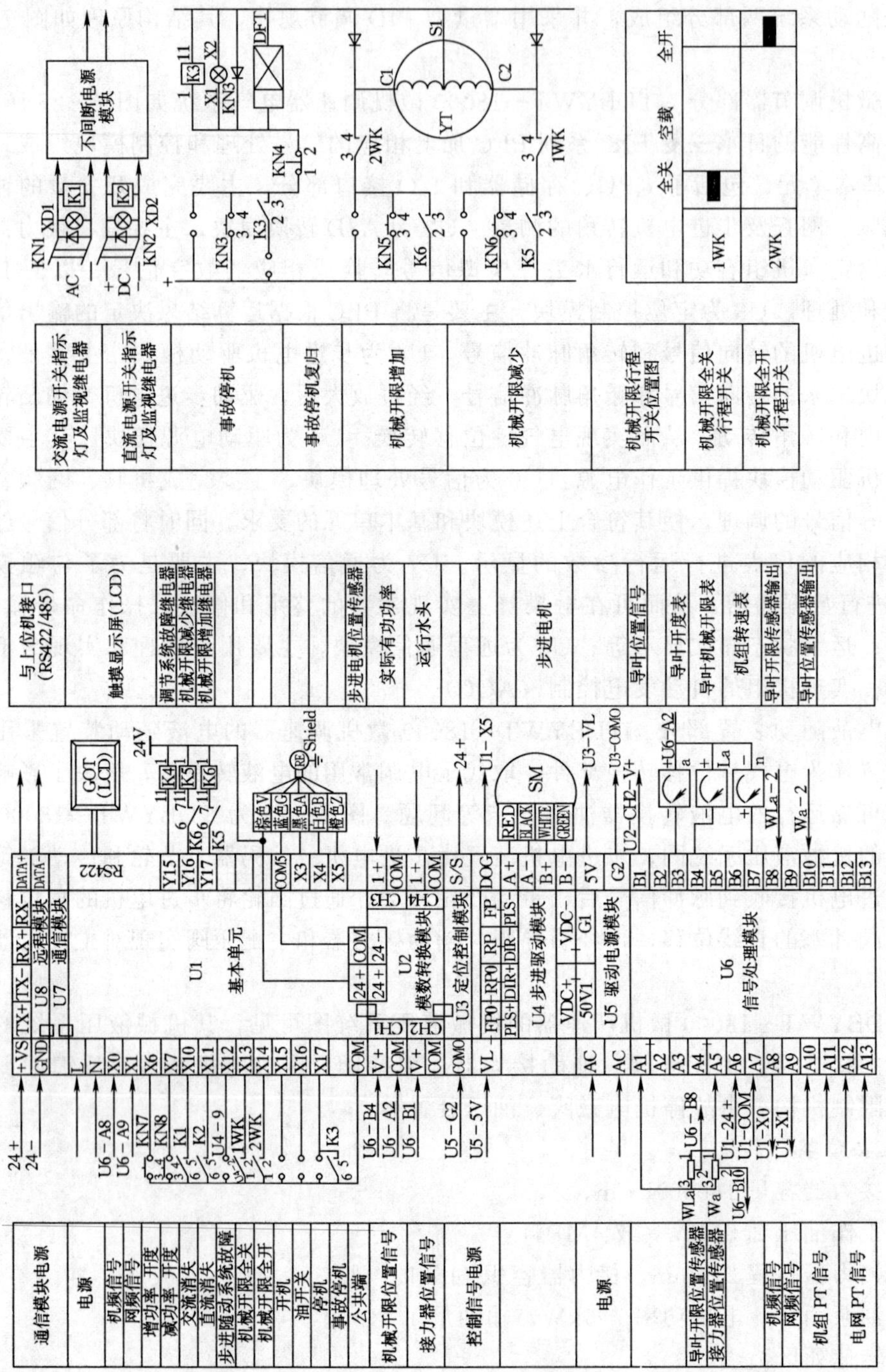

图7-27 TDBYWT-18000微机调速器电气系统图

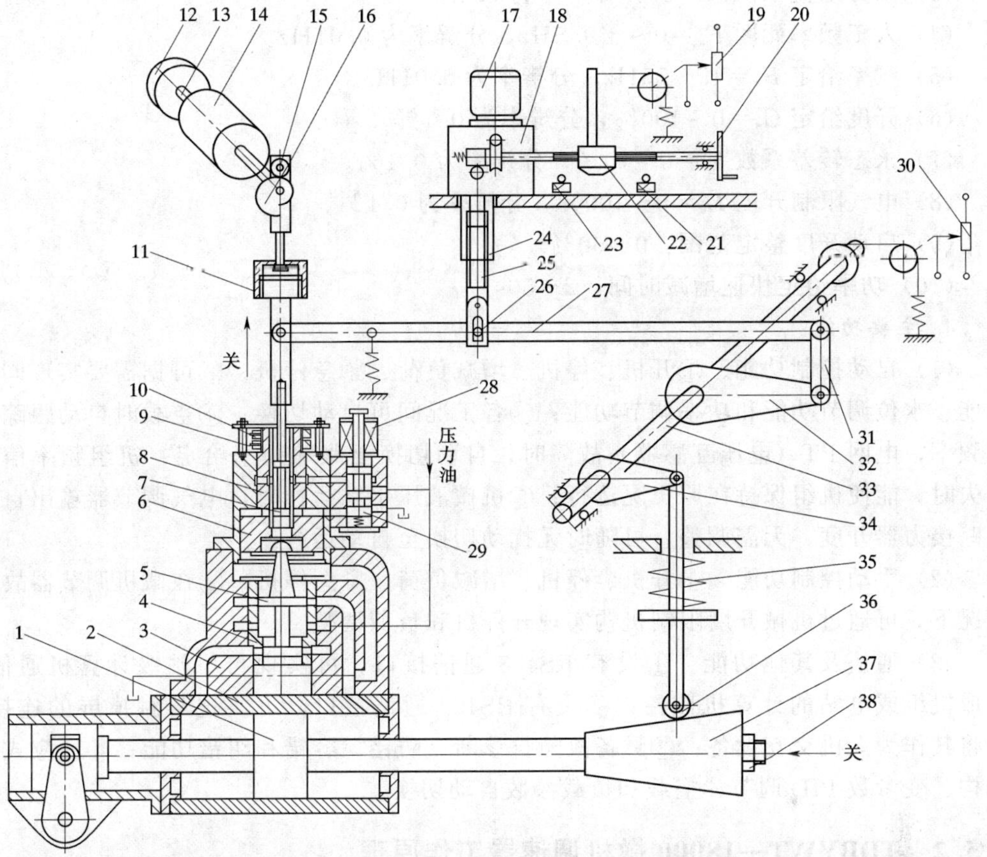

图 7-28　TDBYWT—18000 机械液压系统图

1—主接力器活塞；2—主接力器缸体；3—主配压阀阀体；4—主配衬套；5—主配活塞；6—辅助接力器活塞；7—引导阀针塞；8—引导阀衬套；9—开机时间调整螺母；10—关机时间调整螺母；11—螺套；12—编码器；13—传动轴；14—步进电机；15—轴承；16—凸轮；17—开限电机；18—减速装置；19—开限电位器；20—开限手轮；21—开限全关位置；22—螺套；23—开限启动开度位置；24—开限全位置；25—螺套；26—螺杆；27—销；28—杠杆；29—电磁铁；30—事故阀活塞；31—开度电位器；32—连杆；33—拐臂；34—反馈轴；35—拐臂；36—弹簧；37—滚轮；38—反馈锥体

(6) 接力器不动时间 $T_q \leq 0.2s$。

(7) 接力器开/关机时间＞2.5s。

3. 主要调整参数

(1) 比例增益 $K_P = 0.5 \sim 20$，分辨率为 0.1。

(2) 积分增益 $K_I = 0.05 \sim 10$ l/s，分辨率为 0.1 l/s。

（3）微分增益 K_D＝0～5s，分辨率为 0.1s。

（4）人工频率死区 F_a＝0～±0.5Hz，分辨率为 0.01Hz。

（5）频率给定 F_s＝45～55Hz，分辨率为 0.01Hz。

（6）开度给定 G_s＝0～100％，分辨率为 0.1％。

（7）永态转差系数 b_p＝0～10％，分辨率为 0.1％。

（8）电气限制开度 L_e＝0～100％，分辨率为 0.1％。

（9）启动开度整定范围：0～60％。

（10）功率给定快速增减时间：2～50s。

4. 主要功能

（1）自动控制功能。①开机、停机、增减负荷、紧急停机；②可据需要实现调相功能、水位调节功能和功率调节功能；③各工况间可自动切换；④空载时自动跟踪电网频率，电网 PT（电压互感器）故障时，自动切换至跟踪频率给定；机组频率信号消失时，能使机组保持在原工况运行；⑤机械液压手动运行时，电气调节器输出自动跟踪接力器开度，无需调整，可随时无扰动切换至自动运行。

（2）手动控制功能。①开机、停机、增减负荷、紧急停机；②在微机调节器故障情况下，可通过机械开度限制机构实现开停机和负荷调整。

（3）通信及其他功能。①设有 RS485 通信接口，可实现与厂站级计算机通信，完成机组或电站的计算机监控；②设有 RS422 通信接口，可实现与触摸屏的连接，并将其作为人机交互设备；③具备故障自诊断、防错、容错和纠错功能；④适应式变结构、变参数 PID 调节，空载和负载参数自动切换。

7.5.2 TDBYWT—18000 微机调速器工作原理

1. 控制程序流程

因微机调节器采用的是 PLC，调节器的程序也就采用 PLC 最常用的编程语言—梯形图和步进电机顺控指令进行编程，具体包括主程序和各个任务处理子程序组成，子程序包括频率测量、开机、停机、发电、PID 调节及故障诊断等。调节器主程序流程如图 7-29 所示。调节器在通电运行初始，先执行初始化，对有关寄存器内容进行赋初值和刷新。接着进行人—机接口检测，并对调节器进行故障自诊断，当诊断发现存在故障时，转入相应的故障处理程序并发出相应的故障信息，供运行及操作人员参考。故障诊断通过后，直接接受上位机送来的控制命令或数据，并在机组开机条件具备后开始检测机组的频率。当接到机组开机令，直接执行开机程序，打开机械开限机构至启动开度，输出控制脉冲使步进电机往开机方向转动，导叶打开，机组开始转动，此时调节器同时测量机组频率和电网频率，并以此频差信号作为控制信号，进行

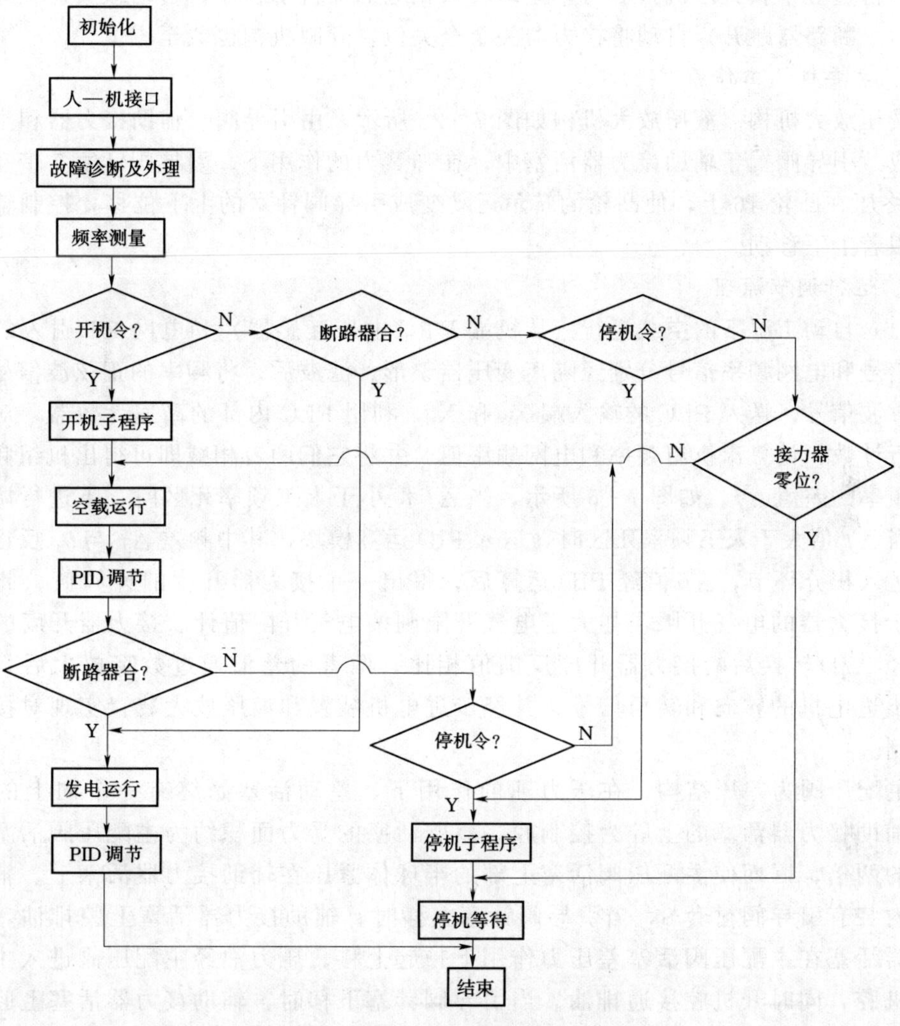

图 7-29　微机调节器主程序流程图

PID 调节运算，最后将运算结果输出控制步进电机的转角和转向。此过程称为开机过程中自动跟踪网频，机组迅速开启并很快与电网同步。

机组同期并列后（断路器合上），机组转入发电运行状态，此时调节器根据用户的设定，自动将 PID 参数改为发电运行状态下的参数值，实现变结构、变参数并联 PID 调节。由于机组并列后，机频与网频一致，此时调节器根据机组频率值、频率给定值、功率给定值作为控制信号进行调节控制。

运行过程中收到停机指令时，立即转入相应的停机子程序，自动减负荷至零，当解列后（断路器跳开）自动将接力器关至全关位，开限机构也关至零位。

2. 主要机构工作原理

液压放大机构。液压放大机构如图 7-28 所示，由引导阀、辅助接力器和主配压阀组成。引导阀置于辅助接力器活塞中，在弹簧力的作用下，引导阀针塞 7 带动轴承 15 始终压在凸轮 16 上，使凸轮的转角运动变成引导阀针塞的上下位移，控制辅助接力器跟着上下移动。

3. 运行调节原理

(1) 自动工况下的空载运行。从机端 PT（电压互感器）和电网 PT 引入的机组频率信号和电网频率信号分别经隔离变压器整形、滤波后，将频率的正弦波信号处理成一方波信号，送入 PLC 的输入端 X_0 和 X_1，利用 PLC 内部的高速计数器，对此方波进行计数，计算出机组频率和电网频率值，并将它们两者相减即可得出机组频率与电网频率的差值 Δf。如图 7-5 所示，当 Δf 值小于人工频率死区时，不进行调频控制；当 Δf 值大于人工频率死区时，送入 PID 运算模块，其中频差 Δf 与 b_p 反馈值综合后送入积分环节，Δf 值经 PID 运算后，得出一个接力器开度的计算值，此值不能大于接力器的电气开限，如大于电气开限则按电气开限值计。接力器开度的输出值与经 A/D 转换后的接力器开度反馈值相比，两者的差值通过数字放大后，得出控制步进电机的转向和转角信号，并经步进电机装置和液压放大装置实现对接力器的控制。

主配压阀为差压结构，在压力油的作用下，差动活塞始终有一个向上的作用力。辅助接力器活塞的上腔为控制腔，该腔活塞的受力面积约为主配压阀活塞受力面积的两倍，因而使主配压阀活塞上部的半球体紧压在辅助接力器活塞上。辅助接力器内装有引导阀衬套 8，当引导阀针塞上移时，辅助接力器活塞上腔排油，辅助接力器活塞在主配压阀活塞差压力作用下一起上移，压力油经主配压阀进入主接力器关机腔，同时开机腔接通排油。当引导阀针塞下移时，辅助接力器活塞上腔接通压力油，由于辅助接力器活塞的受力面积约是主配压阀活塞的两倍，在压力差的作用下辅助接力器活塞向下移动，压力油经主配压阀进入主接力器的开机腔，同时关机腔接通排油。辅助接力器活塞上设有开、关机时间调整螺母，上面的螺母 10 用于调整关机时间，下面的螺母 9 用于调整开机时间，开关机时间调整后，用螺母上的紧定螺钉将其锁紧。在压力油进入引导阀的油路上安装了一个事故停机电磁阀，正常情况下，它不影响调节器控制任务的实现，当机组事故时，事故电磁阀工作，直接将辅助接力器的上腔接通排油，在主配压阀活塞压差力的作用上，辅助接力器活塞和主配压阀活塞一起迅速上移，实现紧急停机。开度限制机构，可在自动运行状态下限制机组的开度，在液压手动运行状态下，可用于机组的开机、停机和增减负荷等操作。如图 7-28 所示，当机组处于自动运行状态、限制开度若大于实际开度时，装在杠杆 27 上的销 26 并不受开度限制机构的限制。由于在自动调节的稳定状态下，杠杆 27 的左端一直处在固定位置，随着机组实际开度的增加，经反馈机构的作用，销 26 会下移。当实际开度等于限制开度时，销 26 刚好移到开限机构连杆槽的下端。此时即使调节器继续输出开机信号，步时电机带动凸轮 16 逆时针转动，但由于引导阀针塞已因杠杆 28 的左端受开限机构限制而无法下移，从而限制了导水叶的开度，安装凸轮的叉头也因此与螺套 11 不再紧贴。

(2) 自动工况下的负载运行。负载运行时，由于机组已并入电网，机组频率与电网频率相同，此时的频率差值 Δf 是为机组频率与给定频率之间的差值，调节原理与自动工况下的空载运行时的调节原理是相同的。机组并网后可利用频率给定也可以利用功率给定来增减机组的负荷。

7.6 调速器的选择

7.6.1 调速器选择的内容

调速器是水轮机重要的辅助设备，任何一个新建或改建的水电站，都会遇到调速器的选型问题。调速器的选择包括调速器类型、工作容量和参数的选择。要正确地进行选择，必须在了解国内外调速器生产情况及参数范围的基础上，进行以下三方面的工作。

1. 确定调速器的类型

首先根据水轮机的类型，确定选用单调节或双调节调速器。其次综合考虑水电站和机组的容量及其在电网中的比重、地位、系统负荷的特点及对电能质量的要求等各种影响因素，确定采用模拟式调速器或是数字式调速器。一般来讲，当电站和机组的容量较大，在系统中占有较大的比重，常常需要承担调频任务时；或经常需要由单机向地区电网供电，且用户对电能质量要求较高时；或电网中有较大冲击负荷等情况时宜选用高性能的微机调速器。反之，则可选用一般的 PLC 型微机调速器或机械液压调速器（电气液压调速器已逐步被微机调速器取代，所以一般不要再选取此类调速器）。

近年来，我国的调速器技术发展进入一个新的阶段，电气控制技术广泛采用了技术成熟、性能可靠的 PLC、PCC 等，液压系统充分采用液压行业中先进而成熟的技术成果。标准化液压元件及新型电液转换器件的应用，出现了结构更简单的高油压微机控制型调速器，目前国内已有工作油压达 16MPa 的 GKT 系列高油压微机调速器应用。

2. 确定调速器的工作容量（或型号）

根据水轮机的型式和参数，计算水轮机的调速功（推动调节机构各部件，包括导叶、桨叶、喷针和折向器等的操作力与其行程的乘积），然后根据调速功选用适当容量的调速器。选择调速器工作容量时应留有适当的余量，即调速器的工作容量必须大于调速功，这样才能保证接力器可靠工作。由于中小型调速器以调速功划分容量等级，大型调速器以主配压阀活塞直径划分容量等级，所以应注意两者在选型计算方法上存在的不同。

3. 确定并校核所选调速器的参数

根据调节对象所提供的参数，利用推荐公式在所选用调速器调节参数变化范围内计算得到一组整定参数，以满足机组可靠地进行自动并网、稳定运行和具有良好的过渡过程等要求。但对于大型水电站或调节对象的调节条件比较差的情况下，必须要在调节系统稳定分析的基础上，对调节参数进行校核计算，才能选定合适的调速器。

当然，在选择时还应注意尽量采用新技术，以利于推进调速器的发展。同时认真做好经济分析，做到选用设备经济合理，先进可靠。

7.6.2 调速器工作容量选择

调速器工作容量是指其自身具有的最大输出功。调速器容量选择原则是：在全部可能出现的水头、流量下调速器都能可靠地控制机组运行，使开关机时间满足调节保证计算的要求，并且有一定的裕量。在此仅介绍中、小型调速器工作容量的选择。

中、小型调速器一般为组合式，油压装置和接力器工作容量均不能改变，可通过对有关参数的整定来满足所要求的开关机时间。工作容量的选择主要是调速功计算。

小型调速器一般由制造厂选好随水轮机配套使用。

(1) 小型反击式水轮机导叶接力器所需的调速功 A，可按下式估算：

$$A = (200 \sim 250) Q \sqrt{H_{\max} D_1} \quad (\text{N} \cdot \text{m}) \tag{7-3}$$

式中：Q 为最大水头 $H_{\max}$ 下机组发额定功率时的流量，m^3/s；D_1 为水轮机转轮直径，m。

当机组制造、安装质量较好时，通常选取较小的系数，并根据计算所得的调速功 A 去选取调速功接近且偏大的调速器。

(2) 中型反击式水轮机导叶接力器所需的调速功 A，可按下式计算：

$$A = K b_0 a_{0\max} H_{\max} D_1 \quad (\text{N} \cdot \text{m}) \tag{7-4}$$

式中：b_0 为水轮机导叶高度，m；$a_{0\max}$ 为水轮机导叶最大开度，mm；K 为与机型有关的系数，对于混流式水轮机 $D_1<3.0$m、$K=3.92$；$D_1>3.0$m、$K=2.94$；对于轴流式水轮机 $K=2.94$。

（3）冲击式水轮机喷针接力器所需的调速功，可按下式估算：

$$A = 9.81Z_0\left(d_0 + \frac{d_0^3 H_{\max}}{6000}\right) \quad (\text{N}\cdot\text{m}) \tag{7-5}$$

式中：Z_0 为喷嘴数或折向器个数；d_0 为额定流量时的射流直径，cm。

折向器接力器所需的调速功为：

$$W = 1.08\times10^{-3} d_0^3 H_{\max} Z_0 \quad (\text{N}\cdot\text{m}) \tag{7-6}$$

按式（7-6）计算出来的调速功应乘以 1.3～2.0 的系数，因为制造、安装、润滑及工作环境等的不同，实际调速功会有所增加。

7.6.3 调速器参数选择及整定

影响调节系统动态特性的调节参数，对 PID 调节规律的调节装置有 b_t、T_d 和 T_n（或 K_P、K_I、K_D），对 PI 调节规律调节装置有 b_t、T_d。当调速器型号确定后，调速器调节参数的整定范围也随之确定，这些参数的大小对水轮机调节系统的稳定性和调节品质有明显的影响，必须慎重整定。此外，b_p 值的大小通常对系统稳定和动态品质无明显影响，对于带基荷的机组，b_p 值一般整定在 6%左右；承担调频任务的机组，b_p 值一般整定在 3%以下。

调速器参数选择方法为：根据调节对象的特点，利用最优调节的推荐公式初步确定上述影响调节系统动态特性的调节参数，然后经现场试验最终确定。下面结合不同运行工况介绍部分推荐公式。

1. 空载工况下调节参数的计算

对 PID 调节规律的电液调速器，横田浩推荐公式为：

$$K_P = 0.8\frac{T_a}{T_W}, K_I = 0.24\frac{T_a}{T_W^2}, K_D = 0.27T_a \tag{7-7}$$

式中：T_a 为机组惯性时间常数，s；T_W 机组压力过水系统水流惯性时间常数，s。

2. 单机负载工况下调节参数的计算

对 PI 调节规律调节系统的 T. Stein 推荐公式为：

$$T_d = 4T_W, b_t = 1.8\frac{T_W}{T_a} \tag{7-8}$$

对 PID 调节规律调节系统的 T. Stein 推荐公式为：

$$T_n = 0.5T_W, T_d = 3T_w, b_t = 1.5\frac{T_W}{T_a} \tag{7-9}$$

T. Stein 推荐公式是按频率扰动时过渡过程最佳原则推导的，当电站水头较高，必须计及压力过水系统管壁和水体弹性时，需根据水头将 T_W 乘以系数 1.05～1.35 进行修正。

3. 确定并网运行工况下调节参数的一般原则

为保证并网机组负荷调节的速动性，并网运行时的 b_t、T_d 值通常要比空载运行或单机带负载时小得多。但经验表明，为保证负荷调节的稳定性，b_t 值一般不宜调整为零，应根据机组和电网的具体情况，通过分析和试验确定。

需要指出的是，一般电液调节装置的空载调节参数与负载调节参数通过发电机出口断路器的辅助接点切换的，然而这种切换方式不能判断发电机出口断路器闭合后机组是并网运行还是单机带负荷运行。如果在单机带负荷运行时仍采用并网运行工况下的调节参数，则势必影响调节系统的稳定性。因此，对于那些可能单机带负荷运行的上网机组，应采取必要的技术措施。在未采取技术措施之前，可先按单机带负荷运行的要求整定调节参数，以确保机组从电网解列后运行的稳定性。

7.6.4 调速器选型实例

已知某电站的水轮机型号为 HL220—LJ—140，水轮机额定输出功率 P_r = 6.8MW，最大水头 H_{max} = 59.7m，额定水头 H_r = 49.5m，额定流量 $Q_r = 15.6m^3/s$，额定转速 n_r = 375r/min，最大水头下额定功率时的流量 $Q = 12.8m^3/s$，T_W = 2.43s，T_a = 5.77s。请选择调速器型号并初步确定其参数。

1. 确定调速器工作容量

根据式（7-3）取系数为 250 后得：

$$A = 250Q\sqrt{H_{max}D_1} = 250 \times 12.8 \times \sqrt{59.7 \times 1.4} = 29255\text{N} \cdot \text{m}$$

2. 确定调速器参数

由式（7-7）计算得 $K_P = 1.9$，$K_I = 0.23$，$K_D = 1.6$。同时根据电站的情况，选 $b_p = 6\%$。

3. 调速器选择

根据调速功 A 及生产厂家最新调速器产品目录，选择调速功接近且略大于计算结果的 TDBYWT—30000 型调速器。该调速器以可编程控制器（PLC）为核心，以步进电机—凸轮—主配压阀结构型式的步进式液压随动系统作为执行机构，其主要参数如表 7-1 所示。

表 7-1　　TDBYWT—30000 调速器主要参数

比例增益 K_P	积分增益 K_I (1/s)	微分增益 K_D (s)	永态转差系数 b_p (%)	人工频率死区 F_a (Hz)
0.5～20	0.05～10	0～5	0～10	0～±0.5

可见，此调速器满足要求。

复习思考题与习题

7-1　微机调速器与机调和电调相比，有何优点？

7-2　微机调速器有哪些结构形式？由哪些基本部分组成？

7-3　微机调速器 PID 算法基本类型有哪些？各有何特点？

7-4　微机调速器常见的控制器有哪些？

7-5　按信号类型说明微机调速器常见的输入输出信号。

7-6　简述 PLC 测频的基本原理。

7-7　简述步进电机、比例阀和伺服比例阀的工作原理。

7-8　简述调速器参数对调节过程的影响。

7-9　简述 TDBYWT—18000 微机调速器电气系统的组成及各部分的作用。

7-10　简述 TDBYWT—18000 微机调速器电液随动系统工作原理。

7-11　试述调速器选择的基本内容和步骤。

第8章

水电站油气系统及进水阀

8.1 水电站油系统

8.1.1 水电站用油的种类和作用

水电站机电设备在运行中，如调速器操作，机组及辅助设备润滑，电气设备绝缘和消弧等，都需要各种性能的油品。由于设备的工作条件和要求不同，使用油的种类和作用也不同。水电站用油通常分为润滑油和绝缘油两大类。

1. 润滑油

常用的润滑油有以下几种。

(1) 透平油（又称汽轮机油）。它的粘度适中，可在机组的运动件与约束件之间的间隙中形成油膜，以油膜的液体摩擦代替了固体之间的干摩擦，从而降低了摩擦系数；同时由于油的流动性，还可将摩擦产生的热量以对流的方式携带出来，与空气或冷却水进行热量交换。可见，透平油在机组轴承的运行中同时起到润滑和散热两种作用。调速器和其他液压操作设备的用油也是透平油，它在这些设备中还有着传递能量的功用。

(2) 机械油（俗称机油）。粘度较大，供电动机、水泵、机修设备和起重机等润滑用。

(3) 压缩机油。除供活塞式空气压缩机润滑外，还承担活塞与气缸壁间的密封作用。它能在温度 t 不高于 180℃的高温下正常工作。

(4) 润滑油（俗称黄油）。供滚动轴承及机组中具有相对运动部件之间的润滑。也对机组部件起防锈作用。

2. 绝缘油

绝缘油主要用于水电站电气设备中，油的绝缘性能远比空气好并可吸收和传递电气设备运行时产生的大量热量；绝缘油还可将断路器（也称油开关）断开负载时产生的电弧熄灭，故绝缘油的作用为散热、绝缘和消弧。

绝缘油主要有以下两类：

（1）变压器油。用于变压器及电流、电压互感器，起到绝缘和散热作用。

（2）开关油。用于断路器，有绝缘和消弧作用。

上述各类油中，以透平油和变压器油用量最大，为水电站的主要用油。

8.1.2 油的基本性质

水电站用油要起到前述作用，保证设备正常运行，其基本性质至关重要。现将润滑油和绝缘油最重要的性质及性能指标介绍如下。

1. 物理性质

（1）粘度。液体质点受外力作用而相对移动时，在液体分子之间产生阻力的大小称为粘度。粘度是流体抵抗变形的性质，也是粘稠的程度。一般油品的粘度是随着工作温度上升而降低，工作温度下降而增高，而且会随着使用时间的延长而略有增高。油的粘度分动力粘度和运动粘度，常用运动粘度。动力粘度是液体中面积 $1cm^2$，相距 1cm 的两层液体，发生速度为 1cm/s 的相对移动时所受阻力的大小。运动粘度是液体动力粘度与其密度之比，常用 υ 表示，单位为 m^2/s。

油的粘度是油的重要特性之一，也是选择油品的一项重要指标。对于透平油系统，粘度大时，易于保持液体摩擦状态，但会加大液体阻力，增加摩擦损失，也不利于散热；粘度小时则相反；同时为便于运行管理，机组润滑用油与调速系统等操作用油宜选用同一牌号透平油，选用不同牌号油时应进行技术经济比较论证。对于绝缘油则要求较小的粘度，因为流动性好可以增强散热效果并有利于消弧。

（2）闪点。当油被加热至某一温度时，油的蒸气和空气混合后，遇火呈现蓝色火焰并瞬间自行熄灭（闪光）时的最低温度，称为闪点。若闪光时间长达 5s 以上时，此温度即为油的燃点。闪点反映了油在高温下的稳定性。闪点的高低取决于油中含有沸点低、易挥发的碳氢化合物的数量。闪点低，油品易燃烧或爆炸。因此，闪点又是表示油品蒸发倾向和储运、使用的安全指标。

（3）凝固点。当油温下降，油品失去流动性而变为塑性状态时的最高温度称为凝固点。在测试中，将储油的试管倾斜 45°角，经过一分钟，试管内油面不发生明显变形，即认为油凝固了。油凝固后不能在管道及设备中流动，会使润滑油的油膜破坏。对于绝缘油，既降低散热和灭弧作用，又增大断路器操作阻力，故在寒冷地区应选用凝固点较低的油。

（4）灰分与机械杂质。油品燃烧后所剩下的无机矿物质占原来油重的百分比，称为灰分。在油中以悬浮状态而存在的各种固体物质，如灰尘、金属屑、纤维物及结晶盐等，称为机械杂质。灰分与机械杂质均会破坏油的润滑性能和绝缘性能。

(5) 抗乳化性。油与水蒸汽形成乳浊液后静置，达到完全分层所需的时间，称为抗乳化性（以分钟计），它是透平油的专用指标。润滑油乳化后，粘度增高，泡沫加多，使机械杂质不易沉淀，析出的水分还会破坏油膜，影响润滑效果，加速部件磨损，同时也会加速油的氧化。

(6) 透明度。清洁油是淡黄色透明液体。用透明度可以简易判断新油及运行油的清洁或被污染程度。

(7) 水分。油中含有水分会助长有机酸的腐蚀能力和加速油的劣化，使油的绝缘强度降低，加速绝缘纤维的老化等。当油中含有水量超过 0.01%～0.02%时，油的绝缘强度则降低到最小值（1.0kV），故新油中不允许含有水分。

2. 化学性质

(1) 酸值。油中游离有机酸的含量，称为油的酸值，以酸价表示。酸价是中和 1 克油中的酸性物质所需氢氧化钾的毫克数。酸值是控制油品精制深度及运行油品劣化程度的重要指标之一。酸能腐蚀金属和纤维（油中含有水分时，腐蚀性更强），含酸的油与设备的金属表面接触后，会形成一种皂化物，它在循环式润滑油系统中，妨碍油在管道中的正常流动并降低油的润滑性能。新透平油和新绝缘油的酸值都不能超过 0.05mgKOH/g；运行中的绝缘油不超过 0.1mgKOH/g；运行中的透平油不超过 0.2mgKOH/g。

(2) 抗氧化安定性。油在运行过程中（高温下）抵抗氧化的能力，称为抗氧化安定性。油温愈高，愈容易氧化。油被氧化后会生成含有有机酸和其他物质的胶状沉淀物，从而使油管堵塞，酸值提高，引起腐蚀和润滑性能变坏。油的新标准中，要求设备运行 1000h 后油的酸值不得大于 2.0mgKOH/g。目前，我国某些水电站采用在油中添加抗氧化剂的办法，根据使用情况看来，这是一项提高油品抗氧化安定性、延长使用时间的有效措施。

(3) 水溶性酸、碱。油中若含有水溶性酸、碱，会使金属部件产生强烈腐蚀，并加快油的劣化。因此，水电站要求使用的油为中性油，不允许含有水溶性酸、碱。

3. 电气性质

(1) 介质损耗因数。油在电场作用下，要消耗部分电能并转换成热能，单位时间内消耗的电能称为介质损失，并以介质损耗因数 $tg\delta$ 来衡量。电压和电流间相角与 90°的差值，称为介质损失角 δ。$tg\delta$ 的大小，是绝缘油电气性能中的一个重要指标。其值越大时，不仅功率损失大，其绝缘性能也越差。$tg\delta$ 可以很灵敏地显示出油的污染程度，故介质损失角 δ 是检验绝缘油干燥、精制程度及老化程度的重要指标。

(2) 绝缘强度。绝缘强度是评定绝缘油电气性能的主要指标之一，用在标准电极下的击穿电压表示。绝缘油的绝缘强度是保证设备安全运行的重要条件。油的击穿电压受很多因素影响，但决定性的因素是含水量。当水和固体杂质存在时，油的绝缘强度将严重下降。

水电站习惯上把新买回的油称为新油；不含水分和机械杂质、符合运行标准的油称为运行油；有某一指标不符合运行标准的油称为污油。

无论新油或运行油，对其性能都有严格的要求。运行中的透平油质量标准见表8-2所列；运行中的变压器油质量标准见表8-3所列。

8.1.3 油的牌号

在GB11120—89《透平油（汽轮机油）》中，国产透平油有32号、46号、68号和100号四种牌号，牌号的数值表示油在40℃时的运动粘度。目前，中小型水电站常用的国产透平油牌号有32号和46号两种，且通常选择防锈型的。

GB2536—90《绝缘油（变压器油）》中，国产绝缘油中变压器油有10号、25号及45号三种牌号，开关油有45号，牌号的数值表示油的凝固摄氏温度值（负值）。绝缘油一般选用25号绝缘油；在月平均最低气温不低于－10℃的地区，如无25号绝缘油时，可选用10号绝缘油；当月平均最低气温低于－25℃的地区，宜选用45号绝缘油。

8.1.4 油的净化

油在使用和储存过程中，因渗进水分、光线照射、温度变化等因素的影响，会出现酸值增高，沉淀物增加，机械杂质增多等情况，改变了油的性质，从而不能保证设备的安全可靠运行。这种使油的性能恶化的现象称为油的劣化。

当油不符合质量标准时，应根据劣化程度采用不同措施加以净化处理。在水电站中常用的净化处理措施包括澄清、压力过滤和真空净化等。

1. 澄清

使油长时间在储油设备中静置，比重较大的水和机构杂质便会沉淀到底部，然后将其排出。虽然澄清并不能除去全部水分和杂质，但因此方法简单、廉价，对油质没有伤害而被广泛采用。

2. 压力过滤

把加压的油通过具有能够吸收水分和阻拦机械杂质的过滤层称为压力过滤。用特制且经过干燥的过滤纸作为过滤介质，将油加压并过滤的设备称为压力滤油机。压力滤油机的组成及工作原理如图8-1所示。滤油时，油泵将污油罐中的污油加压后进

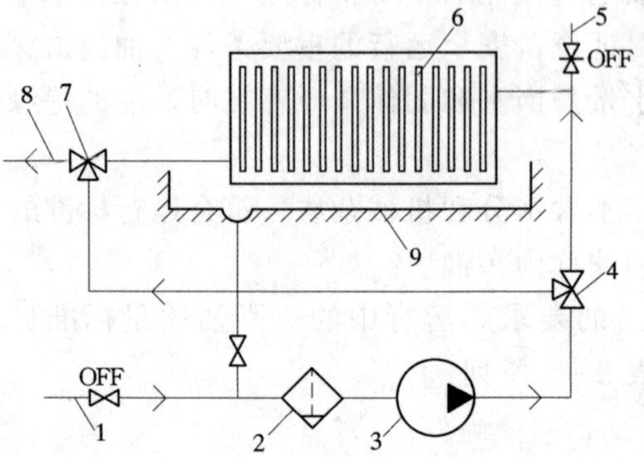

图 8-1　压力滤油机工作原理图

1—进油口；2—预过滤器；3—油泵；4、7—三通阀；5—油样口；6—滤油器；8—出油口；9—油槽

入滤油器，滤油器中的过滤纸不仅将油中的水分吸附下来，同时其纤维状毛细孔将油中的机械杂质滤了出来。滤后的油再排回清油罐。当滤纸的纤维吸饱水分或表面布满杂质后就应更换。

滤油过程中，每隔一段时间应取油样化验检查，合格后方能使用。压力过滤的质量较高，但生产率较低，且过滤纸耗损较大。压力滤油机普遍用于透平油的净化。

3. 真空净化

真空净化是利用油和水的汽化温度不同，在真空罐内将水分和气体减压蒸发，从而将油中的水分及气体分离出来，达到除水脱气的目的。

真空净油机的工作原理，如图 8-2 所示。污油经压力滤油机加压过滤后通过加热器送至真空罐内的喷嘴喷成雾状；当真空罐内油位达到 1/2 油位计指示油位时，用另一台压力滤油机或油泵将罐内的油抽回储油罐。如此不断循环，并控制进入真空罐的油压为 0.2～0.3MPa，同时调节出油，使进出油量平衡。

经过一段时间，待加热器出油温度达到 50～70℃时，开启真空泵（最好采用油浸式真空泵），逐渐提高罐内真空度。由于油与水的汽化温度不同，而汽化温度又与压力有关，当罐内真空值达到一定值时，油中的水分开始汽化并经过真空泵抽出。污油不停地循环过滤和分离，直到油的除水脱气达到合格为止。

真空分离的优点是快速除水，缺点是不能清除机械杂质。因此，主要用于机械杂质较少而绝缘强度要求较高的绝缘油的净化处理。

4. 离心分离

离心分离是利用水分和机械杂质的比重较油大的特点，在离心力作用下，将水与机械杂质分离出去。但因其性能不易掌握、不好调整、不能自动排污，特别是当油中水分较少时分离效果不好，故不推荐选用。

8.1.5　油系统的组成

在水电站中，用油量最大的是透平油和绝缘油这两类。用管网将这两类油的用油设备、油泵、储油罐、油处理设备、油化验设备和监测控制元件等连接起来组成系统，叫做油系统。油系统设置是否合理不仅直接影响到油和用油设备能否可靠、经济

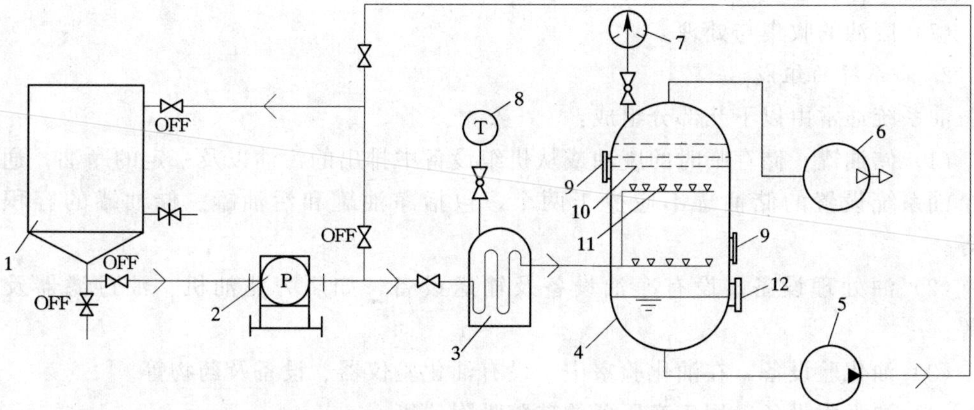

图 8-2 真空滤油机工作原理图

1—储油罐；2—压力滤油机；3—加热器；4—真空罐；5—油泵；6—真空泵；7—真空表；8—温度计；9—观察孔；10—油气隔板；11—喷嘴；12—油位计

地运行，也对运行、管理和检修有着重要的意义。水电站的油系统中，由于透平油、绝缘油是两种不同性质、不同用途的油，不能混合，为了便于运行管理，按两个独立系统分别设置。其他油品，如压缩机油、润滑脂等用量不大，可定时加注，因此不单独设置油系统。

1. 油系统的任务

为保证设备安全、经济运行，油系统必须完成下列任务：

(1) 接受新油。采用自流或压力输送的方式将新油送入储油罐。

(2) 储备净油。水电厂油库一般设置两个运行油罐，每个运行油罐的容积为总容积的一半；也可按一台机组的最大用油部件充油量的110%来确定。油库中随时都应储备一定的合格备用油，以供发生事故需要更换污油和正常运行中补充损耗之用。

(3) 给设备充油或添油。在设备大修后或新安装机组运行前，给设备充净油；向运行设备添油，以补充设备在运行中油的损耗。大中型水电站多采用重力加油的方式，小型水电站多采用直接加油的方式。

(4) 从设备中排出污油。机组设备检修时，通过油泵或自流的方式，从设备中排出污油并送到油库的污油罐中。

(5) 油的净化处理。将污油罐中的污油通过压力过滤或真空净化等净化处理后，再送回净油罐。

(6) 油的监督、维护和取样化验。包括分析、鉴定新油是否符合标准；定期对运行油进行取样化验；对油系统进行检查、修理和清洗。

(7) 废油的收集与处理。

2. 油系统的组成

油系统通常由以下几部分组成：

(1) 储油罐。储存临时的废油或从机组设备中排出的污油以及一定的净油，通常一个油系统设置的储油罐不应少于两个，包括净油罐和污油罐。储油罐的容积应相等。

(2) 油处理设备。设有净油设备及输送设备，如压力滤油机、油过滤器及油泵等。

(3) 油化验设备。在油化验室中，设有油化验仪器、设备及药物等。

(4) 油吸附设备。用于变压器的硅胶吸附器等。

(5) 管网。将油系统设备与用户连接起来的管道系统。

(6) 测量及监测控制元件。用以检测和控制用油设备的运行情况；监测元件有温度信号器、压力控制器、油位信号器和油混水信号器等。

8.1.6 油系统图

表明油系统的基本组成、连接情况和运行方式的平面展开示意图，称为油系统图。油系统图是技术施工设计的依据，也是电站管理及运行人员管理、操作和维护的依据。对油系统图的基本要求是：系统的连接明了，管道和阀门尽量精简，全部操作简单明确、程序清楚，不易导致误操作。为检查油系统拟订是否合理和说明运行操作方式，在油系统设计中，还制订出油系统操作程序表，列出主要工作项目的操作程序，如表8-1所示。

油系统与水电站的规模、机组型式及布置形式有密切关系，下面列举不同机组类型的透平油系统图。图8-3所示为某水电站的透平油系统图，其操作程序见表8-1。

表8-1　　透平油系统操作程序表

1	运行油罐接受新油			油槽车，26，24，2CY（1号），4（7），T2（T3）
2	运行油罐新油自循环过滤			T2（T3），6（9），LY，4（7），T2（T3）
3	运行油罐新油存入净油罐			T2（T3），5（8），ZJB，1，T1
4	向设备供油	清油罐	至推力轴承	T1，2，2CY（2号），11，12
			至下导轴承	T1，2，2CY（2号），11，15
			至水导轴承	T1，2，2CY（2号），11，18
			至油压装置	T1，2，2CY（2号），11，21

续表

5	设备排油	推力轴承至	运行油罐	14，27，10，2CY（2号），4（7），T2（T3）
		下导轴承至		16，27，10，2CY（2号），4（7），T2（T3）
		水导轴承至		19，T4，2CY（3号），22，10，4（7），T2（T3）
		油压装置至		20，27，10，2CY（2号），4（7），T2（T3）
6	运行油自循环过滤			T2（T3），6（9），LY，4（7），T2（T3）
7	运行油过滤后送至净油罐			T2（T3），5（8），ZJB，1，T1
8	运行油罐排污			T2（T3），6（9），2CY（2号），23，25，油槽车
9	对污油泵清洗			T1，3，污油泵，23，25，油槽车

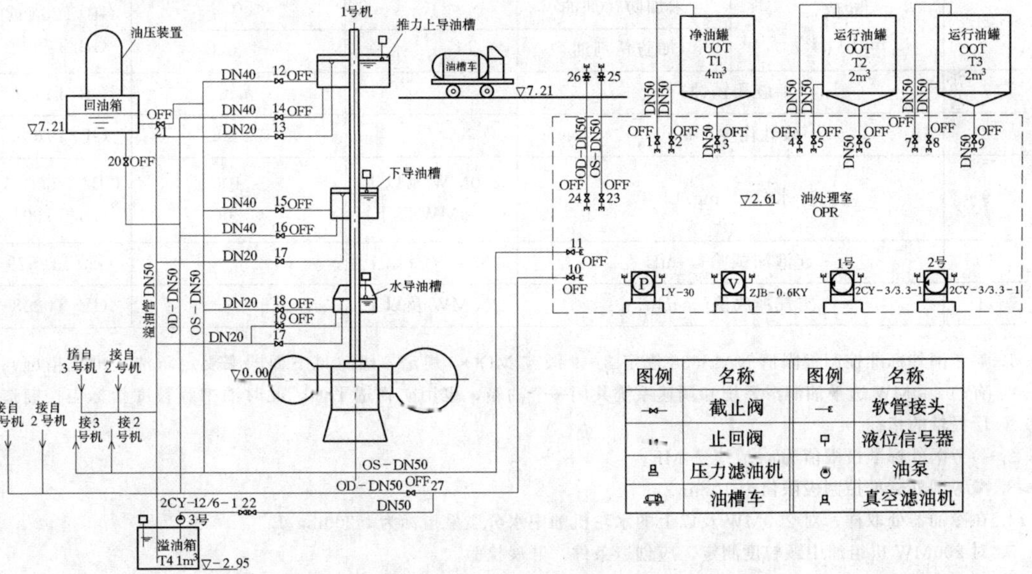

图 8-3　水电站透平油系统图

8.1.7　油系统的监督和运行维护

为了保证机组设备安全、稳定地长时间连续运行，就应保证油的工作性能稳定。在油运行中，应尽量减少油被污染的机会，采取相应的技术措施，使油能够长期连续稳定运行。油系统的监督和维护是对新油进行分析化验，鉴定是否符合国家标准；对运行油进行定期取样观察其变化情况，判断运行设备是否齐全；新油、运行油、污油进入油罐时，都要有化验记录。水电站运行中油的质量标准，见表 8-2 及表 8-3。

表 8-2　　运行中的透平油质量标准

序号	项　目		设备规范	质量指标	检验方法
1	外　状			透明	外观目测
2	运动粘度（40℃），m^2/s			与新油原始测值偏离≤20%	GB/T265
3	闪点（开口杯），℃			与新油原始测值相比不低于 15	GB/T267
4	机械杂质			无	外观目测
5	颗粒度[5]		250MW 及以上	报告[1]	SD/T313 或 DL/T432
6	酸值，mgKOH/g	未加防锈剂油		≤0.2	GB/T264 或 GB/T7599
		加防锈剂油		≤0.3	
7	液相锈蚀			无锈	GB/T1143
8	破乳化度，min			≤60	GB/T7605
9	水分[4]，mg/L		200MW 及以上 200MW 以下	≤100 ≤200	GB/T7600 或 GB/T7601
10	起泡沫试验[2]，mL		250MW 及以上		GB/T12579
11	空气释放值[3]，min		250MW 及以上		GB/T0308

1. 参考国外标准控制极限值 NAIS638 规定 8～9 级或 MOOG 规定 6 级（见下面国家规定防油质劣化措施）；有的 300MW 透平油润滑系统和调速系统共用一个油箱，也用矿物透平油，此时油中颗粒度指标应按制造厂提供的指标。
2. 参考国外标准极限值为 600/痕迹 ML。
3. 参考国外标准控制极限值为 10min。
4. 在冷油器处取样，对 200MW 及以上的水轮机油中水分质量指标为≤200mg/L。
5. 对 200MW 机组油中颗粒度测定，应创造条件，开展检验。

说明　上表中，对闪点、水分两项指标做了修正；而颗粒度、气泡沫试验和空气释放值三项指标是新增加的；颗粒度的标准参考国际标准。

1. 减缓油劣化的措施

为延长油的使用寿命，应加强对运行油的维护工作并至少应采取一种下述防劣化措施：

（1）添加 2，6—二叔丁基对甲酚抗氧化剂。

（2）新油、再生油中 T501 含量应不低于 0.3%～0.5%；运行中透平油 T501 含量不低于 0.15%。

表 8-3　　运行中变压器油的质量标准（摘要）

项　目	质量指标			试验方法
牌　号	10	25	45	目　测[1]
外　观	透明、无悬浮物和机械杂质			GB1884
密度（20℃）（kg/m^3）不大于	895			GB1885
运动粘度（mm^2/s）				GB265
40℃　不大于	13	13	11	
−10℃　不大于	—	200	—	
−30℃　不大于	—	—	1800	
倾点（℃）　不高于	−7	−22	报告	GB3535[2]
凝点（℃）　不高于	—		−45	GB510
闪点（闭口）（℃）　不低于	140		135	GB261
酸值（mgKOH/g）　不大于	0.03			GB264
腐蚀性硫	非腐蚀性			SY2689
氧化安定性 氧化后酸值（mgKOH/g）不大于 氧化后沉淀（%）　不大于	 0.2 0.05			ZBE38003
水溶性酸或碱	无			GB259
击穿电压（间距 25mm 交货时）* kV 不小于	35			GB507[4]
介质损耗因数（90℃）　不大于	0.005			GB5654
界面张力（Mn/m）　不小于	40		38	GB6541
水分（mg/kg）	报告			ZBE38004

注　1. 把产品注入 100mL 量筒中，在 20±5℃下目测，如有争议时，按 GB 511 测定机械杂质含量为无。
　　2. 氧化安定性为保证项目，每年至少测定一次。
　　3. 测定击穿电压允许用定性滤纸过滤。
　　*　击穿电压为保证项目，每年至少测定一次。用户使用前必须进行过滤并重新测定。

（3）当油中 T501 含量低于 0.15%时，应进行补加；补加油的 pH 值不应低于5.0。

（4）安装连续再生装置，吸附剂的用量应为油的 1%～2%。

（5）漏气、漏水的机组，应添加“I746”防锈剂，添加量为油的 0.02%～0.03%。

（6）其他减缓油劣化的措施：①储油罐、变压器应设置空气干燥器；各部轴承的冷却水管都应通过耐压和渗漏试验，不允许有水分渗出；②各部轴承和油罐供油、排油时油管应伸入油面以下，以防止油流与空气混杂产生大量泡沫；③保证在正常温度范围内储油和用油，避免因油温过高加快油的劣化；④在机组轴承与基础间设置绝缘垫，以防止产生轴电流加快油的劣化；⑤用油、储油设备和输油管道要采用正确的清洗方法；⑥污油、废油应按牌号分别收集，不能混集在同一油罐中。

2. 油质监测

油系统监测是对油质、油温和油位的监测，如有质量指标不符合要求，应及时采取相应的技术措施，防止和减缓油的劣化，以保证设备长时期稳定、可靠运行。

对运行油的质量监测，从直观检查、简单测试，直到定期取样化验，都属于监测工作范围。运行中的油，应加强技术管理，建立必要的技术档案。对水电站透平油系统设备每年至少进行一次表 8-2 中的第 1、2、4、6、9 项检验。机组运行正常时，可以适当延长检验周期，但发现油中混入水分（油呈浑浊）时，应增加检验次数，并及时采取处理措施。对于 300MW 以上容量的水轮机，增加颗粒度测定。对于一些小型水电站没有化验设备时，运行人员可通过油的颜色和一些简单测试方法鉴别油质的变化：当外观目测发现运行油比新油的颜色更褐更黑，或还有机械颗粒出现时，这说明该油已经劣化；取用油设备油箱底部放出的油样进行燃烧，如有“啪啪”声，说明油中含有水分；或若发现设备在油中运行的部件有锈蚀现象，或者油呈乳白色浑浊现象，都说明油中有水分，并已经劣化。在对运行设备的过滤器作定期检查和清洗时，若发现滤油器很快被堵塞，则说明油中的机械杂质较多；比较新油和运行油的颜色与机械颗粒，也可判定油质劣化与污染程度。

各设备的油过滤器滤网孔尺寸，可参考经验数据选取：推力轴承及导轴承 50～150μm；调速器、电液转换器 5～10μm。

表 8-2 中液相锈蚀是指透平油中混入水分后会使以钢铁为材质的设备发生锈蚀。锈蚀物混杂在油中则会使某些精度很高、间隙极小的部件（如调速器中的引导阀、电液转换器中的控制套等）卡阻造成运行事故。

3. 油位监视

在用油设备和油库的储油罐上，都设有油位计或设有油位信号器，用以观察或自动监测油位。设备在静止状态时，其各部油位都应在标定的刻度范围内。运行设备的油位若发生异常变化，如冷却水管爆裂或渗漏，会使油箱油位上升较快；而大量的漏油或甩油，又会使油位下降较快。这种情况下应立即停机检查、及时处理。

4. 油温监测

通常在运行设备的油槽内设有温度计或温度信号器，运行人员在工作中应按规程规定，按时监视和记录各种用油设备的油温。一般规定透平油油温不得高于 45～50℃，绝缘油的油温不得高于 65℃。油温高低还反映了设备的工作是否正常。例如，当机组过负荷、冷却水中断、油位过低或油质劣化等都会使轴承内的油膜破坏，油温迅速升高；而当冷却水过大或冷却水渗入油中时，油温可能会降低。因此，运行中若发现油温有异常变化，均应及时进行全面的检查和及时处理。

5. 油系统的清洗维护

为保证设备的安全运行，应定期对油系统的各设备及管道进行清洗。用油设备及其管道的清洗维护工作往往结合机组的定期检修或事故检修进行；而储油、净油设备及其管道往往结合油的净化及储油罐的更替进行。

清洗工作的主要内容是洗掉油的劣化物——油泥、水分和机械杂质等。清洗时，各设备及油管应拆开，分段、分件清洗。清洗溶液除煤油、轻柴油或汽油外，多采用各种金属清洗剂（如851金属清洗剂）。清洗工作的标准：用面粉团检查用油设备的油箱及油箱中的各部件（如冷却器、轴瓦等），应干燥无杂质；用白布拉过各管道，白布亦应洁净干燥。清洗合格后，透平油各设备内壁应涂耐油漆，变压器等绝缘油设备内壁应涂耐油耐酸漆。然后，油系统各设备与管道均应密封以待充油。

8.2 水电站气系统

8.2.1 压缩空气的用途

空气具有极好的弹性（即可压缩性），是储存压力能的良好介质，同时压缩空气使用方便、安全可靠，易于储送，因此，在水电站中得到了广泛应用。主要用途如下：

(1) 供液压操作的油压装置压力油罐用气：额定工作压力一般为2.5MPa，大型机组选用4MPa或6MPa，目前国内调速器最高油压已达16MPa；

(2) 机组停机过程中的制动用气：额定压力0.7MPa；

(3) 水轮发电机组调相运行时转轮室压水用气：额定压力0.7MPa；

(4) 机组、设备在安装、检修中的风动工具及设备吹扫清污用气：额定压力0.7MPa；

(5) 水轮机主轴检修围带密封充气、发电机封闭母线微正压用气：额定压力0.7MPa；

(6) 蝴蝶阀止水围带充气：工作压力应比阀门承受的水压力高0.2～0.4MPa；

(7) 灯泡贯流式机组发电机舱密闭增压散热用气：一般为0.7MPa；

(8) 前池或压力管道进口拦污栅处防冻吹冰用气：额定压力0.7MPa；

(9) 大中型机组水轮机强迫补气：一般为0.7MPa；

（10）气动配电装置中的空气断路器及气动隔离开关操作和灭弧用气：工作压力一般为 2～2.5MPa，但为了设备空气干燥的需求，压缩空气的额定压力应为工作压力的 3～4 倍，甚至更高。

根据电站用气设备实际所需用气压力不同，工作性质及要求不同，将水电站的压缩空气系统进行分类：①厂内高压气系统，≥2.5MPa；②厂内低压气系统，0.7MPa；③厂外高压气系统，2～4MPa；④厂外低压气系统，0.7MPa。当然，也有将水电站组成的压缩空气系统以压力不同分为高、中、低压气系统的。

8.2.2 压缩空气系统的任务和组成

水电站压缩空气系统的任务，就是及时、可靠地供给用气设备所需的气量，同时满足用气设备对气压、清洁和干燥的要求。

压缩空气系统由四个部分组成：

（1）空气压缩装置。包括空气压缩机、电动机、储气罐和气水分离器。

（2）供气管网。由干管、支管和管件组成。管网将气源和用气设备联系起来，输送和分配压缩空气。

（3）测量和控制元件。包括各种类型的自动化元件，如压力继电器、温度信号器、电磁空气阀等。其主要作用是监测、控制，保证压缩空气系统的正常运行。

（4）用气设备。如油压装置的压力油罐、制动闸、风动工具等。

8.2.3 压缩空气的产生

压缩空气的产生，主要是以电动机为动力，带动空气压缩机将自由空气进行压缩而得。

1. 空气压缩机的类型

根据各气系统对用气压力和用气量要求的不同，空气压缩机有着多种型式。按动作原理可分为：往复式、离心式、回转式等。水电站多采用往复活塞式空气压缩机，简称活塞式空压机，按其排气量和工作压力不同可进一步分类。

（1）按排气量分：①微型，排气量 $V<1\text{m}^3/\text{min}$；②小型，排气量 $V=1\sim10\text{m}^3/\text{min}$；③中型，排气量 $V=10\sim100\text{m}^3/\text{min}$；④大型，排气量 $V>100\text{m}^3/\text{min}$。

（2）按工作压力分：①低压，工作压力 0.2～1MPa；②中压，工作压力 1～10MPa；③高压，工作压力 10～100MPa。

2. 活塞式空压机的工作过程

当空气质量一定时，它的压力、容积和温度之间是存在如下关系：

$$\frac{pV}{T}=\text{常数} \qquad (8-1)$$

式中：p 为绝对压力，MPa；V 为容积，m^3；T 为绝对温度，K（0℃=273K）。

在温度不变或改变不多的情况下，减小空气的体积势必会提高其压力，这就是空气的可压缩性。利用空气的这一特性，活塞式空压机就是通过活塞在汽缸内往复运动，减小空气体积，使气体压力提高。如图8-4所示，活塞式空气压缩机的结构由汽缸2、活塞4、曲轴11、连杆10、机架1、气缸盖6及进气阀7和排气阀8等组成。机架是铸造的箱件，用以支承和安装其他部件；机架的底部是润滑油箱12，内存空压机润滑油，利用油泵或靠曲轴、连杆在转动中使油飞溅去润滑各运动件。气缸是个圆筒形部件，顶端用气缸盖封闭而形成一定的工作容积；活塞被曲轴、连杆带动在气缸内往复移动，不断改变缸内空气的体积从而产生压缩空气。气缸内壁平整而光滑，活塞上装设了若干活塞环（分油环和密封环）与之紧密配合以保证密封。空气经过设在气缸盖上的进、排气阀吸入或排出。进、排气阀是带有弹簧的盘形阀门，在压力差的作用下单向导通。为了散热、冷却，气缸及气缸盖可作成带水腔的夹层结构，让水从夹层中流过（水冷式）；也可在气缸、气缸盖外壁上设若干散热片，运转时靠风来冷却（风冷式），如图8-4所示。活塞式空压机的曲轴每旋转一周，活塞就往复移动一次完成一个工作循环，每个循环可分为吸气、压缩和排气三个过程。

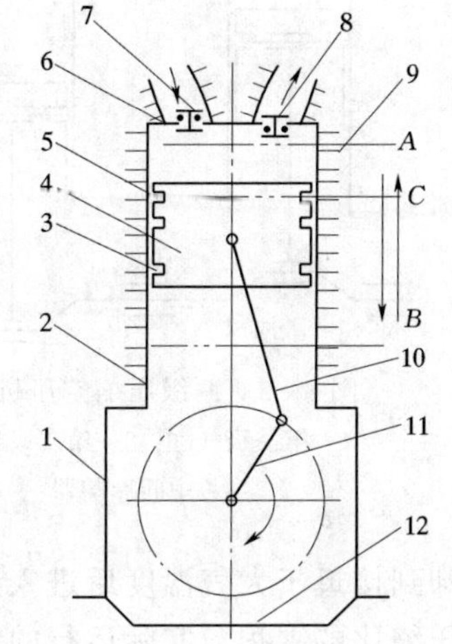

图8-4 活塞式空气压缩机简图

1—机架；2—气缸；3—油环；4—活塞；5—密封环；6—气缸盖；7—进气阀；8—排气阀；9—散热片；10—连杆；11—曲轴；12—润滑油箱

(1) 吸气过程。活塞由 A 移向 B，气缸容积不断加大，缸内空气体积膨胀而使压力降低，当外界压力与缸内压力之差大于弹簧阻力时，进气阀7开启。随着活塞的继续移动，空气被吸入气缸内。

(2) 压缩过程。活塞达到极限位置 B 后将转而向 A 移动，此时进气阀7已关闭而排气阀8尚未开启，活塞移动使气缸内容积减少，缸内空气被压缩使压力上升。

(3) 排气过程。活塞移到 C 及以后，缸内空气压力超过弹簧和排气管压力的阻碍，将排气阀8顶开，活塞由 C 向 A 的移动将使缸内已被压缩的空气向排气管排出。

这样周而复始地运转，空压机就不断吸入并压缩空气。空压机排气压力与吸气压力之比，称为空压机的压缩比，它表示空气压力提高的程度。空气只经过一个气缸，

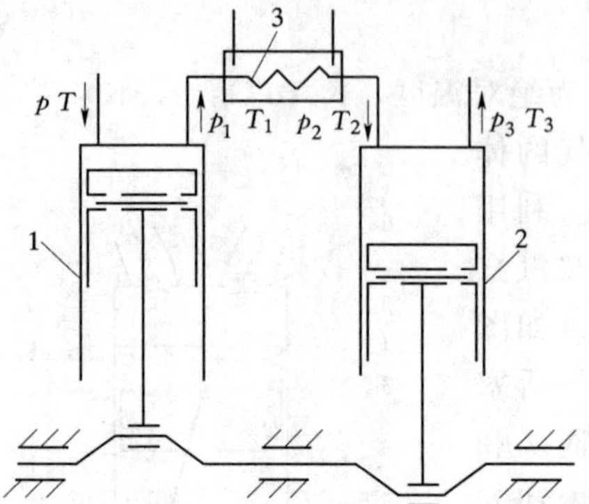

图 8-5 两级压缩空压机简图
1—第一级气缸；2—第二级气缸；
3—中间冷却器

被压缩一次的空压机叫单级压缩空压机。单级空压机的压缩比存在极限，一般不大于 5。这是因为空气在被压缩时温度大大上升，而且压缩比越大，温度上升越高。但是，空压机的润滑油只能在 180℃以下正常工作，这就限制了空压机的压缩比不能太高。因此，单级空压机不可能产生较高压力的压缩空气。

为了获得高压力的压缩空气，可采用多级压缩空压机。用两个或更多的气缸串联起来，逐级对空气进行压缩，在级与级之间加装中间冷却器来控制温度。如图 8-5 所示就是两级压缩的空压机的基本组成情况。两级气缸串联工作，第一级排出的气经中间冷却器 3 用水冷却到接近于大气温度后进入第二级，作二次压缩。多级压缩空压机的全压缩比是各级压缩比的乘积。实际运行的空压机，级数一般不超过 3 级。

3. 活塞式空压机的工作参数

空压机的基本工作参数，包括排气压力、排气量、转速、功率和效率等。

(1) 排气压力 p_r（MPa）。是空压机在额定工况下排出压缩空气的压力值。

(2) 排气量 Q_r（m^3/min；L/min）。是指空压机在单位时间内排出的空气容积值，其值等于单位时间通过空压机的自由空气的容积值。

(3) 转速 n_r（r/min）。空压机的额定转数值。

(4) 轴功率 P_r（kW）。空压机在额定工况时应保证的轴功率。

(5) 效率 η（%）。空压机理论功率与轴功率之比，一般在 40%～70%。

上述参数中，排气压力 p_r 和排气量 Q_r 是选择空压机型号的依据；转速 n_r 和功率 P_r 用以选配电动机，决定传动方式和传动比的依据；效率是空压机对能量的有效利用程度。

4. 空压机的规定工况

空压机的规定工况有：

(1) 吸气压力：0.1MPa（绝对压力）。

(2) 吸气温度：20℃。

(3) 水冷空压机冷却水进水温度：15℃。

(4) 水冷空压机冷却水进水量：m^3/min（按产品技术文件规定）。

(5) 风冷空压机冷却空气温度：℃（为吸气温度 20℃时相应所处的环境温度）。

（6）排气压力和转速：MPa，r/min（按产品技术文件规定）。

5. 活塞式空压机的型号

活塞式空压机的型号是用汉语拼音字母和阿拉伯数字共同表示的，其含义如下：

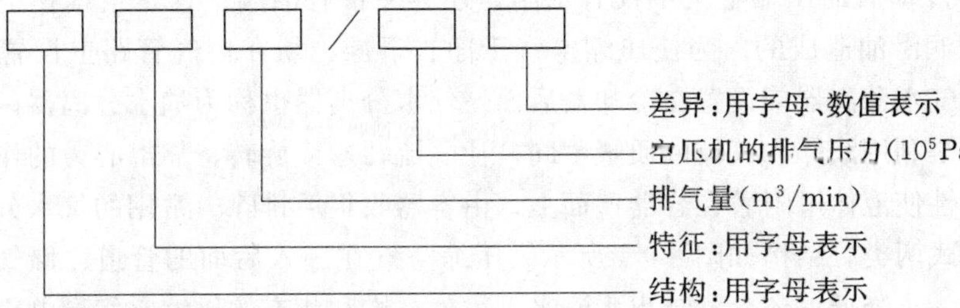

说明：往复活塞式空压机的结构代号是根据空压机汽缸中心线相互位置的排列，用汉语拼音字母表示，常见有下列几种型式：L 型—汽缸中心线相互为 90°呈立卧结合的 L 型排列；V 型—汽缸中心线呈 V 型排列；W 型—三条汽缸中心线呈 W 型排列；Z 型—汽缸中心线为立式（与水平面垂直）排列；P 型—汽缸中心线为卧式排列；M 型—空压机的曲柄轴对称平衡式。

例：V－0.65/7 型号表示为：往复活塞型空压机，二级风冷移动式，汽缸中心线呈 V 型排列，排气量为 0.65m^3/min，排气压力为 7×10^5Pa。

6. 压缩空气的冷却

尽管空压机采取了一定的冷却措施，但排气温度仍然很高，不能直接供给用气设备使用，必须对压缩空气作进一步的冷却处理。

压缩空气的冷却方式有两种：①自然冷却，让压缩空气在管道和储气罐中停留，逐渐散热降至接近环境温度，多用于小型水电站。②水强制冷却，冷却器设置在空压机到储气管的管道上，可以有多种结构型式，如图 8－6 所示为蛇形管式的冷却器，压缩空气流经蛇形管时，被管外的冷却水冷却而降低温度。冷却器中心部分的结构用于汇集高温气体冷却时分离出来的水分和油分。冷却器在运行中应定期打开底部的排污阀排污。

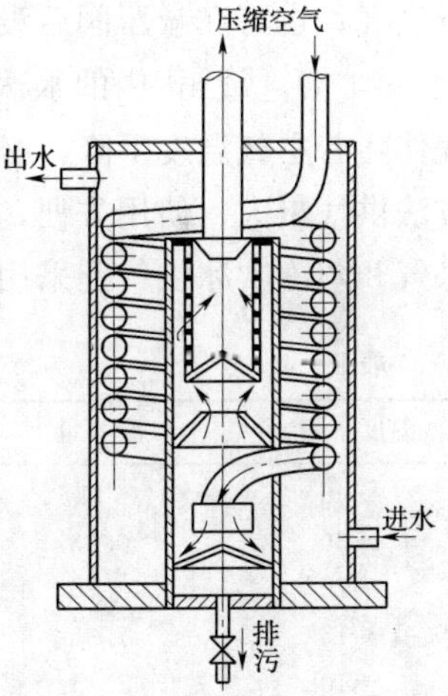

图 8－6　蛇形管式冷却器

7. 压缩空气的除湿和干燥

空气总是含有水蒸汽和细小灰尘的，但水蒸汽在空气中的含量却存在极限值，每 1m^3 空气中所能够容纳的水蒸汽的克数，称为空气的湿容量。空气的湿容量是随温度而变化的，温度下降时湿容量明显减少，见表 8－4。在一定的温度下，如果空气中的水蒸汽过多，超过湿容量的部分就会凝结成水滴，灰尘也就附着在水滴上。含有水蒸汽的空气被空压机压缩后，体积被压缩，温度升高，于是湿容量加大，水蒸汽仍以气态存在。但出空压机后，温度降低，湿容量很快减少，因此，必然有部分水蒸汽凝结成水滴，冷却后的压缩空气不仅有水滴，还会夹带有油滴。这是空气在空压机中流动时，冲击润滑油造成的。为使压缩空气干净、干燥，须在供气管路上设置气水分离器来清除。气水分离器应设置在冷却器后面。气水分离器也称为油水分离器，虽有多种结构，但都是利用液体和气体的质量不同，让气流转弯或旋转，靠离心力的作用并利用油、水的粘性使液体甩附着在容器壁面上，由容器收集后排除。常用的气水分离器有隔板式和旋转式两类，结构如图 8-7 所示。压缩空气在进入后面的管道、储气罐后，随着温度的进一步降低，还会凝结出水滴来。另外，饱和状态的压缩空气导电率高，不能用于电气设备。对空气"干燥"要求严格的设备，清除水滴之后还应进一步降低空气中的水蒸汽的含量。使空气"干燥"的方法很多，有热力法、物理法及化学法等。比如让压缩空气流过硅胶一类的吸水剂；使压缩空气先冷却至较低的温度，排水后再升温使用等。但应用最多的是"降压干燥"法，即首先将空气压缩到工作压力 2～4 倍的高压力，经过冷却、排水，储存在高压储气罐中。工作时通过减压阀使空气降压膨胀，在减压阀后设置气水分离器，分离出压缩空气在降压后所析出的水分和油分，再按工作压力向设备供气；也可在减压阀后设置工作压力储气罐。减压前处于饱和的空气，减压后容积加大 2～4 倍，每 m^3 内的水蒸汽的数量减少了，也就变成"干燥"空气了。降压干燥的过程伴随着空气温度下降，必然与外界发生热量交换，因而也称为"热力干燥法"。这种方法供气量大，使用方便，但所需设备较多，投资和运行费用较高，通常只在电气设备供气和防冻吹冰供气上采用，大型油压装置上也有采用。

表 8-4　　空气的湿容量与温度的关系

温度（℃）	湿容量	温度（℃）	湿容量	温度（℃）	湿容量
−40	0.117	10	9.40	60	130.2
−30	0.33	15	12.8	70	198.1
−20	0.80	20	17.3	80	293.5
−15	1.38	25	23.0	90	423.5
−10	2.14	30	30.4	100	597.7
−5	3.24	35	39.8	120	1122
0	4.85	40	51.2	150	2584
5	6.80	45	65.4	180	5145

8. 压缩空气的储存

水电站大多数用气设备，都是要求瞬时或短时间内使用大量的压缩空气，这就需

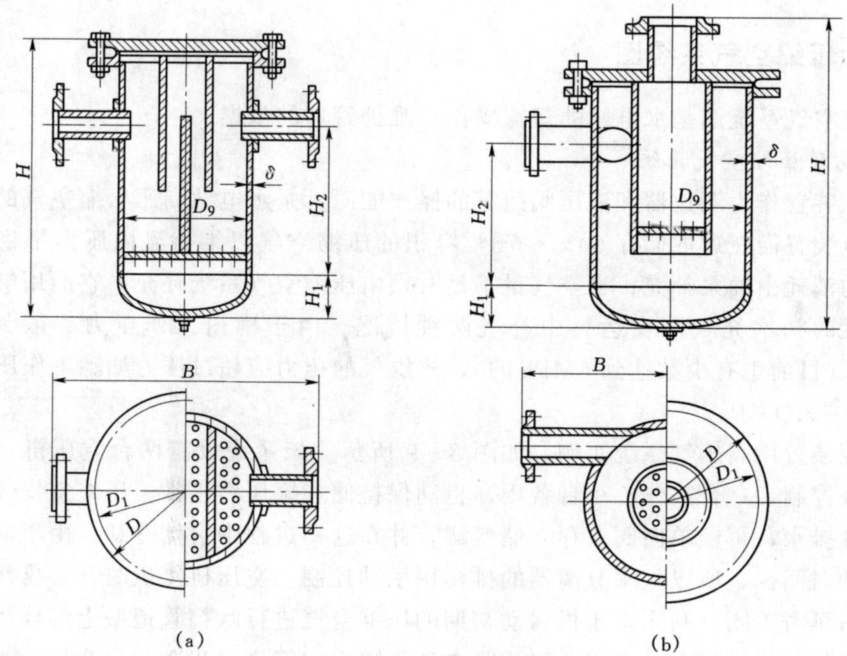

图 8-7 气水分离器

(a) 隔板式；(b) 旋转式

要采用储气罐。储气罐能够缓和活塞式空压机由于断续动作而产生的压力波动，使压缩空气压力平稳，同时满足用气设备的气量要求。另外，压缩空气进入储气罐，温度进一步降低，分离出的水和油定时排除，使压缩空气更干净。

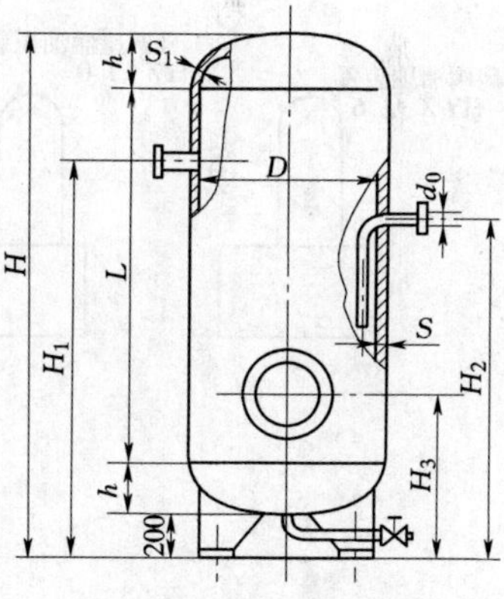

图 8-8 储气罐结构图

空压机的启停一般由储气罐上装置的压力信号器或电接点压力表进行控制。压力电接点分别控制工作和备用空压机的启动和停止。为了保证压缩空气系统的安全，在储气罐上还装置了安全阀。当罐内压力超过工作压力上限值时，安全阀自动开启，放掉部分压缩空气，限制罐内气压的升高。罐底部设有手动排污阀，定期开启排污。

储气罐属于压力容器，是非标准件，由专门的单位设计和制作，切不可无证自造。现已经有系列化的产品，且通常是钢板焊接结构。常见的结构型式如图 8-8

所示。

8.2.4 压缩空气系统图

压缩空气系统图是水电站的运行操作、维护管理的依据。

1. 高压压缩空气系统

油压装置作为调速器和液压阀门等的操作能源，是水电站高压压缩空气的主要用户。油压装置需在罐内储存60%～70%容积的压缩空气以维持罐内压力平稳。运行时，油的消耗由油泵补充；当空气量不足时须由压缩空气系统补充。它的用气，包括压力油罐的初次充气和在运行中补气两种情况。由于罐内工作压力一般为2.4～2.5MPa（目前也有少数达到6MPa的），故供气的压力应超过压力油罐工作压力，通常为2.5～3.0MPa。

油压装置用高压气系统实例，如图8-9所示。该系统设有两台空压机，由电接点压力表控制，一台工作、一台备用，自动保持储气罐压力正常。压缩空气经过气水分离器6排水，再经单向阀5存入储气罐，并在这一过程中自然冷却。由于高压气系统供气的时间少，所以气水分离器的排污用手动控制。空压机停机时开启排污，空压机启动后延时关闭。利用空压机启动初期的压缩空气进行吹扫管道壁上的残污。储气罐底部的排污阀定期手动开启，以排除在储气罐中空气进一步冷却所凝结出的水滴。中小型水电站向压力油罐的充气和补气均为手动操作。

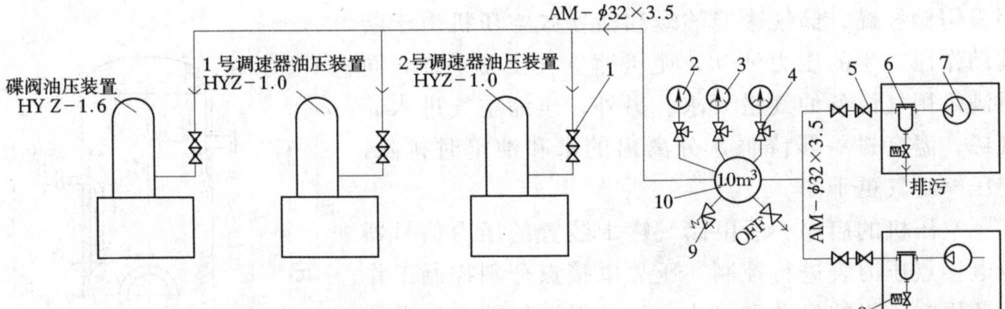

图8-9 油压装置供气系统图

1—球阀；2—压力表；3—电接点压力表；4—三通旋塞；5—单向阀；6—气水分离器；7—空气压缩机；8—电磁阀；9—安全阀；10—储气罐

油压装置用高压气系统，在设计时是根据电站规模、机组及油压装置型式等条件来拟订的。一般说来考虑了以下几点。

(1) 立式机组及单机容量大于3000kW的卧式机组电站，设置两台空压机，一台工作，一台备用，同时配置相应的储气罐。

(2) 单机及总容量均较小的卧式机组电站，可以只设一台空压机、配一个储气罐。对采用YT—600及以下的调速器，或目前采用高油压调速器的电站，一般可以不设油压装置。

(3) 中小型电站油压装置的充、补气一般采用手动操作，对自动化程度较高的大、中型水电站则可用油位信号器和压力信号器来控制电磁阀，实现自动补气。

2. 低压压缩空气系统

(1) 机组制动装置供气系统。水轮发电机组的转动惯量相当大，当机组停机并与电力系统解列，导叶全关之后，仍会长时间旋转，转速下降十分缓慢。长时间的低速转动会使轴承润滑条件恶化，尤其是推力轴承可能会发生干摩擦或半干摩擦而烧损。为保护轴承，须缩短机组的停机过程。通常在机组转速降至额定值的30%左右时投入制动闸，让机组很快静止下来。水轮发电机组的制动闸多用压缩空气作为强迫制动的能源来推动制动闸操作，悬式机组制动闸装在发电机下机架上，一般四个（及以上）制动闸并联工作；卧式机组制动闸装于飞轮两侧，通常两个制动闸并联工作。制动闸的工作压力为0.5～0.7MPa。制动闸的结构如图8-10所示，制动供气系统图如图8-11所示。制动闸由气缸、活塞、闸板等组成。活塞顶部固接带有石棉橡胶板的制动闸板，当汽缸内通入压缩空气后，活塞在压缩空气作用下移出使闸板紧紧顶在发电机转子抗磨板上，形成很大的制动力矩，使转动部分很快停下来。转子静止后排出压缩空气。小机组的制动闸板活塞是被弹簧推回原位置，结构较大时，可采用压缩空气通入汽缸上部，将活塞压回原位置，如图8-16所示。立式机组的制动闸还在必要时作为油压千斤顶用来顶升转子。当机组长时间（72h以上）停机，推力轴承的油膜可能被静压力破坏，再次启动前必须抬高转子，让油流入镜板与推力瓦之间重新建立起油膜。机组顶转子操作时向制动闸注入高压透平油，使转子上升6～12mm，停留1～2min，再排油复归。顶转子的油压视机组转子重量和制动闸结构而定。对制动闸的基本要求是不漏气、不漏油，动作灵活，制动后能够正确复归。综合起来，立式机组的制动闸有通入压缩空气制动和通入压力油顶转子两种工作状态。其供气（供油）系统如图8-11所示。高压三通阀6起切换油路的作用，平时与压缩空气管路连通，顶转子时切换为油路。制动操作是自动进行

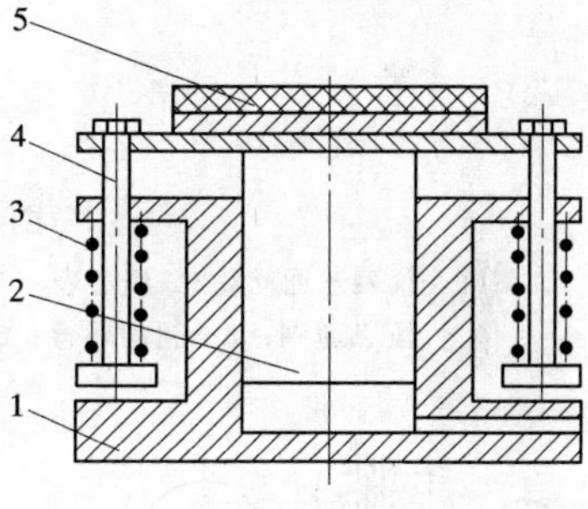

图8-10 制动闸结构示意图案

1—底座；2—活塞；3—弹簧；4—螺栓；5—闸板

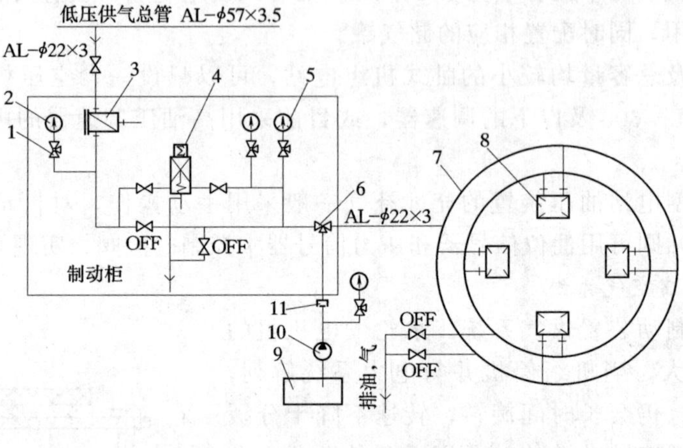

图 8-11　机组制动供气系统图

1—仪表三通阀；2—压力表；3—空气过滤器；4—电磁空气阀；5—电接点压力表；6—高压三通阀；7—制动环管；8—制动闸；9—油箱；10—电动高压油泵；11—快换接头

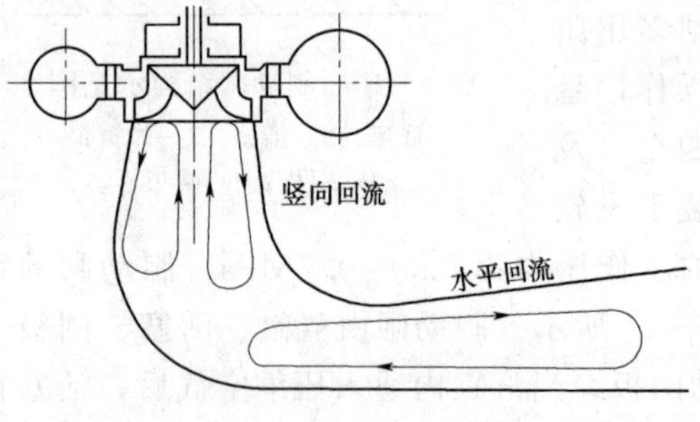

图 8-12　调相运行尾水管水流运动

的，由转速继电器控制电磁空气阀 4，当机组转速降至额定值的 30%左右时通气制动，停机完毕后排气复归。电接点压力表 5 监测制动闸内的压力，作用于自动开机回路，必须在制动闸无压力时才允许机组启动。压力表 2 是用于运行人员随时监视制动供气压力。与电磁空气阀 4 并联有手动控制阀，作为自动控制出现故障或检修时的备用通路。顶转子操作都是手动进行，其排油管通向集油箱。

（2）调相压水充气系统。当电力系统无功功率不足时，常让水轮发电机组转为调相运行。作调相运行的机组导叶全关闭，发电机成同步电动机状态运行，从系统吸收有功功率，向系统输出无功功率。此时必须使水轮机转轮与水脱离，否则会消耗过多能量。试验证明：水轮机转轮在水中转动，功率消耗比在空气中转动大 5～10 倍。由于反击型水轮机转轮常低于下游水面，机组作调相运行时就必须向转轮室及尾水管充入压缩空气，压低尾水管内的水面。一般要求尾水管水面比转轮下沿低 0.5～1.0 倍的转轮直径 D_1，而充气的压力应抵消下游与尾水管水面间的压力差，以保证转轮在空气中旋转。调相压水充气系统，如图 8-13 所示。机组转为调相运行时，电磁配压阀动作，开启液压操作阀压缩空气流入转轮室。流入的空气首先在顶盖以下形成气垫，再逐步压低水面，到规定的下限水位Ⅰ时，水位信号器动作，停止供气。已充入的空气在运行中会不断漏失，尾水管水面将再次上升，当水面升到上限水位Ⅱ时，水位信号器又发出命令开启电磁配压阀，补入所损耗的空气。这样，水位信号器及所控制的阀门将保证尾水管水面在规定范围内，机组调相运行得以正常运行。充气压水的效果受机组型式、结构，充气位置及转轮室内的水流运动、充气压力、流量等多种因素的影响。导叶关闭后转轮的转动会在尾水管内造成定向的水流运动，如图 8-12 所示，水的这种流动会挟带空气排向下游。在转轮室已出现气水分界面，特别是转轮脱水之后，水的回流运动会大大减弱，被它带走的空气也相应减少。因此，充气压水的关键是最初能否顺利形成气垫，即造成气水分界面。由于水的回流运动在不同部位挟带空气的能力不同，而且存在极限量，充气的位置和充气的流量就直接影响压水效果。混流式水轮机，从导叶与转轮之间的顶盖边沿充气，损失量最少，但结构复杂，制造、安装困难。由顶盖中部经转轮减压孔充气，损失量稍多，但结构简单、便于操作，是最常用的方式。如果从尾水管上段充气，空气与由上而下的水流相遇，损失量最大。无论哪种位置充气，都必须保证有足够的充气量，否则充入的压缩空气全被水流带走，就不能形成气水分界面。但是，需要的最小充气量受各种因素影响，目前尚不能精确计算。设计时只能参照已建成电站的经验，从充气压力、管径、管长、流动阻力等方面考虑，保证有较大的充气量。

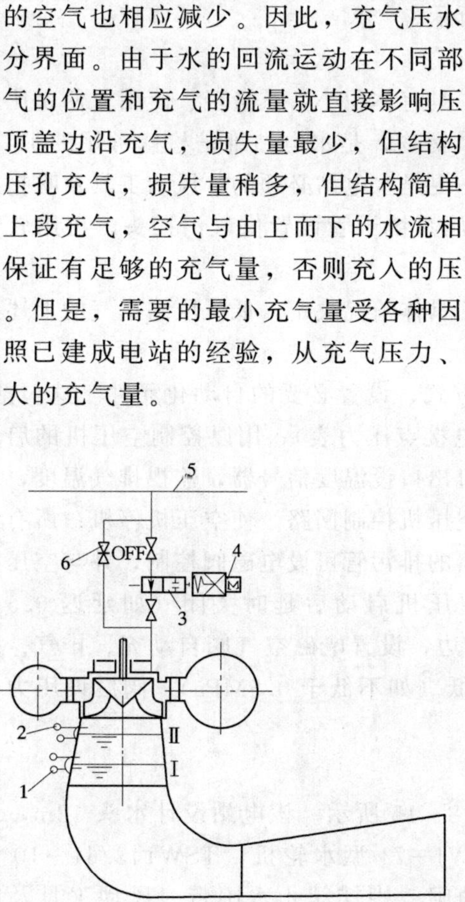

图 8-13　调相压水充气系统

1、2—水位信号器；3—液压操作阀；4—电磁配压阀；5—供气干管；6—手动补气阀

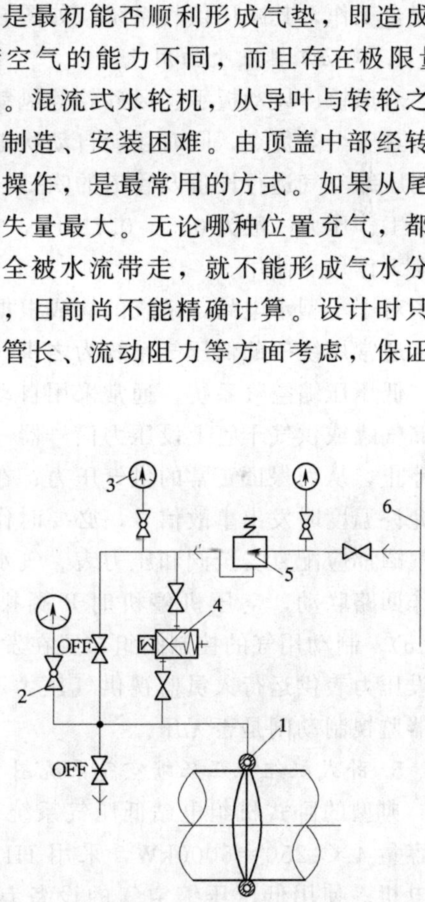

图 8-14　蝴蝶阀密封围带减压供气系统图

1—蝴蝶阀围带；2—旋塞；3—压力表；4—电磁空气阀；5—减压阀；6—供气干管

3. 止水围带用气

水轮机主轴的检修密封及蝴蝶阀的止水结构都常用空气围带，以空心的橡胶围带包围主轴或阀瓣。在需要密封时充入压缩空气使之膨胀，从而堵塞间隙防止漏水。止水围带结构简单，耗气很少且止水效果良好。中小型水轮机主轴的止水围带都由低压气系统供气，手动操作。蝴蝶阀止水围带，充气压力应高出压力管道水压力 0.2～0.4MPa。对低水头电站可由低压气系统供气，对高水头电站可由高压气系统经过减压阀供气。为了安全可靠，减压阀的前、后应设压力监视仪表。对自动操作的蝴蝶阀，止水围带的充、排气应设电磁空气阀及压力信号器自动控制，并与蝴蝶阀操作系统配合工作，其减压供气系统，如图 8-14 所示。

4. 风动工具及吹扫用气

对风铲、风动扳手、风砂轮等风动工具，具有体积小、重量轻、使用方便，比电动工具安全等优点，同时还能自动吹走切削及污物，是水电站维护检修常用的工具。利用压缩空气进行设备及管道的吹扫、除尘，更是水电站必须的。风动工具及吹扫用气，工作压力一般为 0.5～0.7MPa，常在低压系统干管设置供气活接头，再用软管引至工作地点使用。

对于小型水电站，系统的构成根据电站的具体情况决定，低压压缩空气的上述用户，通常用统一的低压气系统为之供气。

低压压缩空气系统，通常采用自动操作方式，设置必要的自动化元件。这包括：在储气罐或供气干管上设压力信号器（常用电接点压力表），用以控制空压机的启动及停止，从而保证正常的供气压力；在空压机出口设温度信号器，监视排气温度，超过允许温度时发出事故信号，必要时作用于空压机控制回路，使空压机停机；所有的储气罐都应配置安全阀和压力表。气水分离器的排污管可设电磁阀控制，并与空压机操作回路联动，空压机停机时开阀排污；空压机启动后延时关闭（如延迟 0.5～1min)。制动用气的控制阀组布置在发电机旁边，设置电磁空气阀自动充、排气。阀前设压力表供运行人员监视供气压力不能过低（如不低于 0.5MPa)，阀后设压力信号器监视制动闸是否无压。

5. 卧式机组低压压缩空气系统图

典型的卧式机组电站低压气系统，如图 8-15 所示。该电站设计水头 42m，装机容量 4×1250＝5000kW，采用 HL220—WJ—71 型水轮机，TSW143/61—10 型发电机。使用低压压缩空气的设备有：制动闸、蝴蝶阀止水围带、风动工具及吹扫。由于采用 YT—600 型调速器，不设高压气系统，压力油罐由中间油罐（也称补气罐）自动补气。为保证供气可靠，选用了两台 V－0.42/7 型低压空压机，各经过测温筒，气水分离器及单向阀向储气罐供气。空压机由储气罐上的电接点压力表自动控制，一台工作，一台备用。制动用气由阀组控制，正常情况下电磁空气阀自动充、排气，事故情况下用手动阀门操作。蝴蝶阀止水围带的充、排气由手动控制。

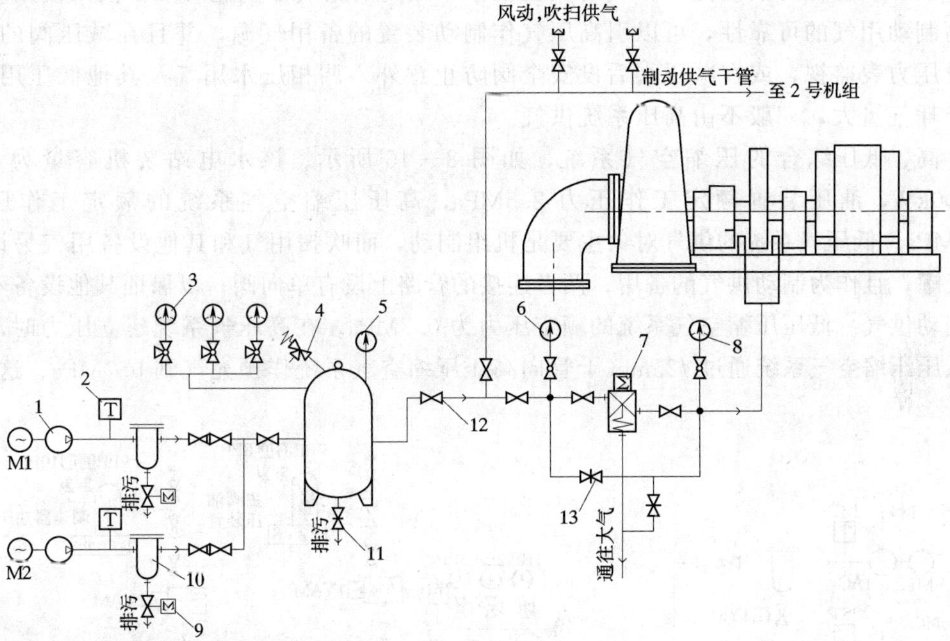

图 8-15 卧式机组电站低压气系统

1—空压机；2—温度信号器；3、8—压力信号器；4—安全阀；5、6—压力表，7—电磁空气阀；9—电磁排污阀；10—气水分离器；11—手动排污阀；12—总供气阀；13—手动供气阀

6. 高、低压综合的气系统图

为提高压缩空气系统的运行经济性，使系统更灵活、更可靠，常将高、低压气系统互相联系起来，组成一个综合的压缩空气系统。这主要是从以下两个方面考虑的。

(1) 用低压空气向高压系统作预充气。活塞式空压机效率不高，而且压缩比越大效率越低，高压压缩空气在管内流动的压力损失也大于低压空气。因此，在运行中尽量利用低压空压机，减少高压空气的消耗是经济合理的。高压储气罐及高压用户的充气过程，可以分成两个阶段来完成；先用低压气系统供气，压力由零升至0.7MPa；再改由高压空压机供气，将压力继续提高到工作压力。前一阶段则称作预充气。由低压气系统向高压部分作预充气的管道，必须设置单向阀防止高压空气倒流。

（2）利用高压气系统作制动用气的备用气源。小型水电站高压压缩空气的用户不多，油压装置压力油罐充、补气的机会较少，但制动用气必须随时准备投入使用。为提高制动用气的可靠性，可以引高压气作制动装置的备用气源，并且在减压阀的前、后设压力表监视，或在减压阀后设安全阀防止意外。调相压水用气及其他低压用气，由于耗气量大，一般不由高压系统供气。

高、低压综合的压缩空气系统，如图 8-16 所示。该水电站装机容量为 4×10000kW，油压装置额定工作压力 2.5MPa，高压压缩空气系统的额定工作压力 2.8MPa。低压气系统的供气对象主要是机组制动，而吹扫用气和其他设备用气另设置储气罐，且作为制动供气的备用，两者连接的管路上设有单向阀，以保证其他设备不挪用制动供气。低压压缩空气系统的额定压力为 0.7MPa。在高压气系统建立压力时，先由低压压缩空气系统通过 ϕ25mm 干管向高压压缩空气系统作预充气到 0.7MPa。这样，

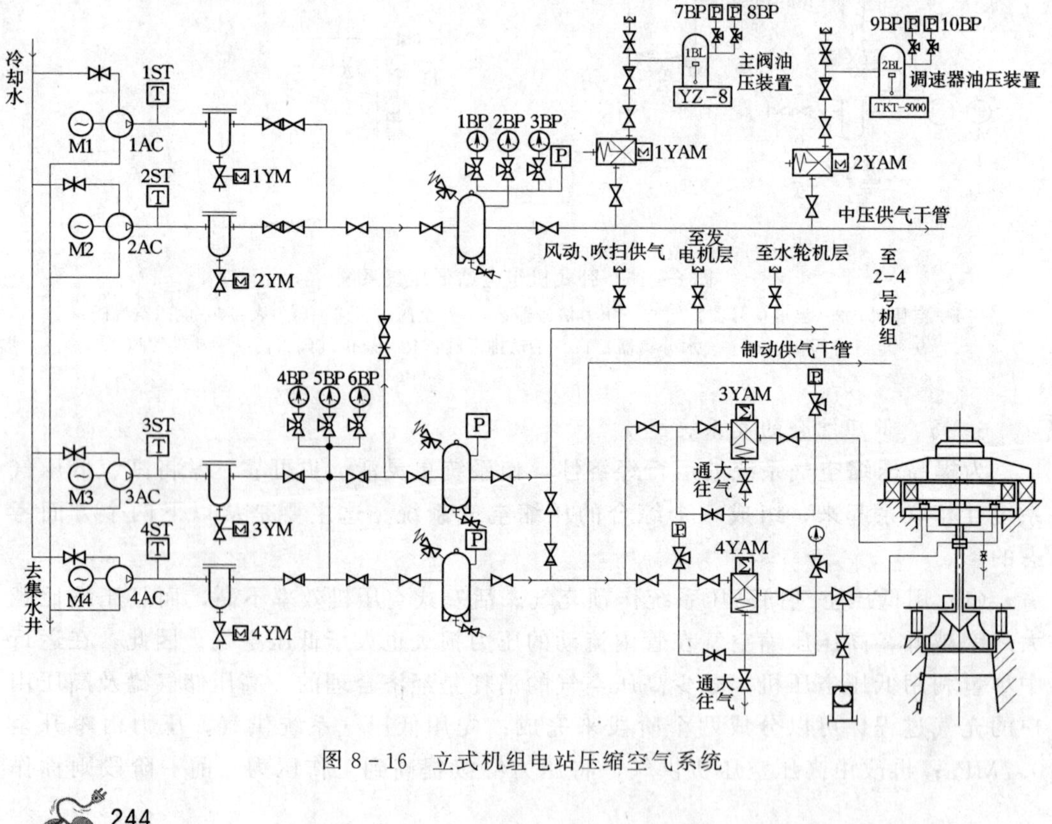

图 8-16 立式机组电站压缩空气系统

可以减少高压压缩空气系统建立气压的时间，也可提高压缩空气系统效率。

8.3 水轮机进水阀

8.3.1 进水阀的作用与设置

1. 进水阀的作用

为满足机组运行和检修的需要，水轮机的引水系统中要设置一些闸门或阀门，如引水管进口闸门、水轮机进水阀、尾水闸门等。在压力管道末端，水轮机蜗壳之前所设置的阀门称为水轮机进水阀。进水阀只有全开及全关两种工作位置，不调节流量，其作用是：

(1) 为机组检修提供安全工作条件。

(2) 停机时可减少机组漏水量和缩短重新启动时间。

(3) 防止机组飞逸事故扩大。

2. 设置进水阀的条件

水轮机进水阀在一些水电站起着上述的重要作用，但是，进水阀造价昂贵，而且增大水电站的土建和安装工作量，因而在设置进水阀时，一般应符合下列条件：

(1) 联合供水方式的电站，应在每台水轮机前设置进水阀。

(2) 单元供水方式的电站，(一台机组一条压力管道)，当水头高于 120m 或引水管道较长时，为了保护机组和运行方便，可考虑在每台水轮机前设置进水阀。

(3) 当最大水头低于 120m 且引水管较短时，一般不设置进水阀，但应在引水管进水口设置快速闸门。如需设置水轮机进水阀，应经过技术经济的论证。

3. 对进水阀的技术要求

进水阀是水电站引水系统上的重要设备，对进水阀的结构和技术性能有以下要求：

(1) 进水阀应结构简单、尺寸小、重量轻，工作可靠且操作方便。

(2) 机组正常停机或检修时，进水阀应能够可靠关闭。

(3) 进水阀及其操作机构应有足够的强度、刚度，应能承受各种工况下的水压力。

(4) 在阀门两侧压力差不大于最大静水压力的 30%时，应能够正常开启。

(5) 机组发生事故时能在动水中快速关闭。关闭时间应满足机组允许的飞逸时间及能承受最大水锤压力的要求，一般不大于 2min。应注意，进水阀不允许在动水条件下开启。

(6) 进水阀全开时对水流的阻力应尽量小，蝴蝶阀在全开时的阻力系数应小于0.2。

8.3.2 进水阀的型式和结构

中、小型水电站常用的进水阀有蝴蝶阀、闸阀和球阀等。在这些阀门中，以蝴蝶阀使用最广泛。

1. 蝴蝶阀

(1) 蝴蝶阀的结构组成。蝴蝶阀由阀体、活门、密封装置、操作机构及其附属部件等构成。圆筒形的阀体内安装可绕轴转动的饼形活门，全关时活门四周与阀体接触，切断水流通路；全开时活门与水流方向平行，水流从活门两侧绕过，如图 8-17 所示。

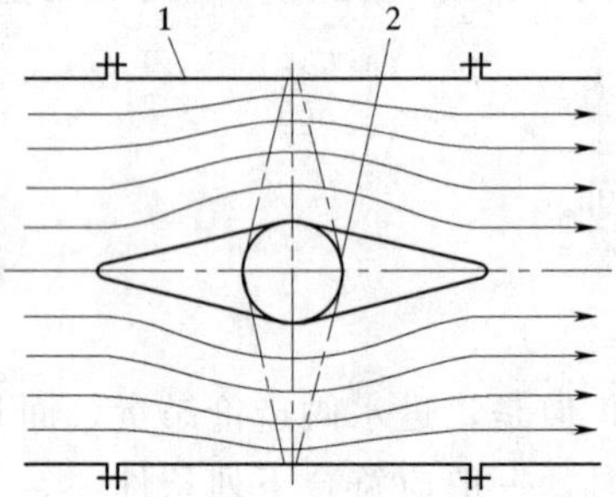

图 8-17 蝴蝶阀中的水流运动
1—阀体；2—活门

(2) 蝴蝶阀的型式。按装置方式不同，蝴蝶阀分为卧轴和立轴两种型式。两种型式蝴蝶阀在水力性能上没有明显区别，运行情况均良好，性能主要由设计、制造情况决定。立轴蝴蝶阀，操作机构位于阀体顶部，结构上比较紧凑而且占地面积小；操作结构的运行维护和检修较方便，还便于防潮。但是，活门轴竖直布置，底部必须设推力轴承，使结构复杂，运行中还容易被泥沙淤塞，需要定期清洗。卧轴蝴蝶阀不需要推力轴承，结构相应简单；操作机构布置于阀体一侧或两侧，占地面积大，也不利于检修。卧轴式蝴蝶阀如图 8-18所示。

(3) 蝴蝶阀的主要部件。①阀体与活门：阀体是蝴蝶阀的承重部件，呈圆筒形，水从其中通过，阀体应有足够的强度、刚度。直径较小、水头不高的多用铸铁铸造，中型以上的阀体为铸钢结构。活门安装在阀体内呈饼形，全开时它处于水流中心并与水流方向平行，全关时它承受静水压力。活门除应有足够的强度、刚度外，还要求有良好的水力性能，以减小全开时的水力损失，如图 8-19 所示为常见的几种活门剖面形状，其中图 8-19 (a) 为菱形，结构简单但水流阻力较大，适用于低水头；图 8-19 (b) 为圆滑过渡的铁饼形，水流阻力较小，适用于高水头。活门用铸铁或铸钢制造，常用空心框架结构。为保证强度、刚度，活门的厚度随应用水头提高而增大，但可能形成较大的水力损失。为了减小水力损失并改善密封性，出现图 8-19 (c) 所示的空心双平板活门。两块面板互相平行，用若干顺水流方向的筋板连接成整体。全开时两平板之间也通过水流，水力损失减小；全关时由于活门成箱形结构。可承受较大的静水压力，而且密封性能好。活门在阀体内绕自身的轴转动，转轴大多与活门直径重合。卧轴蝴蝶阀也有采用偏心结构的，使转轴上、下的活门表面积相差 8%～10%，活门一旦离开全开位置就会受到促使它关闭的水流力矩作用，这有利于在动水中迅速关闭。②轴承：活门转轴由装在阀体上的轴承支撑。卧轴蝴蝶阀有左、右两个导轴承，立轴蝴蝶阀除上、下导轴承外，还有支承活门重量的推力轴承。轴承常用铸造锡青铜作轴瓦，润滑脂润滑。③密封装置：活门密封装置有端部和圆周两处。轴端密封对直径较小的蝴蝶阀常用青铜涨圈式结构；对直径较大者采用橡胶围带式结构。圆周密封也有两种结构，图 8-20 所示的橡胶围带式用于直径较大的蝴蝶阀；而图 8-21 所示

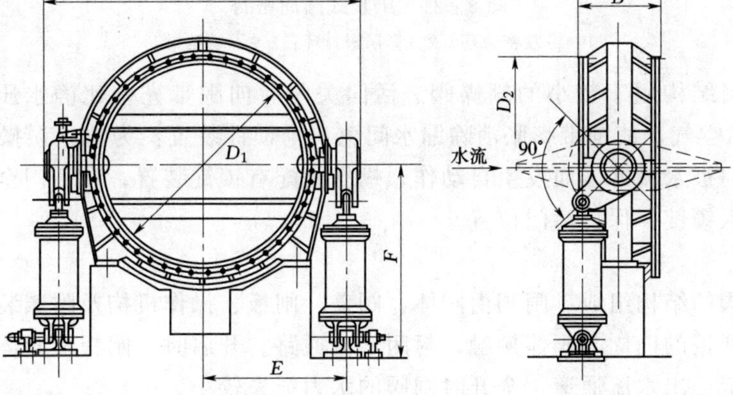

图 8-18　卧轴蝴蝶阀

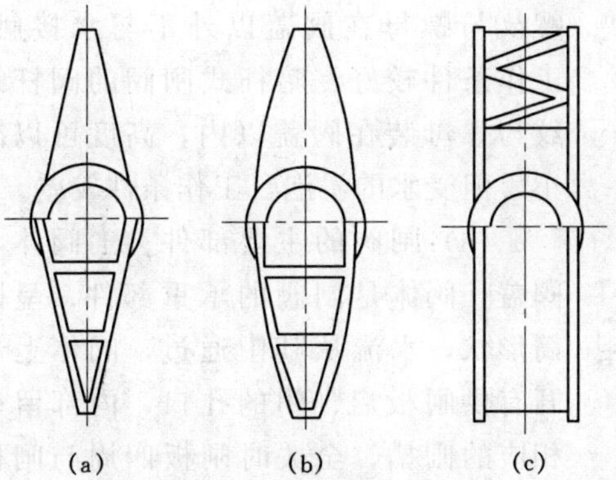

图 8-19　蝴蝶阀的活门

(a) 菱形；(b) 铁饼形；(c) 双平板形

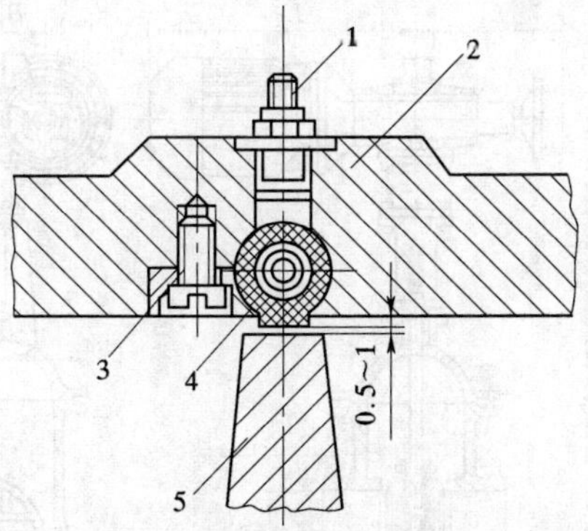

图 8-20　橡胶围带圆周密封

1—围带嘴；2—阀体；3—压条；4—橡胶围带；5—活门

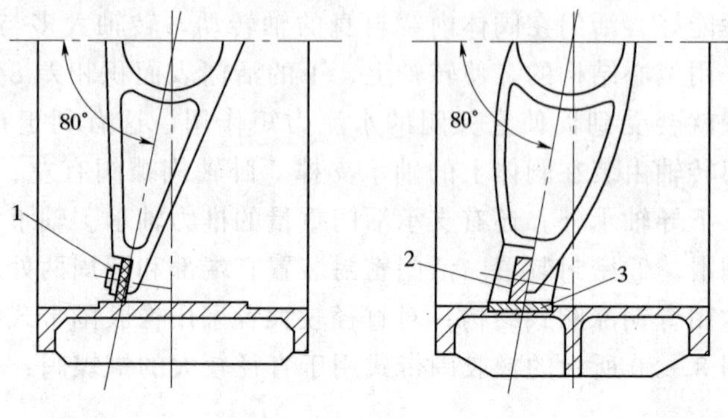

图 8-21　压紧式圆周密封

1—橡胶密封环；2—青铜密封环；3—不锈钢衬套

的压紧式密封结构用于较小的蝴蝶阀。活门关闭后向围带充入比静水压力高 0.1～0.3MPa 压缩空气，使围带膨胀消除漏水间隙。④锁锭装置：为防止误操作和操作系统失控时活门被水流冲击而发生自动作，蝴蝶阀配有锁锭装置，在活门全关或全开位置时都应投入锁锭，保持活门位置。

2. 闸阀

(1) 闸阀的结构组成。闸阀由阀体、阀盖、闸板、操作机构及附属装置构成。闸阀关闭时，闸板的四周与阀体接触，封闭水流通路。开启时，闸板沿阀体中的闸槽上升，直至完全让出水流通道，全开时闸阀的水力损失较小。

(2) 闸阀的型式。闸阀按阀杆螺纹和螺母是否与水接触分为明杆式和暗杆式。明杆式闸阀，如图 8-22 所示，其阀杆螺纹与螺母在阀盖以外不与水接触，工作条件较好。暗杆式闸阀的阀杆螺纹与螺母装在阀盖以内，高度可以减小，但受水的浸泡，工作条件较差。

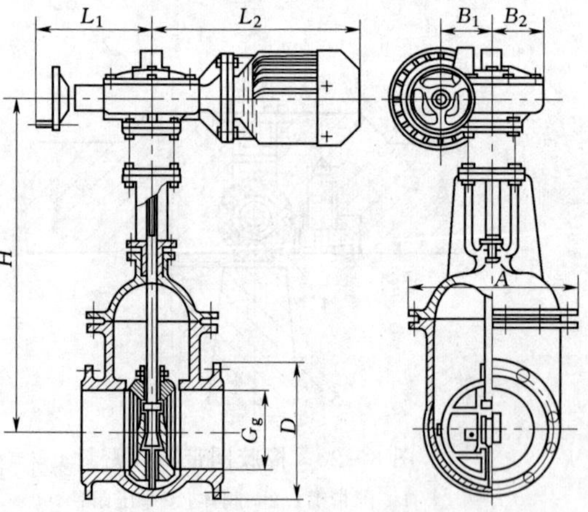

图 8-22　明杆式电动闸阀

(3) 闸阀的主要部件。①阀体与阀盖：阀体是闸阀的承重部件，呈圆筒形状，水流从其中通过，阀体上部开有供闸板启、闭的孔口，内部留有相应的闸槽，全关时闸板四周与闸槽接触以实现密封；阀盖安装在阀体上部，形成空腔以容纳升起的闸板。阀体与阀盖都用铸造结构，阀盖顶部阀杆经过的孔内常设石棉盘根密封。②闸板：闸板按结构不同分为楔式和平行式两类，如图 8-23 所示。楔式闸板呈上厚下薄的楔形，闸槽也加工成相同的形状，关闭时靠操作力压紧而密封。其图 8-23（a）为楔式单闸板，结构简单，尺寸也小，但配合精度要求高，检修也较难。其图 8-23（b）和图 8-23（c）为楔式双闸板，全关时操作力使两块闸板分向两侧，挤压闸槽，因而密封性能好，但结构较复杂。而图 8-23（d）所示为平行式双闸板，动作情况与楔式双闸板相近，但闸槽上下宽度一致，制造和检修更方便。闸板与闸槽接触的部件，通常设铜合金的密封条以改善止水效果。

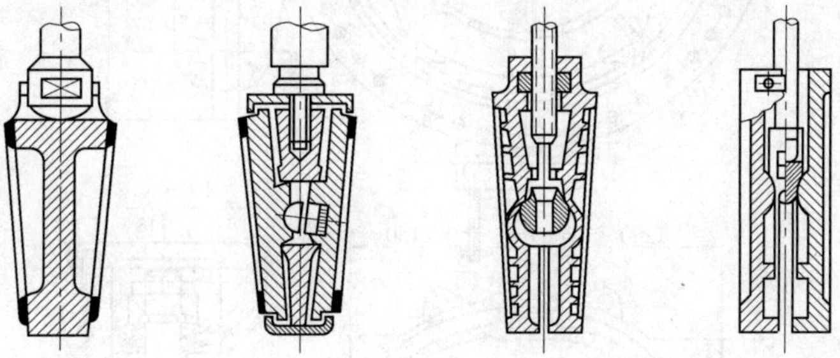

(a) (b) (c) (d)

图 8-23 闸板结构

（a）楔式闸板；（b）楔式双闸板（明杆）；（c）楔式双闸板（暗杆）；（d）平行式双闸板

3. 球阀

球阀是由阀体、活门以及附属部件构成。其阀体由两个可拆卸的半球构成，圆筒形的活门可在阀体内作 90°旋转，如图 8-24 所示。全开时，活门的过水断面与引水钢管直通，相当于一般管道，几乎不增加水流阻力。全关时，活门旋转 90°后由活门外壁截断水流，靠专门的球面密封结构止水，密封性能良好。球阀也有立轴和卧轴两种，但立轴球阀因结构复杂，运行中易积沙和卡阻等缺点，基本上被淘汰，故球阀通常为卧轴装置型式。如图 8-24 所示为卧轴对称分半式球阀，活门与阀轴可做成一体，尺寸小，重量轻，有利吊装。

4. 筒形阀

筒形阀是由圆筒形的阀门、操作机构和控制机构三个基本部分组成。与蝶阀和球阀不同，筒形阀不是装在水轮机蜗壳前，而是装置在固定导叶与活动导叶之间，筒形阀的阀腔是由水轮机的顶盖、底环和座环的结合处组成，如图 8-25 所示。

筒形阀阀门实际上是一个圆筒，在水轮机固定导叶与活动导叶之间，设置一个环状阀槽，阀门落下切断水流；阀门开启时，阀门被提升到顶盖的空腔中。因此，

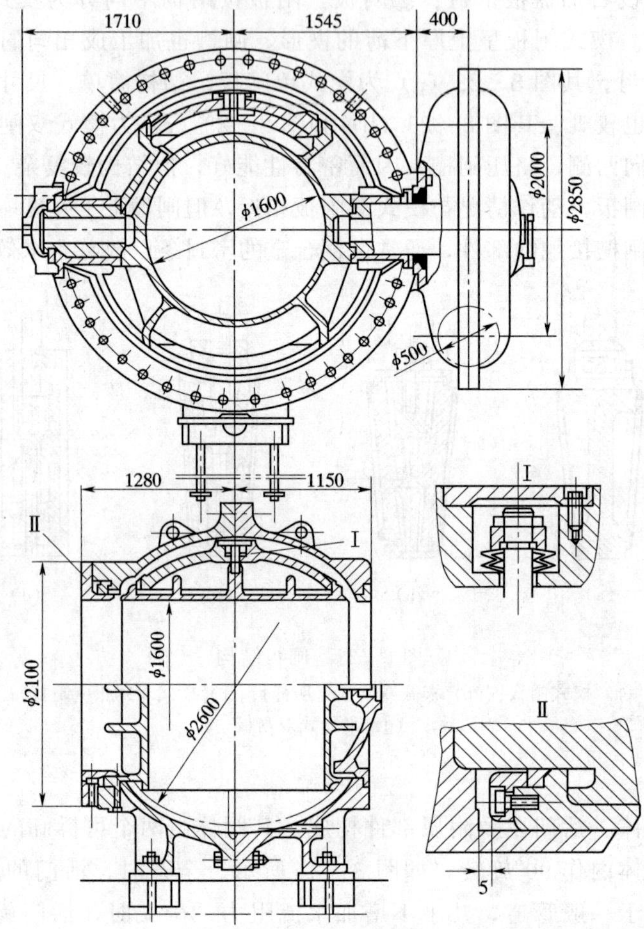

图 8-24　ϕ1.6m 球阀

筒形阀对水流不形成任何阻力，有良好的水力性能。但是，筒形阀一般不能像其他进水阀那样作检修阀门用，只能起事故阀门和停机后的止水作用。所以，它只能用在单管供水方式的水轮机前，这是圆筒阀的不足之处。筒形阀的密封如图 8-26 所示，阀门的上密封是由水轮机顶盖底部外缘处的环形橡皮板和压板组成；下密封是由设在水轮机底环外缘的环行橡皮条和压板组成。当阀门关闭后，上、下檐与密封条压紧，实际证明这种密封不但止水效果好，而且使用寿命也较长。上述各类进水阀中，球阀关闭最严密，水力损失最小，操作力也小，而且球阀活门的刚性比蝴蝶阀好，所以在动水关闭时的振幅比蝴蝶阀小，但结构最复杂，体积笨重、造价高，通常用于管径 2～3m，水头在 250m 以上的水电站。闸阀具有结构简单、维护方便，全开时水力损失小，全关后密封性能也好，而且不会因水流冲击自行开启，因而不需要锁锭装置。但是，闸阀为升降启闭，所需的操作力大，高度大、自重大，启闭时间较长，通常用于较高水头的小型机组，通流直径一般不大于 1m。蝴蝶阀外形尺寸小、重量轻、结构简单、造价低、操作方便，通流直径的范围较宽，大、中、小型机组均可应用，但是全开时水力损失大，全关时密封性能较差，因此用于较低水头（200～250m 以下）。筒形阀结构较特殊，使用比较少，仅用在一些大型机组上。

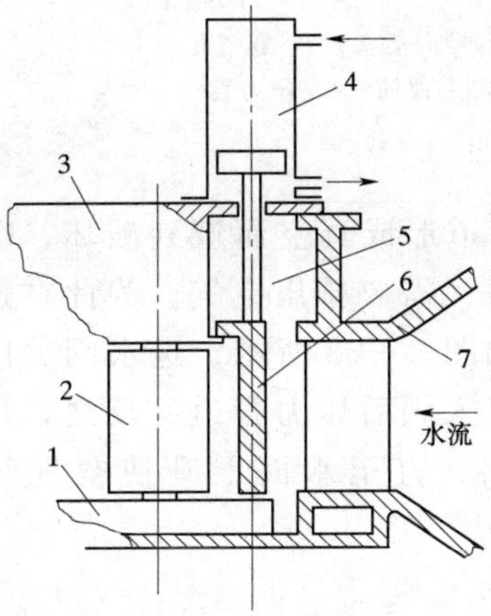

图 8-25 筒形阀

1 底环；2—导水叶；3—顶盖；4—接力器；5—阀腔；6—阀体；7—座环

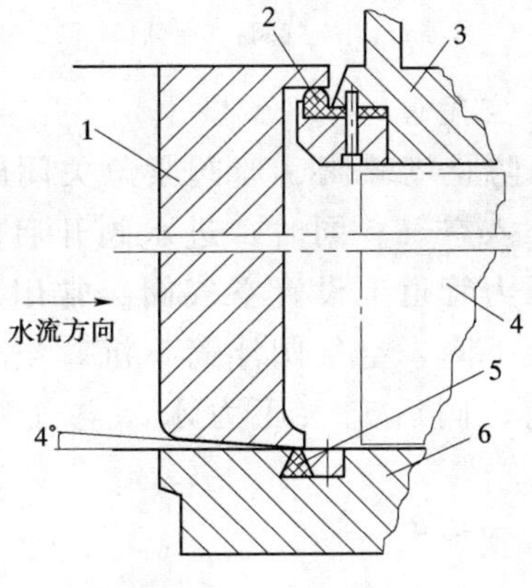

图 8-26 筒形阀的密封

1—筒形阀门；2—上密封；3—顶盖；4—导叶；5 下密封；6—底环

8.3.3 进水阀的附属部件

根据进水阀的结构和工作条件，为了保证进水阀的正常工作，进水阀还设置有旁通阀、空气阀等附属部件。

1. 旁通管与旁通阀

为消除进水阀开启时活门两侧的水压力差，使进水阀在静水中开启减少所需的操作力，进水阀通常设置有旁通管和旁通阀（个别直径很小的除外），将进水阀的上、下游侧连接起来，如图 8-27 所示。在进水阀开启前先打开旁通阀，使蜗壳充水，直至进水阀上下游压力平衡再开启活门。旁通管的断面积一般取进水阀过流面积的 10%左右。经过旁通阀的流量，必须大于水轮机导叶的漏水量。旁通阀的操作方式，可以电动、液动或者手动操作。

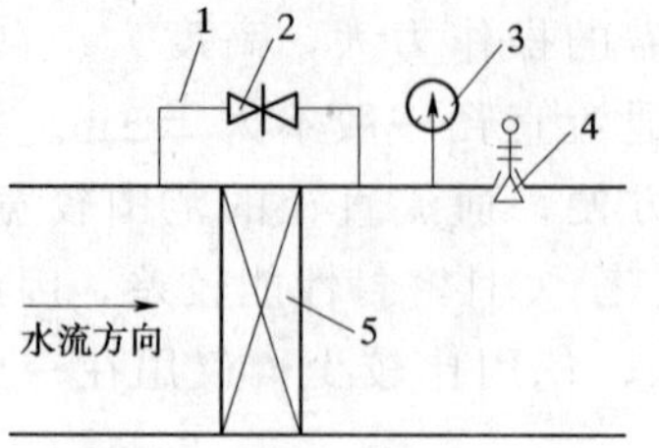

图 8-27　进水阀的附属部件

1—旁通管；2—旁通阀；3—压力信号器；4—空气阀；5—活门

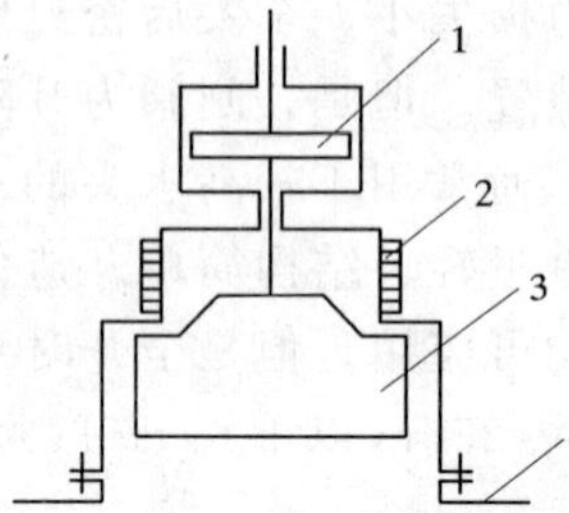

图 8-28　空气阀原理图

1—导向活塞；2—通气孔；3—浮筒；4—压力管

2. 空气阀

为防止蝴蝶阀、球阀紧急关闭时阀后压力管道形成真空而遭到破坏，需要向阀后补入空气。同时，进水阀开启前阀后充水时又需要排出空气。为此在进水阀后的压力管道上设置空气阀。常用的空气阀，如图 8-28 所示。进水阀关闭时阀后水面下降，空气阀浮筒下沉，空气由通气孔流入阀后压力管道。反之，进水阀开启前，阀后充入压力水，空气经通气孔流出，直至水面上升使空气阀关闭为止。

3. 伸缩节

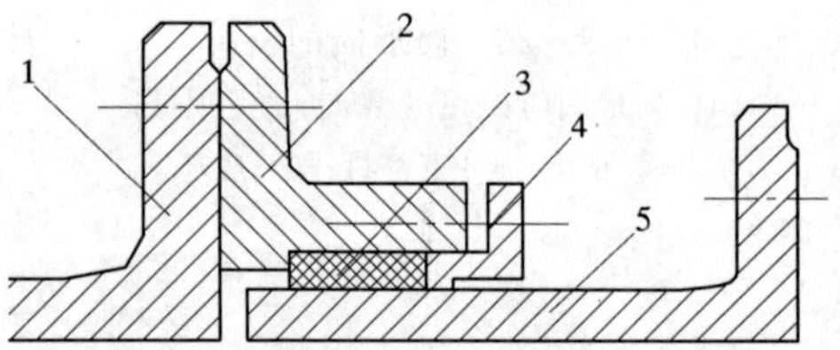

图 8-29　伸缩节

1—进水阀；2—伸缩节座；3—盘根；4—压环；5—伸缩管

进水阀的上游（或下游）侧压力钢管上设有伸缩节，既可补偿钢管的温度变形，又方便进水阀的安装与检修。图 8-29 为伸缩节的一般结构，伸缩节与进水阀用螺栓连接，伸缩缝中装有 3～4 层石棉盘根或橡胶盘根，用压环挤紧以防漏水。

4. 卸荷阀

卸荷阀是用来控制球阀止漏盖启闭的。开启球阀时，必须先开启卸荷阀，以降低止漏盖后端的水压。卸荷阀的排水宜排至下游，也可排至尾水管内。

8.3.4　进水阀的型号

据国家标准 GB/T14478—1993 规定，阀门型号由 5 个部分顺序组成，具体如下：

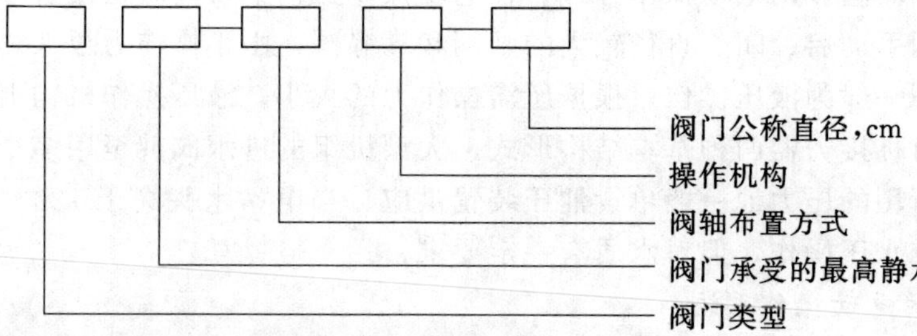

阀门类型用汉语拼音字母表示；阀轴布置方式和操作机构都用一个汉语拼音字母表示，其规定代号见表 8-5 所示。

表 8-5　　阀门类型、阀轴布置方式和操作机构型式规定代号

进水阀门类型	代号	阀轴布置方式	代号	操作机构型式	代号
铁饼型蝴蝶阀	DF	卧轴	W	油压操作	Y
平板型蝴蝶阀	PDF	立轴	L	水压操作	C
球形阀	QF			电动操作	D
				手动操作	S

8.3.5 进水阀的操作方式和操作系统

1. 进水阀的操作方式

进水阀的操作方式，按动力不同分为手动操作、电动操作和液压操作三种方式。不论哪种型式和操作方式，在开启时都应满足三个基本条件：进水阀的上下两侧水压基本相等、密封装置退出工作位置、锁锭退出，才能将阀开启。机组正常运行关闭时应满足两个条件：水轮机导叶完全关闭、锁锭退出，进水阀才能进行关闭。当机组在运行中发生事故，进水阀在接到事故关机信号后，只需锁锭退出就可在水轮机导叶没有完全关闭的情况下进行动水关闭。当进水阀运转到全开或全关位置后，锁锭必须重新投入。

为保证进水阀操作的准确性，标准要求一般进水阀应设置下列信号装置：

（1）进水阀开启和关闭位置信号。

（2）直径 1000mm 及以上的球形阀活塞式密封环的位置信号。

（3）锁锭投入和拨出的信号。

（4）空气围带压力信号。

直径很小的闸阀和蝴蝶阀，所需操作力小，可以用手动操作方式。一般中小型水电站的闸阀、蝴蝶阀多用电动操作方式。在电动操作机构上，同时也设有手动操作机构，必要时可用手动启、闭。直径较大的闸阀和蝴蝶阀，由于操作力很大，常用液压操作方式。球阀一般为液压操作。根据所需操作力的大小，液压操作机构上的接力器有单个、双个对称接力器两种基本结构形式，大型机组的进水阀甚至用多个接力器操作。液压操作所用的压力油一般单设油压装置供应。当电站水头高于 120～150m 时，也可取高压水作水压操作，但对水质有一定要求。

2. 蝴蝶阀的电动操作系统

电动操作系统分为 Q 型和 Z 型两种。Q 型输出轴只能转动 90°，适用于蝴蝶阀；Z 型输出轴可旋转若干圈，适用于闸阀。如图 8-30 所示为 Q 型电动操作系统，行程开关 6 在活门全关及全开位置切断电动机电源，控制活门的转动角度；电动机 2 经减速箱 1 带动螺杆 3 旋转，从而造成螺母 4 移动。转臂与活门轴固定连接，其滑槽中的滑块与螺母铰接，螺母的左、右移动即造成活门开启和关闭。

3. 蝴蝶阀液压操作系统

液压操作的闸阀，如图 8-31 所示。接力器安装在阀顶部，活塞直接带动闸板

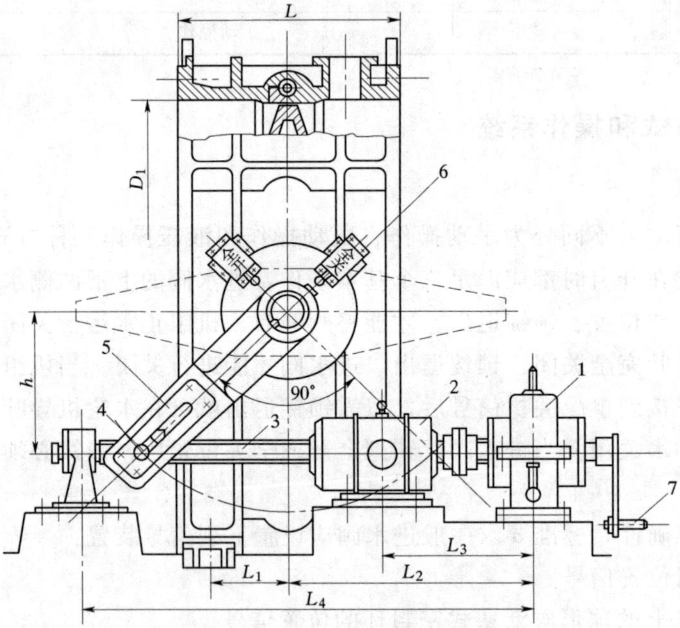

图 8-30 电动蝴蝶阀

1—减速箱；2—电动机；3—螺杆；4—螺母；
5—转臂；6—行程开关；7—手动操作手柄

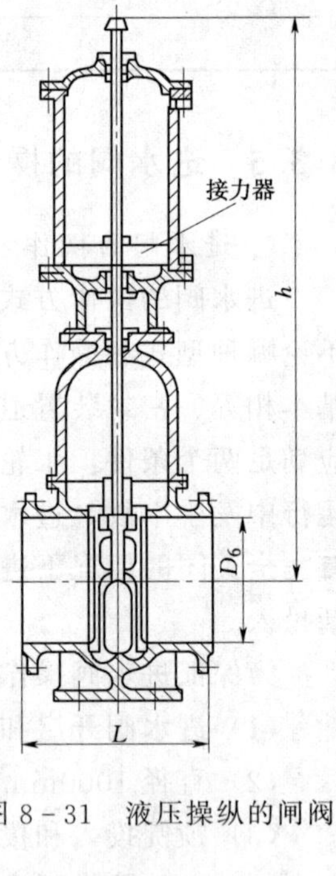

图 8-31 液压操纵的闸阀

升、降。

蝴蝶阀液压操作机构如图 8-32 所示。图 8-32（a）为导管式接力器结构。接力器油缸固定，压力油推动接力器活塞，活塞经曲柄连杆带动转臂。图 8-32（b）为摇摆式接力器结构，接力器油缸缸筒与地基铰接，在操作过程中缸筒发生摇摆。摇摆式接力器尺寸较小，常用于大中型蝴蝶阀或球阀的操作。为适应油缸的摆动，其高压油管常用一段软管连接，如图 8-32（b）所示。

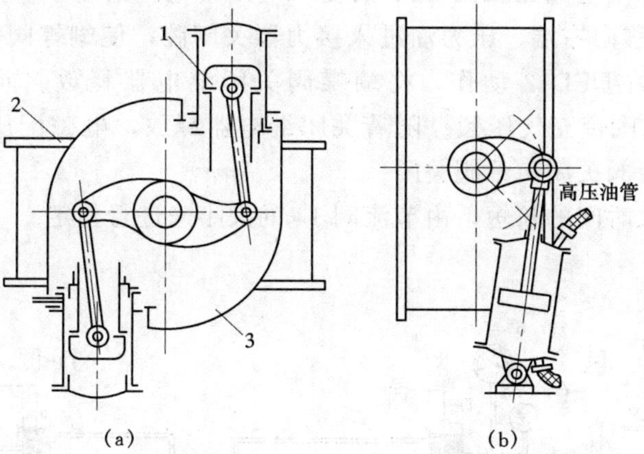

图 8-32　阀的液压操作机构

（a）导管式接力器；（b）摇摆式接力器

1—导管式接力器；2—阀体；3—控制箱

图 8-33 所示为蝴蝶阀液压操作系统（全关位置）。除接力器外，旁通阀和锁锭也是液压操作的，止水围带的充、排气由电磁空气阀自动控制。各元件的动作程序是：

（1）开启蝴蝶阀。首先发出蝴蝶阀开启信号，电磁配压阀 DP1 的开启线圈带电，使活塞上升。由此造成以下动作：①液动阀 YF2 活塞上方的油经 DP1 排出，油压力使其活塞上升，压力油流进四通滑阀 HF4，为接力器的操作打开压力油源。②压力油经 DP1 流入锁锭 SD11，形成的推力克服弹簧阻力而使锁锭拔出。③压力油流进液动配压阀 YP3，使其活塞下移。④旁通阀 9 的活塞上方与排油相通，下方接通压力油，旁通阀因压塞上移而打开，蝴蝶阀后的压力钢管及蜗壳开始充水。⑤在一定时间后阀后水压力与阀前水压力平衡，压力信号器 YX10 接点接通，使电磁空气阀 DKF8 动作，蝴蝶阀止水围带排气、放松。待围带空气排完，压力信号器 YX7 动作，使电磁配压阀 DP5 的开启线圈带电，活塞上移，四通滑阀 HF4 左端油腔连接排油管，右端油腔连接压力油，其活塞将向左移动。HF4 的活塞左移，使压力油流进接力器的上腔，而接力器下腔经 HF4 排油。油压力将推动接力器活塞下移，打开蝴蝶阀。活门开至全开位置时，行程开关 DFD13 动作将蝴蝶阀开启继电器释放，使电磁配压阀 DP1 复归。DP1 活塞重新降为图示位置，使锁锭 SD11 投入，旁通阀 9 关闭，油阀 YF2 关闭，切断压力油。四通滑阀 HF4 保留活塞在左端的位置。

（2）关闭蝴蝶阀。发出蝴蝶阀关闭信号，电磁配压阀 DP1 开启线圈带电，使活塞升起。与前述过程一样引起阀 YF2 接通四通滑阀油源，锁锭 SD11 拔出；旁通阀 9 开启。关闭信号还使电磁配压阀 DP5 的复归线圈带电，活塞下降。DP5 的动作使四通滑阀 HF4 活塞移向右端，压力油进入接力器关闭腔，使蝴蝶阀关闭。活门关至全关位置，行程开关 DFD12 动作，将蝴蝶阀关闭继电器释放。同时使电磁空气阀 DKF8 动作，止水围带充气压紧。随着关闭继电器释放，电磁配压阀 DP1 复归，又使锁锭投入，旁通阀关闭，油阀关闭。

蝴蝶阀开、关时间的长短，由节流阀 14 的大小来进行整定。

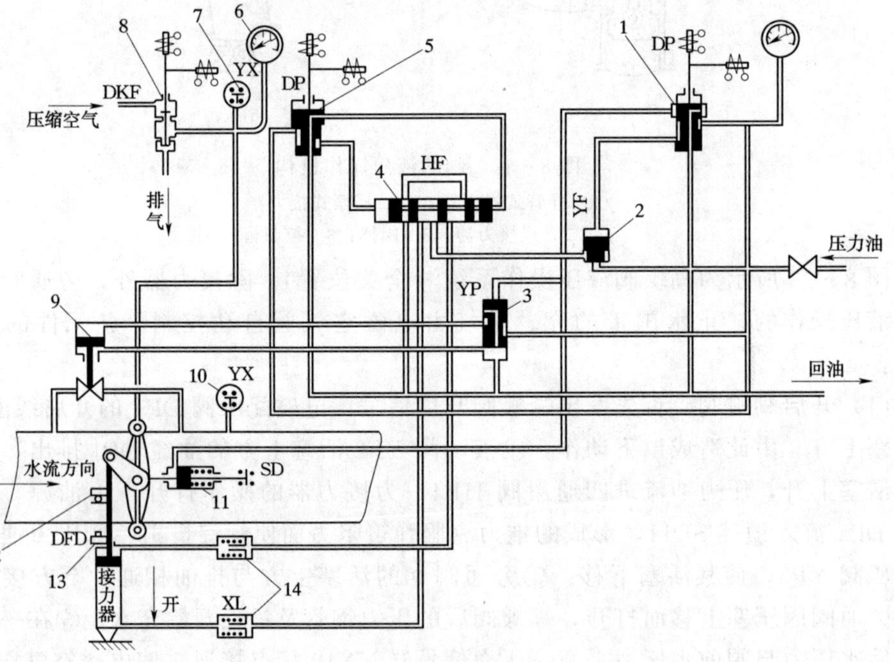

图 8－33 蝴蝶阀液压操作系统

1、5—电磁配压阀；2—油阀；3—液动配压阀；4—四通滑阀；6—压力表；7、10—压力信号器；8—电磁空气阀；9—旁通阀；11—锁锭；12、13—行程开关；14—节流阀

复习思考题与习题

8-1　水电站用油有哪些种类？各起什么作用？什么是油的粘度？粘度如何度量？

8-2　什么是油的劣化？已轻度劣化的污油常用哪些净化方式？

8-3　油系统应该完成什么任务？其由哪些部分组成？运行维护包括哪些方面内容？

8-4　水电站有哪些方面需要使用压缩空气？水电站中压缩空气如何分类？

8-5　压缩空气系统由哪些部分组成？各部分有何作用？

8-6　结合图8-4简述活塞式空压机的工作过程。

8-7　结合图8-6简述立式机组压缩空气系统的组成及工作原理。

8-8　什么是水轮机进水阀？它有哪些作用？

8-9　什么情况下设置进水阀？进水阀应满足哪些技术要求？

8-10　蝴蝶阀、闸阀和球阀的结构组成如何？各有什么特点？各应用于什么情况？

8-11　进水阀的附属部件有哪些？各起什么作用？

8-12　结合图8-32简述电动蝴蝶阀操作的动作过程。

8-13　结合图8-33简述蝴蝶阀液压操作动作过程。

第 9 章

水电站水系统

9.1 技术供水系统

9.1.1 技术供水的作用及要求

1. 技术供水的作用

水电站的供水包括：技术供水、消防供水和生活供水。本节主要讨论技术供水。

技术供水又称生产供水，其主要作用是对运行设备进行冷却，有时也用来进行润滑（如水轮机橡胶瓦导轴承）及水压操作（如射流泵、高水头电站用的主阀）。

需要技术供水进行冷却的设备有以下几个方面。

(1) 发电机的冷却——发电机空气冷却器。发电机运行时将产生电磁损耗及机械损，这些损耗会转化为热量。这些热量如不及时散发出去，不但会降低发电机的效率和出力，而且还会因局部过热破坏线圈绝缘，影响使用寿命，甚至引起事故。因此，运转中的发电机必须加以冷却。水轮发电机大都采用空气作为冷却介质，用流动的空气带走发电机产生的热量。除小型发电机可采用开敞式或管道式通风外，大中型发电机普遍采用密闭式通风，即发电机周围被封闭着一定体积的空气，利用发电机转子上装设的风扇（有的不带风扇，利用轮辐的风扇作用），强迫空气通过转子线圈，再经定子的通风沟排出。吸收了热量的热空气再经设置在发电机定子外围的空气冷却器，将热量传给冷却器中的冷却水并带走，然后冷空气又重新进入发电机内循环工作。空气冷却器的冷却效果对发电机的出力及效率有很大影响：当进风温度为 35℃时，发电机允许发出额定出力；当进风温度较低时，发电机的效率较高，允许出力可提高；当进风温度升高时发电机的效率显著下降，允许出力降低。

(2) 发电机推力轴承及导轴承油的冷却——油冷却器。机组运行时轴承处产生的机械摩擦损失，以热能形式聚积在轴承中。由于轴承是浸在透平油中的，油温高将影响轴承寿命及机组安全，并加速油的劣化。因此，应将油加以冷却并带走热量。轴承油槽内油的冷却方式有两种：一种是内部冷却，即将冷却器浸在油槽内；另一种是外部冷却，即将润滑油用油泵抽到外面的专用油槽内，再利用冷却器进行冷却。无论哪种方式，都要通过冷却器的冷却水将热量带走。还有的将冷却水直接通入导轴承瓦背进行冷却，这样可以提高冷却效果，但制造及安装质量要求比较严格。

(3) 水冷式变压器油的冷却。由于水冷却器具有良好的冷却效果和较低的运行成本，所以容量较大的变压器通常用内部水冷却和外部水冷却的冷却方式。内部水冷式变压器，其冷却器装在变压器的绝缘油箱内，而外部水冷式（即强迫油循环水冷式），是利用油泵将变压器油箱内的油送至特殊的且浸入冷却水中的油冷却器进行冷却，这种方式提高了散热能力，使变压器尺寸缩小，便于布置。为防止冷却水进入变压器油中，应使冷却器中的油压大于水压 0.15～0.7MPa。

(4) 水冷式空压机的冷却。空气被压缩时，将产生大量的热。为了降低气温，提高效率，防止气缸内活塞产生积炭及润滑油分解，通常在气缸体及气缸盖周围包上水套，通入冷却水以带走热量。在两级或多级压缩时，空气经第一级压缩后，要用中间冷却器进行冷却，然后再进入第二级气缸做第二次压缩。

(5) 其他冷却。如油压装置回油箱、贯流式机组顶起油箱等有时也设置冷却器，以带走回油在工作中因摩擦阻力而产生的热量；有些变压器直接以水淋的方式散热等。

有的水轮机导轴承采用橡胶轴瓦，需要用清洁水来润滑。此外，深井泵的导轴承也是橡胶轴瓦的，同样需要清洁水润滑。

水头较高的水电站，有的用高压水来操作主阀及其他液压阀，这样可以节省油压设备或使油系统简化（应注意工作部件的防锈防蚀问题）。此外，射流泵的工作也是靠技术供水来传递能量的。除上述各项外，水轮机主轴工作密封普遍用水压起作用。

2. 用水设备对技术供水的要求

各种用水设备对供水的水量、水压、水质、水温均有一定的要求，其总的原则是：水量足够、水压合适、水质良好、水温适宜。现分述如下。

(1) 水量。用水设备对供水水量的要求，一般由制造厂经设计计算后提出。但在初步设计阶段，往往需要电站设计单位参考相类似的电站种类，用经验公式或曲线图表估算，以求得近似的数值作为设计依据。在技术设计阶段，再按制造厂提供的资料作修改与校核。

根据我国已运行的大中型水电站机电设备用水情况分析，水量分配比例大致为：发电机空气冷却器为70%，推力与导轴承的油冷却器为10%，水轮机导轴承（水润滑）为5%，水冷式变压器为6%，其余用水设备为1%。所以，发电机的用水对电站技术供水系统的规模起着决定性的作用。因此，常用发电机的冷却用水量来代替总用水

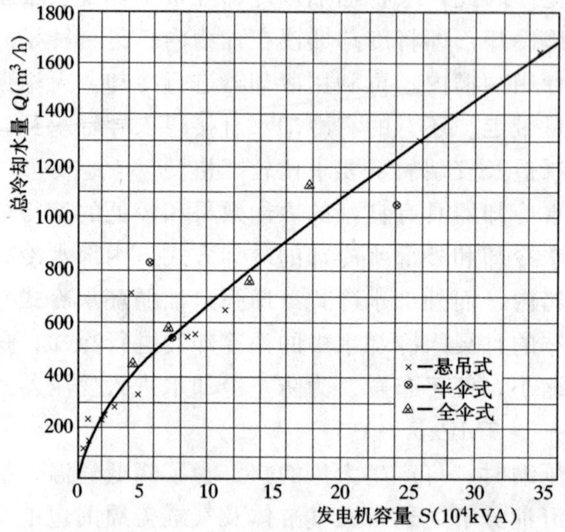

图 9-1　水轮发电机容量与总冷却水量关系曲线

量。粗略估算时，可由图 9-1 查取。

对于不设发电机空气冷却器的小型机组水电站，其用水量最大的设备是机组推力轴承油箱中的油冷却器。由此可见，水电站发电机的用水对技术供水系统的规模起着决定性的作用。

(2) 水压。①进入机组轴承冷却器的冷却水，应有一定的水压，以保持必要的流速和所需的流量。机组各轴承冷却器进口水压受强度限制，一般不超过 0.2MPa，如有特殊需要，可与制造厂协商提高水压。在满足冷却器水量的前提下，进口水压的下限取决于冷却器内部压降及排水管路水头损失。冷却水通过冷却器的水头损失按下式计算：

$$\Delta h = n_1 (\lambda \frac{l_0}{d} + \xi) \frac{v^2}{2g} \quad (\text{m}) \tag{9-1}$$

式中：n_1 为水在冷却器内来回流动的路数；λ 为管子沿程阻力系数，常用铜管的 λ 可取 0.031；l_0 为管子有效长度，m；d 为管子内径，m；ξ 为局部阻力系数，空气冷却器可取 $\xi=1.3$，油冷却器可取 $\xi=3.5\sim4$；v 为管内水流速度，m/s，一般取平均流速为 1.0～1.5m/s。冷却器长期使用之后，由于铜管内壁发生积垢和氧化作用，会降低冷却器的散热性能，因此，制造厂提供的水头损失比计算值大 1 倍或更多，国内一般采用水头损失为 4.0～7.5m。②水冷式变压器如果发生水管破裂（内部冷却）或热交换器破裂（强迫油循环外部冷却），就会使油水渗和，危及变压器安全运行。因此，对水压要求较严。通常，制造厂要求冷却器进口处水压不超过 0.05MPa，油压必须大于水压 0.08MPa。这样，冷却水管破裂时，只能使油进入水中，而水不能进入油内。③水冷式空压机的供水水压一般为 0.15～0.3MPa。

(3) 对水质的要求。水电站用水设备对水质有一定要求。水电站的技术供水，不论是取自河水或是地下水，对水质的要求可按以下标准掌握：①要求水中不含悬浮物（如杂草、碎木等），以免堵塞冷却器等设备。②泥沙含量应尽量小。③为避免形成水垢，冷却水应是软水（水的硬度是指溶解在水中的钙盐与镁盐含量的多少，钙镁离子的总合相当于 10 毫克氯化钙称之为 1“度”，8 度以下为软水，8～16 度为中水，16

度以上为硬水，30 度以上为极硬水）。硬度大的水易形成水垢和析出物易腐蚀金属，降低传热性能和水管的过水能力并难以清除。④为了防止管道与用水设备的腐蚀，要求水的酸碱度 pH 值为中性（pH=7），水的 pH 过大或过小都会腐蚀金属，产生沉淀物堵塞管道。大多数的天然水的 pH 值为 7～8。⑤水中力求不含有机物、水生物及微生物。⑥水中应不含油分。总之，应以管道的腐蚀、结垢和堵塞等来检查水质。此外，对水轮机橡胶导轴承（水导轴承密封、推力轴承水冷瓦）润滑水的水质要求为：含沙量及悬浮物必须控制在 0.1g/L 以下，泥沙粒径应小于 0.01mm；润滑水中不允许含有油脂及其他对轴承和主轴有腐蚀性的杂质。

(4) 水温。供水水温是供水系统设计中的一个重要条件，一般按夏季经常出现的最高水温考虑。水温与水源、取水深度及当地气温等因素有关。制造厂通常以 25℃（进水温度）作为设计依据。水温超过 25℃的地区，制造厂需另设计特殊的冷却器。水温对冷却器的影响很大，由于进水温度增高，冷却器金属的消耗增加，同时，冷却器尺寸的增大会造成布置上的困难。冷却器的高度与冷却水温的关系见表 9-1。由表可见，由于冷却水温增高 3℃，冷却器高度增加 50%。同时，水温超过设计温度，也会使发电机无法达到额定出力。因此，正确地采用水温是很重要的问题。进水温度最高应不超过 30℃。北方某些地区，水库水温长年达不到 25℃，可根据图 9-2 进行折算，以减小供水水量。冷却水温过低也是不适宜的，这会使冷却器黄铜管外凝结水珠。一般要求进口处水温不低于 4℃，冷却器进出口水的温差不能太大，一般要求保持 2～4℃，避免沿管长方向因温度变化太大而造成裂缝。

表 9-1 冷却器高度与进水温度的关系

进水温度（℃）	25	26	27	28
冷却器有效高度（mm）	1600	1800	2050	2400
相对高度（%）	100	113	128	150

9.1.2 技术供水的水源及供水方式

1. 水源选择的原则

技术供水水源的选择非常重要，在技术上必须考虑水电站的型式、机组设备的布置、电站的水头等因素；满足用水设备所需的水量、水压、水质和水温的要求，力求取水可靠、水量充足、水温适宜、水质符合要求，以保证机组安全运行，整个供水系统管路简单且操作维护方便；在经济上还必须考虑投资和运行费用最省。如果选择不当，不仅可能增加投资，而且还可能给电站以后的运行和维护增加困难。因此，应根据电站具体情况，进行详细的分析论证，从所有可能的方案中选出技术先进、运行维

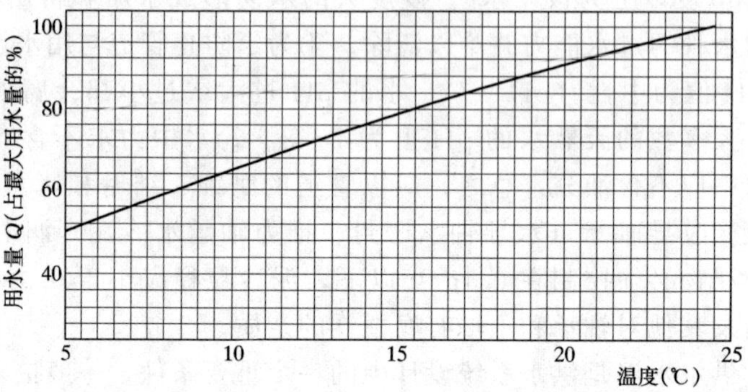

图 9-2　当水温低于 25℃时冷却水量的折减系数

护方便可靠、经济合理的方案。

技术供水系统除主水源外，还应有可靠的备用水源，防止因供水中断而停机。对水轮机导轴承的润滑水和推力瓦的冷却水，要求备用水能自动投入，否则，若供水稍有中断，轴瓦就有被烧毁的可能。一般情况下，均采用水电站所在的河流（电站上游水库或下游尾水）作为供水系统的主水源和备用水源，只有在河水不能满足用水设备的要求时，才考虑其他水源（如地下水源）作为主水源、补充水源或备用水源。

2. 水源种类

一般可作为技术供水水源的有：河流水源和地下水源。河流水源又可分为上游水库和下游尾水。

(1) 上游水库作水源。上游水库，是一个丰富的水源。从水质方面看，水库调节容量越大，水就越深。水中除含有一些悬浮的落枝、飘草等需要进水口拦污栅和管路中滤水器加以清除的杂质外，平时泥沙含量较小，不致于阻塞部件；从水温方面看，上游水库的底层水温比自然径流或低坝浅库的水温要低，有利于提高冷却效果。取水位置有以下几种：①压力钢管取水或蜗壳取水，如图 9-3。此种取水位置的优点是引水管道短，投资较省，管道阀门等可以集中布置，便于操作。压力钢管取水一般是从进水阀（如有的话）的前面取水。取水口的位置最好布置在钢管或蜗壳断面的两侧，一般在 45°方向上，避免布置在底部和顶部，因为取水口布置在顶部易被悬浮物堵塞，如布置在底部又容易积存泥沙。②坝前取水，如图 9-4。直接从坝前取水的优点是：取水口可以设置数个，装设在不同的高程上，随着上游水位的变化，可以选择合适的水温及水质（含沙量和杂质少）；某个引水口遭到堵塞或损坏时，不致影响技术供水；在机组及供水系统检修情况下，供水仍不中断，供水可靠性较高；当河流水质较差时，便于布置水处理设备。其缺点是引水管道长，特别当电站进水口距厂房较远时此缺点尤其突出。所以这种取水方式一般在河床式、坝内式和坝后式电站用得较多。由于坝前取水方式水源可靠，常用它作为备用水源。为了防止水库悬浮物进入管道以及便于取水口的选择使用，一般坝前取水口处均装设拦污栅和小型闸门。

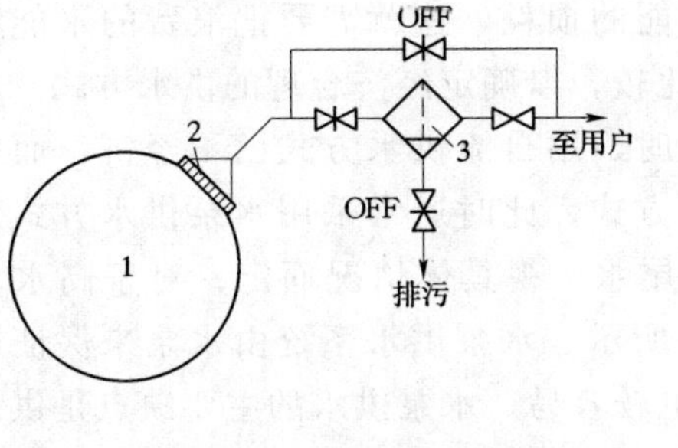

图 9-3 压力钢管和蜗壳取水

1—压力钢管（或蜗壳）；2—取水口；3—滤水器

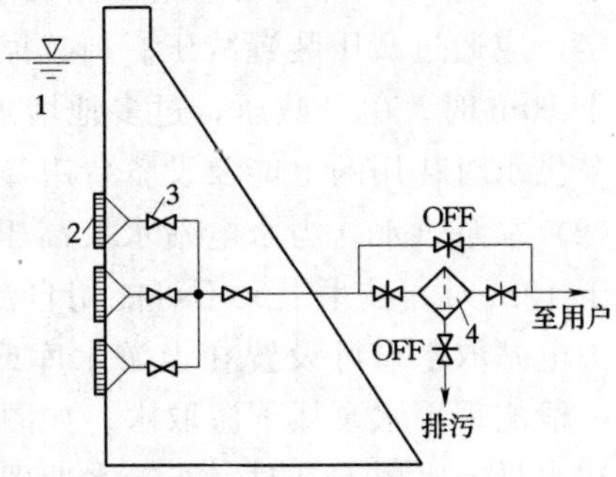

图 9-4 坝前取水

1—上游水库；2—取水口；3—取水口阀门；4—滤水器

（2）下游尾水作水源。如果上游水库形成的水头过高或过低，常用下游尾水作水源，通过水泵将水送到用水部件。自下游尾水取水时，要注意取水口不要设置在机组冷却水排水口附近，以免取水的水温过高，影响机组冷却效果。同时应注意机组尾水冲起的泥沙及引起的水压脉动，以及下游水位因机组负荷变化而升降等情况给水泵运行带来的影响。从尾水取水作为主水源或备用水源时，要考虑在电站安装或检修后，首次投入运行时供机组启动的用水。尾水管内或尾水管出口附近取水，由于水轮机补气使水中含有气泡，这些气泡带入冷却器中影响冷却效果，必须设置除气设施。

（3）地下水源。为了取得经济、可靠和较高质量的清洁水，以满足技术供水特别是水轮机导轴承润滑用水的要求，电站附近有地下水源时，可考虑加以利用。地下水源一般比较清洁，水质较好，某些地下水源还具有较高的水压力，有时可能获得经济实用的水源。为了获得这种水源，在水电站勘测初期需提出任务，要求勘测部门详细了解该地区地下水分布情况，如地下水流量、水质、水量、水温、静水位及动水位等的数据及变化情况。若地下水水压不足，可通过水泵抽水增压，以满足技术供水的需要。总之，水源的选择是决定供水系统是否经济合理、安全可靠的关键。在选择水源时必须全面考虑，根据水电站具体条件进行详细的分析论证。

3. 供水方式

水电站技术供水方式因电站水头范围等条件不同而不同，常用的供水方式有以下几种。

（1）自流供水。水头在 15～40m 的电站，当水温、水质符合要求时，一般采用自流供水。水压由水电站的自然水头来保证。这种方式简单可靠，操作方便，易于维护。

水头大于 40m 的电站采用自流供水时，为了保证各冷却器进口水压符合制造厂的规定，应通过减压装置减压。削减掉一部分多余水压，实际上是能量的浪费。当水头大于 80m 时，由于减压，过多地增加了水能的损耗，这就需要把浪费的水能和装设水泵供水时耗用的电能及设备费用等进行比较，以确定经济合理的供水方式。

（2）水泵供水。当水电站水头高于 80m 时，用自流供水方式已不经济，而当水头小于 12m 时，技术上又不可能用自流供水方式，此时通常采用水泵供水方式。对低水头电站取水口可设置在上游水库或下游尾水，视具体情况而定；对于高水头电站，一般均采用水泵从下游取水，如图 9－5 所示。水泵供水系统由水泵来保证所需水压和水量；水质不良时，布置水处理设备也较容易。水泵供水的主要缺点是供水可靠性差，当水泵动力中断时供水也会中断，此外设备投资和运行费用一般较大。

（3）混合供水。水电站水头为 12～20m，不宜采用单一供水方式时，一般设置混合供水系统，即自流供水和水泵供水的混合系统。当水头比较高时采用自流供水，水头不足时采用水泵供水，经过技术经济比较确定操作分界水头。因为水泵使用时间不多，可不设置备用水泵，主管道只设一条，这样可以在不降低安全可靠性的条件下，减少设备投资，简化系统。也有一些混合供水的水电站，根据用水设备位置及水压、水量要求的不同，采用一部分设备用水泵供水，另一部分设备用自流供水的方式。

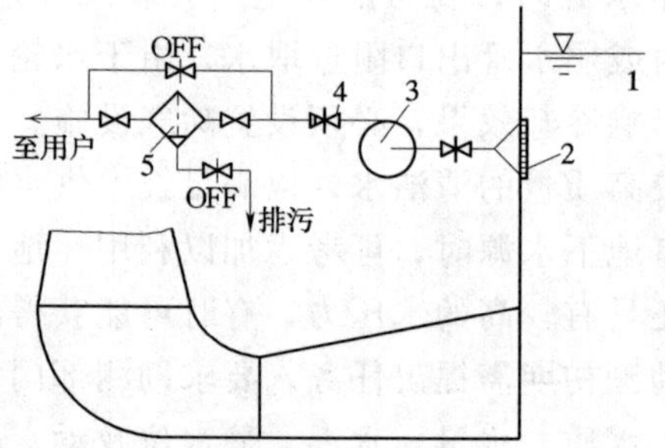

图 9－5　水泵供水

1—下游尾水；2—取水口；3—供水泵；4—单向阀；5—滤水器

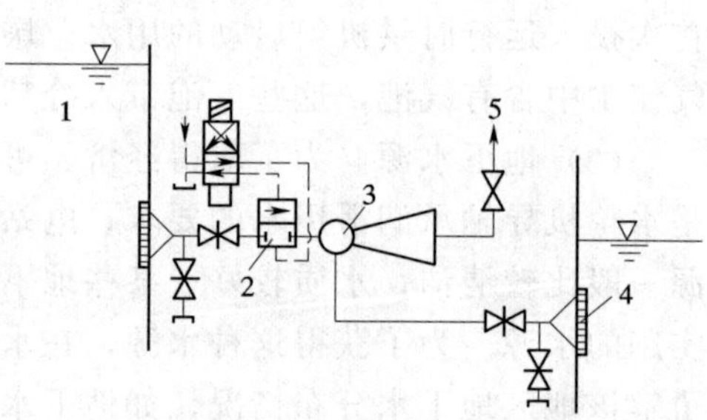

图 9－6　射流泵供水

1—上游水库；2—供水总阀；3—射流泵；4—下游尾水；5—至供水用户

（4）其他供水方式。除以上常用几种供水方式外，一些电站根据本身的具体条件，采用一些其他的供水方式。①射流泵供水，当水电站水头为 80～160m 时，宜采用射流泵供水，由上游水库取水作为高压工作液流，在射流泵内形成射流，抽吸下游尾水，两股液流相互混合，形成一股压力居中的混合液流，作为机组的技术供水，如图 9-6 所示。上游压力水经射流泵后，水压减小，不需再进行减压，原减压所消耗的能量被利用来抽吸下游尾水，增大了水量，供水量是上、下游取水量之和。射流泵供水是一种兼有自流供水和水泵供水特点的供水方式，它运行可靠，维护简单，设备和运行费用较低，无需动力电源，但运行效率较低。②顶盖供水方式，对于中、高水头的水电站可从水轮机顶盖取水，利用转轮密封漏水作为机组的技术供水。顶盖取水方式的特点是间隙对漏水起到良好的减压和过滤作用，保证了水质清洁，水压稳定，对机组正常运行未发现有不良影响；同时操作控制简单，能随机组启、停而自动供、停水；能随机组出力增减而自动增减供水流量。但当机组作调相运行时，需另有其他水源供水。

由于电站所在地区不同，具体条件不同，因而经济指标也不一样。因此，设计时供水方式的选用应分析电站的具体情况，并进行技术经济比较后确定。

4. 设备配置方式

供水系统的设备配置方式，根据机组的单机容量和电站的装机台数确定，一般有以下几种类型。

(1) 集中供水。全电站所有机组的用水设备，都用一个或几个公共取水设备取水，通过全电站公共的供水干管供给各机组用水。这种设备配置集中，运行、维护比较方便，适用于中、小型水电站。

(2) 单元供水。全电站没有公共的供水干管，每台机组各自设置独立的取、供水设备。这种设备配置方式适用于大型机组，或水电站只装机一台的情况。特别对于水泵供水的大中型水电站，每台机组各自设一台（套）工作水泵，其特点是：虽然水泵台数可能多些，但机组间互不干扰，可靠性高，容易实现自动化，便于运行与维护。

(3) 分组供水。机组台数较多时，采用集中供水，管道过长可能造成供水不匀；或管道直径过大给设备布置带来困难。采用单元供水，设备数量又过多。此时，将机组分成若干组，每组构成一个完整的供水系统。其特点是：既减少了设备，又方便了运行。

9.1.3 技术供水系统图

以上我们讨论了水电站各供水对象对于水量、水压、水温和水质的要求，各种可能采用的水源、供水方式和设备配置方式。由于各水电站的具体条件、特点、机组型式和供水要求不同，就产生了适于各个具体情况的各式各样的技术供水系统图。

供水系统图的优劣应根据系统运行安全可靠，操作维护方便简单等条件来衡量。

图9-7为自流供水系统图（图中未示出供水用户部分）。该系统在每台机的蜗壳或压力钢管上取水，并且全厂连接成一供水干管6，蜗壳或压力钢管上的取水口1按1.5～2台机组的用水量设计，同时可作为其他机组技术供水的备用水源。取水口后装有单向阀4，以免输水系统故障时冷却水倒流。此外，全厂设2～3个坝前取水口5作为总技术供水的备用水源和生活用水及消防用水水源。在洪水季节坝前取表层水，水中含沙量较小；夏季水温较高时取深层水，提高冷却效果。此种系统具有布置简单，运行可靠的优点。大型水电站当水头适合，水质条件好时，一般都采用这种系统。图9-7中每台机组均装有供水总阀，以实现开机前自动投入供水，停机后自动切断供水的操作。其他阀门的开度都要调节好，开停机时一般不再进行操作。供水总阀常采用电磁液压阀或电动闸阀等型式。

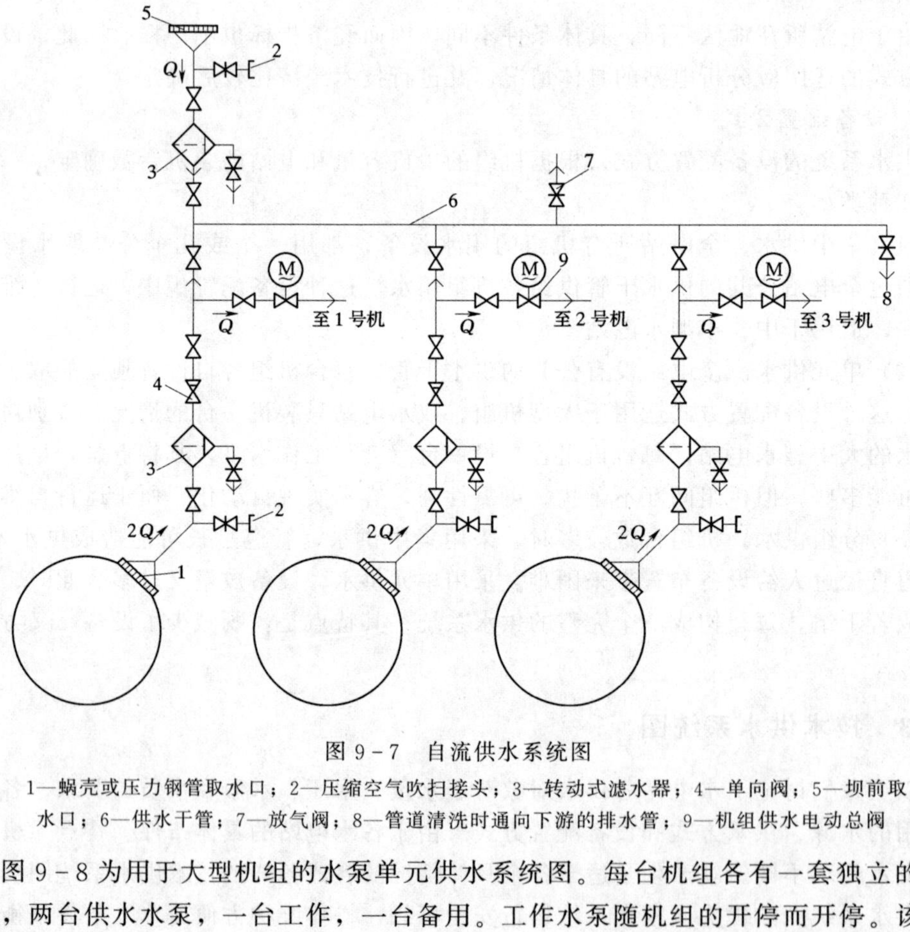

图9-7 自流供水系统图

1—蜗壳或压力钢管取水口；2—压缩空气吹扫接头；3—转动式滤水器；4—单向阀；5—坝前取水口；6—供水干管；7—放气阀；8—管道清洗时通向下游的排水管；9—机组供水电动总阀

图9-8为用于大型机组的水泵单元供水系统图。每台机组各有一套独立的供水系统，两台供水水泵，一台工作，一台备用。工作水泵随机组的开停而开停。该系统

的优点在于管路系统简单可靠，水泵自动化接线简单，管理方便。但水泵台数较多，投资较大。图 9-8 中水轮机导轴承为水润滑，供水可靠性要求高，除原有主水源两路供水外，另用蜗壳引水作备用水源，并设有备用水自动投入装置，管路系统中直径大于 ϕ250mm 的阀门，采用电动闸阀，以改善操作条件。

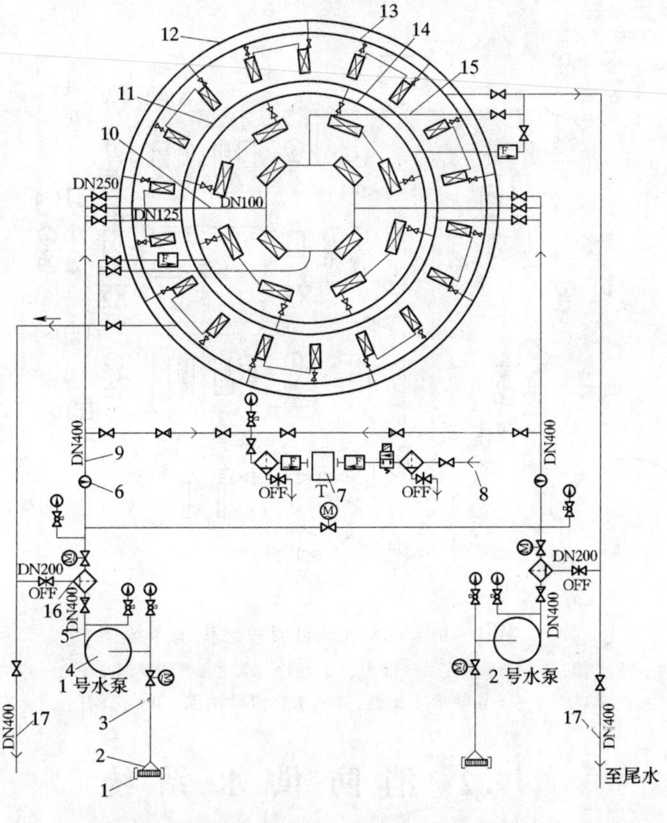

图 9-8　水泵单元供水系统图

1—拦污栅和闸门槽；2—水泵取水口；3—水泵吸水管；4—供水泵；5—水泵压水管；6—流量计；7—水润滑的水轮机导轴承；8—由蜗壳引来的备用水；9—供水管；10—下导供水管；11—推力供水管；12—空气冷却器供水管；13—空气冷却器排水管；14—推力排水管；15—下导排水管；16—滤水器冲洗水管；17—排水管

图 9-9 为某电站采用的自流单元供水系统图。主水源取自蜗壳，经滤水器过滤后供机组冷却、润滑用水。坝前取水作为技术供水的备用水源。两种水源之间设有联络管道及阀门。坝前取水不受机组安装、停机检修等的影响，因此与机组开停状态无关的用水，如水冷式空压机用水，消防、生活用水，都由该水源供水。图 9-8 和图

9－9 中，机组各供水用户分别采用了常用的两种不同表示方式示出：图 9－8 用若干同心圆表示机组各轴承冷却器和发电机空气冷却器的供排水环管，这种表示方法能清晰地示出各种冷却器的个数及其连接方式，常用于大中型机组；图 9－9 则将机组各轴承及发电机空冷器，按其相对位置上下排列，多用于中小型机组。

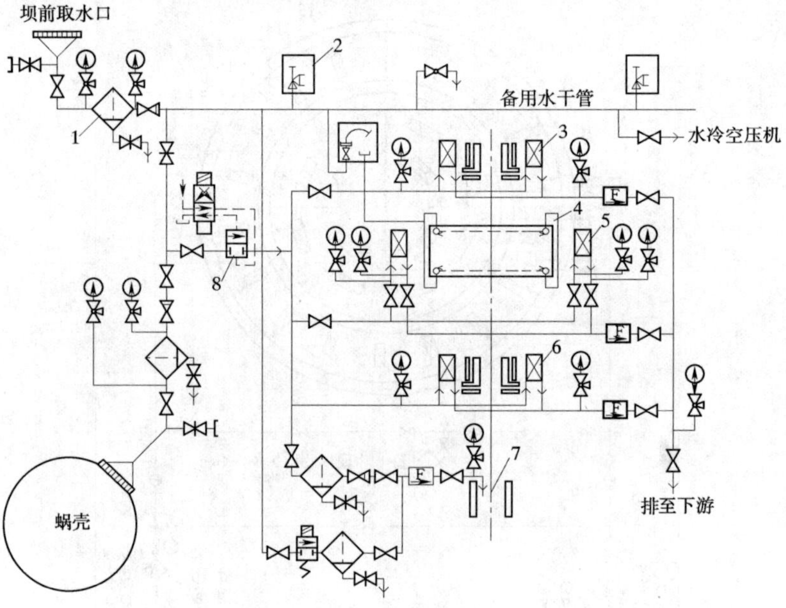

图 9－9　某水电站自流单元供水系统图

1—滤水器；2—消防栓；3—推力、上导冷却器；4—消防环管；5—空气冷却器；6—下导轴承冷却器；7—水润滑导轴承；8—总阀门

9.2 消防供水系统

9.2.1 消防供水的水源和供水方式

电站设计时，消防供水水源应与技术供水水源同时考虑。消防供水方式取决于各消防对象对供水的要求、电站的水头和选定的水源。一般有自流供水、水泵供水和混合供水等方式。

1. 自流供水

当水头高于 30m 时，可采用自流供水。水源和取水口与技术供水合用，但应设单独的消防供水总管，用两根联络管与技术供水总管连接，形成环形供水。

2. 水泵供水

水头低于30m的电站，供水压力达不到消防用水要求，宜设置专用的消防水泵供水。一般只设一台，手动操作，且从下游取水，取水口位置应使水泵在任何运行工况下都能自行引水。保证水泵随时处于完好备用状态，电路应绝对可靠，无备用电源时，应设内燃机动力源。当技术供水也采用水泵供水方式时，可考虑将两者结合的供水系统。

3. 混合供水

当水头在30m左右，但其变幅较大时消防供水亦可采用混合供水方式，即水头高时，采用自流供水；水头低时，采用水泵供水。

9.2.2 水电站消防对象和消防措施

水电站中有各种各样的易燃物，如木结构、油类及电气设备等，具有着火的可能性。一旦发生火灾时，应当将火及时扑灭，防止对生命和财产造成危害。水、沙和化学灭火剂等都是常用的灭火材料。水灭火具有效果好、费用低、方便、量足和易得等优点。所以，水电站都设有消防供水系统，专门供厂区、厂房、发电机及油系统等的消防用水。

1. 厂房消防

水电站厂房的消防，多以消防栓经软管、喷嘴射出的水柱为主，化学灭火器为辅。

消防栓及软管、喷嘴均为标准化产品，中小型电站常用ϕ50～65mm的消防软管，配用ϕ13～19mm的喷嘴。国内生产的消防软管，工作压力为0.75MPa，最大试验压力达1.5MPa。

消防栓的位置和数量应通过计算水柱射程来决定，必须保证两相邻消防栓的充实水柱能在厂房内最高最远的可能着火点处相遇。当厂房长度小于50m时，可只设两个消防栓。对于中小型电站，由于厂房宽度较小，其布置一般为与发电机消防相结合的单列式，且最好嵌在厂房侧墙内，活接头高度控制在距发电机层地面1.35m左右。当厂房较宽时，可采用双列式。

消防用水量根据消防栓喷射流量计算，一般按两股水柱同时工作，每股耗水量2.5L/s以上作为计算依据。

2. 发电机消防

运行中的发电机可能由于定子线圈发生匝间短路，或焊缝接头开裂等事故而着火，为防止事故扩大应设置灭火装置。制造厂一般都在发电机定子线圈上下方布置灭火环管，如图9-10所示。在环管对着线圈一侧交错钻有两排直径为2～5mm呈一定

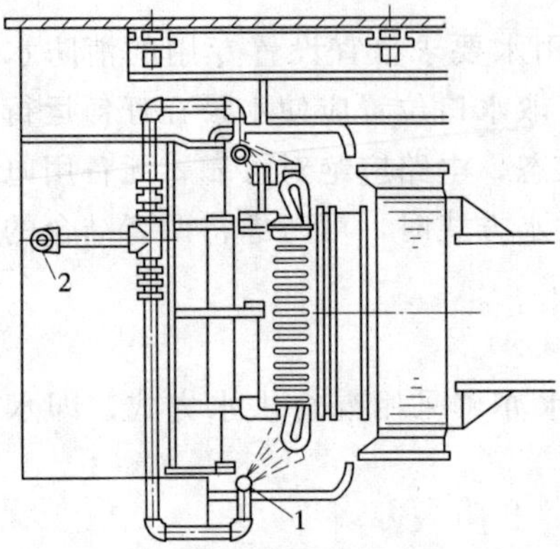

图 9-10　发电机灭火管道
1—灭火环管；2—进水管道

角度的喷射小孔，孔的间距为 30～100mm。灭火时便均匀地向线圈端部喷水，水吸收热量并气化成蒸汽，阻隔空气使火熄灭。

设计发电机消防水管时，应采取有效措施，防止平时有水漏入发电机而造成事故。对有人值班的电站，可手动操作供水，供水管道如图 9-11 所示。平时活接头断开，需要灭火时，利用软管快速接头与消防水源接通，再开启阀门。给灭火环管供水的消防栓，各机组可单独设置，也可与厂房消防栓合并，后者必须采用双水柱式消防栓。

对无人值班的电站，可采用自动灭火装置，如图 9-12 所示。在发电机风罩内装设电离式烟探测器，感温式火灾探测器等。探知火情后，立即将信号送至中控室报警、记录，并使消防自动控制装置中的电磁阀 2 开启，压力水进入环管来灭火。排水电磁阀 6 平时开启，将电磁阀 2 的漏水排入排水系统。集水罐 3 中有水位信号器 4，排水管堵塞或漏水量过大时，发出信号。在发电机着火时，由火灾报警装置的信号将电磁阀 6 关闭。

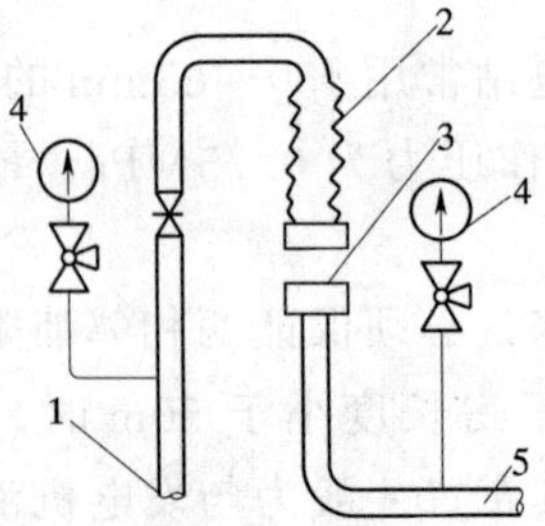

图 9-11　灭火环管供水快速接头
1—引自消防泵管；2—消防软管；3—快速接头；4—压力表；5—至灭火环管

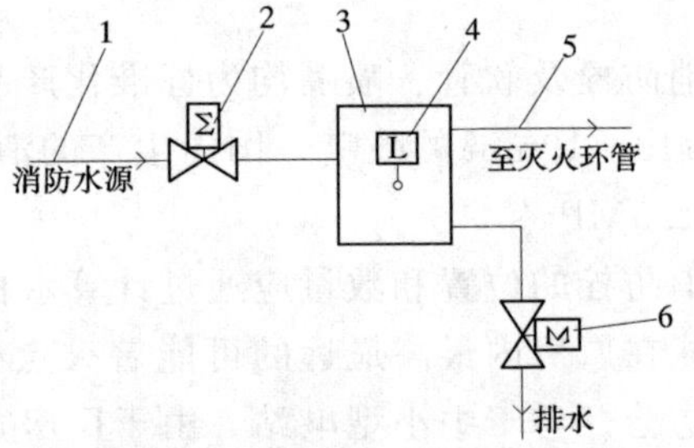

图 9-12　发电机消防自动控制装置
1—引自消防水源；2、6—电磁阀；3—集水罐；4—水位信号器；5—至灭火环管

灭火环管的断面积与环管供水方式有关，当环管从一端供水时，其断面积应比 1/2 环管上喷水孔总面积大 1.25～1.5 倍，当从两端供水时，其断面积应比 1/4 环管上喷水孔总面积大 1.25～1.5 倍。

灭火环管的入口水压应不小于 0.2～0.25MPa，其消防水流量取决于供水压力和环管直径及长度。

3. 油系统消防

水电站中油库、油处理室、油化验室等都是消防的重点，均需要设置消防设备。

油处理室及油化验室一般采用化学灭火器及沙土灭火。当接受新油或排出废油时，为了防止油或干燥的空气沿管道流动与管壁摩擦产生静电引起火灾，在管道出口及管道每隔 100m 处都应装接地线，并用铜导线将所有的接头、阀门及油罐良好接地。

油库采用的消防设施，还应在储油罐上方加装消防喷头，下部装设事故排油管。发生火灾时，将存油全部经事故排油管排至事故油池。同时消防喷头喷出水雾包围油罐，既降低油罐表面温度，又阻隔空气，从而使明火熄灭，防止火灾蔓延和油罐爆炸，从多方面达到灭火的目的。小型水电站可只设置化学灭火器及沙箱。

油罐消防喷头的供水水源与油库的布置位置有关，当油库布置在厂房内时，从厂房消防总管引取；布置在厂房外且与厂房相距较远时，应设置单独的消防水管，阀门则采用手动控制。供水压力应保证喷水雾化，实验证明，常用的消防喷头入口水压为

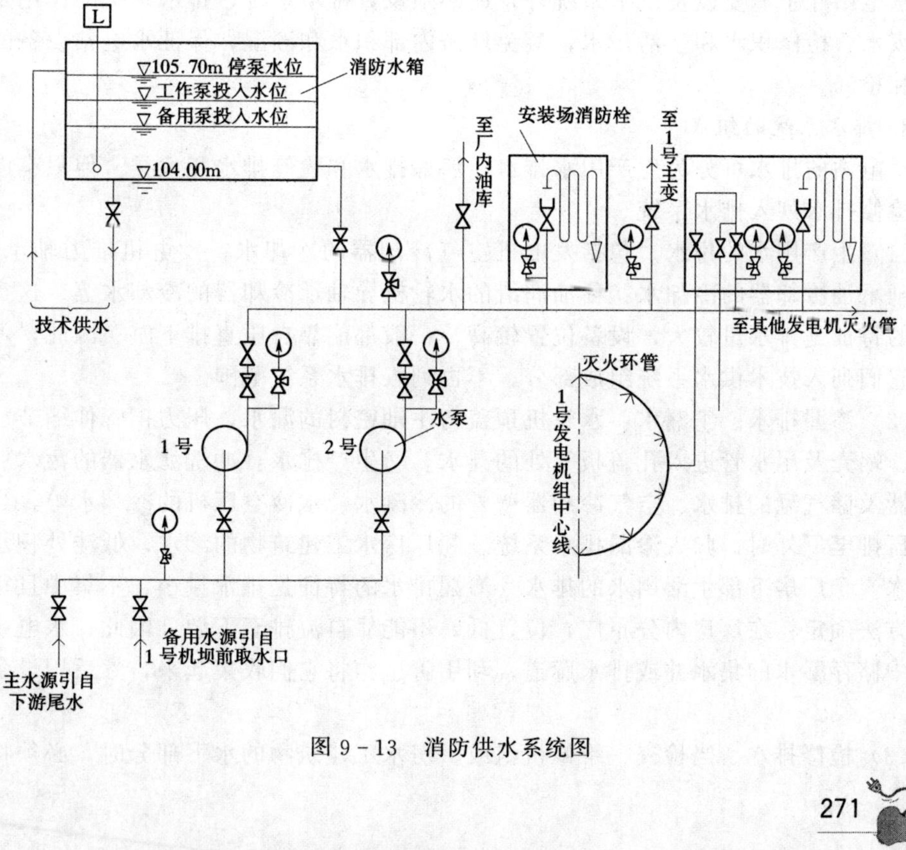

图 9-13 消防供水系统图

0.5～0.6MPa 时，喷水雾化较好，灭火效果显著。

9.2.3 消防供水系统图

图 9-13 为消防供水系统图。水泵的主水源引自下游尾水，备用水源引自坝前取水口。为了防止水泵出现故障，还设置了消防水箱作为备用水源。消防水箱的水源可以从技术供水管道引来。发生火灾时，先由两台水泵供水；当水量不足时，打开消防水箱同时供水。为了迅速扑灭火源，也可在水泵开启的同时打开消防水箱。消防供水系统图也可与技术供水系统图一起考虑，如图 9-9 所示。

9.3 排 水 系 统

9.3.1 排水系统的作用与组成

1. 排水系统的作用

水电站除了需要设置供水系统外，还必须设置排水系统，排水系统的作用是排除生产废水、检修积水和生活污水，避免厂房内部积水和潮湿，保证水电站设备的正常运行和检修。

2. 排水系统的组成

水电站的排水可分为生产用水排水、渗漏排水和检修排水三大类。但只有渗漏排水和检修排水列入排水系统。

(1) 生产用水的排水。包括发电机空气冷却器的冷却水；发电机推力轴承和上、下导轴承油冷却器的冷却水；稀油润滑的水轮机导轴承冷却器的冷却水等。这类排水对象的特征是排水量较大，设备位置较高，一般都能靠自压直排下游。因此，习惯上都把它们列入技术供水系统组成部分，不再列入排水系统范围。

(2) 渗漏排水。①漏水：水轮机顶盖与主轴密封的漏水，压力钢管伸缩节、管道法兰、蜗壳及尾水管进入孔盖板等处的漏水。②生产排水：冲洗滤水器的污水、气水分离器及储气罐的排水、空气冷却器壁外的冷凝水、水冷空压机的冷却水等，当不能靠自压排至厂外时，归入渗漏排水系统。③厂房水工建筑物的渗水，低洼处积水和地面排水。④厂房下部生活用水的排水。渗漏排水的特征是排水量小，不集中且很难用计算方法确定；在厂房内分布广，位置低，不能靠自流排至下游。因此，水电站都设有集中储存漏水的集水井或排水廊道，利用管、沟将它们收集起来，然后用设备排至下游。

(3) 检修排水。当检查、维修机组或厂房水工建筑物的水下部分时，必须将水轮机蜗壳、尾水管和压力钢管内的积水排除。检修排水的特征是排水量大，高程低，只能采用排水设备排除。为了加快机组检修，排水时间要短。

9.3.2 排水方式

1. 渗漏水排水方式

(1) 集水井排水：此种排水方式是将水电站厂房内的渗漏水经排水管、排水沟汇集到集水井中，再用离心泵排至厂房外。由于厂内设置集水井容易实现，离心泵安装、维护方便，价格低廉。所以，目前中小型水电站渗漏排水多采用这种方式。

(2) 廊道排水：这种排水方式是把厂内各处的渗漏水通过管道汇集到专门的排水廊道内，再由排水设备排至厂外。此种方式多采用立式深井泵，且水泵布置在厂房一端。由于设置排水廊道受地质条件、厂房结构和工程量的限制，仅在装有立式机组的坝后式和河床式水电站中应用，加之立式深井泵的安装，维护复杂，价格昂贵，因此目前中小型水电站中采用较少。

2. 检修排水方式

(1) 直接排水：此种排水方式是将各台机组尾水管与水泵吸水管用管道和阀门连接起来，机组检修时，由水泵直接将尾水管积水排除。其排水设备亦多采用离心泵。水泵可以和渗漏排水泵集中布置或分散布置。直接排水方式运行安全可靠，是防止水淹泵房的有效措施，目前，在中小型水电站中采用较多。

(2) 廊道排水：这种排水方式是把各台机组的尾水管经管道与排水廊道连接，机组检修时，先将积水排入廊道，再由水泵排至厂外。采用此种方式时，渗漏排水也多采用廊道排水，两者可共用一条排水廊道，条件许可时，渗漏水泵亦可集中布置在同一泵房内。因廊道排水方式的限制条件较多，所以它在中小型水电站中采用较少。

9.3.3 排水系统图

水电站的排水系统应能安全、可靠、有效地完成排水任务。因此，一般应由吸水口、排水设备、控制设备、监测设备、输水设备和保护设备等组成。但对不同的水电站，具体构成需根据电站型式、水文地质地形条件、厂房型式、结构及机组类型等因素来决定。

按照排水任务的要求，将排水系统的组成元件和设备，进行合理的连接和配备，使其能够反映排水系统的规模、表达排水过程的程序，实现排水设备和运行方式的切换，完成渗漏排水和检修排水的任务，这样的图形就称为排水系统图。

绘制排水系统图时，要考虑厂房水下部分实际结构，排水设备的布置位置，根据系统要求进行连接，一般是将渗漏排水和检修排水绘制在一张图上。对于小型水电站，由于系统简单，亦有将油、气、水系统图绘在一起的，这样可以示出全厂辅助设备的配置和相互联系，给出清晰的总体概念。

下面介绍几种在中小型水电站中比较典型的排水系统图。

1. 渗漏排水和检修排水不完全合一的排水系统

如图 9-14 所示。该系统设置两台卧式离心泵，作渗漏和检修排水之用。正常运行时，两台泵作渗漏排水用，平时一台工作，一台备用，运行方式可定期切换，互为备用。由液位信号器根据整定的集水井水位控制其启、停。机组检修时，先关闭阀 1，打开阀 2，由两台水泵一起排除检修积水。待积水排除后，再关闭阀 2，打开阀 1，由 1 号水泵自动排除厂内渗漏水，2 号水泵手动排除进水口闸门和尾水管闸门的漏水。这种排水系统只要集水井中水泵的吸水管底阀正常，就可以避免水淹泵房和厂房的事故。但是在两台泵同时排除尾水管积水时，会影响厂房内渗漏水的排除，如用一台水泵进行渗漏排水，又会延长检修排水时间。且因排水泵的安装高程不可能低于尾水管底板高程，尾水管排水管口也不能安装底阀，因为在此处安装的底阀长期不工作，极易产生锈损或被杂物卡塞等故障，又很难进行维修。为了满足检修排水泵在低水位时能启动引水，增设了一台真空泵。

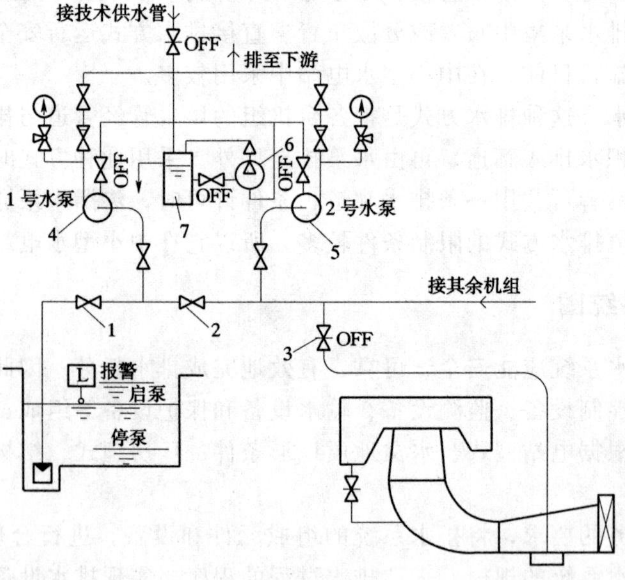

图 9-14　渗漏排水与检修排水不完全合一的排水系统

1—阀 1；2—阀 2；3—阀 3；4—1 号水泵；5—2 号水泵；6—水环式真空泵；7—水箱

2. 渗漏排水和检修排水不分开的改进系统

如图 9-15 所示。为了改进渗漏排水和检修排水不分开排水系统的不足，仅在该系统上增设一台检修排水泵，其排水量按检修排水量选择。原来两台水泵排水量则按渗漏排水量选择。正常运行时，两台渗漏排水泵（1 号，2 号）互为备用，自动排除厂房内渗漏水。机组检修时，1 号水泵仍自动排除厂内渗漏水，2 号水泵切换为手动，与 3 号水泵共同排除机组检修积水，待积水排下后，再由 3 号水泵单独排除进水口闸门和尾水管闸门漏水，而 2 号水泵则又恢复为 1 号水泵的备用泵。这种排水系统运行方式灵活，不间断厂内渗漏排水，小型电站采用较多。

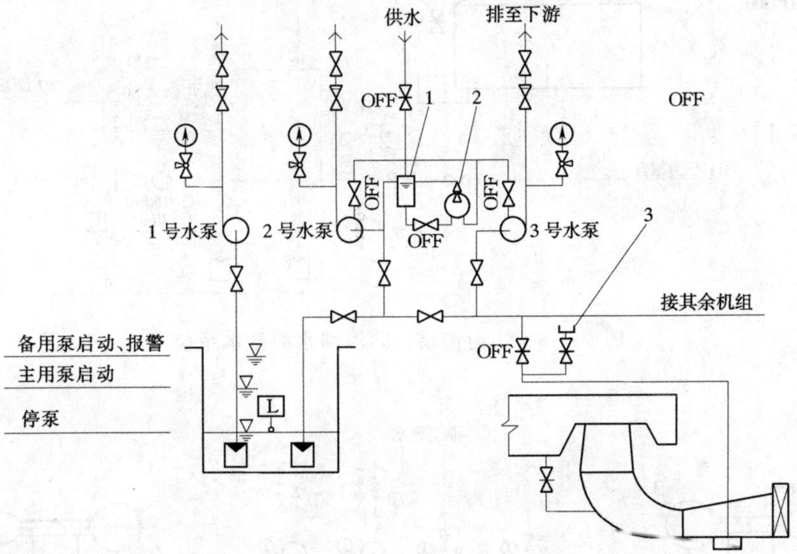

图 9-15　渗漏排水与检修排水不分开的改进系统

1—水箱；2—水环式真空泵；3—压缩空气吹扫接头

3. 射流泵排除渗漏水的排水系统

当水头适合时，可采用射流泵排除渗漏水的排水系统。如图 9-16 所示。检修排水同图 9-15 所示，仍为直接排水方式。渗漏排水采用射流泵为主水泵，2 号泵为备用泵，由电极式水位计控制电磁液压阀，实现射流泵和备用泵的启、停。射流泵的高压水源取自蝴蝶阀前压力引水管。

4. 渗漏排水和检修排水分开的排水系统

图 9-17 所示是渗漏排水和检修排水分开的排水系统。该系统采用两台渗漏排水泵和两台检修排水泵。整个设备可以集中布置在同一水泵房内。渗漏排水采用集水井

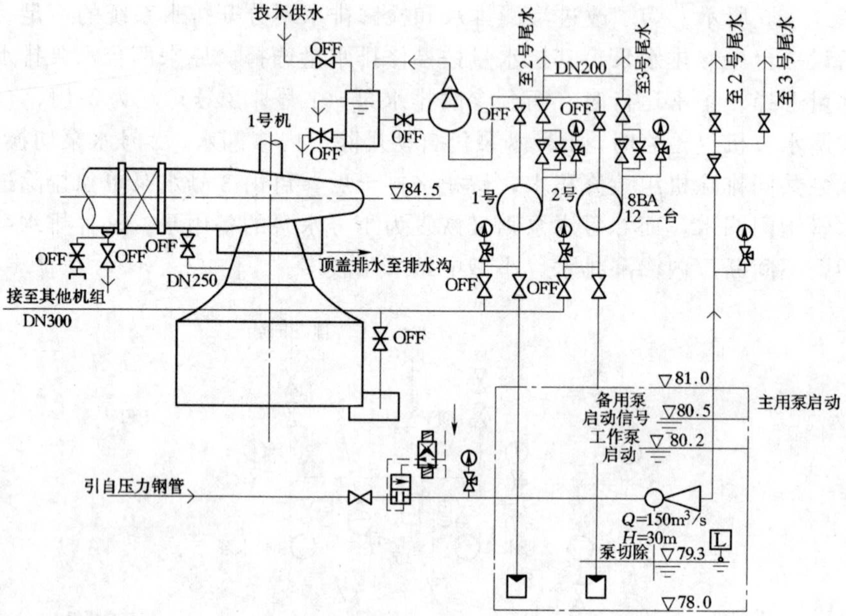

图 9－16 用射流泵排除渗漏水的排水系统

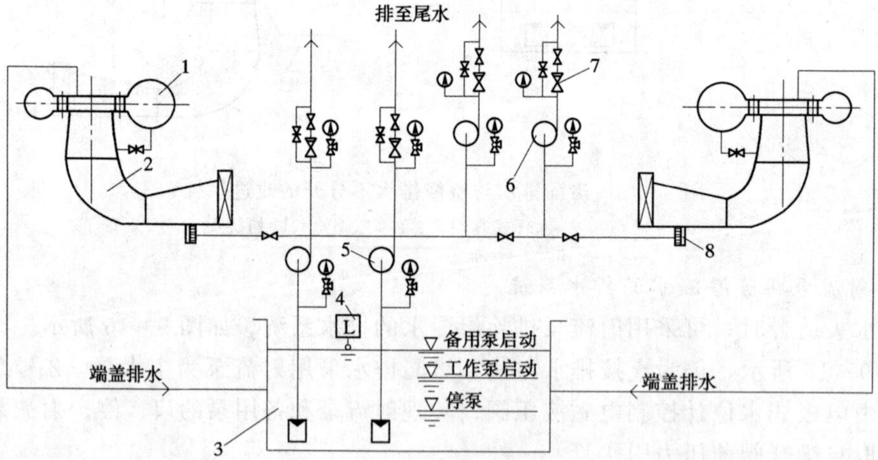

图 9－17 渗漏排水与检修排水分开的排水系统

1—蜗壳；2—尾水管；3—集水井；4—液位信号器；5—渗漏排水泵；6—检修排水泵；7—单向阀；8—检修排水泵取水口

排水方式，两台水泵互为备用，由集水井液位信号器自动控制。检修排水采用直接排水方式，水泵经主排水管道与各机组尾水管排水管相连。机组检修时，打开该机组尾水管排水管上的阀门，水泵即可启动排水。由于该水泵仅在机组检修时才使用，故多为手动控制。这种排水系统运行安全可靠，中小型电站常采用该种排水系统。

复习思考题与习题

9-1　水电站供水有哪三大类？其各有何作用？技术供水的对象有哪些？

9-2　供水设备对技术供水的基本要求是什么？机组轴承冷却器进口对水压、水温、水质有何要求？供水设备对水的硬度和 pH 值有何要求？

9-3　技术供水水源有哪三种？上游取水位置有哪几种？钢管取水口如何布置？

9-4　技术供水方式有哪几种？各适用于哪些水头范围？设备配置方式有哪几种？

9-5　水电站常用的消防设施有哪些？消防供水主要用于哪些部位的供水？

9-6　结合图 9-8 简述水泵单元供水系统的原理。

9-7　水电站主要消防对象有哪些？发电机消防要注意什么问题？

9-8　渗漏、检修排水方式有哪两种？各采用什么型式水泵？

9-9　渗漏排水和检修排水的特点各是什么？

9-10　结合图 9-17 简述水电站排水系统的原理。

第 10 章

水轮机及其辅助设备 CAD 简介

水轮机及其辅助设备的设计工作，大部分都通过科学的方法并结合现有的产品资料，进行选型设计计算，最后确定产品型号和参数，并绘出相关的图纸。因此，水轮机及其辅助设备的设计工作中，设计计算和绘图所占的工作量相当大。

随着计算机硬件技术的不断发展和计算机的普及，计算机已经成为了现代设计的主要工具。CAD（Computer Aided Design）是计算机辅助设计的简称，充分利用计算机强大的计算和数据处理功能，辅助设计人员进行设计计算、方案比较、产品选择、曲线和图形绘制等工作，不仅能大大提高设计效率，保证设计质量，降低设计人员的工作强度，同时也能加强设计成果的标准化、规范化。

10.1 概　　述

10.1.1 水轮机及其辅助设备设计的主要内容

水轮机及其辅助设备的设计包括水轮机的选型及结构设计，水轮机蜗壳和尾水管等过流部件的水力计算及参数选择，调节保证计算及调速器的选择，机组油、水、气系统的布置和相应设备及管路的选择等内容。其中水轮机选型设计因所涉及的因素多，模型数据要查阅大量图表，各阶段都要进行方案比较，因而是最困难和最复杂的。

1. 水轮机选型设计的内容

根据水电站所在地的水文资料和地质情况，由水文、地质和设计等有关部门经方案和技术比较后确定水库的库容和特征水头，电站流量和装机容量等参数。水轮机的选型设计就是以这些参数为依据，结合电站所在地的电力系统情况、现有水轮机转轮型谱（或水轮机模型试验资料）和当时的设计制造能力，通过设计计算、技术和经济方案比较，确定电站的装机台数和单机容量，确定水轮机的机型和装机形式、机组的转速，转轮的直径、水轮机的安装高程等参数，并根据上述结果和水轮机模型试验数据绘制机组的综合运转特性曲线，作为性能比较、机组生产运行和水库调度的指导资料。水轮机选型设计的结果会直接影响到水电站的建设、运行和维护费用，关系到机组及水电站的运行效率，影响水电站的效益和投资的回收。所以它是水电站设计中的重要内容，必须要经过严格和细致设计计算和方案比较来确定。

2. 水轮机过流部件的水力计算

由于冲击式水轮机的过流部件相对简单，所以水轮机过流部件的水力计算主要是指反击式水轮机过流部件的水力计算。反击式水轮机过流部件包括导水机构、蜗壳和尾水管。蜗壳的水力计算是根据水轮机选型设计中确定的蜗壳型式及水轮机的额定水头和流量，通过查表和计算确定蜗壳的参数及各个断面的几何形状和尺寸，绘制出蜗壳单线图，并作为蜗壳强度计算、厂房设计和金属蜗壳制造或混凝土蜗壳浇筑的依据。导水机构的水力计算是根据水轮机的型式、转轮直径、流量、比转速和模型水轮机的参数，通过计算和方案比较，确定导水机构导叶数、导叶的特征开度、导叶的出口角、导叶的高度及导叶的翼型等。尾水管的水力计算是根据水轮机的型式及电站土建的情况，进行尾水管的选型设计，确定水轮机尾水管的型式及尾水管的结构尺寸，作为厂房设计、尾水管制造和施工的依据。

3. 调节保证计算和调速器选择

调节保证计算是根据水电站初定的压力引水系统布置、尺寸和水轮机型号，通过设计计算和方案比较，采取合理的导水叶关闭规律、关闭时间和控制措施，保证引水系统最大水击压力变化和机组转速上升都在允许范围内，从而保障机组、电站以及电网的安全。调速器的选择是根据机组有关参数和调节保证计算的要求，并结合电站的综合自动化要求及当前调速器技术的发展，选择合适的调速器型式和调节规律，初步确定调速器的整定参数。

4. 机组辅助设备的布置和设计计算

水电站机组辅助设备的设计所包括的内容较多，包括油、水、气三大系统的设备选择、布置和各管路的走向；机组进水阀的设置、选型及其操作机构和操作系统的确定；水电站起重机的选择和配置等。

10.1.2 传统的水轮机及辅助设备设计方法

传统的水轮机及辅助设备设计方法都是按照既定的步骤和公式，进行大量而又烦琐的手工设计计算和绘图。当设计进行到某个阶段，发现结果不合适时，又推翻原计算，重新选择合适的参数、设备或结构进行。由于存在大量的计算、查表和作辅助曲线的过程，设计中会受许多人为因素的影响，设计结果偏差较大，甚至存在较多错误等；同时这些简单而又重复的工作，对于一个设计人员来说，效率还是较低的。第 5 章的水轮机选型及综合运转特性曲线绘制实例就说明了上述问题。

10.1.3 水轮机及其辅助设备 CAD 现状

针对传统的水轮机及辅助设备设计方法存在的设计效率低，设计结果人为因素多、偏差大等现象，从 20 世纪 80 年代起，国内部分水电设计和制造行业的技术人员逐渐在设计工作中引入计算机，开始了水轮机及辅助设备的 CAD 工作。

1. 第一阶段

从 20 世纪到 90 年代初，随着计算机作为设计计算工具进入设计部门，设计人员开始将大量的手册图表资料和数据以数据库的形式存入电脑，并开发了相应的资料检索程序，迅速地提高了设计过程中的资料查找速度，减少了人为因素，提高了设计效率。在此阶段，计算机主要是辅助完成设计过程中资料和数据的查询，并完成小部分设计计算工作。

2. 第二阶段

从 20 世纪 90 年代中期至今，随着计算机技术和 CAD 技术的快速发展，计算机已经成为了现代设计工作的必备工具。具备二次开发平台的通用 CAD 软件，特别是 AutoCAD 软件的广泛应用，推动了水轮机及辅助设备 CAD 工作的快速发展。设计单位一些长期从事此方面工作的设计人员结合自己的经验陆续开发了一些新的水轮机及辅助设备 CAD 软件，并在其应用过程中不断完善和发展。目前水轮机及辅助设备 CAD 的进程，取得了如下成效：

(1) 提高了设计质量。CAD 软件集成了专家的智慧和经验，并把各种设计资料经数值处理后存入数据库，减少了出错的几率，提高了设计的质量，避免了因设计者经验不足和粗心大意或资料不足所造成的设计质量下降。

(2) 提高了劳动效率和设计速度。经过不断应用和完善的 CAD 软件，能在设计相关资料准备和录入完毕后，稍加操作，即可输出设计结果和有关的图纸资料。这对方案较多、需要进行各种方案设计计算并绘制方案图纸进行比较的情况，其优越性更加明显。

(3) 设计成果规范化、标准化。由于大量的设计和绘图工作已由计算机完成，因此更容易实现设计成果的规范化和标准化。

此外，目前的 CAD 软件更加注重了其开放性，如一些水轮机选型 CAD 软件，除了系统提供的水轮机型谱外，用户还可以根据自己已有资料建立新的水轮机型谱，录入或修改模型水轮机资料，进一步扩充和完善选型设计范围。同时，还有部分CAD软件集成了相关的专家系统，不仅可辅助设计人员进行方案比较和选择，而且还可以同时进行水轮机结构参数化设计，结构及运动干涉检查等。

应当指出，由于水轮机及其辅助设备专业面较窄，特别是从事水轮机选型、调保计算和调速器选择等工作的人员不多，CAD系统或软件市场不大，研发力量和经费的不足都制约了它的发展和应用。目前各设计单位使用的CAD系统或软件虽然取得了较大的突破，但仍存在许多不足，具体表现在设计理论的先进性、资料数据的准确性、系统或软件的可操作性、设计成果的质量和精度等方面。

10.2 水轮机选型CAD简介

水轮机选型CAD主要是指利用计算机、扫描仪、打印机和绘图机等硬件设备和水轮机选型CAD软件，在输入有关设计资料和参数后，辅助设计人员完成水轮机的选型设计，确定水轮机的相关参数，绘制水轮机的综合运转特性曲线等工作。

1. 数据的收集及建库

在进行水轮机选型设计工作时，需要用到各种机型参数和模型主要综合特性曲线及一些设计标准。在应用计算机进行水轮机选型设计时，所有这些参数和资料都要先建立和录入数据库，具体数据类别及收集处理如下：

（1）模型水轮机工况参数。包括最优工况及限制工况下的单位转速、单位流量、比转速、效率和空蚀系数等。

（2）模型水轮机基本参数。包括应用水头范围、模型转轮直径、水推力系数、单位飞逸转速、能量实验水头和空蚀实验水头等。

（3）模型水轮机流道参数。包括蜗壳包角及流道系数、尾水管长度及高度系数、导叶个数、导叶高度及节圆直径、转轮叶片数及轮毂直径等。

（4）模型综合特性曲线。把等效率、等开度、等空蚀、等转角曲线及出力限制线和空蚀中心点等曲线按数值离散或解析表达式进行曲线拟合并建库，并把试验结果或资料输入数据库。由于解析表达式数值拟合处理办法，对每一条曲线都要建立若干解析表达式组，而且表达式的次数越高，拟合精度也高，同时方便在设计过程中的插值运算。但是每一个转轮的曲线都不一样，要对各种转轮的每一条曲线都采用解析表达式处理，其准备工作量相当大。数值离散法就是将模型综合特性曲线的单位转速和单位流量曲线进行等分，查出各曲线对应点及特征点的单位转速和单位流量，并转化为多个一元曲线或二元曲线，完成曲线拟合。这种方法因设计中插值运算的精度稍低，但方法简单，工作量少，应用方便，是根据已有模型曲线进行初步设计常用的方法。

(5) 直径和转速标准系列。转轮直径和机组转速都是水轮机设计要首先确定的参数。按水电站的参数和模型特性参数计算出转轮直径后，除特大型转轮外，都要按标准直径系列进行选择。计算所得的机组转速也不一定符合同步转速，所以也必须按标准的同步转速进行选择。因此，必须输入并确认 CAD 系统中有相应的标准直径和转速系列，以便于计算机进行计算和方案比较。

(6) 其他系数的输入。除上述资料和参数外，水轮机选型还用到许多跟结构、工况、地理等有关的修正系数和参数，这些系数和参数可采用数表或抛物线插值的方法进行处理。

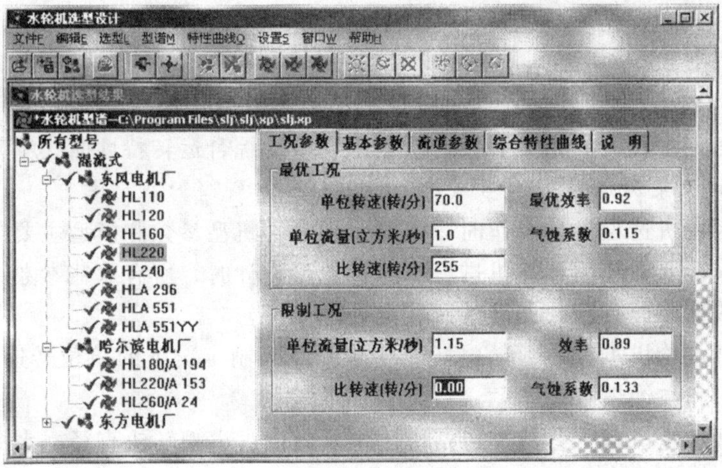

图 10-1 水轮机选型 CAD 软件界面

2. 水轮机选型 CAD 软件原理与应用

目前国内各设计单位所采用的水轮机选型 CAD 软件，其原理基本上还是将传统的水轮机选型方法利用计算机软件来实现，并利用打印机和绘图机等输出设计结果。下面以国内某水轮机选型辅助设计软件为例，简要说明水轮机选型辅助设计过程。

(1) 模型数据输入。作为水轮机选型设计的重要数据，许多水轮机选型 CAD 软件都已把国内常用的模型转轮参数及其综合特性曲线以型谱文件形式存于系统中，并在需要时通过更新和升级型谱文件来扩大水轮机选型的范围。各种标准系列和修正系数等参数也以数据文件的形式存于软件中，用户可根据需要进行修改。图 10－1 是水轮机选型 CAD 软件的型谱界面。在图 10－1 的左边是型谱显示窗口，显示了型谱文件中已有模型机类别和型号；右边是对应型号模型转轮的工况参数、基本参数、流道参数、综合特性曲线和说明等窗口，显示了型谱文件中对应转轮的参数和曲线，用户也可根据需要对这些参数进行修改并重新存储。在综合特性曲线窗口中，用户不仅可以增加新的曲线和删除选中的曲线，也可对曲线进行修改和编辑，包括增加和删除曲线点、放大和缩小特性曲线图等。在型谱文件方面，用户通过菜单操作，可以新建、修改、合并、导出型谱文件，可以在型谱文件中增加新的模型转轮，并在各参数窗口中输入有关的参数和综合特性曲线。

（2）水轮机选型参数输入。因冲击式水轮机选型与反击式不一样，它没有根据模型水轮机数据进行计算，而是根据用户输入数据直接计算出真机的相关参数。所以在选型前应该根据水电站的基本参数确定是采用反击式或冲击式机组，并准备好有关的选型基本参数。图 10－2 和图 10－3 分别是反击式水轮机选型和冲击式水轮机选型的基本参数输入窗口。

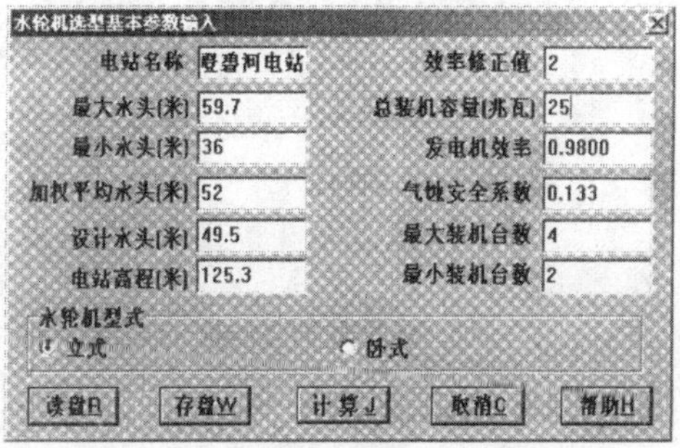

图 10－2　水轮机选型参数输入窗口

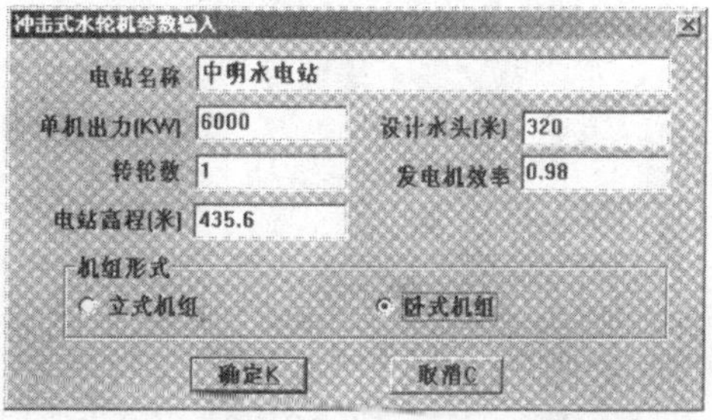

图 10－3　冲击式水轮机选型参数输入窗口

在进行冲击式水轮机选型时，用户也可按反击式计算，只需在型谱中输入冲击式模型水轮机的数据，选中该冲击式模型水轮机再按反击式计算方法计算即可。

用户在输入完这些水轮机选型基本参数后，即可按参数输入窗口中的"计算"按钮进行水轮机的选型计算。用户也可以将这些基本数据存盘以便日后继续使用，用读盘功能即可将用户原先保存的基本数据读取出来。

选型计算后，软件将弹出真机选择对话框让用户对所计算出的多个真机进行人工选择，最后软件将把用户选中的真机数据，包括运转综合特性曲线等输出到水轮机选型结果窗口中，用户此时即可对选型结果进行打印输出或传到 Word 中进行编辑、打印或存盘保存。

复习思考题与习题

10-1　水轮机选型设计的内容有哪些？反击式水轮机选型CAD前要准备哪些数据？

10-2　结合自己的了解，简述水轮机及辅助设备CAD的现状。

10-3　简述水轮机选型CAD中模型水轮机数据及资料处理办法。

附录1 反击式水轮机型谱参数

附表 1-1　　大中型轴流式转轮型谱参数

使用水头 H (m)	转轮型号		转轮叶片数	轮毂比 d_H/D_1	导叶相对高度 b_0/D_1	最优单位转速 n_{110} (r/min)	推荐使用最优单位流量 Q_{110} (L/s)	模型空化系数 σ_M	备　注
	规定型号	曾用型号							
3～8	ZZ660	ZZ55	4	0.333	(0.45*) 0.488	142	2000	0.7	暂用
8～15	暂缺		4	0.36	0.4～0.45	～140	～2150	～0.77 0.95	
10～22	ZZ560	ZZA30 ZZ005	4	0.40	0.4	130	2000	0.59 ～077	
15～30	暂缺		5	0.45	0.4	～123	～1800	～0.54 ～0.68	
20～36	ZZ440	ZZ587	6	0.50	0.375	115	1650	0.38～0.65	
30～55	暂缺		8	0.55	0.35	～107	～1300	～0.23 ～0.41	

注　有"*"的括号中的数字为系列建议的尺寸。

附表 1-2　　大中型混流式转轮型谱参数

使用水头 H(m)	转轮型号		导叶相对高度 b_0/D_1	最优单位转速 n_{110} (r/min)	推荐使用最优单位流量 Q_{110}/ (L/s)	模型空化系数 σ_M	备　注
	规定型号	曾用型号					
<30	HL310	HL365	0.391	88.3	1400	0.36*	
25～45	HL240	HL123	0.365	72	1240	0.2	
35～65	暂缺 HL230	HL263	0.3 0.315	～73 71	～1250 1110	～0.165 0.17*	暂用

续表

使用水头 H(m)	转轮型号		导叶相对高度 b_0/D_1	最优单位转速 n_{110} (r/min)	推荐使用最优单位流量 Q_{110}/ (L/s)	模型空化系数 σ_M	备注
	规定型号	曾用型号					
50～85	HL220	HL702	0.25	70	1150	0.133	
70～105	暂缺		0.25	～69	～1040	0.11	
90～125	HL200	HL741	0.2	68	960	0.10	
	HL180	HL662(改型)	0.2	67	860	0.085	
110～150	HL160	HL638	(0.2)** 0.224	67	670	0.065	
140～200	暂缺 HL110	HL129	0.16 0.118	～64 61.5	～530 380	～0.06 0.055*	暂用
180～250	HL120	HLA41	0.12	62.5	380	0.06	
230～320	HL100	HLA45	0.10	61.5	280	0.04	
300～450	暂缺						

注 1. “*”是装机空化系数。

2. 有“**”的括号中的数值为系列建议尺寸。

附表 1-3　　中小型轴流式与混流式转轮型谱参数

使用水头 H (m)	转轮型号		导叶相对高度 b_0/D_1	最优单位转速 n_{110} (r/min)	设计单位流量 Q_{110} (L/s)	模型空化系数 σ_M	备注
	规定型号	曾用型号					
2～6	ZD760	ZDJ001	150	170	2000	1.0	$\phi=+10°$
4～14	ZD560	ZDA30	130	150	1600	0.65	$\phi=+10°$
5～20	HL310	HL365	90.8	95	1470	0.36*	等厚叶片
10～35	HL260	HL300	73	77	1320	0.28*	等厚叶片
30～70	HL220	HL702	70	71	1140	0.133	
45～120	HL160	HL638	67	71	670	0.065	
20～180	HL110	HL129	61.5	61.5	360	0.055*	
125～240	HL100	HLA45	61.5	62	270	0.035	

注 有“*”是装机空化系数。

附表 1-4　　**ZD760 转轮主要参数**

转轮叶片转角 ϕ（°）		+5°	+10°	+15°
最优工况	n_{11}（r/min）	165	148	140
	Q_{11}（m^3/s）	1.67	1.795	1.965
	σ_M	0.99	0.99	1.15

附图 1　反击式水轮机转轮综合特性曲线

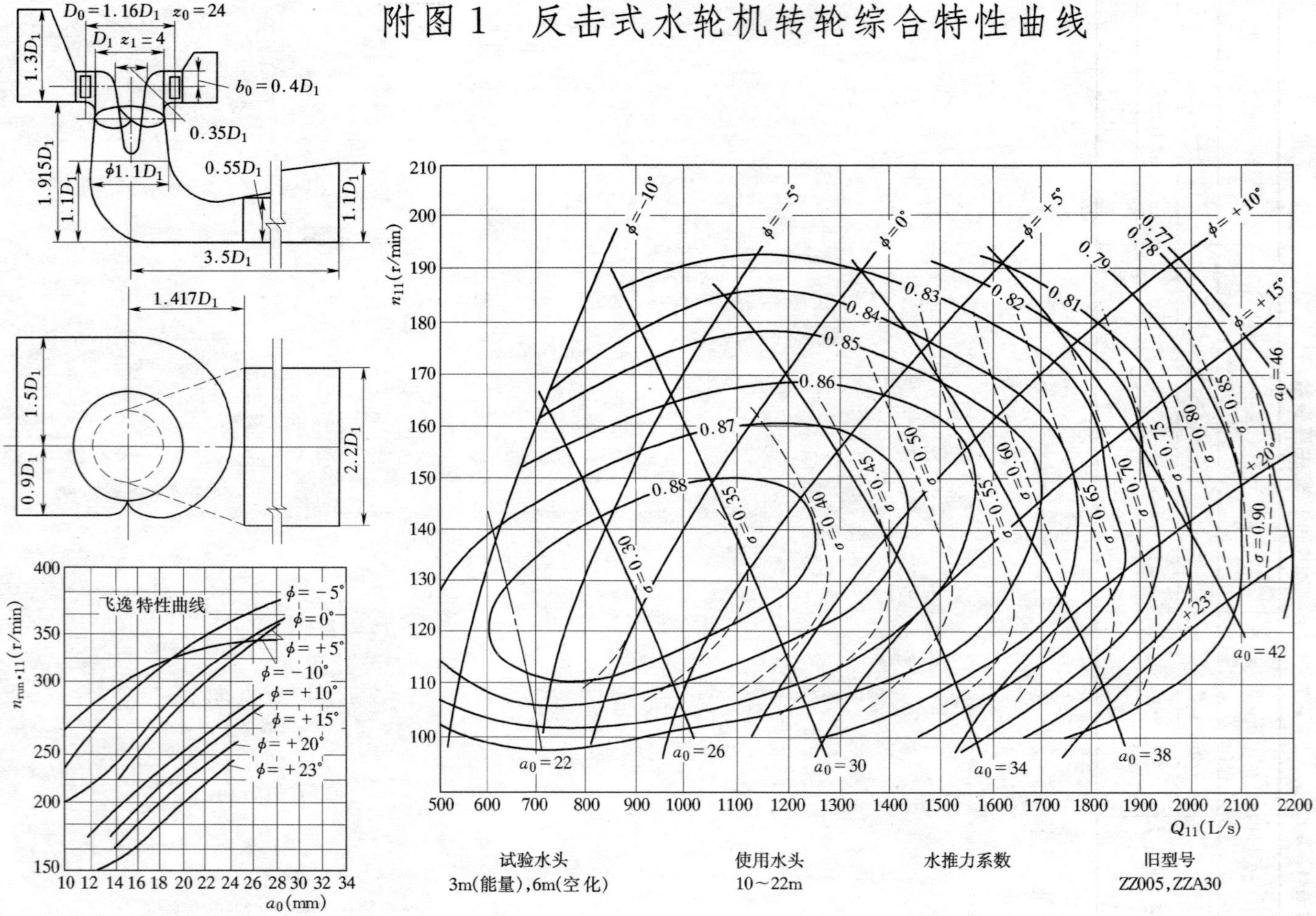

附图 1-1　ZZ560—46 转轮综合特性曲线

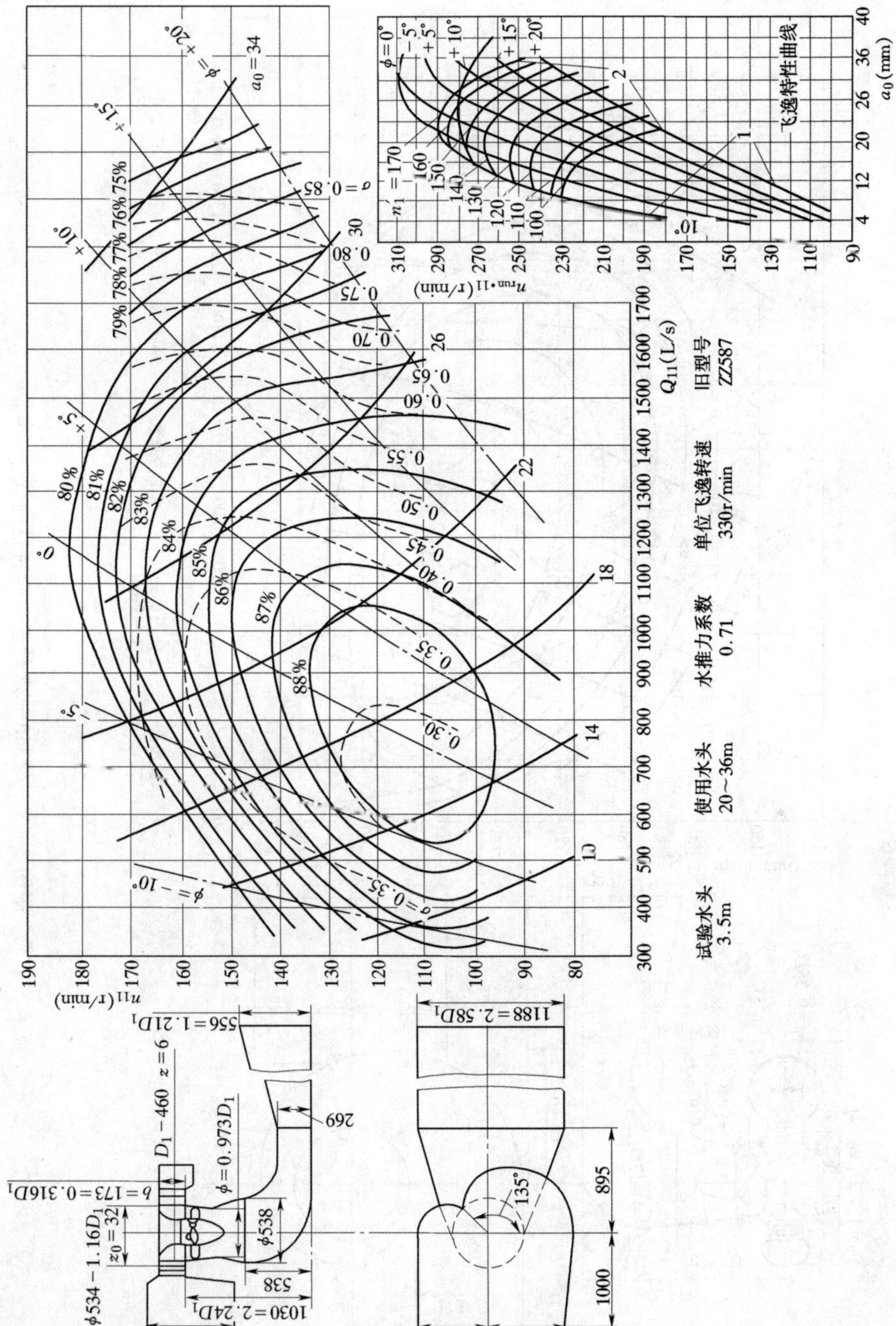

附图 1-2　ZZ440—46 转轮综合特性曲线

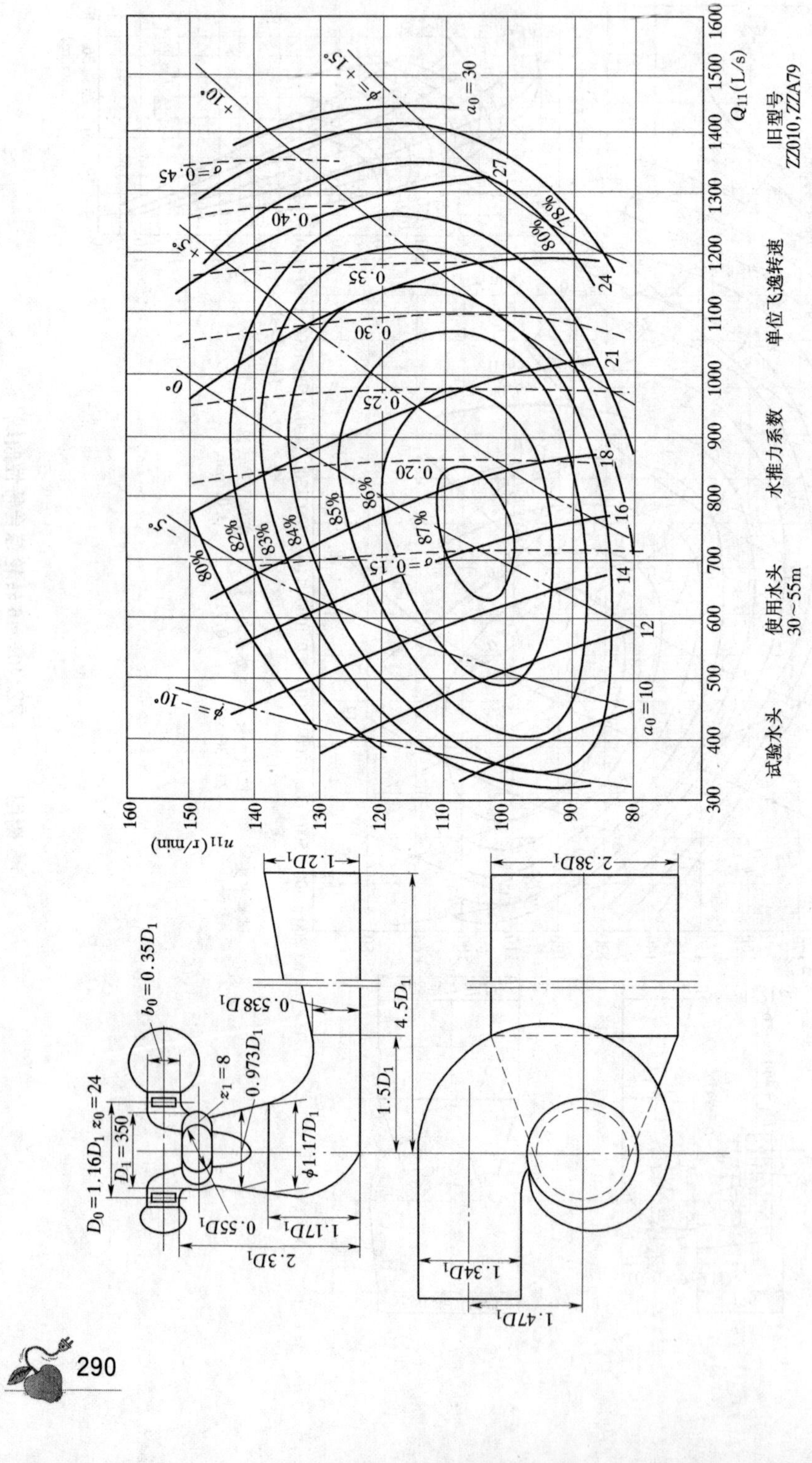

附图 1－3 ZZ360—35 转轮综合特性曲线

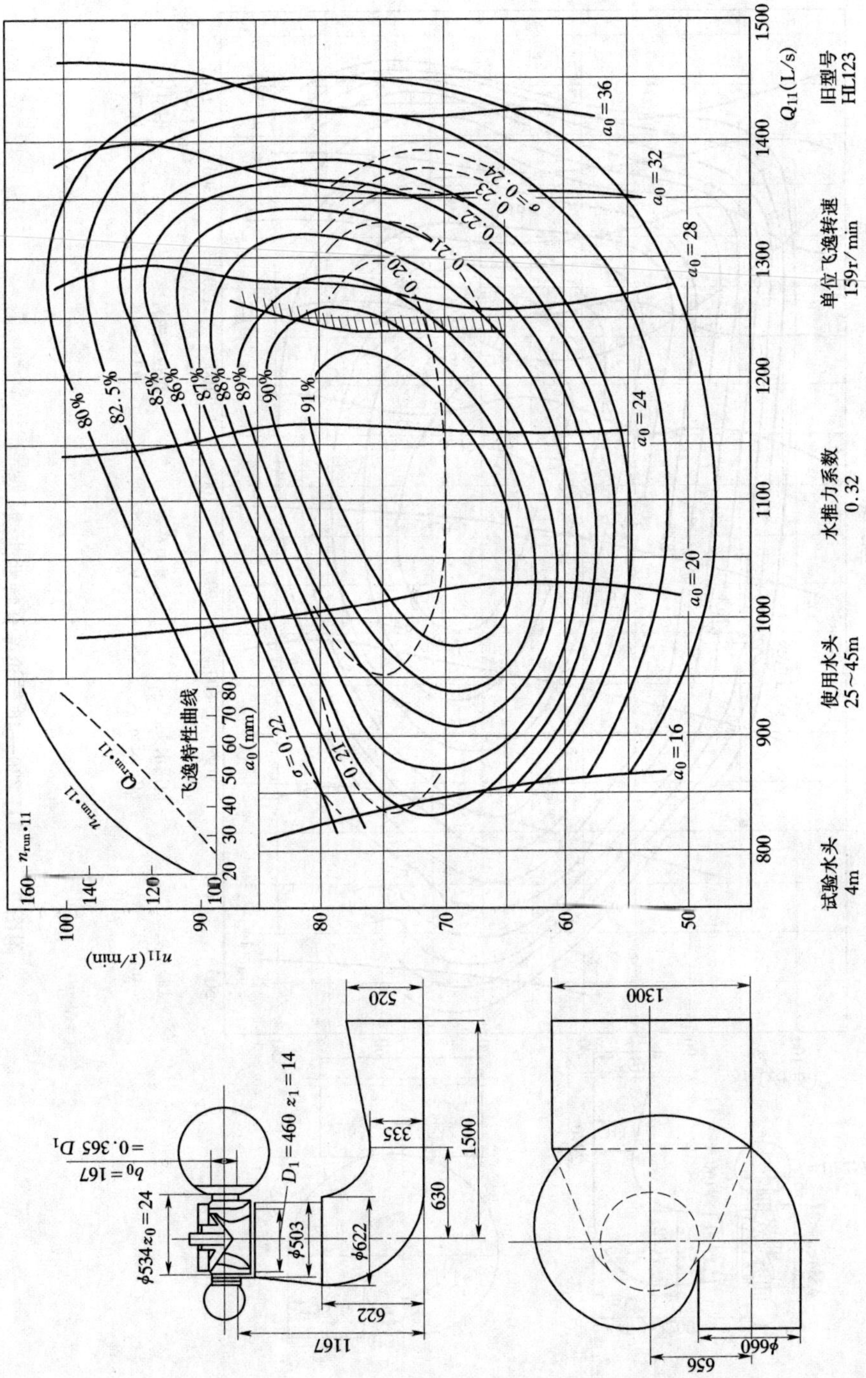

附图 1-4　HL240—46 转轮综合特性曲线

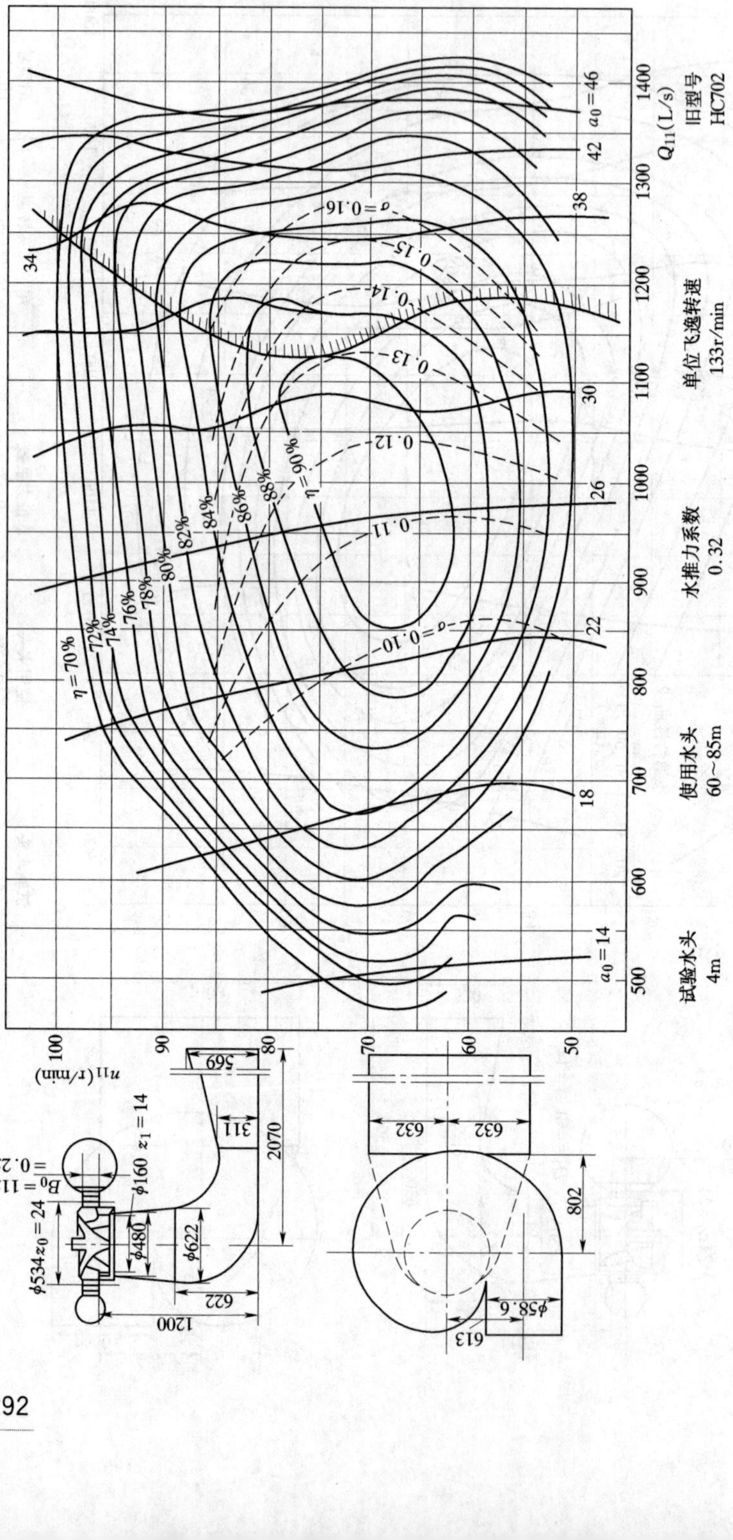

附图 1-5 HL220—46 转轮综合特性曲线

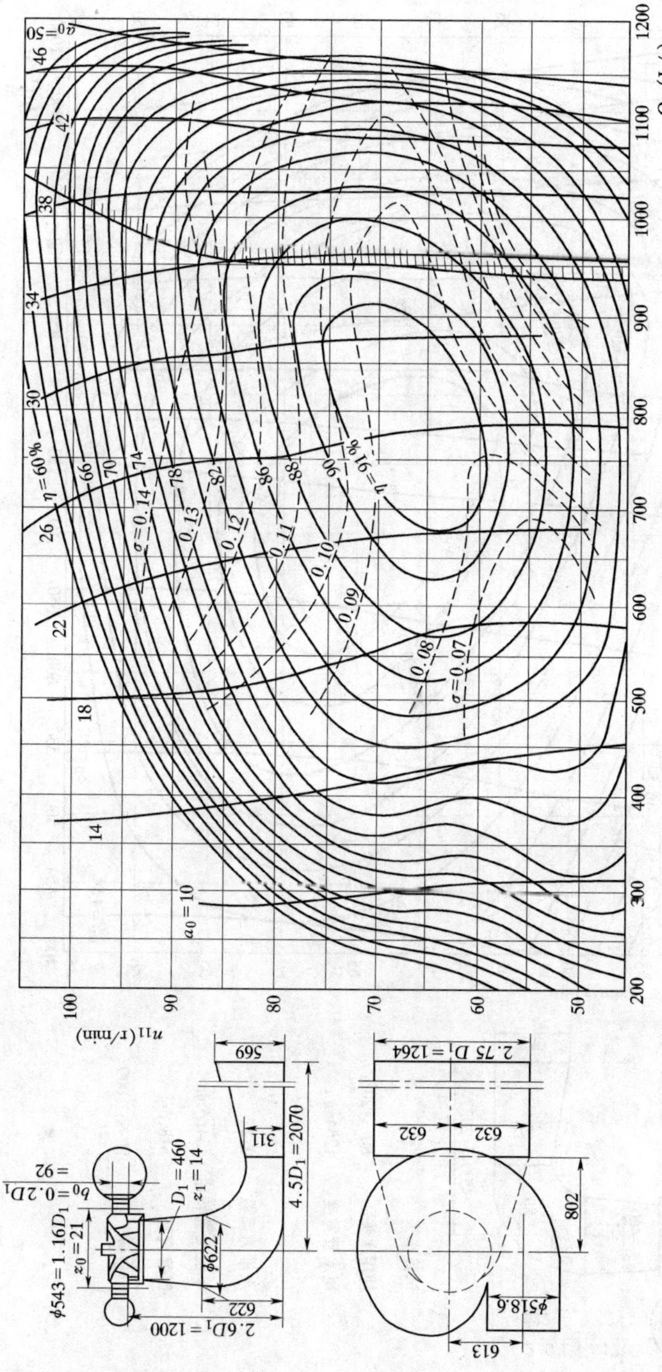

试验水头	使用水头	水推力系数	单位飞逸转速	旧型号
3m	120m	0.22	131r/min	HL131,HL741

附图1－6　HL200—46转轮综合特性曲线

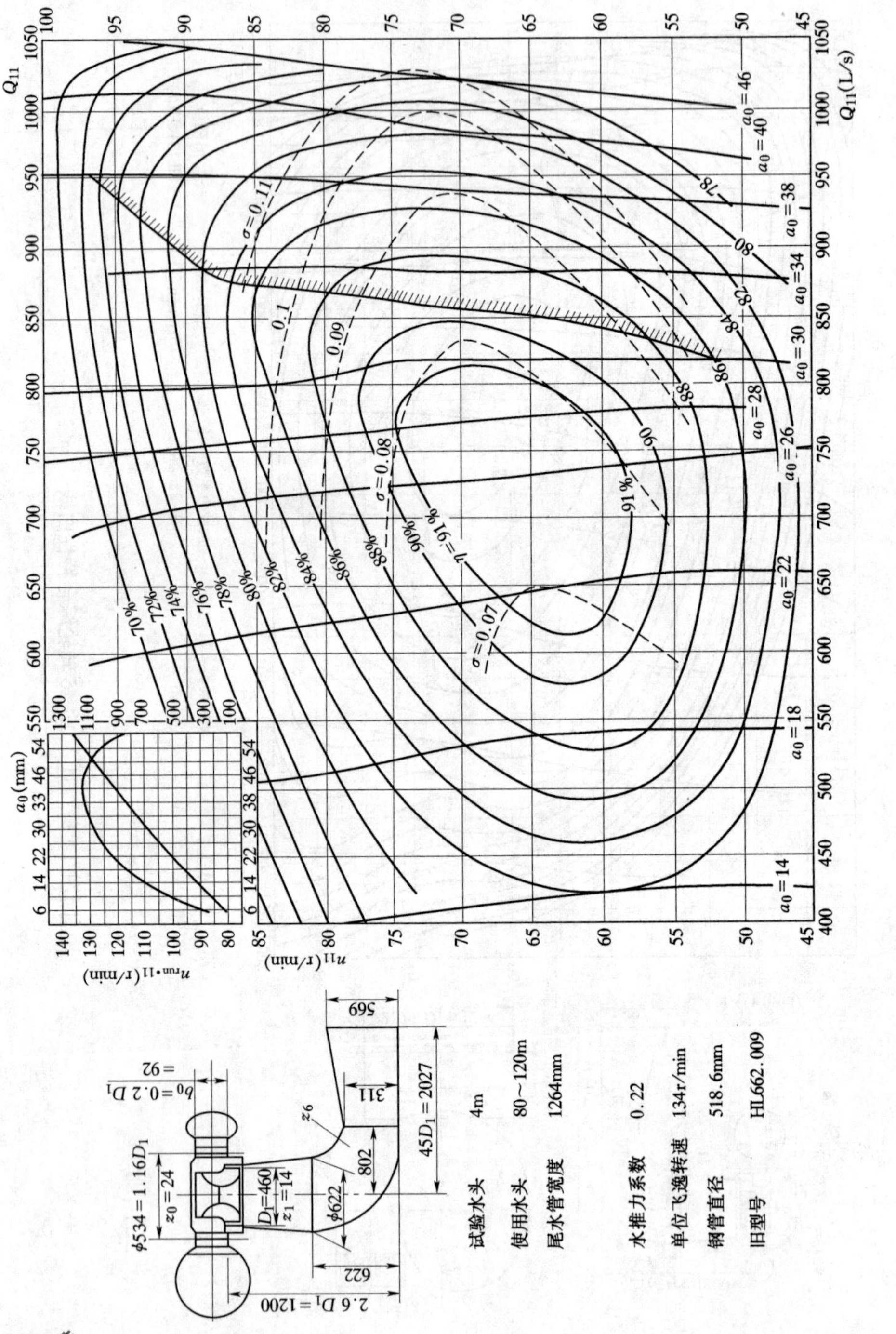

附图 1-7 HL180—46 转轮综合特性曲线

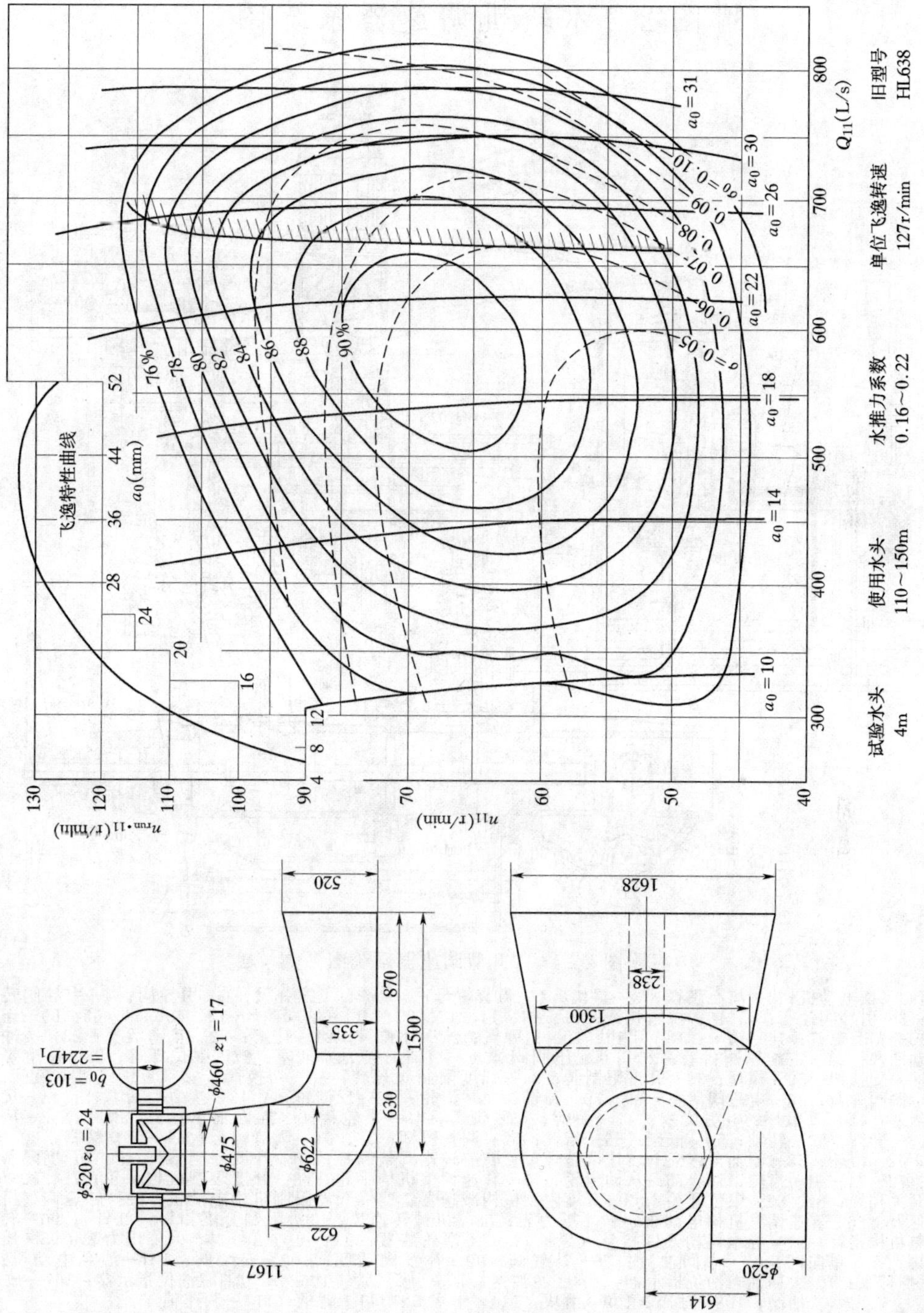

附图 1－8　HL160—46 转轮综合特性曲线

附图 2　水轮机调速器系统图

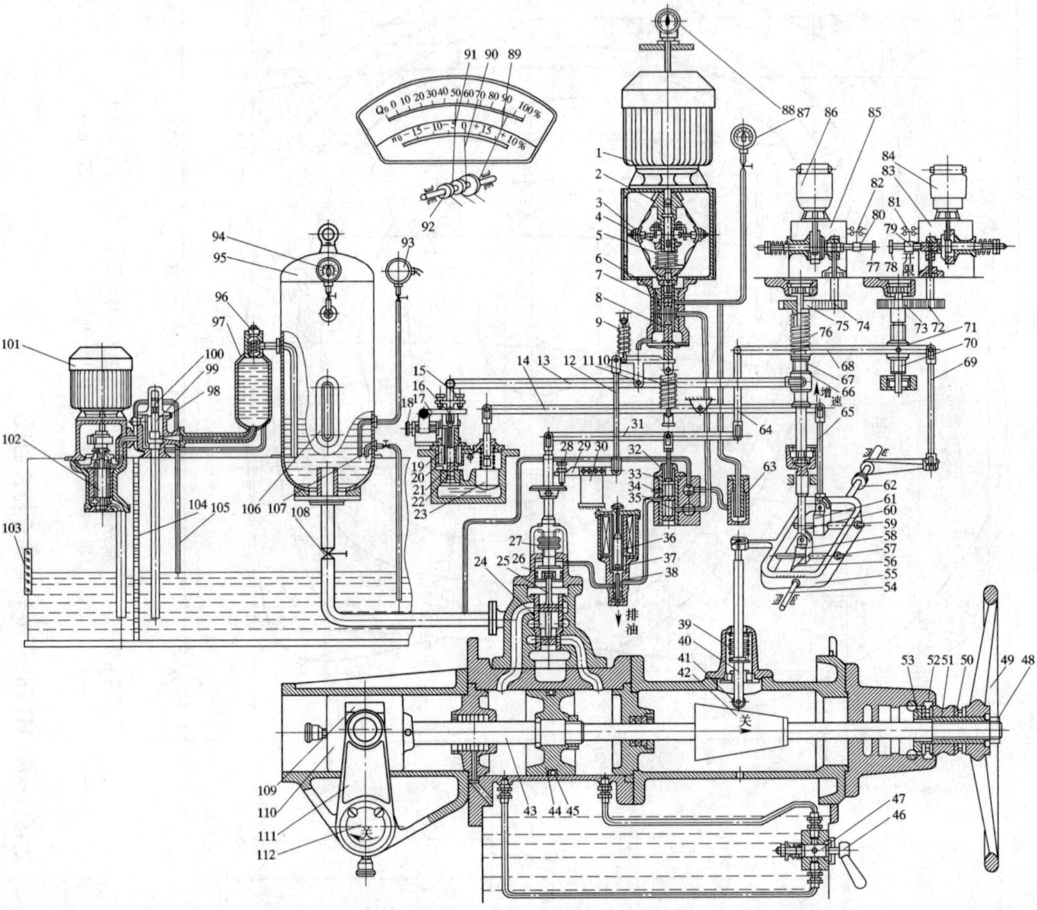

附图 2-1　YT 型调速器系统图

1—离心飞摆电动机；2—离心飞摆；3—重块；4—调节螺母；5—离心飞摆弹簧；6—引导阀；7—引导阀转动套；8—引导阀针塞；9、10—拉紧弹簧；11、13、14、17、29、31、68—杠杆；12、40、64、65、69—连杆；15—调节螺钉；16—销子；18—手钮；19—内弹簧；20—外弹簧；21—针塞；22—从动活塞；23—缓冲器主动活塞；24—主配压阀衬套；25—主配压阀阀体；26—辅助接力器活塞；27—限位螺母；28—调整螺钉；30—支持架；32—螺母；33—开度限制阀；34—开度限制阀衬套；35—切换阀；36—紧急停机电磁阀；37—电磁阀弹簧；38—电磁阀活塞；39、76—弹簧；41—滚轮；42—反馈锥体；43—接力器活塞杆；44—接力器活塞；45—活塞环；46—旋塞；47—手柄；48—锁母；49—手轮；50—推力轴承；51—滑环；52—法兰；53—套筒；54—转轴；55—框架；56—指针；57—调整螺杆；58、61—调节螺母；59—调整螺杆；60—连杆；62—滑轮；63—滤油器；66—转速调整螺母；67—转速调整螺杆；70—开度限制螺杆；71—开度限制螺母；72、74—主动齿轮；73、75—从动齿轮；77—转速调整机构手轮；78—开度限制机构手轮；79、80—限位开关挡块；81、82—限位开关；83—开度限制机构减速器；84—开度限制机构电动机；85—转速调整机构减速器；86—转速调整机构电动机；87—压力表；88—机械转速表；89—限制开度指针（红针）；90—转速调整机构指针；91—导水机构开度指针（黑针）；92—滑轮装置；93—压力信号器；94—压力表；95—压力油罐；96—单向阀；97—中间油罐；98—补气阀；99—补气阀活塞；100—安全阀；101—油泵电动机；102—螺杆泵；103—回油箱油位指示器；104—滤油网；105—吸气管；106—压力油罐油位指示器；107—放油阀；108—球阀；109—滑块；110—十字头；111—臂柄；112—调速轴

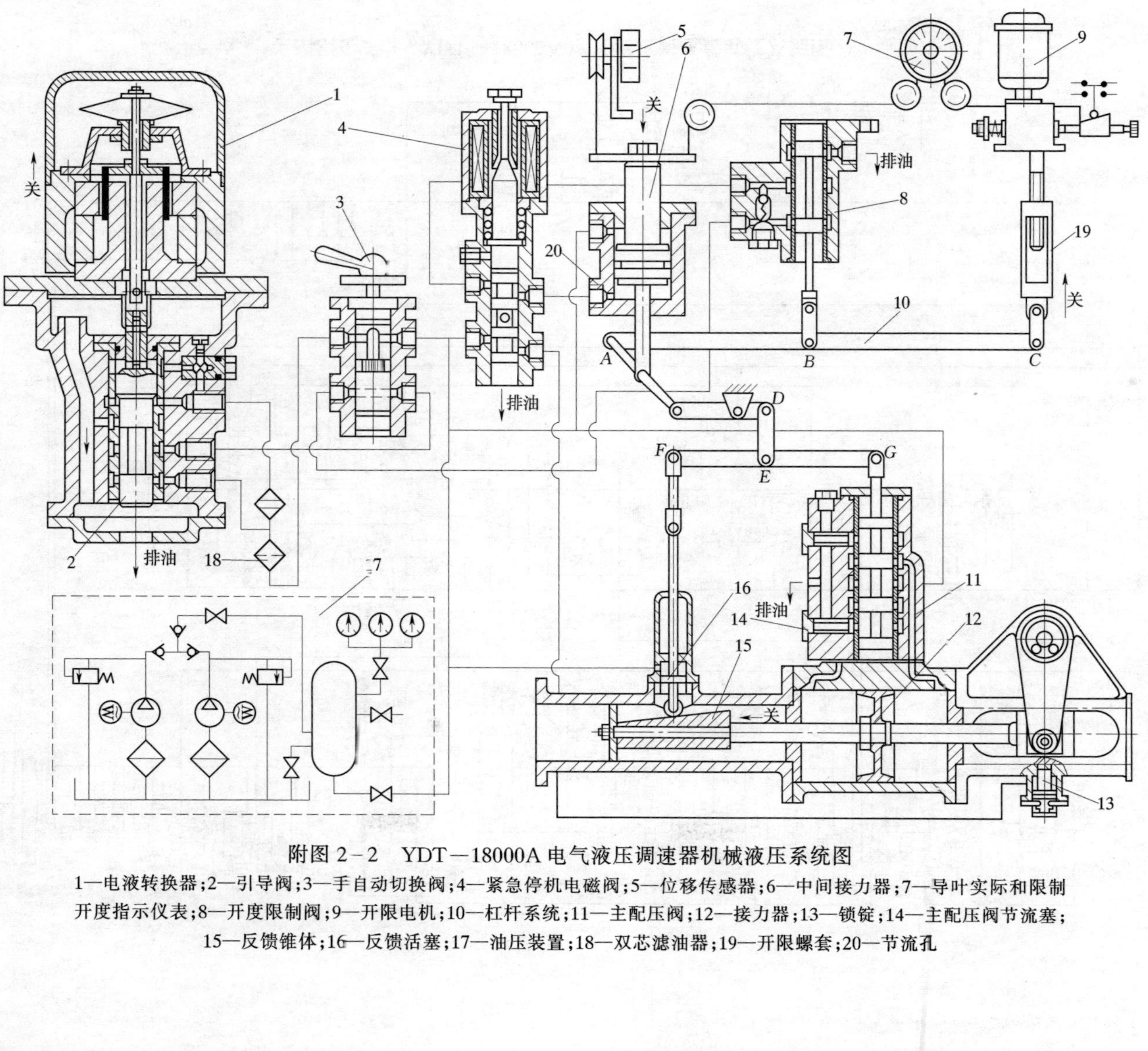

附图 2-2 YDT—18000A 电气液压调速器机械液压系统图

1—电液转换器；2—引导阀；3—手自动切换阀；4—紧急停机电磁阀；5—位移传感器；6—中间接力器；7—导叶实际和限制开度指示仪表；8—开度限制阀；9—开限电机；10—杠杆系统；11—主配压阀；12—接力器；13—锁锭；14—主配压阀节流塞；15—反馈锥体；16—反馈活塞；17—油压装置；18—双芯滤油器；19—开限螺套；20—节流孔

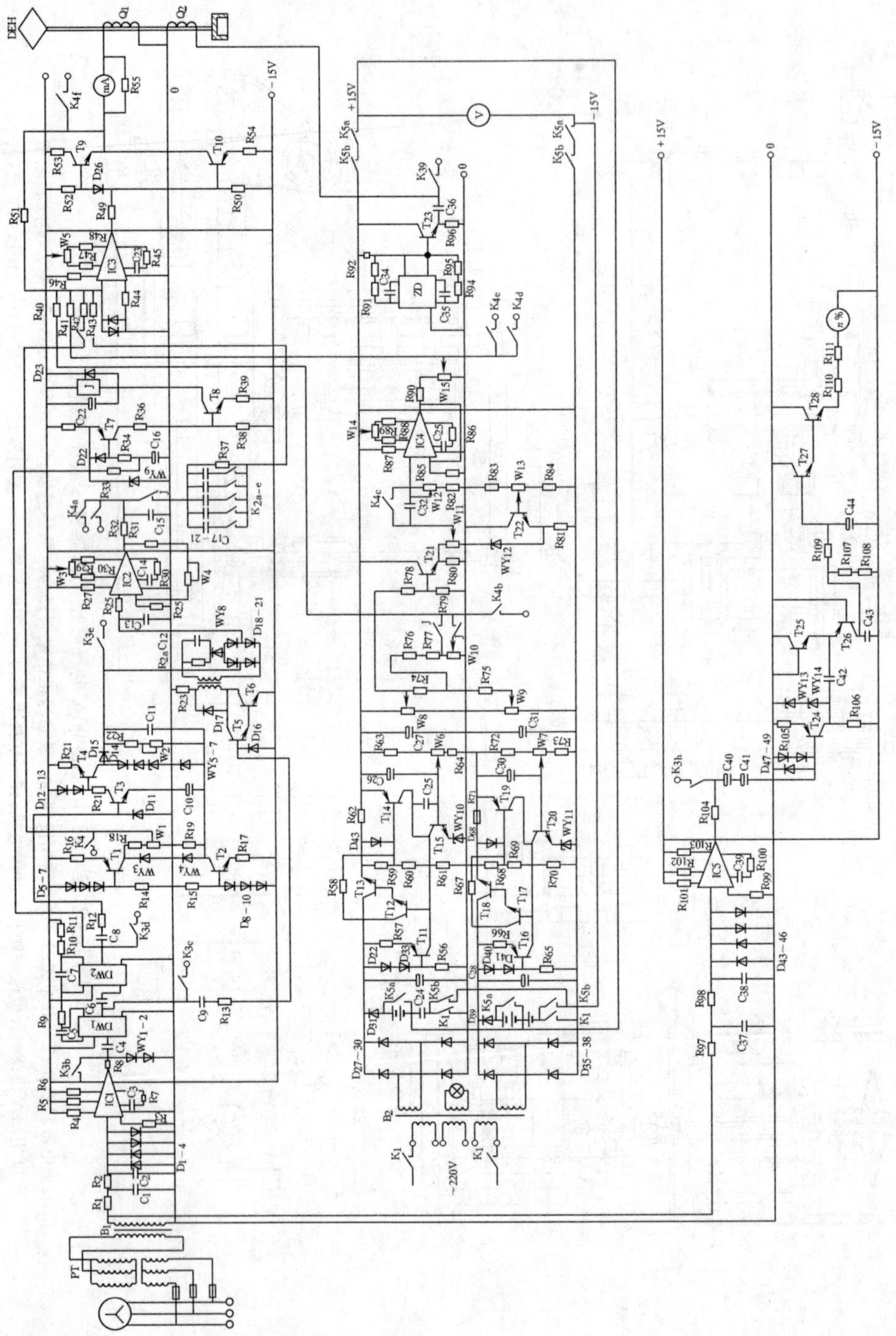

附图 2-3 YDT-18000A 电气液压调速器电气系统图